カラーアトラス
最新
くわしい犬の病気
大図典
● ● ● ● ● ●

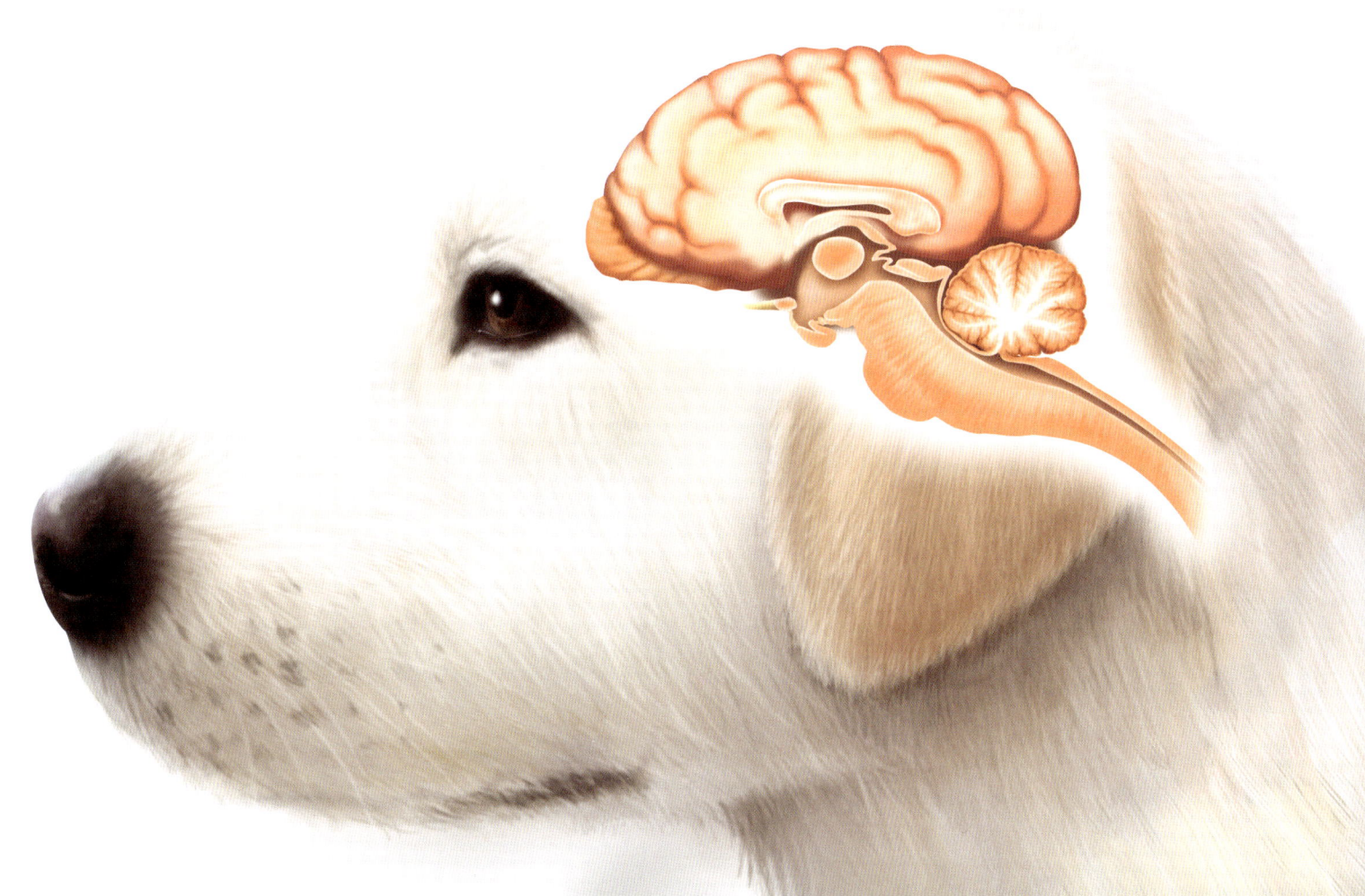

最新 くわしい犬の病気大図典

INDEX

犬の体の解説　浅利昌男　6

犬の体の各部の名称	6
犬の内臓(雌と雄)の解説	8
犬の骨格	10
犬種による体の特徴	11
耳・頭部の形状	12
被毛の種類・成長	12
犬種別罹りやすい病気(遺伝病含む)	14

第1章　器官別　犬の病気と特徴

1 眼の病気　藤井裕介　16

コラム:眼の構造と役割	16
睫毛異常/結膜炎/流涙症	17
乾燥性角結膜炎/角膜潰瘍/角膜上皮糜爛/ブドウ膜炎	18
緑内障/白内障	20
網膜変性症/網膜剥離	22
コラム:眼薬のつけ方	22
その他の重要な眼の病気	23

2 血液の病気　下田哲也　24

免疫介在性溶血性貧血	25
再生不良性貧血	26
コラム:血液検査からわかること	26
その他の血液の重要な病気	27

3 循環器の病気　若尾義人　28

コラム:心臓のはたらき/「心臓が悪い」ってどういう状態？	29
先天性心臓病(動脈管開存症/肺動脈狭窄症/心室中隔欠損症/大動脈狭窄症	30
後天性心疾患(僧帽弁閉鎖不全症/犬糸状虫症/心筋症)	32
コラム:犬糸状虫症の臨床症状	34

4 呼吸器の病気　岡野昇三　36

鼻炎/短頭種気道症候群	37
咽頭麻痺/気管虚脱/気管支炎	38
肺炎/肺水腫	40
気胸/乳糜胸	42
その他の呼吸器に関する病気	43

5 口腔の病気　藤田桂一　44

歯周病	45
コラム:ホームデンタルケアの方法	46
歯の破折	47
乳歯遺残	48
口腔内腫瘍	49
不正咬合	50
その他の口腔の重要な病気	51

最新　くわしい犬の病気大図典

INDEX

6 消化器の病気　保坂 敏　52

食道(巨大食道/食道炎)	54
コラム：吐出と嘔吐の違い	54
胃(急性胃炎/慢性胃炎/胃拡張-捻転症候群/胃の腫瘍)	56
小腸/大腸/肛門(急性の小腸疾患/慢性の小腸疾患/大腸性疾患/会陰ヘルニア/肛門の疾患)	58
コラム：小腸性下痢の特徴	58
コラム：大腸性下痢の特徴	59
肝臓/胆嚢(肝臓の炎症性疾患/肝臓の非炎症性疾患/肝臓の腫瘍/胆嚢の疾患)	60
コラム：肝臓のはたらき	61
コラム：胆嚢からの分泌液	61
膵臓(膵炎/膵外分泌機能不全/膵臓の腫瘍)	62
その他の重要な消化器の病気	63

7 泌尿器の病気　桑原康人　64

急性腎不全	65
尿路結石症/慢性腎不全	66
コラム：慢性腎不全の悪化因子と対症療法	66
前立腺疾患/尿路感染症	68
コラム：動物病院で行う犬の尿検査について	69
コラム：尿の色で体調はわかるのか？	69
排尿異常	70
その他の泌尿器に関する重要な病気	71

8 内分泌器官の病気　竹内和義　72

糖尿病	73
甲状腺機能低下症	75
副腎皮質機能亢進症/副腎皮質機能低下症	76
インスリノーマ/尿崩症	78
その他の重要な内分泌器官の病気	79

9 生殖器の病気　小嶋佳彦　80

雄の病気(前立腺肥大症/潜在精巣/陰茎持続勃起症)	81
雌の病気(膣過形成・膣脱/偽妊娠/難産/子宮蓄膿症)	83
コラム：犬の妊娠(受精から着床)	84
コラム：犬の胎子の成長	84
コラム：雌犬の発情周期	84
コラム：犬の出産・分娩	85
コラム：犬の人工授精	86
その他の重要な生殖器の病気	87
コラム：去勢、および不妊手術	88
コラム：去勢手術、不妊手術Q＆A	89

最新 くわしい犬の病気大図典

INDEX

10 耳の病気　青木 忍 — 90
- コラム：音の聞こえ方 — 90
- 耳血腫 — 91
- 外耳炎 — 92
- コラム：犬の耳の洗浄の仕方 — 93
- 中耳炎/内耳炎 — 94
- その他の重要な耳の病気 — 95

11 皮膚の病気　山岸建太郎 — 96
- アトピー性皮膚炎 — 97
- 食事アレルギー — 98
- 表在性膿皮症 — 99
- ヒゼンダニ症/毛包虫症/ノミ/マダニ — 100
- その他の重要な皮膚の病気 — 102

12 筋骨格系の病気　陰山敏昭 — 104
- コラム：動けないことで身体機能が低下する　104 — 104
- 膝蓋骨脱臼　105 — 105
- 前十字靭帯断裂　106 — 106
- 骨折　107 — 107
- 股関節形成不全症　108 — 108
- 肘関節異形成症　110 — 110
- その他の筋骨格系の病気　111 — 111

13-1 脳と脊髄の病気　奥野征一 — 112
- コラム：犬の脳と役割 — 112
- てんかん — 113
- コラム：てんかんの診断で行われる問診 — 113
- 水頭症/脳炎/脊髄炎/椎間板ヘルニア — 114
- 環椎-軸椎不安定症、馬尾症候群 — 116

13-2 末梢神経の病気　奥野征一 — 117
- ニューロパチー/重症筋無力症 — 118
- その他の脳、脊髄、抹消神経に関する重要な病気 — 119

14 内部寄生虫の病気　佐伯英治 — 120
- 小腸に寄生する内部寄生虫（犬回虫/犬鉤虫/糞線虫/瓜実条虫/エキノコックス/マンソン裂頭条虫/イソスポラ/ジアルジア/トリコモナス — 121
- 大腸に寄生する内部寄生虫（犬鞭虫） — 127
- 心臓血管系に寄生する内部寄生虫（犬糸状虫） — 128
- 血液（赤血球）に寄生する内部寄生虫（バベシア） — 129
- その他の小腸に寄生する内部寄生虫 — 129

15 腫瘍　伊藤 博 — 130
- 間葉系腫瘍（血管肉腫） — 131
- 間葉系腫瘍（骨肉種、血管周皮腫） — 132
- 造血系腫瘍（リンパ腫） — 134
- 上皮系腫瘍（肛門周囲の腫瘍） — 135
- 上皮系腫瘍（犬の乳腺腫瘍、肥満細胞腫、口腔内腫瘍） — 136

INDEX

16 感染症・人獣共通感染症　兼島 孝　138
- 感染症を引き起こす病原体　138
- 犬の感染症(犬パルボウイルス感染症/犬ジステンパー/犬伝染性肝炎/犬伝染性喉頭気管炎/犬パラインフルエンザウイルス感染症/犬コロナウイルス感染症/歯周病)　139
- コラム：ワクチンの重要性　140
- 人獣共通感染症(狂犬病/エキノコックス症/レプトスピラ症/パスツレラ症/ブルセラ症/皮膚糸状菌症/Q熱)　142
- コラム：狂犬病予防法　143
- コラム：犬の排泄物の取り扱い方　145

17 問題行動　内田佳子　146
- 飼い主に対する攻撃行動　147
- 他人に対する攻撃行動/恐怖症と不安障害　148
- 不適切な吠え　150
- コラム：権勢症候群、αシンドローム、優位性攻撃行動、支配性攻撃行動とは？　151
- コラム：正しいリーダーシップとは？　151
- コラム：適切な社会化とは？　152
- コラム：パピークラスとは、どのようなことを行うのでしょうか？そこで得られるよい面とは？　153

第2章　栄養/中毒/薬　犬に関する基礎知識

1 犬の栄養の基礎知識　阿部又信　154
- 犬の栄養の特徴　155
- ライフステージ別の健康と栄養　155
- コラム：老齢期の犬に多くなる病気　157

2 犬に危険な中毒物質の基礎知識　寺岡宏樹　158
- 主な中毒物質とその症状　159
- 犬に有毒な植物、物質　160
- コラム：動物病院へ行けない場合　160

3 犬用治療薬の基礎知識　折戸謙介　162
- 循環器薬　162
- 抗菌薬　163
- コラム：犬用の治療薬　163
- コラム：薬の飲ませ方と注意点(1)　163
- 抗炎症薬　164
- 抗てんかん薬　165
- コラム：薬の飲ませ方と注意点(2)　165
- コラム：犬とキシリトール　165

付録
- 犬種のタイプ別グループ分け　166
- 索引　168
- 執筆者一覧　174

Ⅰ 犬の体の各部の名称

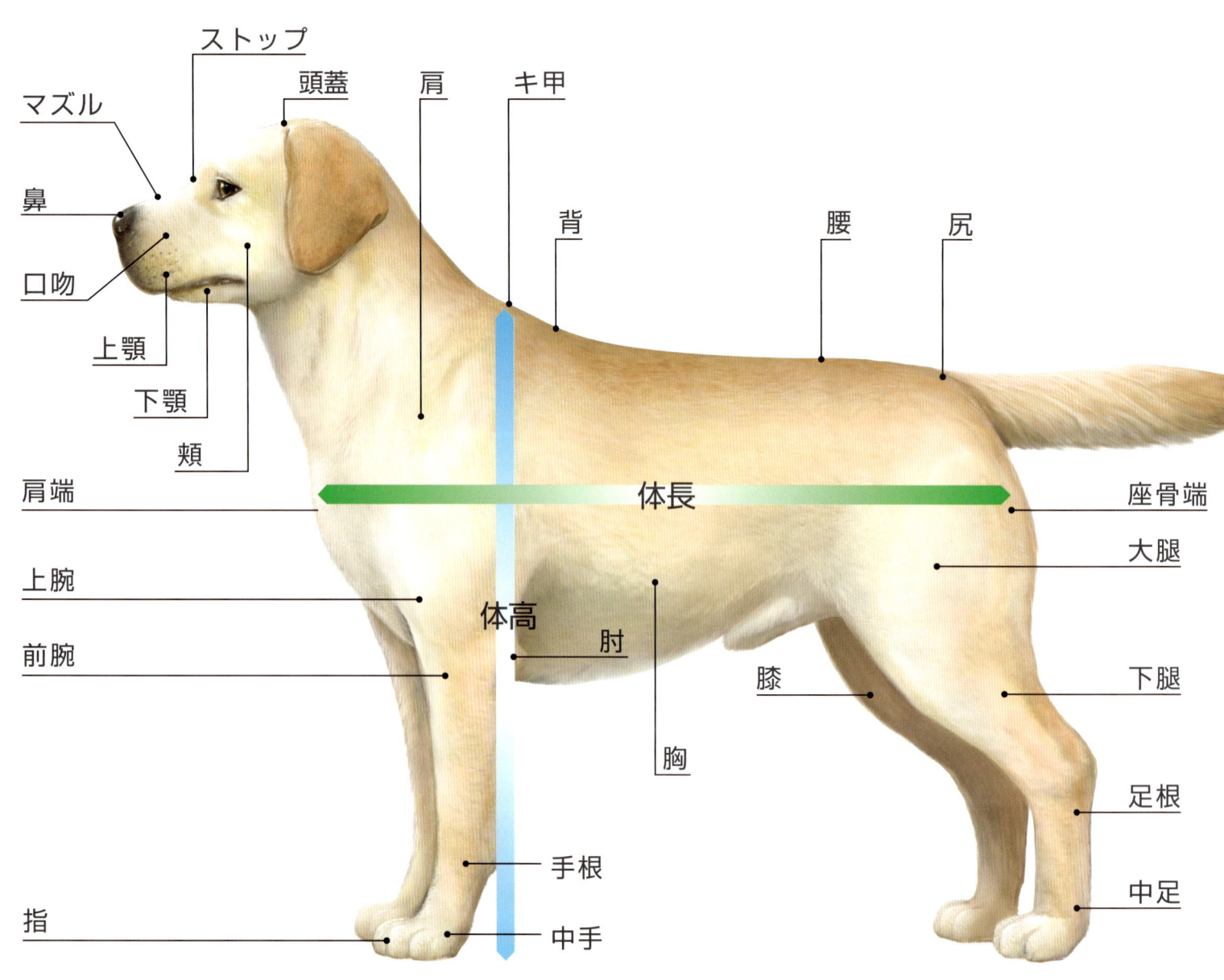

図1　犬の体の各部の名称

犬の体の解説

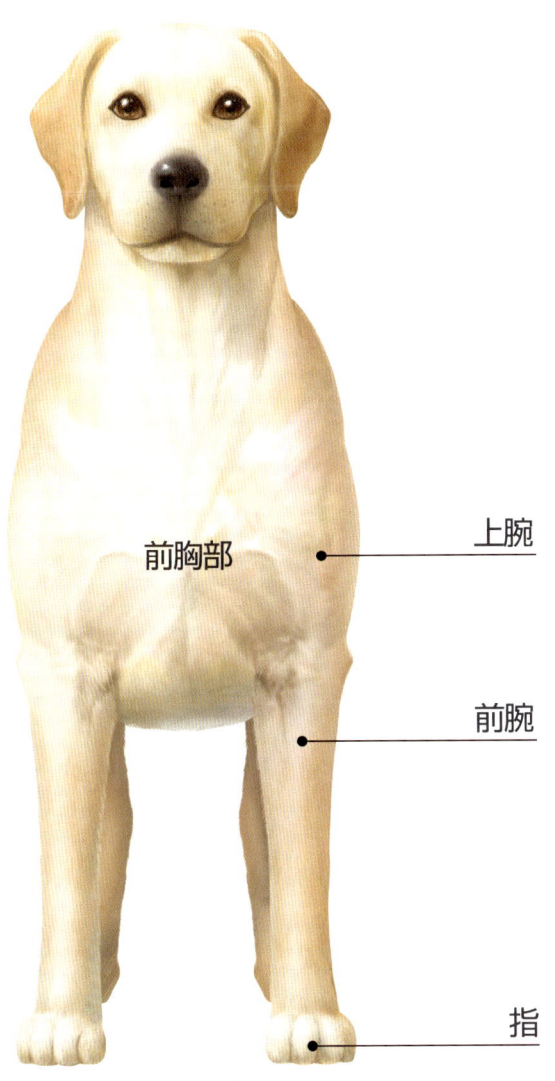
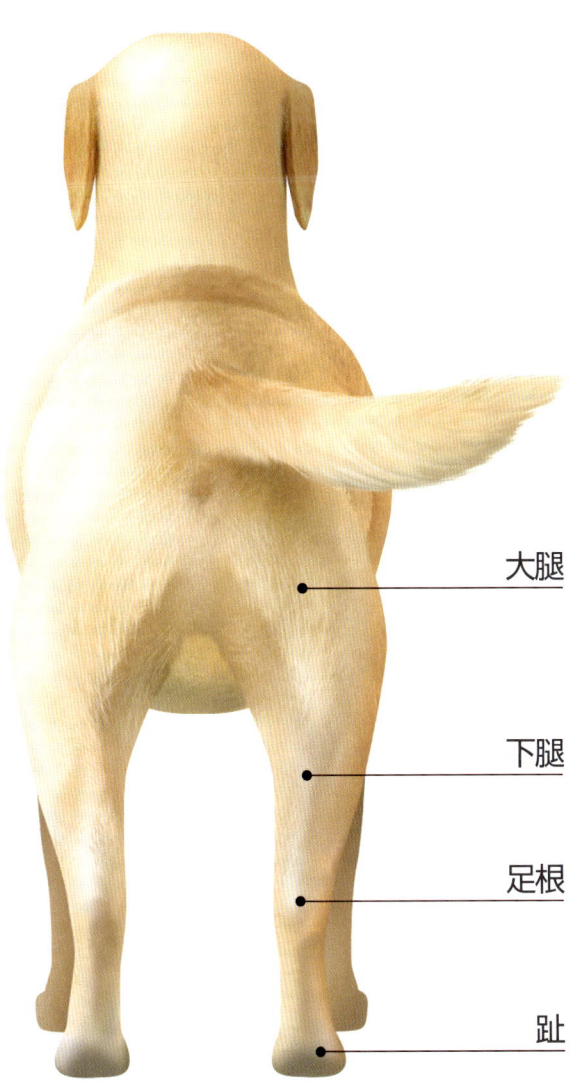

図2　犬を正面から見る　　　　図3　犬を後方から見る

II 犬の内臓（雌と雄）の解説

内臓には消化器、呼吸器、泌尿器、生殖器（雄と雌）があり、一般には内臓とはいわないが、その他、心臓、脳や脊髄も体の中にある臓器である。

消化器は採食、消化、吸収、代謝、および排泄の連続した機能を果たす器官で、口に入れた食物から栄養を体内に取り入れて、その残渣を排泄する働きがある。消化器には、口から始まり肛門に終わる一連の管状の消化管があり、それに消化液を出す消化腺が付随している。つまり消化管には口腔、食道、胃、小腸、大腸、肛門があり、それに付属する消化腺には唾液腺、肝臓および膵臓がある。

その他、口腔内には採食した食物を細かくし、飲み込みやすくするためのものに歯、舌がある。犬の臼歯はその形が裂肉歯という肉を切り裂きやすい形をしている。

呼吸器は、吸入した空気（酸素）を気管や気管支などの気道を通してガス交換を行う肺に送り、また体内で生じた二酸化炭素を同じく肺でガス交換を行ない気道を通して、体外に排出する器官である。呼吸器には鼻腔、咽頭、喉頭、気管、気管支、肺（肺胞）があり、そのうち喉頭は気道へ入る空気の流れを調節し、気体以外のものが気道に入らないようにする。また喉頭のもうひとつの働きは、そこに

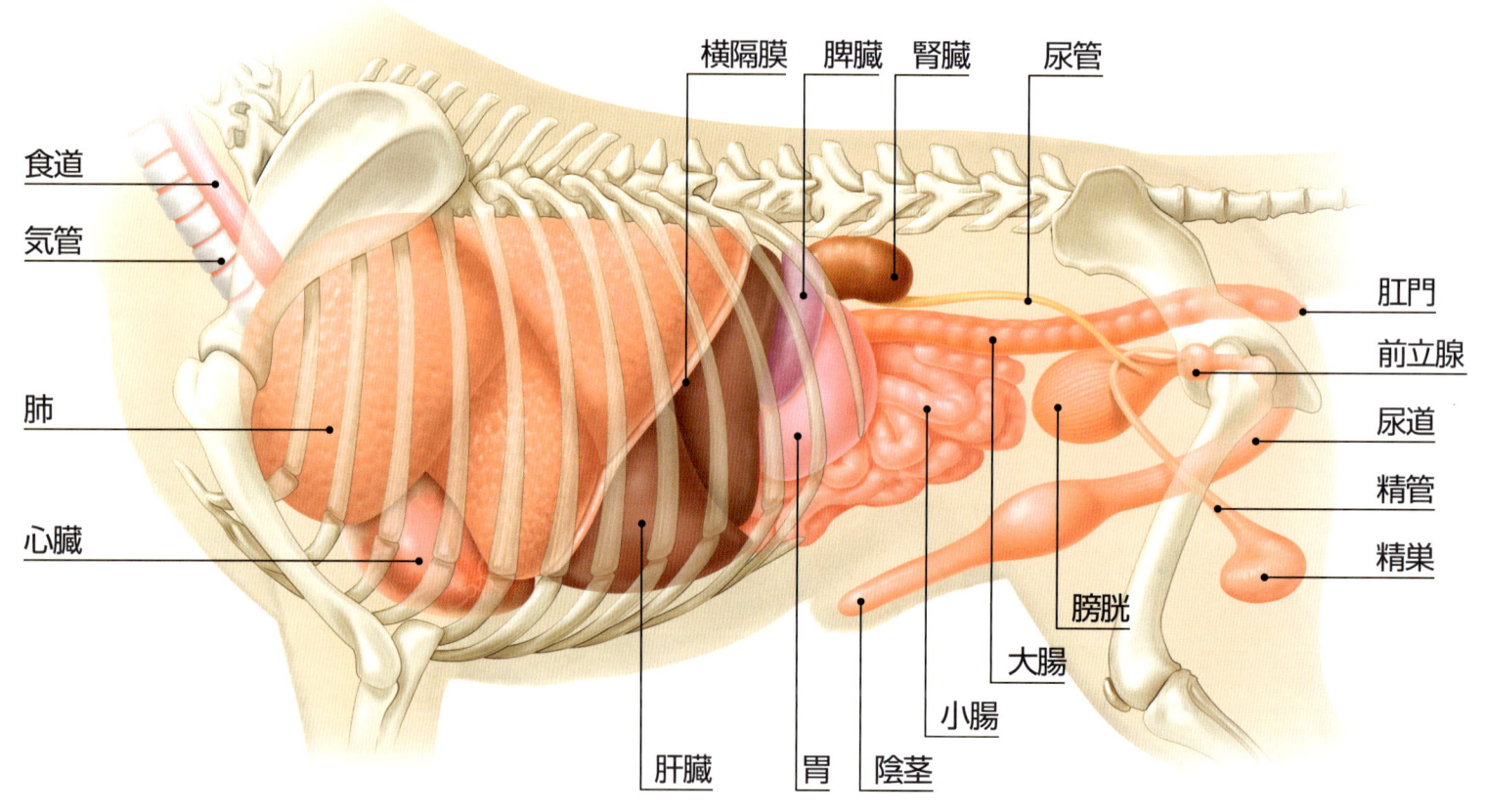

図4　雄犬の内臓図（左観図）

ある声帯ひだがここを流れる空気のために振動して音を出す発生器となることである。

　泌尿器は、体内でできた老廃物を排泄し、血液などの組成を一定に調節する器官である。泌尿器には、血液をろ過する装置として腎臓が一対あり、そこで作られた尿は尿管で膀胱に送られ、そこでいったん溜められたのち、膀胱から尿道に送られ、陰茎（雄）あるいは膣（雌）の先の開口部から外に排泄される。

　生殖器は雄と雌とでは異なる。雄の生殖器は、精巣からホルモン（1種類）を分泌し、またそこで精子を作り、それらが流れる途中で前立腺からの分泌液を加えて精液になり、ついには陰茎内の尿道の先から射出させる器官である。雌の生殖器は卵巣で、雄と同じくホルモン（2種類）を分泌し、そこで卵子を作り、排卵の結果、それを卵管を経て子宮に送る一連の器官をさす。仮に卵管内の卵子と卵管内に入ってきた精子が卵管内で受精すると受精卵が作られ、その卵は子宮内に入り、そこで着床する。子宮内に着床した受精卵は、その後、そこで発育し、胎子となり、やがて膣、膣前庭を経て外陰部から体外に排出される。それを分娩という。

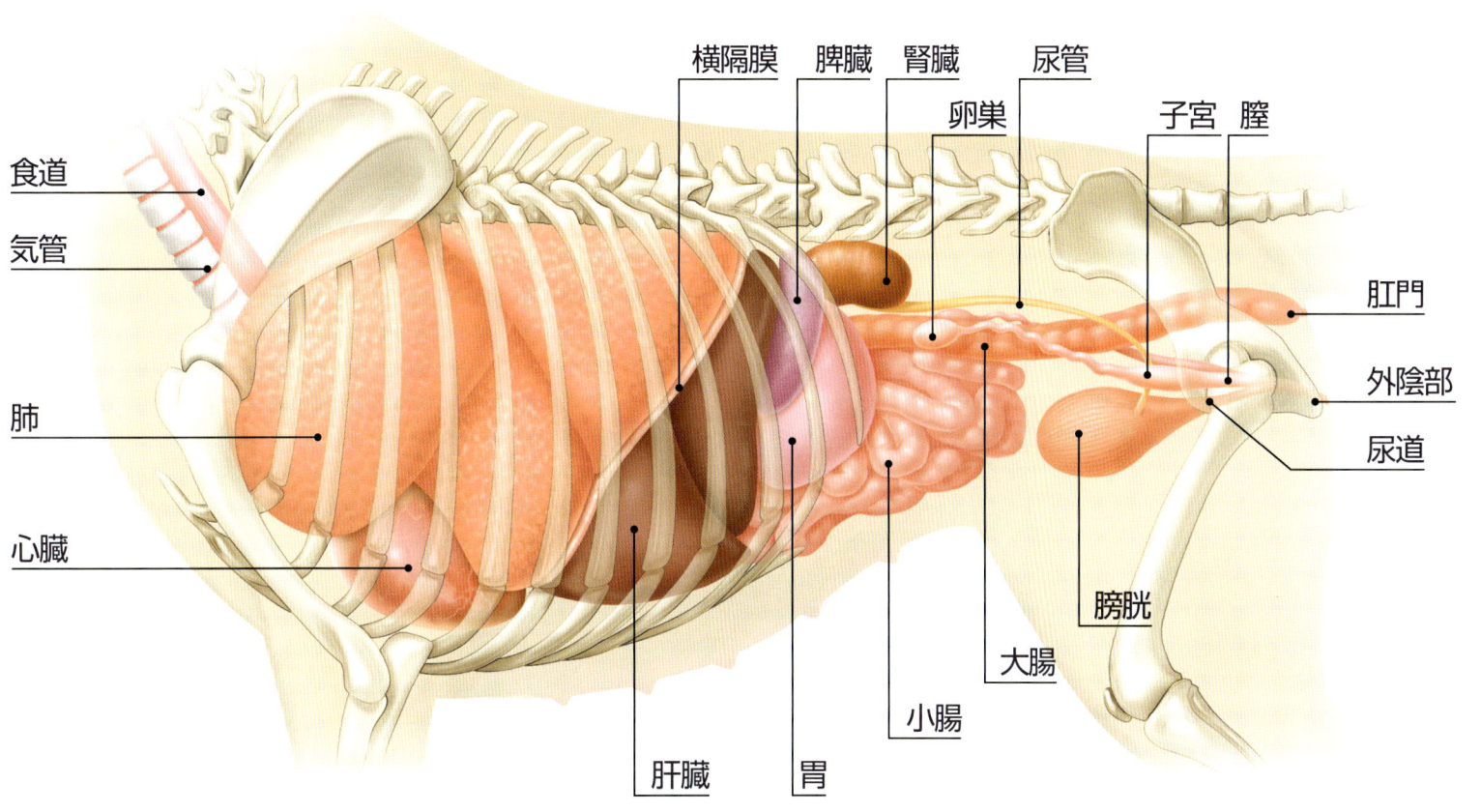

図5　雌犬の内臓図（左観図）

Ⅲ 犬の骨格

　骨格は体の形を作り、脳や内臓を保護し、運動を可能とする体の基本部分である。犬の骨格を作っている骨の種類は人のそれとあまり変わりはないが、その形や数は犬と人ではだいぶ異なるものがある。たとえば、椎骨の数などは犬には尾があるので犬の方がだいぶ多く、人では約26個ほどのものが犬では約50個ほどになる。骨の形で言えば、個々の骨のことではないが、体軸の骨と後肢をつなぐ骨盤の輪郭も、二足歩行の人ではだ円形であるが、四足歩行の犬では前後に伸びた長方形である。

　また犬には体軸の骨と前肢の間で、それらをつなぐ役割を果たす鎖骨が退化しているか、あっても機能していない。つまり前肢と体の間には関節がない。
　頭の骨（頭蓋骨）などでは犬種によって口吻（マズル）が短い短頭種、普通の長さの中頭種そして長い長頭種と分かれるので、それぞれ顔を作る頭蓋骨の大きさや形はずいぶん変わってくる。もともと食肉性であった犬では、頭蓋骨の頂上部に前後に走る稜線（外矢状稜）が発達するものがあり、そこは発達した咀嚼筋の付着部となっている。

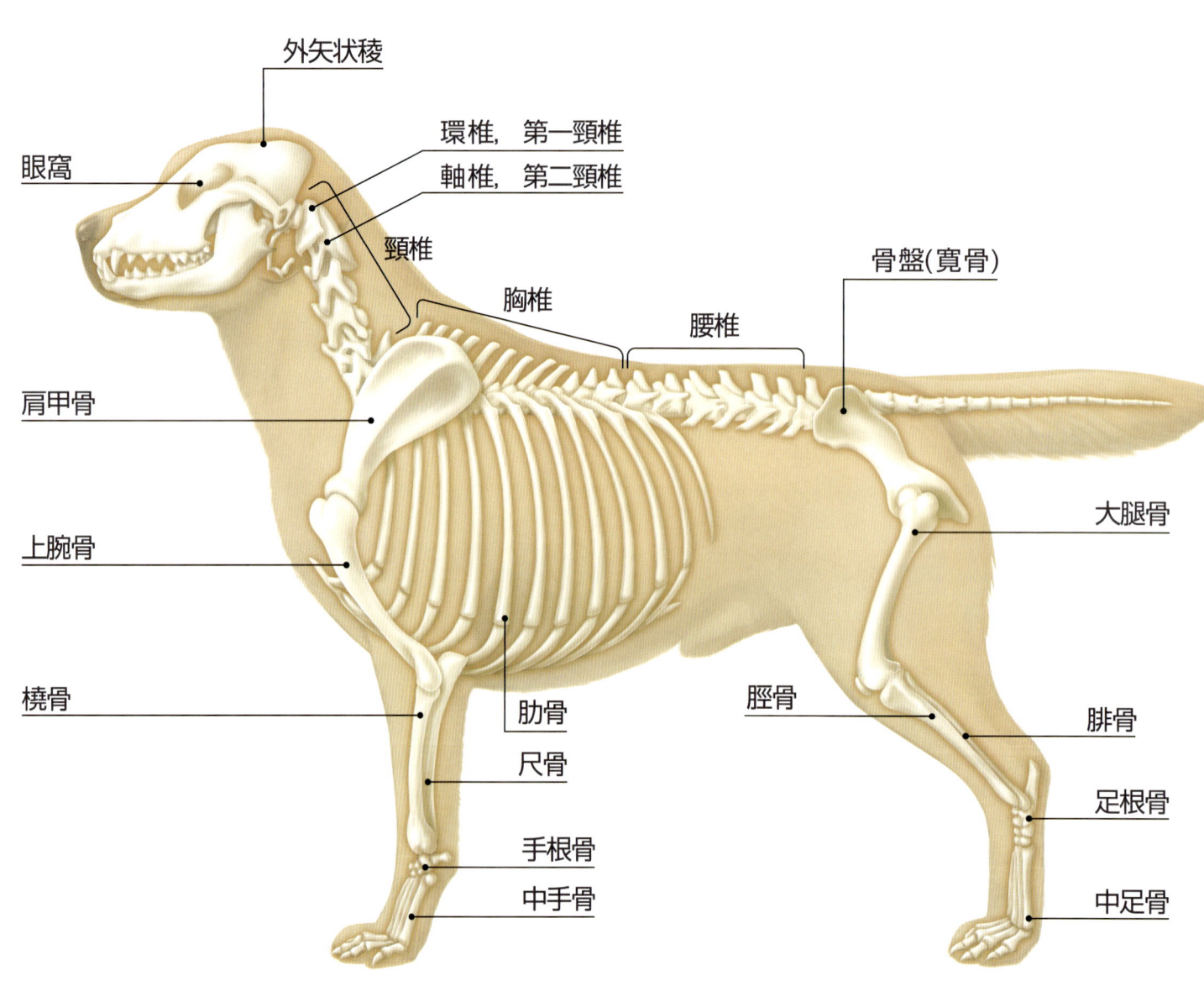

図6　犬の骨格図

Ⅳ 犬種による体の特徴

　犬は、選択育種によって大型化したり小型化したり、顔を平らにしたり皮膚をたるませしわを多くしたり、あるいは足を短くして外形を変えて、それらを品種として確立させてきた。現在までに400種を越える公認犬種がいるが、犬の大きさ（体格）、耳の形、被毛の長さ、皮膚のようす、頭の形（短頭種、中頭種、長頭種）などにそれぞれ特徴がある。こうした選択育種の結果、一部の犬では先天性（遺伝的）疾患の発症率が高まったものがある。

　犬の体の特徴に関係する疾患について少し言及しておくと、大型犬では股関節形成異常など足に整形外科的な問題が起こりやすい傾向にあり、被毛の色では白い毛色のものやメラニン色素が少ない犬で（コリーなど）は日光性皮膚炎になりやすく、コッカー・スパニエルなど耳が長く垂れている犬種では、外耳への空気の流れが悪くなり外耳の炎症が起こりやすい。

　ブルドッグやパグなどのように、皮膚にしわが多い犬では管理を怠ると皮膚疾患が発生しやすくなる。また体型的に胴が長く足の短い（胴長短足）犬種では、頸部や腰部への負担が多く、階段の上り下りや激しい運動で、椎間板ヘルニアが発症しやすい。頭のサイズ、特に短頭犬種では、その風貌からもわかるように口腔・鼻腔および気管が変形し、たとえば歯の異常崩出や軟口蓋の過長、鼻腔狭窄、口蓋裂あるいは気管狭窄などが起こりやすい。

図7　超大型犬のグレート・デンと超小型犬のチワワでは、その大きさの違いが大きい。

図8　胸が円形たる型のブルドッグ。

図9　胸の深い大型犬種のボルゾイ。

図10　短い足と長い胴体のダックスフント。

　体格では大人になると体重が50〜65kg以上で体高も70〜80cm以上になるような超大型犬のグレート・デン、ニューファンドランドやセント・バーナードがいる一方で、体重が1〜3Kgで、体高も20cmそこそこのチワワやマルチーズなどの超小型犬まで、その範囲はたいへん広い（図7）。またブルドッグは胸が円形たる型である（図8）。
　体型の特徴という観点から見ると、大型犬種のボルゾイ（図9）、ドーベルマンなど胸の深いものや、また特異なものとして短い足と長い胴体をもつダックスフント（図10）、ウェルシュ・コーギ、バセット・ハウンドなどがいる。

図11　垂れ耳のシー・ズー

図12　垂れ耳のアメリカン・コッカー・スパニエル

図13　立ち耳のウェスト・ハイランド・テリア

図14　立ち耳の秋田犬

図15　「短頭種」のパグ

図16　「中頭種」のシェパード犬

図17　「長頭種」のグレイハウンド

■耳・頭部の形状

　耳の形にも品種による特徴が出る。「垂れ耳の犬」ではシー・ズー（図11）、カバリア・キング・チャールズ・スパニエル、ペキニーズ、ダックスフント、アメリカン・コッカー・スパニエル（図12）、イングリッシュ・コッカー・スパニエル、バセット・ハウンドやアイリッシュ・セッターなどがいる。「立ち耳の犬」ではチワワ、ヨークシャー・テリア、スコッティッシュ・テリア、ウエスト・ハイランド・ホワイト・テリア（図13）、ウェルシュ・コーギ・ペンブローク、秋田犬（図14）、シベリアン・ハスキー、ジャーマン・シェパード・ドッグなどがいる。頭の形も犬種によって大きく分かれるところであり、マズルが極端に短く、つぶれたような顔を作っている犬種「短頭種」にパグ（図15）、ペキニーズ、ボストン・テリア、ブルドッグが、標準的なサイズの犬種「中頭種」にジャーマン・シェパード・ドッグ（図16）、アイリッシュ・セッターが、鼻が細長く小さな頭の犬種「長頭種」にはラフ・コリー、グレイハウンド（図17）などがいる。

図18　上毛が密生し下毛を持つ
オールド・イングリッシュ・シープドッグ

図19　被毛が伸び続けるプードル

図20　被毛の長いマルチーズ

図21　被毛の長いシェットランド・シープドッグ

図22　被毛の短いドーベルマン

図23　被毛が短く、皮膚が垂れている
バセット・ハウンド

■被毛の種類・成長

　被毛の種類や成長にも品種差が見られる。例えばドーベルマンは短く硬い、艶やかな毛に被われるが、オールド・イングリッシュ・シープドッグ（図18）は長い上毛が密生し、耐水性の下毛を覆っている。一般に、これらの被毛は周期的に伸びるが、新しい毛の発毛準備ができると抜け落ちる。この周期は温度、日照時間や体内ホルモン、栄養やストレスの影響を受ける。しかしプードル（図19）は例外的で、被毛は抜け落ちることがなく伸び続けるので、毛のトリミングが必要になる。「被毛が長い犬」はマルチーズ（図20）、ポメラニアン、ヨークシャー・テリア、カバリア・キング・チャールズ・スパニエル、ダックスフント（両方いる）、シェットランド・シープドッグ（図21）、シー・ズー、アメリカン・コッカー・スパニエル、イングリッシュ・コッカー・スパニエル、アイリッシュ・セッター、ラフ・コリーなど、反対に「被毛の短い犬」はチワワ、ミニチュア・ピンシャー、パグ、ダックスフント（両方いる）、ボストン・テリア、ジャック・ラッセル・テリア、ビーグル、ポインター、グレイハウンド、ダルメシアン、ドーベルマン（図22）、グレート・デンなどがいる。「被毛が短く、なおかつ皮膚が垂れている犬」に、パグ、ブルドッグ、シャー・ペイ、バセット・ハウンド（図23）などがいる。

Ⅴ 犬種別罹りやすい病気（遺伝病含む）

超小型犬・小型犬

- **チワワ**／泉門開口、水頭症、てんかん、肩関節・膝関節脱臼、口蓋裂、気管虚脱、乾性角膜炎（ドライアイ）、緑内障、低血糖症
- **マルチーズ**／泉門開口、水頭症、眼瞼内反症、膝蓋骨脱臼、難聴・失明、低血糖症、グリコーゲン貯蔵病、糖原病
- **ミニチュア・ピンシャー**／鼠径ヘルニア、大腿骨頭壊死、皮膚病
- **ポメラニアン**／泉門開口、水頭症、第二頸椎の歯突起の形成不全、動脈管開存症、膝蓋骨の脱臼、気管虚脱、停留睾丸、流涙症、低血糖症、進行性網膜萎縮
- **パグ**／口蓋裂、口唇裂、軟口蓋過長症、鼻腔狭窄、膝蓋骨脱臼、皮膚炎、尿路結石
- **ヨークシャー・テリア**／泉門開口、水頭症、膝蓋骨脱臼、第二頸椎の歯突起の形成不全、乾性角膜炎、大腿骨頭壊死、低血糖症
- **カバリア・キング・チャールズ・スパニエル**／僧帽弁閉鎖不全（心臓病）、糖尿病、口蓋裂、臍ヘルニア、膝蓋骨脱臼、白内障
- **コッカー・スパニエル**／白内障、緑内障、眼瞼内反症、眼瞼外反症、溶血性貧血、脂漏症、尿路結石
- **ペキニーズ**／椎間板ヘルニア、尿路結石、軟口蓋過長症、涙管閉鎖、網膜萎縮、小眼球症
- **パピヨン**／膝蓋骨脱臼、眼瞼内反症
- **ミニチュア・ダックスフント**／椎間板ヘルニア、口蓋裂、口唇裂、小眼球症、白内障、てんかん、進行性網膜萎縮、セロイド・リポフスチン症
- **シェットランド・シープドッグ（シェルティー）**／網膜萎縮、日光性皮膚炎、甲状腺機能低下症、股関節形成不全、皮膚炎（家族性）、落葉性天疱瘡（自己免疫性）、白内障、イベルメクチン中毒症、コリーアイ、フォンビルブラント病
- **ミニチュア・プードル**／皮膚炎、睫毛の重生、白内障、眼瞼内反症、軟骨形成不全、気管虚脱、てんかん、黒内障性白痴、昼盲症、膝蓋骨脱臼、進行性網膜萎縮症、フォンビルブラント病
- **シー・ズー**／腎臓障害、眼瞼内反症、角膜炎、網膜剥離、アレルギー、進行性網膜萎縮
- **ボストン・テリア**／アトピー性皮膚炎、股関節形成不全、鼠径ヘルニア、頭蓋下顎骨病、白内障
- **ジャック・ラッセル・テリア**／アトピー性皮膚炎、股関節形成不全、鼠径ヘルニア、頭蓋下顎骨病、大腿骨頭壊死
- **スコッティッシュ・テリア**／アトピー性皮膚炎、股関節形成不全、鼠径ヘルニア、頭蓋下顎骨病、フォンビルブラント病
- **ウエスト・ハイランド・ホワイト・テリア**／アトピー性皮膚炎、進行性大腿骨頭壊死、股関節形成不全、鼠径ヘルニア、頭蓋下顎骨病、幼犬時にロイコジストロフィー、白内障、緑内障、角膜炎
- **フォックス・テリア**／アトピー性皮膚炎、股関節形成不全、鼠径ヘルニア、頭蓋下顎骨病

中型犬

- **柴犬**／反射性吐出、膝蓋骨脱臼、ブドウ膜皮膚炎症候群、アレルギー、GM1ガングリオシドーシス
- **アメリカン・コッカー・スパニエル**／白内障、緑内障、眼瞼外反症・内反症、溶血性貧血（自己免疫性）、脂漏症、尿路結石、ホスホフルトキナーゼ欠損症、進行性網膜萎縮症
- **イングリッシュ・コッカー・スパニエル**／白内障、緑内障、眼瞼外反症・内反症、溶血性貧血（自己免疫性）、脂漏症、尿路結石、ホスホフルトキナーゼ欠損症、進行性網膜萎縮症
- **ビーグル**／椎間板ヘルニア、白内障、緑内障、てんかん、アトピー性皮膚炎、進行性網膜萎縮
- **ボーダー・コリー**／てんかん、難聴、臍ヘルニア、日光性皮膚炎、動脈管開存症、グレーコリー症候群、皮膚病、コリーアイ（視神経形成障害）、先天性筋緊張症
- **ウェルシュ・コーギ・ペンブローグ**／頸椎ヘルニア、てんかん、尿路結石、股関節形成不全、緑内障、進行性網膜萎縮、フォンビルブラント病

大型犬・超大型犬

- **ブルドッグ**／軟口蓋過長症、鼻腔狭窄、皮膚炎、股関節形成不全、口蓋裂、停留睾丸、眼瞼内反症・外反症、水頭症
- **ゴールデン・リトリーバー**／肘および股関節形成不全、白内障、アトピー性皮膚炎、湿性皮膚炎、大動脈弁下部狭窄、眼瞼内反症、小脳形成不全、進行性網膜萎縮、X染色体連鎖筋ジストロフィー
- **ラブラドール・リトリーバー**／（遺伝性）白内障、網膜萎縮、網膜形成不全、股関節形成不全、肩関節形成不全、糖尿病、甲状腺機能低下症、低血糖症、筋ジストロフィー、皮膚癌、進行性網膜萎縮症
- **アイリッシュ・セッター**／股関節形成不全、尾椎異常、離断性骨軟骨症、肥大性骨異栄養症、進行性網膜萎縮、白内障
- **イングリッシュ・セッター**／股関節形成不全、白内障、膿皮症、難聴、進行性網膜萎縮、白内障、低血糖症、血友病
- **グレイハウンド**／巨大食道症（アカラシア）、血友病、水晶体脱臼、骨肉腫
- **ラフ・コリー**／てんかん、難聴、臍ヘルニア、日光性皮膚炎、動脈管開存症、血友病、遺伝性グレーコリー症候群、皮膚病、コリーアイ（視神経形成障害）
- **スタンダード・プードル**／皮膚炎、睫毛の重生、白内障、眼瞼内反症、気管虚脱、膝蓋骨脱臼、てんかん、フォンビルブラント病
- **ダルメシアン**／尿路結石（尿酸結石）、尿路感染症、難聴、アトピー性皮膚炎、緑内障
- **チャウチャウ**／軟口蓋過長症、口蓋裂、眼瞼内反症、気管形成不全、股関節形成不全、肘関節形成不全、皮膚炎、甲状腺機能低下症、ホルモン異常による脱毛
- **ボクサー**／潰瘍性角膜炎、歯肉の過形成および癌、クッシング症候群、シスチン尿、アトピー性皮膚炎
- **ドーベルマン・ピンシャー**／後肢のふらつき症候群、下顎外骨症、腎臓病、心不全、睡眠発作（ナルコレプシー）
- **ジャーマン・シェパード・ドッグ**／肘関節・股関節形成不全、異常行動、慢性変性性脊髄症、てんかん、白内障、膵臓機能不全、難聴、アトピー性皮膚炎
- **秋田犬**／肘関節・股関節の形成不全、フォクト=小柳=原田様症候群（眼球ブドウ膜炎と髄膜炎）、進行性網膜萎縮、落葉性天疱瘡（自己免疫性）
- **セント・バーナード**／先端肥大症体質、肘関節・股関節形成不全、眼瞼内反症・外反症、神経障害による四肢の麻痺、てんかん、心筋症

参考文献
1. 犬種と疾病／監訳 鈴木立雄・小方宗次／文永堂出版株式会社
2. 新版 犬の解剖学／監修 望月公子／学窓社

第1章

器官別 犬の病気と特徴

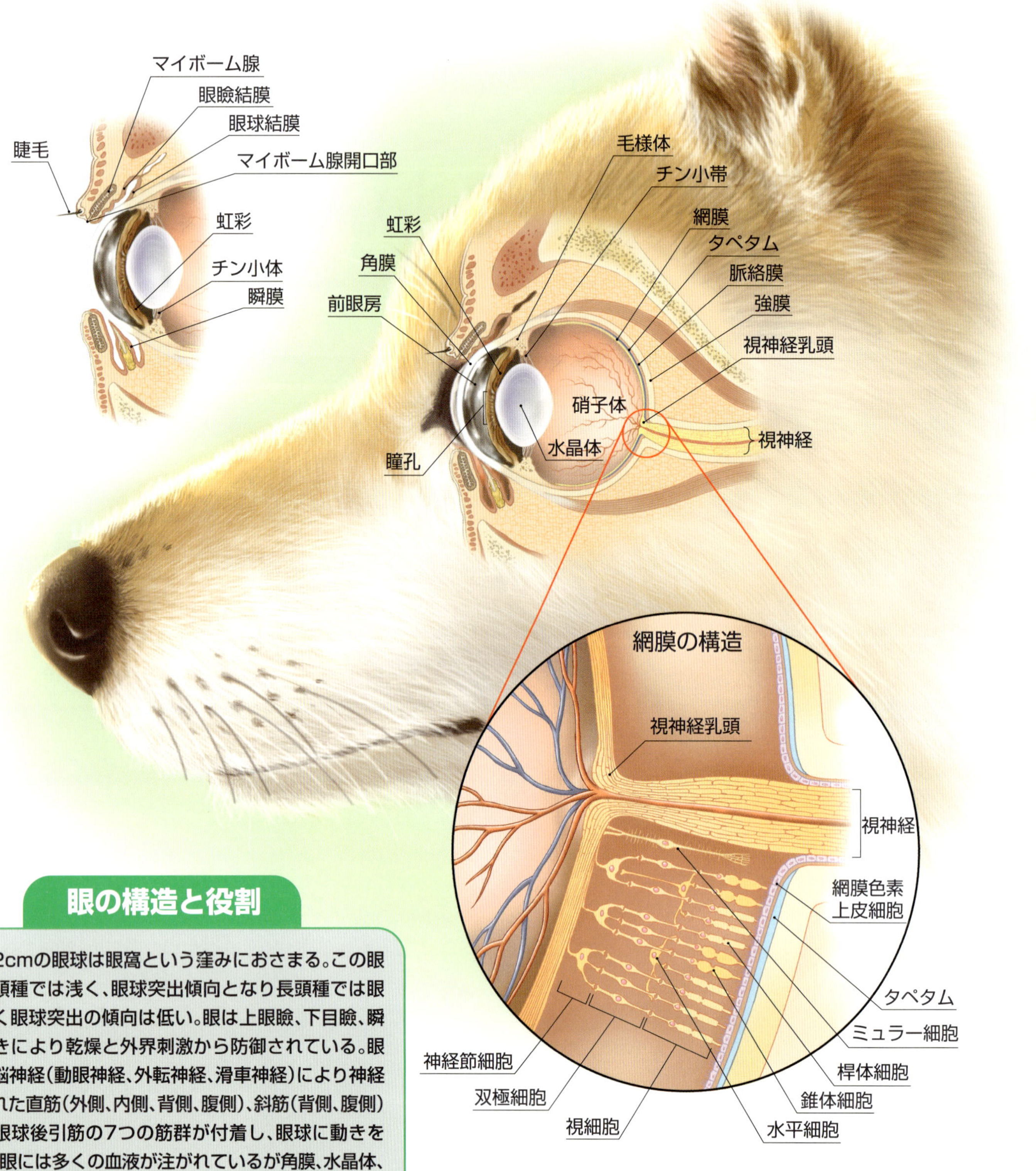

Chapter 1-1

眼の構造と役割

　直径2cmの眼球は眼窩という窪みにおさまる。この眼窩は短頭種では浅く、眼球突出傾向となり長頭種では眼窩が深く眼球突出の傾向は低い。眼は上眼瞼、下目瞼、瞬膜の動きにより乾燥と外界刺激から防御されている。眼球には脳神経（動眼神経、外転神経、滑車神経）により神経支配された直筋（外側、内側、背側、腹側）、斜筋（背側、腹側）そして眼球後引筋の7つの筋群が付着し、眼球に動きを与える。眼には多くの血液が注がれているが角膜、水晶体、硝子体に血流はない。

図1　犬の眼の構造

眼の病気

　眼の働きは物を見るための情報を獲得することである。外からの情報は、透明な眼の中を通過して眼の一番奥にある網膜に到達する。網膜に到達した情報は信号に変換される。その信号が脳へ送られて動物は、視覚を得ることができる。よって眼の病気で怖いことは視覚障害に繋がる病気の発症である。充血、羞明（眼をしょぼしょぼする）、眼ヤニなどの異常を飼い主の方や獣医師が早期に発見し、早期に治療することが大切である。そこで、このような症状を主訴に来院される犬の病気をいくつかご紹介する。

I 睫毛異常／結膜炎／流涙症

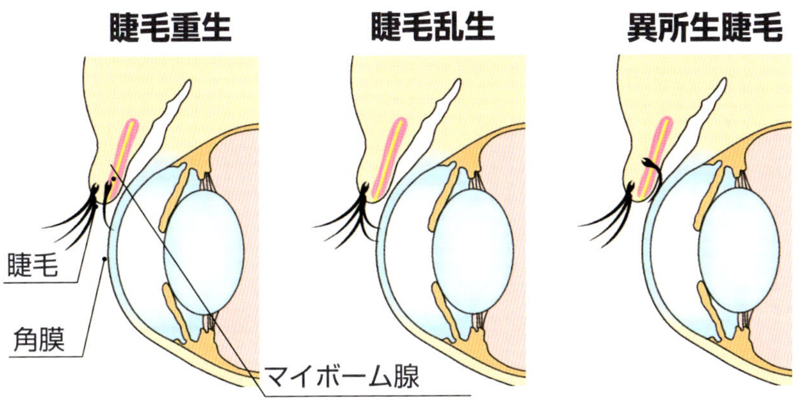

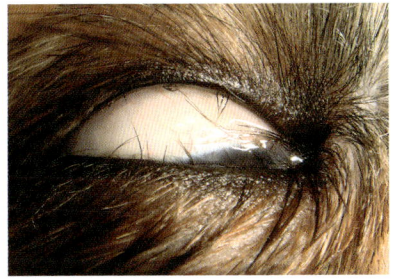

図2　睫毛の毛根の場所と睫毛の伸びていく方向がそれぞれ正常とは異なる。

図3　睫毛重生 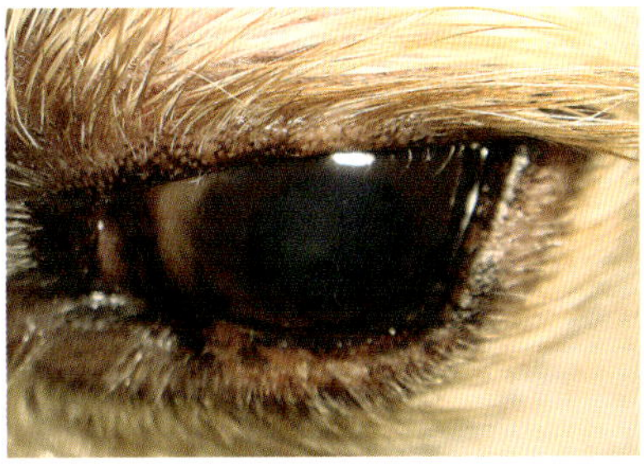　　　図4　睫毛乱生

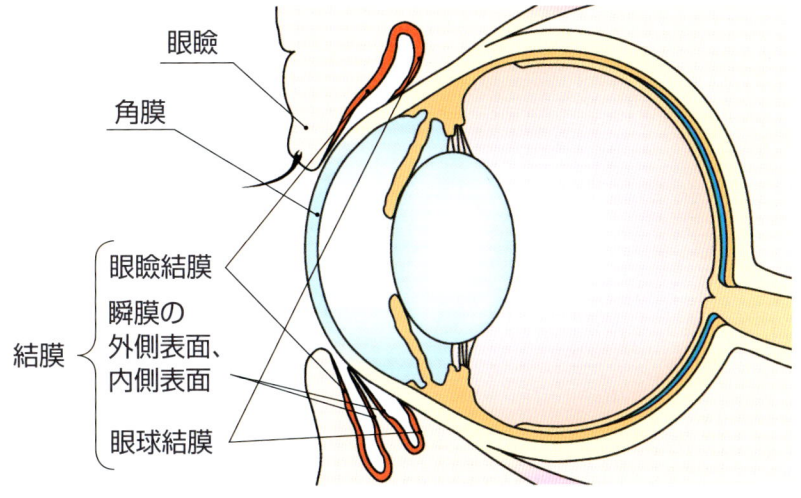

図5
結膜は眼瞼結膜、眼球結膜、瞬膜の内側・外側表面からなる。半透明で薄い眼球結膜に対して、眼瞼結膜は淡く赤みがかっており球結膜より厚い。

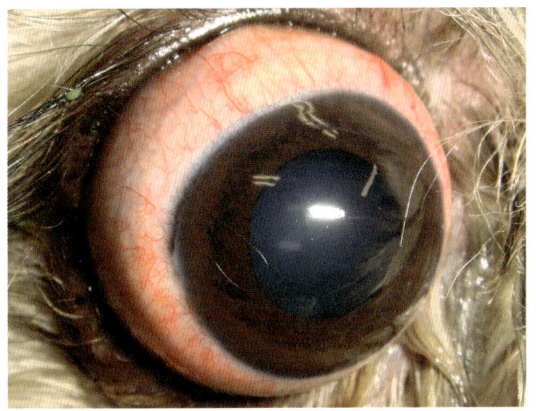

図6　結膜炎　球結膜の著しい充血、上眼瞼に付着した眼ヤニ、マイボーム腺開口部の腫脹が見られる。

睫毛異常（しょうもういじょう）

　睫毛は、通常、毛根の場所と睫毛の伸びていく方向が決まっている。睫毛の毛根の場所や睫毛の伸びていく方向に異常があり流涙、羞明、結膜充血などが起こるのが睫毛異常である。
　睫毛異常には、睫毛重生、睫毛乱生、異所性睫毛がある。睫毛重生は、睫毛の毛根がマイボーム腺内にありマイボーム腺から睫毛が伸びているものである。睫毛乱生は、睫毛の伸びる方向が角膜に向かうようにカーブをして伸びてしまうものである。異所性睫毛は、睫毛の先端が瞼の内側から突き出すように伸びている。異所性睫毛は、わかりづらく発見が遅れると、角膜潰瘍などを生じることがあり注意が必要である。
　睫毛異常の治療は、角膜の表面を刺激している睫毛を除去することである。専用のピンセットで異常な睫毛を数本抜くだけの治療で終えることが多いが、両側の眼瞼全体にわたって睫毛異常がある場合は、レーザーや冷凍凝固による治療を行わなければならない。

結膜炎（けつまくえん）

　結膜炎は、結膜の炎症の総称で、原因は細菌、真菌、ウイルス、寄生虫の感染、免疫異常、涙液膜の異常、異物の混入があげられる。結膜には眼球結膜と眼瞼結膜がある。眼球結膜は非常に薄く無色透明で、いわゆる白眼の表面を覆っているものである。眼瞼結膜は、眼球結膜に比べて厚く不透明で、若干赤く瞼の内側の表面を覆っている。また瞬膜の眼球側と瞼側の表面も結膜に分類される。
　症状は、結膜の充血と眼ヤニなどであり、急速に進行し視覚に大きく影響する眼の病気（緑内障、ブドウ膜炎など）でも初期症状として結膜が充血することがあるので、それらの病気との鑑別が大切である。

流涙症（りゅうるいしょう）

　流涙症は、原因が多様なため診断が難しい病気のひとつである。原因は、瞼や鼻の皺の毛が眼を直接刺激すること、眼瞼内反症、眼瞼外反症など眼瞼の形態異常、マイボーム腺分泌液の不足などがあげられる。
　流涙症は、涙の筋ができるだけならそれほど問題はないが、皮膚炎を生じたり臭いが強くなること、あるいはショー・ドックでは美容上問題にもなる。また、眼表面の涙不足により角膜に傷をつくることもあるので注意が必要である。
　治療は、流涙症の原因を特定し点眼薬、内服薬、場合によっては手術が必要になる。

Ⅱ 乾燥性角結膜炎/角膜潰瘍/角膜上皮糜爛/ブドウ膜炎

図7　角膜図

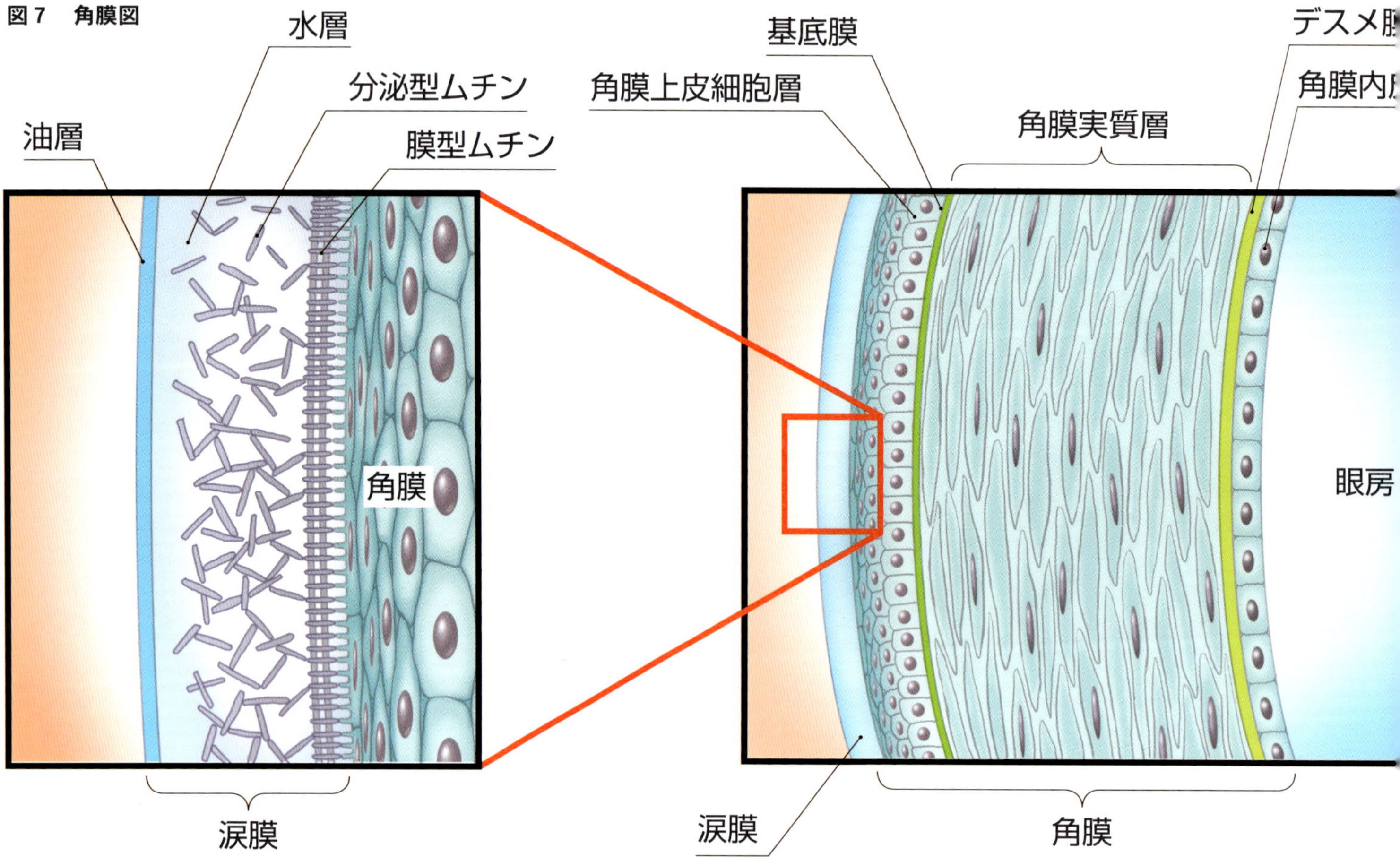

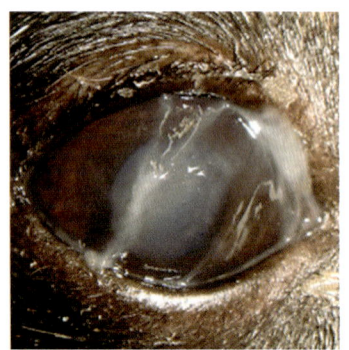

図8　乾燥性角結膜炎
内眼角の皮毛に付着している乾燥したヤニ、眼球の辺縁に付着した多量の眼ヤニ、結膜充血がみられる。

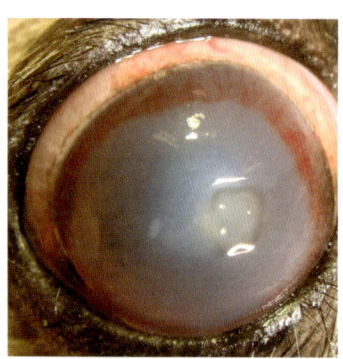

図9　角膜潰瘍
角膜中央の潰瘍、角膜全体の淡い白濁、角膜周辺からの表層性血管新生、結膜充血がみられる。

乾燥性角結膜炎（かんそうせいかくけつまくえん）

　眼の表面は脂質、液体、粘液からなる涙膜でコーティングされている。涙膜は、角膜の約80分の1の厚さと言われ非常に薄いのであるが、細菌の防御とともに眼に栄養と潤いを与えている。

　乾燥性角結膜炎は、涙膜の質や量の悪化から眼が乾燥し、二次的に角膜や結膜に炎症が起きる。原因は、涙腺の免疫異常、先天性の涙腺形成不全、麻酔薬や一部の薬剤による誘発性、涙腺を支配する神経の異常、瞬膜摘出手術、老化に伴う涙腺萎縮などである。

　症状は、眼ヤニ、光沢のない乾燥した角膜、羞明、結膜充血、鼻の乾燥などである。症状が進行すると、角膜に血管や色素がみられ視覚障害を生じてくる。

　治療は、免疫抑制剤による涙液産生と消炎が基本になる。早い段階でこの病態に気がつくと眼薬で改善することが多い。しかし発見が遅れ、病態が進行してしまうと生涯にわたって1日に何度も眼をぬらすなど根気のいる治療が必要になってしまう。

角膜潰瘍（かくまくかいよう）

　角膜は、血管のない透明な膜で、接着斑で基底膜とくっついた角膜上皮細胞層、角膜実質層、デスメ膜、角膜内皮層の4つの層からなっている。角膜潰瘍は、角膜上皮や角膜実質がなんらかの原因で障害を受けた状態である。

　角膜潰瘍の原因は、涙膜の異常や不足、擦過、感染、外傷などであるが動物病院を受診する頃には感染を起こしていることが一般的である。

　症状は、羞明、流涙、眼ヤニ、結膜充血などである。角膜潰瘍が角膜実質の深くまで達すると角膜内に血管、炎症細胞が入り、角膜の透明性が失われ視覚を妨げる。

　治療には、抗生物質や自己血清点眼、治療用ソフトコンタクトレンズの装着などが必要である。痛みが強い場合犬は、眼を擦ってしまうのでエリザベスカラーを装着することが大切である。角膜潰瘍が深く、角膜穿孔の恐れがある場合は、角膜縫合、結膜被覆術、眼瞼縫合、瞬膜被覆術などの外科的治療が早急に必要となる。

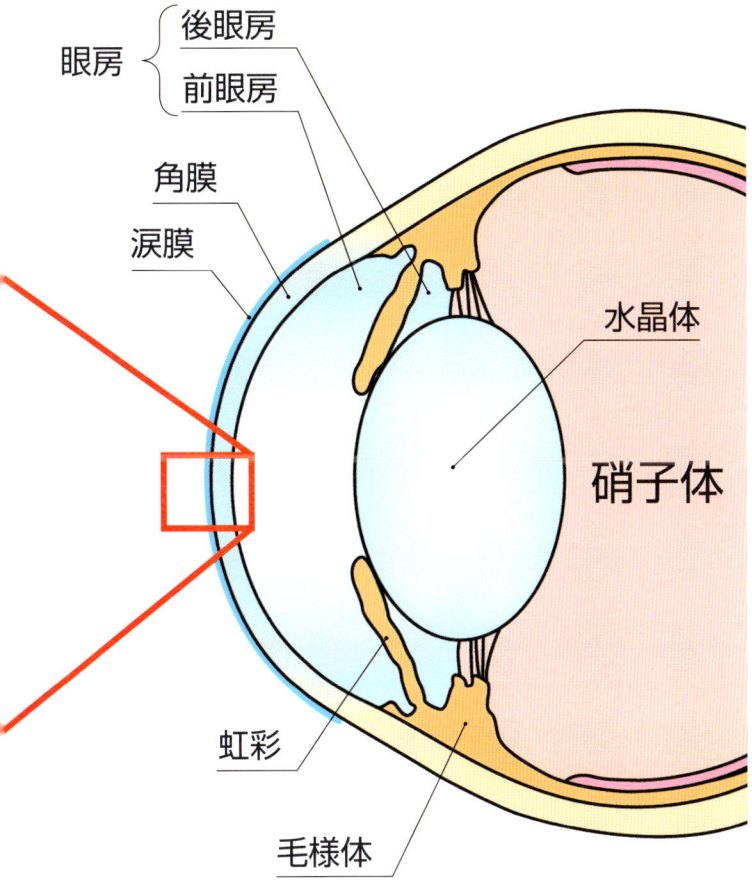

図7 角膜
角膜は涙膜で覆われた血管のない透明な膜で、接着斑で基底膜とくっついた角膜上皮細胞層、角膜実質層、デスメ膜、角膜内皮細胞層の4層からなる。眼球内へ光を透過させ、眼球内へごみや細菌の侵入を防ぐ役割をもつ。

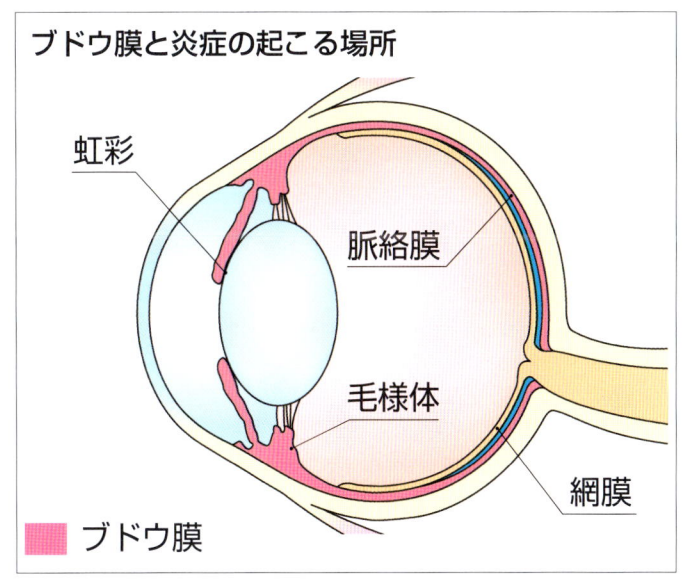

図11 ブドウ膜
虹彩、毛様体、脈絡膜は連続しており、総称してブドウ膜という。虹彩は眼内への光量の調節、毛様態は房水の産生、脈絡膜は網膜への血流を注ぎ栄養、酸素を供給するなどの役割をもつ。

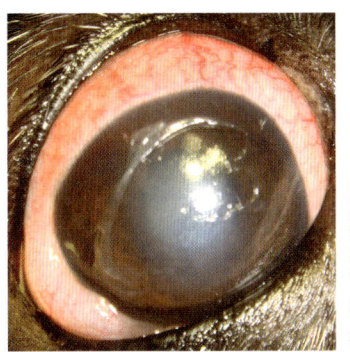

図10 角膜上皮糜爛
角膜表面にめくれた角膜上皮層が付着している糜爛となっている。角膜周辺の表層性血管新生、結膜の著しい充血もみられる。

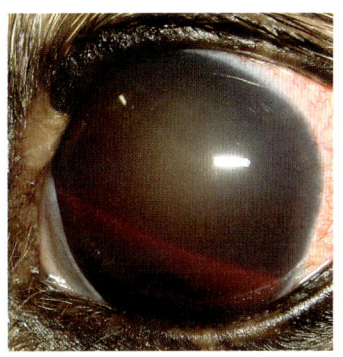

図12 ブドウ膜炎
眼内出血、房水混濁（眼の中の濁りのため瞳孔がはっきり見えない）、結膜充血がみられる。

角膜上皮糜爛（かくまくじょうひびらん）

　角膜上皮基底膜と角膜実質上層での結合が障害を受ける病気である。この病気は難治性で、角膜潰瘍の治療を続けても、再発を繰り返すことが特徴である。慢性的な経過、角膜染色による検査で角膜潰瘍周囲の特徴的な染まり方、病変部の軽い掻爬による角膜上皮の脱落の仕方で診断がつけられる。

　治療は手術と点眼の併用になり、角膜潰瘍の治療をしているのにもかかわらず、なかなか改善しない時はこの病気を疑わなければならない。

ブドウ膜炎（ぶどうまくえん）

　眼の構造物の中で、虹彩、毛様体、脈絡膜を併せてブドウ膜という。

　虹彩は、その大きさを変えることで眼の中に入る光の量を調整している。毛様体は、視力の調節と房水を産生する。脈絡膜は、血管を豊富に持ち網膜などに栄養を与えている。

　虹彩、毛様体、脈絡膜は連続しており、それぞれの炎症は波及しやすく、この部位に生じた炎症を総称してブドウ膜炎という。

　症状は、結膜充血、羞明、角膜混濁、縮瞳、低眼圧、房水混濁、眼内出血である。

　原因は、免疫介在性、特発性、代謝異常、感染性、毒性、外傷、腫瘍関連性などである。

　治療は、原因がはっきりとわかればその治療をしていくことになるが、すぐに特定できないこともあり、点眼や内服によるステロイド剤での消炎治療が基本になる。

III 緑内障／白内障

緑内障の主なタイプ

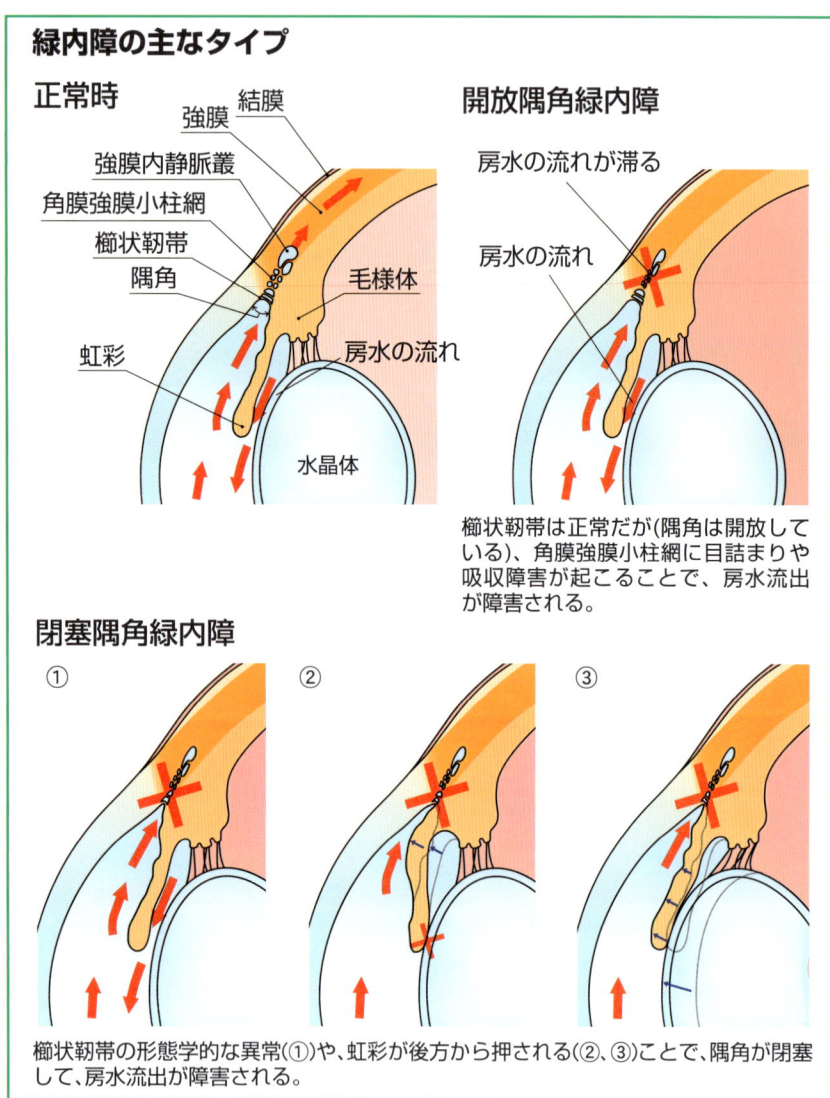

正常時／開放隅角緑内障／閉塞隅角緑内障

櫛状靭帯は正常だが(隅角は開放している)、角膜強膜小柱網に目詰まりや吸収障害が起こることで、房水流出が障害される。

櫛状靭帯の形態学的な異常(①)や、虹彩が後方から押される(②、③)ことで、隅角が閉塞して、房水流出が障害される。

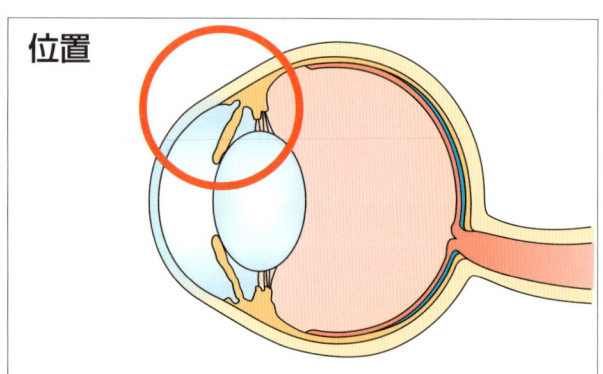

図13　緑内障のタイプ
隅角の形態には開放している状態と閉塞している状態とがある。緑内障と診断のついたとき、隅角の形態がどちらかで開放隅角緑内障か、閉塞隅角緑内障かが決まる。

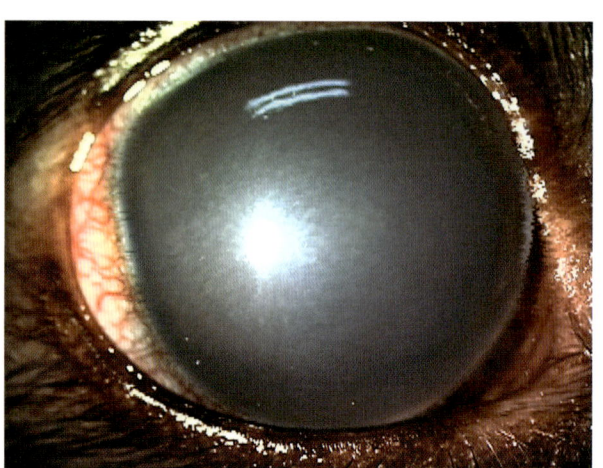

図15　緑内障
眼圧上昇の結果、角膜内に房水が浸透し角膜浮腫(角膜混濁)を起こしている。

緑内障（りょくないしょう）

　角膜と水晶体の間には、房水と呼ばれる水が還流しており、眼に栄養を与えると同時に眼圧を正常に保っている。房水は、さまざまな物質の濃度勾配や静水圧により毛様体から産生され、角膜と虹彩の間（隅角）から強膜に抜けていく。房水の排泄障害から眼圧が高くなることで、視神経が障害され視覚障害を起こす病気が緑内障である。

　房水の排泄障害の原因は原発性と続発性とがあり、犬では二次的に隅角が閉塞される続発性が多い。緑内障を発症すると高眼圧からくる強い痛み、白眼の充血、角膜混濁、視神経や網膜の障害から視覚障害が起こる。

　治療は、眼圧を下げることである。特に視覚が残っている状態では、早急に眼圧を下げる必要がある。緑内障は、一度発症すると生涯にわたり治療を続ける必要がある。しかし点眼だけで緑内障をコントロールすることは難しく、手術もよく行われる。視覚の残っている場合は、レーザーによる房水の産生や排出を調節する手術が、不幸にも視覚を失ってしまった場合は、シリコンボール強膜内挿入術、ゲンタマイシン硝子体内注入術、眼球摘出術が適応になる。

眼圧と視神経の関係

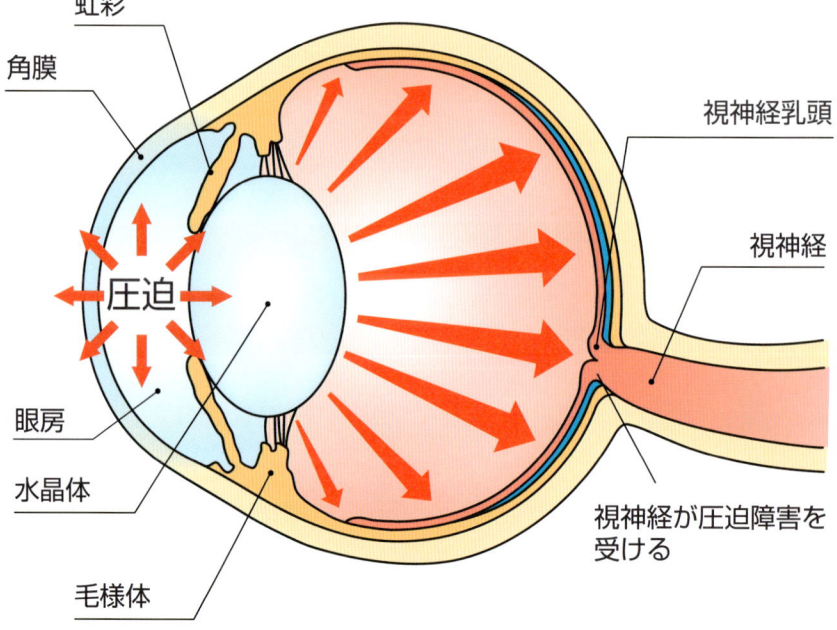

図14　眼圧と視神経の関係
眼圧が上昇すると眼房を中心に眼の中全体に圧がかかる。眼底にある視神経乳頭に圧がかかると視神経乳頭は後方に圧縮され、虚血となり視神経障害が起きる。

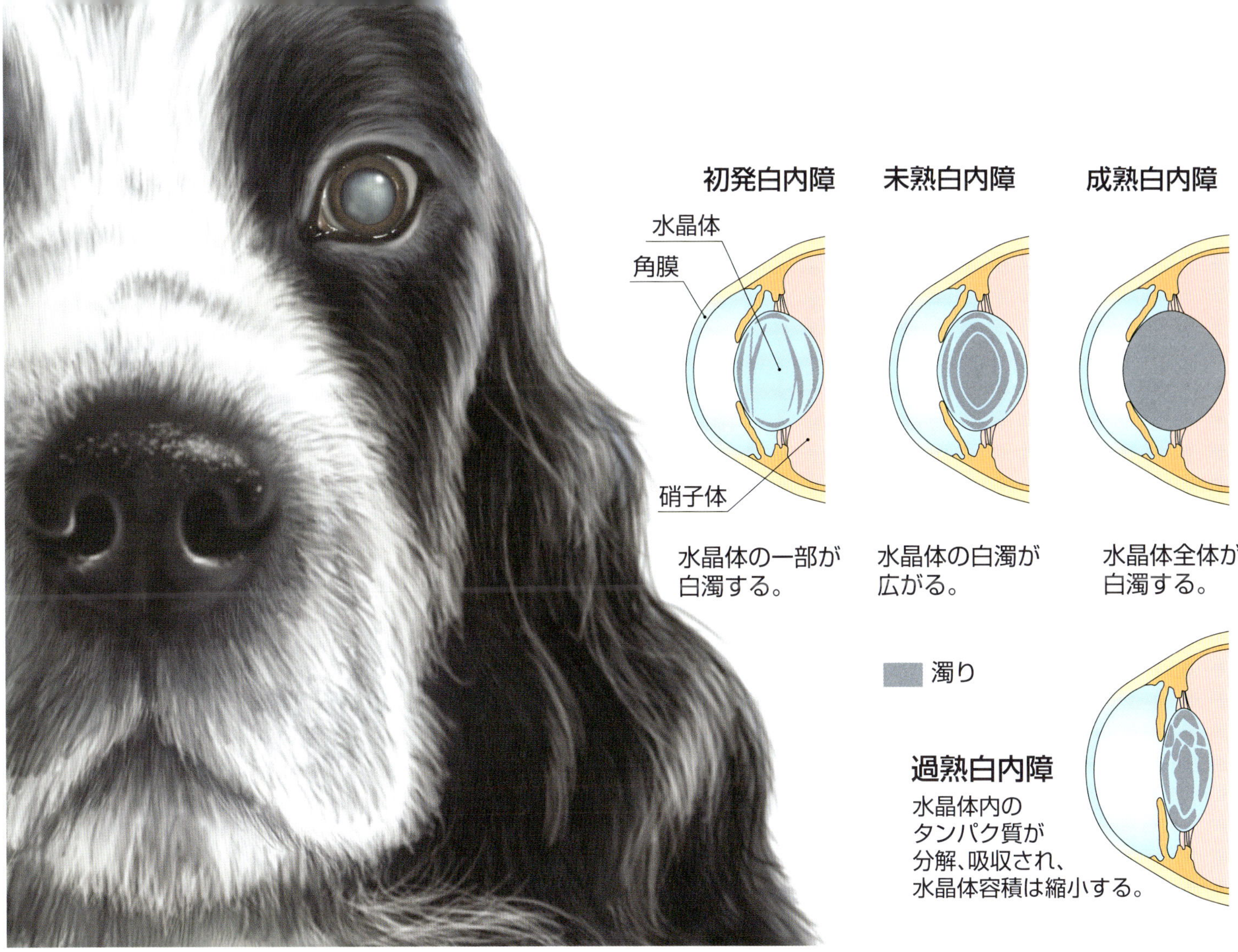

図16　白内障
水晶体は角膜を通過して入射してきた光を屈折させ網膜上で像を結ばせ視力を向上させている。水晶体に栄養、タンパク質代謝、浸透性などの異常が起こり白濁した状態が白内障である。

初発白内障　　未熟白内障　　成熟白内障

水晶体
角膜
硝子体

水晶体の一部が白濁する。

水晶体の白濁が広がる。

水晶体全体が白濁する。

■ 濁り

過熟白内障
水晶体内のタンパク質が分解、吸収され、水晶体容積は縮小する。

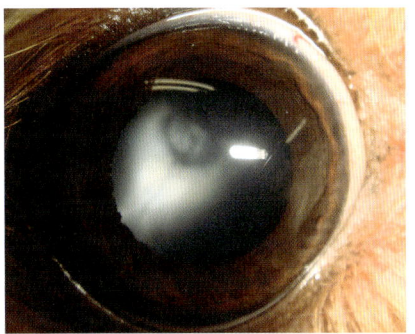

図17　白内障（初発）
初期の局所的な水晶体の白濁が見られる。水晶体の大部分は透明なので視覚に影響をおよぼさない。

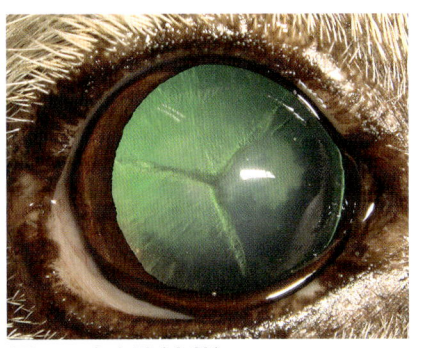

図18　白内障（未熟）
初期の局所的な白濁が広範囲に広がり部分的な視覚障害があるものの明るい場所での行動に大きな変化はない。

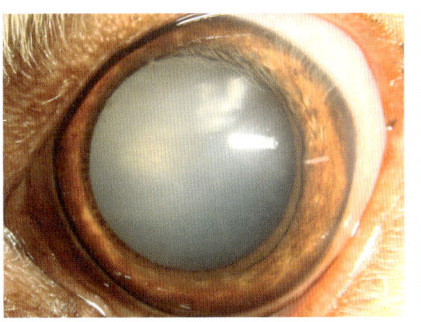

図19　白内障（成熟）　強い白濁が水晶全体に広がるため視覚はなくなる。散瞳させて検査することで明確となる。

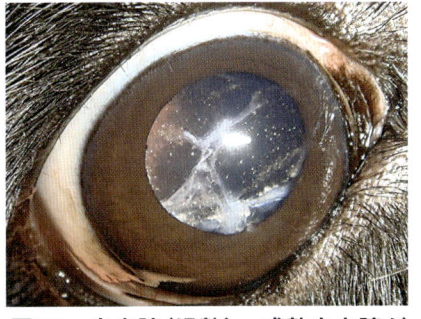

図20　白内障（過熟）　成熟白内障が進行し水晶体嚢内の核や皮質に融解が起こっている。融解物質は眼内に炎症を起こす。

白内障（はくないしょう）

　水晶体は、両面が凸状のレンズで血管がなく透明である。水晶体に栄養、タンパク質代謝、浸透性などの乱れが生じ、水晶体が白く濁ったものが白内障である。白内障には、さまざまな分類法があるが、ここでは臨床的によく使用される白内障の進行状況による分類を紹介する。
　初発白内障は、視覚に影響をおよぼさない初期の局所的な白濁が水晶体にある状態である。未熟白内障は、初期の局所的な白濁が広がるため、視覚を部分的に妨げるが、明るい場所での犬の行動に大きな変化は見られない。成熟白内障は、白濁が水晶体全体におよぶため視覚はなくなる。過熟白内障は、成熟白内障が進行し、水晶体内のタンパク質分解により、水晶体嚢内の核や皮質が融解を起こしていく状態である。
　通常、白内障と気づかれる頃には、水晶体物質は水晶体嚢を透過して眼の中に拡散し、ブドウ膜に炎症を起こすため白眼が赤くなっている。
　白内障の原因は遺伝性、外傷性、続発性、栄養性、放射線、糖尿病などである。
　治療は、手術で、濁った水晶体を超音波で取り除き、人工水晶体を挿入して視力の回復をはかる。手術は、白内障を持つ全ての犬が対象となるわけではなく、不可逆的な視覚障害のある網膜疾患を併せ持つ場合などは手術不適応となるので、術前に必ず網膜の検査を受ける必要がある。
　白内障は、老犬だけの病気ではなく、むしろ遺伝的素因を背景に持つ若齢犬や成犬によく発症する。

Ⅳ 網膜変性症／網膜剥離

網膜変性症（もうまくへんせいしょう）

犬の網膜は、10層からなり、眼の中を通過してきた光を電気信号に変えて、視神経に受け渡す重要な役割を持っている。視覚機能を司る網膜は、たくさんの酸素を消費するため、多くの血液供給を受けている。

網膜変性症は、網膜への血液供給が妨害されて網膜の機能が徐々に低下していき、不可逆的に視覚を失ってしまう遺伝性疾患である。

症状は、夜盲や動くものに対する視力の低下から始まっていく。進行すると日中でも視力が低下して全盲になってしまう。この病気は、痛みもなく初期症状を示さないのでなかなか気づかれることがない。初めて行く場所での行動の変化で気づくことがあるかも知れない。

治療法はなく、散歩のときや家の中の家具の配置など視覚障害による事故を未然に防ぐ予防措置をとる必要がある。本疾患の予防は、この病気を持つ動物を繁殖に用いないことである。

網膜剥離（もうまくはくり）

網膜剥離は、網膜が本来の位置から剥がれる（10層ある網膜の網膜色素上皮層と視細胞層の間で起こる）ことにより視覚障害が起こる病気である。

剥離によって血管の豊富な脈絡膜からの血液供給が途絶え、すぐに不可逆的な視覚障害が起こる。

原因は先天性、漿液性、牽引性、硝子体変性による剥離がある。先天性は、生まれつき網膜に異形成があり、剥離を起こす。漿液性には、ウイルスや真菌感染による滲出性と、高血圧や全身的な血液凝固異常などによる出血性がある。牽引性は、ブドウ膜炎後や眼内組織の収縮、硝子体内のフィブリンが網膜を引っ張り（牽引して）剥離が起きる状態である。硝子体変性による剥離は、本来ゼリー状の硝子体が液化し、網膜に裂孔があるとそこから液化した硝子体が網膜下に侵入し、剥離が起きる状態である。

症状は急性の視覚障害、散瞳である。眼内が出血などで混濁している場合は、超音波検査で診断する。

治療は、内服か網膜剥離が部分的なら進行を防ぐためのレーザー治療である。

眼薬のつけ方

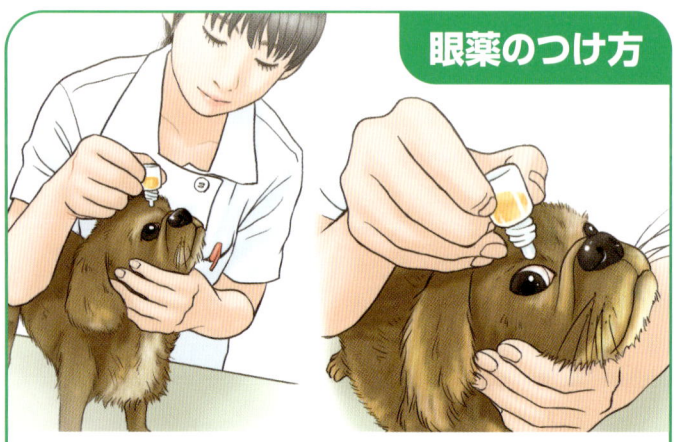

点眼は飼い主が眼薬をさしやすい高さの台の上に犬をのせ、下顎に手を入れて犬に上を向かせて行う。犬の後方から点眼する方がやりやすい。眼軟膏の場合も同様の方法で行い、球結膜に指示された量を塗布する。

図21 網膜

水晶体から入射された光の情報は網膜層内で光信号に変換されて視神経を経由して大脳へと送られるため、視覚を獲得するために網膜は非常に重要な役割をもつ。網膜変性症では、血液供給が途絶え網膜に栄養が送られなくなり、網膜が進行性に萎縮してくる病態（進行性網膜萎縮）を経て失明に至る。

網膜剥離

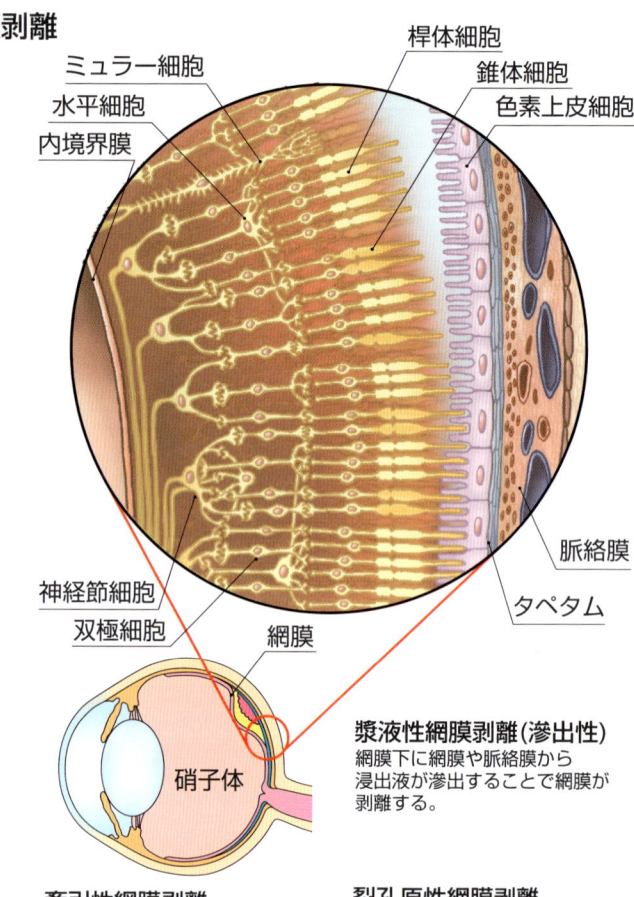

漿液性網膜剥離（滲出性）
網膜下に網膜や脈絡膜から浸出液が滲出することで網膜が剥離する。

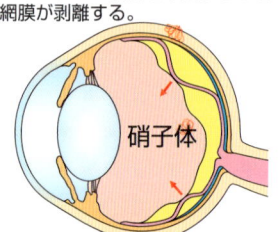

牽引性網膜剥離
変性した硝子体内の組織やフィブリンが網膜を牽引することで網膜が剥離する。

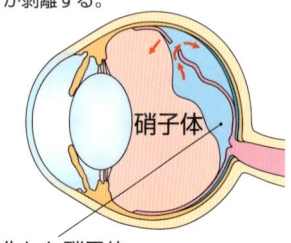

裂孔原性網膜剥離
液化した硝子体が網膜の裂孔部分から網膜下に侵入して網膜が剥離する。

図22 網膜剥離
10層ある網膜内の層の中で、網膜色素上皮層と視細胞層の間が、剥がれることで、視覚障害が起こる。

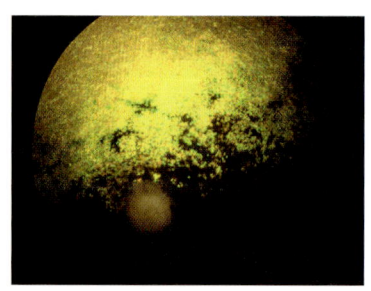

図23 網膜変性症
網膜上や視神経乳頭には、血管の走行はほとんど確認ができないことから、これらは機能不全に陥っていることがわかる。

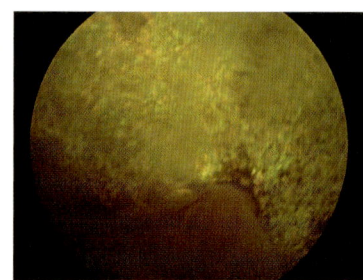

図24 網膜剥離 視神経乳頭部を頂上にした山のように淡い白濁色の剥離した網膜が垂れ下がっている状態がわかる。

Ⅴ その他の重要な眼の病気

眼瞼内反症（がんけんないはんしょう）

瞼の形態学的な異常や眼の位置や大きさの変化によって、眼瞼縁が内側に内転する状態が眼瞼内反症である。眼瞼は外界から眼を守り、瞬きをすることでマイボーム腺から脂質成分を分泌させ、また涙膜を拡散させる機能を持っている。涙膜は一部が蒸発して、残りは涙点から鼻涙管へ送られるが、このときも瞬きが涙点への涙膜の移動に役立つ。眼瞼内反症では、このような眼瞼本来の働きが障害されること、内転した眼瞼縁の皮毛が眼に触れることから、二次的に角膜に障害を起こし痛みが出てくる。原因は、遺伝性と続発性とがある。上眼瞼より下眼瞼に多く、短頭種では瞼の一部が内反し、大型犬では瞼の大部分が内反する傾向にある。治療は、外科的な眼瞼形成術である。

マイボーム腺梗塞（まいぼーむせんこうそく）

マイボーム腺は、眼瞼縁にあり、瞬きにより脂質成分が分泌される腺構造を持っている。分泌された脂質成分は、角膜の表面を覆う涙膜最表層を形成する。マイボーム腺からの脂質成分が涙膜に混ざることで水の表面張力が下げられ、涙膜と角膜が接着できる。このように角膜や結膜を涙膜が覆うことで眼の表面の病気を防げるのである。マイボーム腺梗塞は、マイボーム腺から脂質成分が分泌されないことで涙膜の性状が悪化し、角膜や結膜の病気が起こりやすくなる。治療は、特殊な器具を使用して、梗塞したマイボーム腺を圧迫することや炎症や感染があれば眼薬や飲み薬を併用する。またマイボーム腺の保温やマッサージも効果がある。犬は、瞬きの回数が少ないので梗塞を起こしやすく比較的よく遭遇する病気である。

瞬膜の疾患（しゅんまくのしっかん）

瞬膜は、下眼瞼の鼻側にあり第三眼瞼とも呼ばれている。角膜の保護や涙膜の移動に役立ち、内側には多数のリンパ濾胞構造を持っている。瞬膜の中には、瞬膜に程よい堅さを与えるT字型の軟骨と瞬膜腺がある。瞬膜腺からは、涙膜を構成する水分の一部が供給されている。瞬膜の疾患には、瞬膜腺の突出、瞬膜の外反、腫瘍、外傷がある。瞬膜腺の突出は、瞬膜の内側にある多数のリンパ濾胞の過形成と、眼窩周辺と第三眼瞼を結ぶ支帯の弛みによって瞬膜腺が突出することで、その外観からチェリーアイとも呼ばれる。瞬膜の外反では、瞬膜の中にあるT字型の軟骨の一部が異常な形に湾曲していることで、瞬膜の内側が反転して出てくる。瞬膜の疾患は、いずれも外科的な整復が必要である。瞬膜切除は、瞬膜による角膜保護ができなくなること、また瞬膜腺からの涙膜への水分供給が低下し、乾燥性角結膜炎を起こすため腫瘍以外は通常行われない。

水晶体脱臼（すいしょうたいだっきゅう）

水晶体は、その周囲にある多数のチン小体と接着し、眼の中に吊るされるように存在している。水晶体脱臼は、チン小体がちぎれて水晶体が変位した状態をいう。水晶体脱臼は、遺伝性と続発性があり、遺伝性は、チン小体がもともともろく5歳くらいまでに断裂し、水晶体脱臼を起こす。続発性は、眼への乱暴な攻撃、緑内障による眼球腫大、ブドウ膜炎、白内障で水晶体が膨化することで、二次的にチン小体が断裂して水晶体が脱臼する。脱臼した水晶体の位置によって症状や治療が異なる。虹彩よりも前方に脱臼すると角膜混濁、結膜充血、眼圧上昇が見られ、脱臼した水晶体を摘出する手術が必要になる。水晶体が硝子体腔へ脱臼すると無症状で、無治療のこともあるが、ブドウ膜炎の併発や完全に脱臼した水晶体が虹彩より前方に変位してくることもあるので、必ず眼科での受診が必要である。

突発性後天性網膜変性症（とっぱつせいこうてんせいもうまくへんせいしょう）

中齢期以降の犬に突然の失明を示す網膜の病気である。原因は、視細胞のアポトーシス（組織の成長の過程でプログラム化された細胞死をいう）の関与、視細胞への毒性物質の存在、ホルモンまたは代謝異常に起因する視細胞の変性などの仮説があるが、未だに不明である。診断には、網膜電図の評価が必須である。高用量のステロイド薬、静脈内免疫グロブリン治療が行われ始めているが、まだ副作用や治療費の問題から臨床的ではなく、治療不可能な病気と考えられている。

視神経炎（ししんけいえん）

眼に異常がなくても脳の異常から視覚障害を起こすこともある。視神経炎は、視覚の伝達路である視神経の炎症である。原因は、肉芽腫性髄膜脳脊髄炎（GME）やジステンパーウイルス感染などによる、免疫介在性脳炎の視神経への波及である。GMEの症状は、突然の失明と病変部が脳にあるため発作、行動異常、旋回運動などの神経症状がみられることもある。早急な治療とMRI等による検査が必要になる。

動物病院で比較的よく遭遇する眼の病気を17例ご紹介した。眼の病気は他にもあり、通常犬の初期症状は見逃されてしまうことが多く、発見が遅れ症状が進行した状態で動物病院を来院されるケースがほとんどである。日常の何気ない観察から異常を感じたら、まずは動物病院を受診し適切な処置、治療を受けることが大切である。

貧血の原因

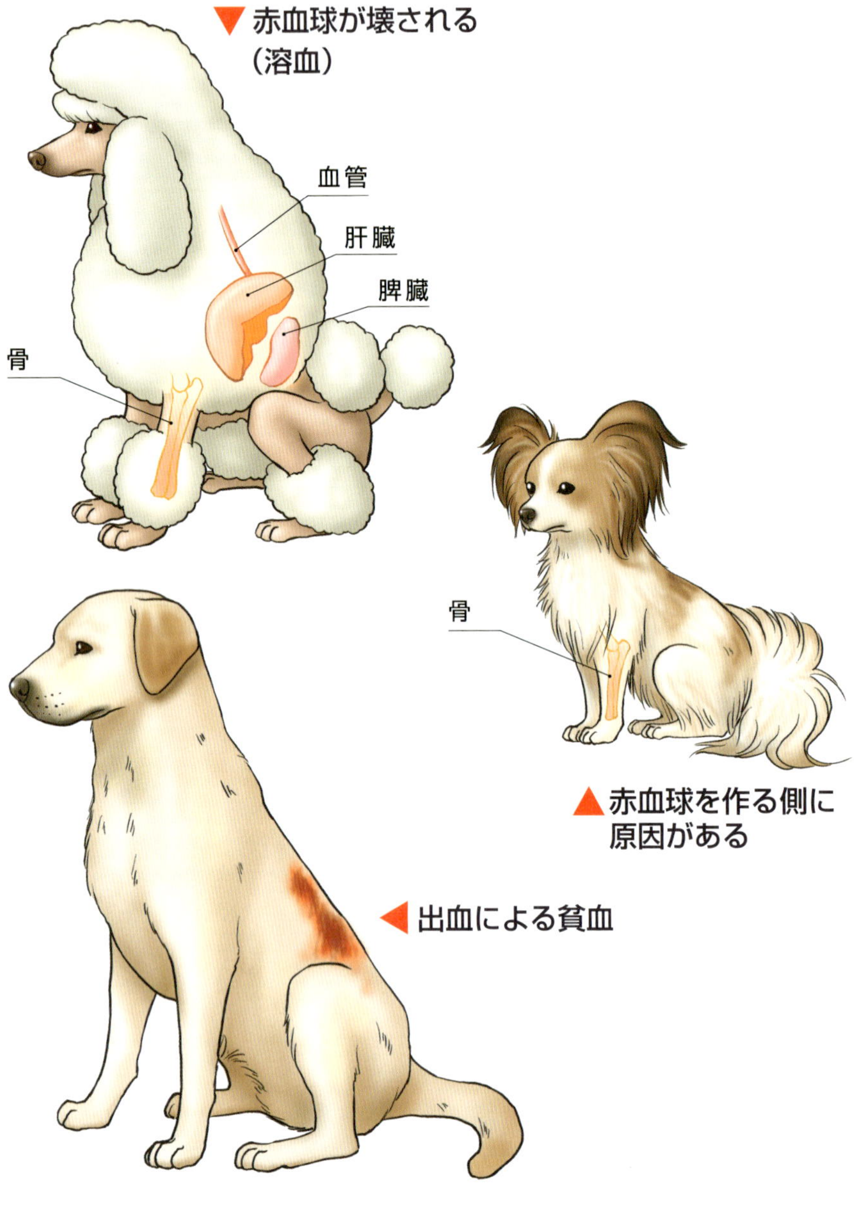

▼ 赤血球が壊される（溶血）
- 血管
- 肝臓
- 脾臓
- 骨

▲ 赤血球を作る側に原因がある
- 骨

◀ 出血による貧血

赤血球の生成

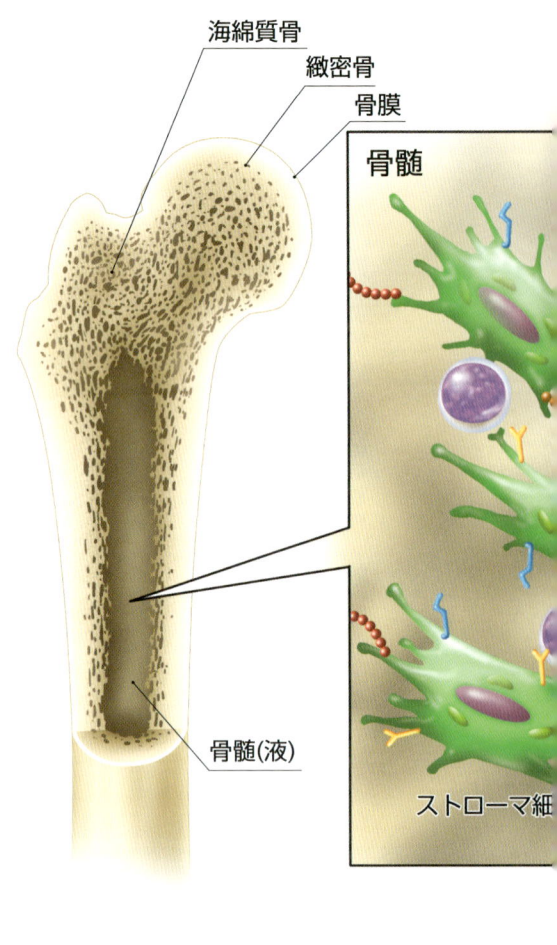

- 海綿質骨
- 緻密骨
- 骨膜
- 骨髄
- 骨髄(液)
- ストローマ細胞

血液の病気

　血液は、もともと造血幹細胞と呼ばれるひとつの細胞から作られ、最終的に赤血球、白血球、血小板という3つの細胞に分化する。いろいろな原因により、これらの細胞の数が異常に減少したり、増加したり、機能が落ちたりする。この状態が血液病（血液疾患）である。最も多い血液病は、赤血球が異常に減少する状態、すなわち貧血である。ひとくちに貧血と言ってもいろいろな原因があり、赤血球を作る側に問題があることによる場合と、作る側は正常であるが、赤血球が壊されたり（溶血）、血管の外に出て行く（出血）ことによる場合の大きくふたつに分けられる。

　原因により、治療法や予後（治りやすいか治りにくいか）が変わる。原因をはっきりさせて、原因にあわせた治療をすることが重要になる。

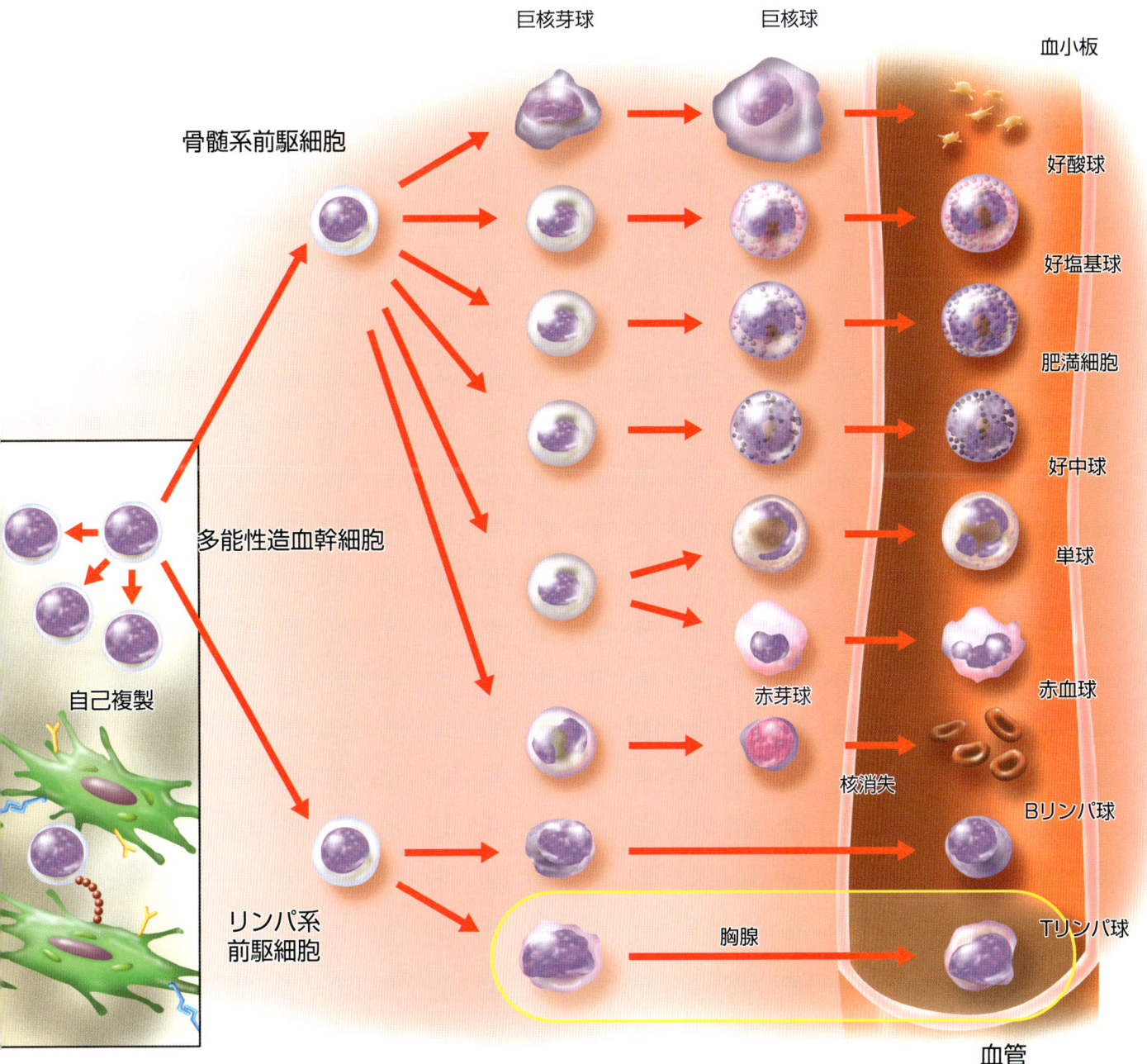

| 血球の主なはたらき | ●赤血球：酸素の運搬
●血小板：血液凝固、止血
●白血球：（好酸球、好塩基球、好中球、単球、Bリンパ球、Tリンパ球）：食作用、免疫作用 |

Ⅰ 免疫介在性溶血性貧血

免疫介在性溶血性貧血（めんえきかいざいせいようけつせいひんけつ）

　一般的には、自己免疫性溶血性貧血と呼ばれていた疾患を指す。この病気は、血管内や脾臓、肝臓、骨髄内で自分の免疫により赤血球が破壊される疾患である。猫より犬で多く見られ、好発犬種として、海外ではコッカー・スパニエル、アイリッシュ・セッター、プードル、オールド・イングリッシュ・シープドッグなどが報告されている。わが国ではまとまった報告はないが、マルチーズ、シー・ズー、プードルでの発症が多いようである。また、雌犬の発生率は雄犬の2～4倍といわれている。
- ●**症状**：臨床徴候としては、貧血の一般的な症状に加えて、発熱、血尿（血色素尿）や黄疸、脾腫、肝腫が見られる場合がある。
- ●**診断**：赤血球に自己凝集（赤血球同士が結合する反応）が認めら

れることや赤血球表面に抗体が付着していることを証明する検査（直接クームス試験）、赤血球の特殊な形態（球状赤血球）などから確定診断が行われる。
- ●**治療**：免疫抑制療法を行う。通常、副腎皮質ホルモン剤を初めに用いるが、反応が悪い場合、その他の免疫抑制剤が併用される。治療は、数カ月間続ける必要があり、この間、免疫力の低下による感染や副腎皮質ホルモン剤の副作用に注意をする必要がある。再発性や難治性の場合に脾臓の摘出が適応されることもある。多くの症例は、回復するが、重度の血色素血症や自己凝集が見られるもの、血小板の減少を伴ったものは予後が悪い傾向がある。

II 再生不良性貧血

再生不良性貧血(さいせいふりょうせいひんけつ)

赤血球、白血球、血小板の大元の細胞である造血幹細胞の障害によって、骨髄および血液中の赤血球系、白血球(顆粒球・単球)系、血小板系の細胞が減少する病気である。特発性と続発性に分類され、続発性のものには、薬剤(クロラムフェニコール、フェニントイン、ベンゼン、抗腫瘍剤)、放射線、感染(パルボウイルス、猫白血病ウイルス、エールリッヒア)、ホルモン(エストロジェン)によるものがある。

犬ではエストロジェン中毒によるもの、すなわちエストロジェンを分泌する精巣腫瘍や医原性のものが多く見られる。特発性再生不良性貧血の発生機序には、免疫学的機構が関与していると考えられている。

- **症状**:臨床所見は、貧血による運動不耐性、沈鬱、血小板減少による出血傾向(出血斑)、白血球減少による発熱などが認められる。
- **診断**:血液検査では貧血、好中球減少症、血小板減少症すなわち汎血球減少症が認められる。通常、骨髄は著しい低形成を示し、脂肪組織が大部分を占める。
- **治療**:特発性再生不良性貧血の治療は、アンドロゲン療法、免疫抑制療法、サイトカイン療法などが行われる。免疫抑制療法としてシクロスポリン、メチルプレドニゾロン大量療法などがある。サイトカイン療法としては、顆粒球コロニー刺激因子(G-CSF)が投与されて、中等症や軽症のものには有効性が認められている。犬のエストロジェン中毒によるものでは、原因の除去とサイトカイン療法が中心となるが、予後はよくない。

表1. 血液検査からわかること

項目	結果	基準値(カッコ内は子犬)	考えられる状況、疾患 増加(陽性)	考えられる状況、疾患 減少(陰性)
RBC 赤血球数		$5.5〜8.5(5.1〜7.9)\times10^6/\mu l$	脱水	貧血
PCV 血球容積		40〜55(30〜50)%	脱水	貧血
Hb ヘモグロビン量		12〜18g/dl	脱水	貧血
MCV 平均血球容積		60〜77fl	大球性	小球性
MCHC 平均赤血球血色素濃度		30〜36.9%		低色素性
Ret 網赤血球数		<1.5%	(赤血球)再生性	(赤血球)非再生性
Plat 血小板数		$175〜400\times10^3/\mu l$	血小板増加症	血小板減少症
mf ミクロフィラリア	陽性・陰性	陰性	犬糸状虫感染症	
F-Ag フィラリア抗原検査	陽性・陰性	陰性	犬糸状虫感染症	
WBC 白血球数		$6000〜17000/\mu l$	炎症、細菌感染、興奮、ストレス、ステロイド投与	ウイルス感染、敗血症、骨髄抑制
Band-N 桿状核好中球		$0〜300/\mu l$	炎症、細菌感染、ストレス	
Seg-N 分葉核好中球		$3000〜11500/\mu l$	炎症、細菌感染、ストレス	
Mon 単球		$150〜1350/\mu l$	炎症、ストレス、溶血性疾患	
Lym リンパ球		$1000〜4800/\mu l$	慢性炎症、ウイルス血症、免疫疾患	ストレス、ステロイド投与、リンパ管拡張
Eos 好酸球		$100〜750/\mu l$	アレルギー疾患、寄生虫感染	
Bas 好塩基球		$0/\mu l$	アレルギー疾患、寄生虫感染	
NRBC 有核赤血球		0/WBC100個		
II 黄疸指数		≦5	肝・胆道系疾患、溶血性黄疸、重度感染	
TP 総タンパク量		5.2〜8.2(4.8〜7.2)g/dl	脱水、慢性感染症、免疫疾患	栄養不良、肝疾患、腎疾患、出血、腸炎
Alb アルブミン		2.7〜3.8(2.1〜3.6)g/dl	脱水	栄養不良、肝疾患、腎疾患、消化器疾患
Glb グロブリン		2.5〜4.5(2.3〜3.8)g/dl	感染、腫瘍性疾患	
ALT アラニントランスフェラーゼ		17〜78(8〜75)IU	肝疾患、中毒	肝不全
AST アスパラギン酸トランスフェラーゼ		17〜44IU	肝疾患、骨疾患、筋疾患	肝不全
ALP アルカリフォスファターゼ		47〜254(69〜333)IU	肝疾患、骨疾患、胆汁うっ滞	
T-Cho 総コレステロール		111〜312(100〜400)mg/dl	脂質代謝異常	
Glu 血糖値		75〜128(88〜138)mg/dl	糖尿病、慢性膵炎	低血糖、飢餓状態
T-Bil 総ビリルビン		0.1〜0.5 mg/dl	肝疾患、胆嚢疾患	
BUN 尿素窒素		9.2〜29.2(7〜29)mg/dl	腎障害、脱水、心不全	肝疾患、タンパク欠乏症
Cre クレアチニン		0.4〜1.4(0.3〜1.2)mg/dl	腎疾患、尿路閉塞	
U/C BUN/Cre比		10〜20	食後、消化管出血	腎疾患
Amy アミラーゼ		269〜2299IU	膵炎	膵機能低下
Lip リパーゼ		<200IU	膵炎	膵機能低下
GGT γグルタニルトランスフェラーゼ		5〜14 IU	胆汁うっ滞、消化器疾患	
NH3 血中アンモニア		16〜75 mg/dl	肝疾患	
Ca カルシウム(補正Ca)		9.3〜12.1(7.8〜12.6) mg/dl	ビタミンD過剰、悪性腫瘍、腎不全、上皮小体機能亢進	低アルブミン血症、腎不全、急性膵炎、上皮小体機能低下
Pi リン		1.9〜5.0(5.1〜10.4) mg/dl	腎不全、アーチファクトなど	食餌性、糖尿病など
Na ナトリウム		141〜152nmol/l	腎疾患、代謝異常	嘔吐、下痢
K カリウム		3.8〜5.0nmol/l	腎疾患、代謝異常	嘔吐、下痢
Cl クロール		102〜117 nmol/l	腎疾患、代謝異常	胃性嘔吐

Ⅲ その他の血液の重要な病気

> 先に述べた免疫介在性溶血性貧血とよく似た症状を示す、犬でみられる他の溶血性貧血には、バベシア症、ハインツ小体性溶血性貧血がある。

バベシア症（ばべしあしょう）

バベシアカニス、またはバベシアギブソニーという原虫が赤血球に感染することにより、溶血性貧血が発症する病気で、マダニによって媒介される。わが国ではバベシアカニスは沖縄地方で、バベシアギブソニーは西日本を中心に発生がみられている。

- **症状**：急性期の臨床徴候は発熱、黄疸、貧血、血小板減少、血色素尿、脾腫などである。
- **診断**：血液塗抹標本の観察により、赤血球表面の寄生体を確認することにより行われる。その他、バベシアの遺伝子を測定する方法なども開発されている。
- **治療**：バベシアに感受性のある抗生物質による薬物治療が中心となる。ほとんどの犬は、回復後も無症状のキャリアーとなる。予防は、マダニの感染を防ぐことにある。

ハインツ小体性貧血（はいんつしょうたいせいひんけつ）

ヘモグロビンが酸化され、ハインツ小体という物質が赤血球内に形成されることにより起こる貧血である。ハインツ小体は赤血球表面から飛び出した状態にあるため、脾臓などの狭い血管内でつまみとられてしまい、その結果、赤血球が破壊される。原因物質としては、玉ねぎ、ニンニク、ねぎ、アセトアミノフェン、メチレンブルー、DLメチオニン、プロピレングリコールなどがある。通常、玉ねぎによって起こることが最も多いため、玉ねぎ中毒ともいわれている。

- **症状**：突然発症し、血色素尿、発熱、時に黄疸がみられる。
- **診断**：血液塗抹標本の観察によって、赤血球表面に突き出したハインツ小体を確認する。
- **治療**：原因物質が明らかな場合は、その投与を中止する。薬物療法としては今のところ有効なものは見つかっていない。副腎皮質ホルモンは、脾臓の働きを抑制し、また免疫学的な赤血球の破壊も抑制しうるので、対症療法として有効な場合がある。

> 再生不良性貧血は、骨髄において赤血球の産生が障害されて起こる病気のひとつであるが、その他にも赤芽球癆や急性白血病、などでも同じような貧血が起こる。また、ヒトで最も多い鉄欠乏性貧血は犬でもまれに起こる。

赤芽球癆（せきがきゅうろう）

骨髄において、赤血球の元になる細胞の赤芽球のみが著しく減少することにより起こる貧血である。血小板や白血球には変化が見られないのが特徴で、先天性と後天性に分けられる。ヒトでは、急性型でウイルス感染や薬物に関係して起こることが多く、慢性型は、続発性で自己免疫性疾患や胸腺腫、リンパ増殖性疾患に合併することが多いといわれている。発生機序は多面的であるが、赤芽球系の幹細胞や前駆細胞の障害が中心となっていると考えられている。

- **診断**：血液検査所見では、正球性正色素性非再生性貧血（赤血球は正常な大きさ、色調で貧血に対する造血反応がみられない貧血）がみられ、血小板減少や好中球減少はみられない。骨髄所見の細胞は充分あり、赤芽球系細胞は著しく減少し、残存する赤芽球は通常幼若なものが多い。
- **治療**：続発性のものでリンパ腫や胸腺腫などの原疾患があればその治療を行う。薬剤誘発性のものでは直ちにその薬剤の投与を中止する。原発性も続発性のものも、自己免疫学的機序の関与が明らかにされており、免疫抑制療法が中心となっている。治療は、一生涯必要となることが多いようである。

白血病（はっけつびょう）

白血病は、リンパ性白血病と骨髄性白血病に大きく分けることができる。リンパ性白血病には、急性リンパ芽球性白血病と慢性リンパ性白血病に、骨髄性白血病は急性骨髄性白血病と慢性骨髄性白血病がある。急性骨髄性白血病は、増殖した白血病細胞の種類から急性骨髄芽球性白血病、急性骨髄単球性白血病、急性単球性白血病、急性赤白血病、急性巨核芽球性白血病などに分類される。急性赤白血病における貧血は、赤芽球が赤血球にまで成熟できないために起こり、これを無効造血と呼ぶ。その他の急性白血病でみられる貧血は、白血病細胞によって、正常な造血細胞が成熟できるスペースがなくなるために起こり、これを骨髄癆と呼ぶ。

鉄欠乏性貧血（てつけつぼうせいひんけつ）

慢性失血（消化管、泌尿器、生殖器からの慢性の出血）や、まれであるが食べものの中の鉄欠乏により赤芽球のヘモグロビン合成が低下し、そのため赤芽球の多くは赤血球に成熟分化できず、骨髄内で破壊してしまうために起こる貧血である。血液検査で菲薄赤血球や小形の標的赤血球が出現するのが特徴である。多数のノミ寄生や鉤虫症、消化管の悪性腫瘍による慢性消化管出血、胃潰瘍などでまれにみられる。

- **治療**：出血の原因を取り除くことと、鉄剤の投与である。貧血の治療で鉄剤が必要なのは、このタイプの貧血だけで、他の貧血では鉄剤は禁忌である。

参考文献

1. Jain N.C.:Essentials of Veterinary Hematology, Lea&Fobiger, Phoiladelphia(1993)
2. 勝田逸郎、他：ビジュアル臨床血液携帯学、南江堂、東京(1999)
3. 下田哲也：臨床家のための血液病学アトラス―CBCと形態観察からせまる―インターズー、東京(2007)
4. 溝口秀昭、他：血液疾患診療ハンドブック、南江堂、東京(1989)山根善久、他：イヌ・ネコ家庭動物の医学大百科、ピエ.ブックス、東京(2006)

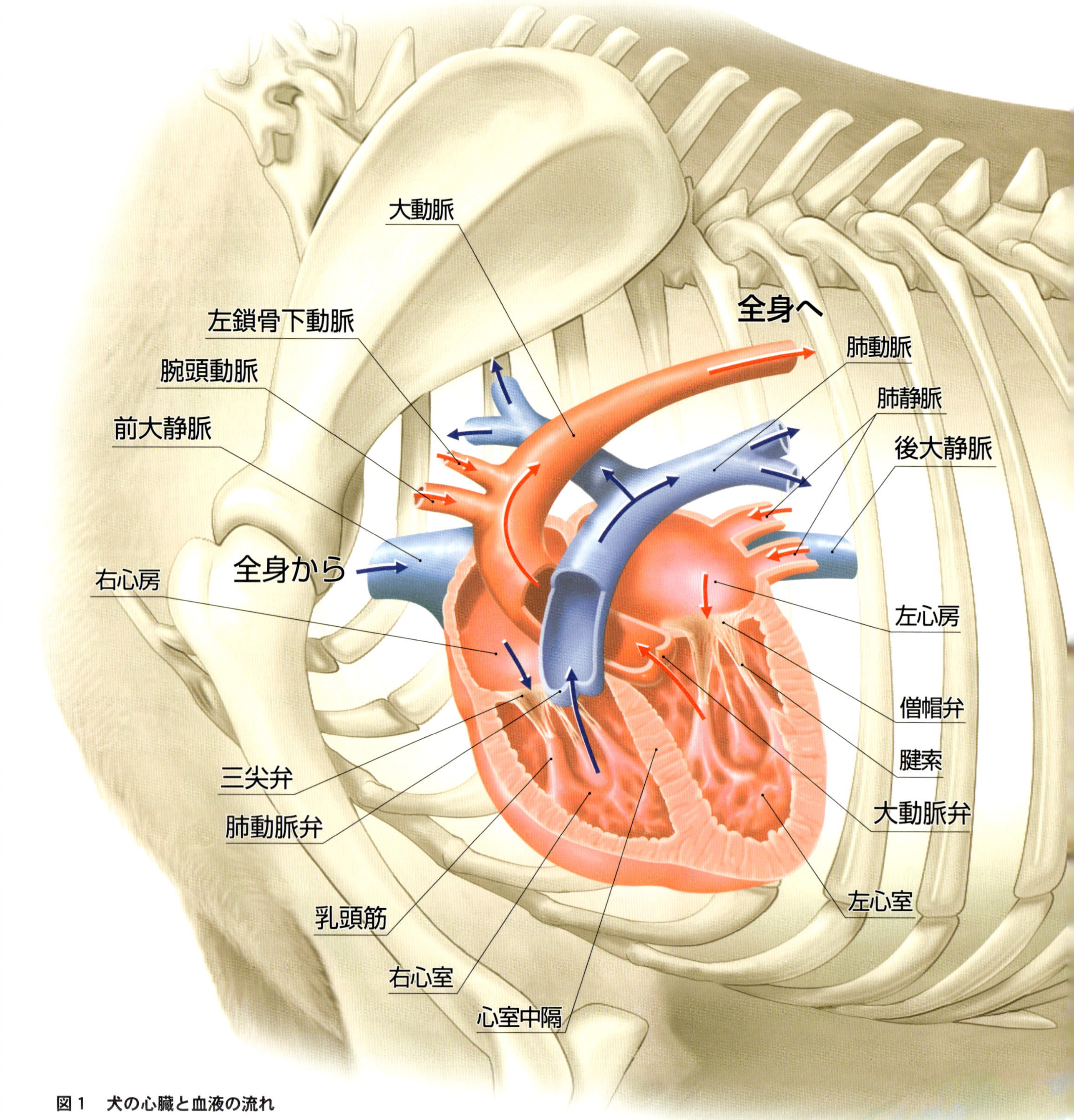

Chapter 1-3

図1 犬の心臓と血液の流れ

循環器の病気

　寿命の延長によって人の心臓病やがんが増加したように、環境、食生活の改善により犬の心臓病あるいはがんの発生も増加している。特に心臓病は、寿命の延長によって犬の死亡原因の上位を占めていること、また、心臓病の好発犬種も存在することから、飼い主にとって心臓病の知識を持つことは、家族の一員として飼う以上、必要な条件である。ここでは、犬に見られる主な心臓病について、その原因、特徴、進行状況、および治療方法について、発生頻度の高い順に解説する。

心臓のはたらき

心臓は、血液を全身に送るポンプの役割を行う。右心房、右心室、左心房、左心室という4つの部屋に分かれ、動脈血と静脈血が混在しないように壁で区切られている。

全身を巡って二酸化炭素を運んできた血液（静脈血）は、静脈を経て右心房に入る。次に右心室から肺動脈を経て肺へ送られ、ガス交換により酸素を受け取る。その血液は、肺静脈を経て左心房に戻り、左心室から再び全身へ送り出される（動脈血）。

「心臓が悪い」ってどういう状態？

正常な心臓の役割は、
①心拍数を一定に保つ、
②血圧を一定に保つ、
③心臓に戻ってくる血液の量を一定に保つ、
④収縮する力を一定に保つ、
⑤全身に廻る血液の量を一定に保つポンプ機能を維持する（心拍出量）などが考えられる。

したがって、心臓が悪い場合は、心拍数、血圧、戻って来る血液量あるいは収縮する力のいずれかひとつ、あるいはいくつかが異常を呈し、心拍出量が減少することになる。

たとえば、血圧が高いと心臓が悪いのかという疑問にも、「血圧の上昇→心臓は圧に逆らって働く→心臓肥大→心筋内の酸素が減少する→収縮する力が低下→心拍出量が減少→心臓が悪い」というような解答ができる。

図2　心臓の聴診の位置

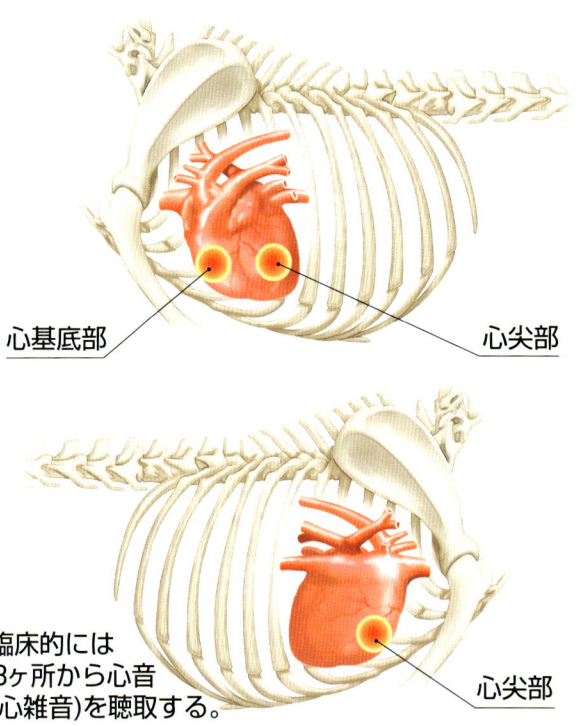

心基底部　　心尖部

臨床的には
3ヶ所から心音
（心雑音）を聴取する。

心尖部

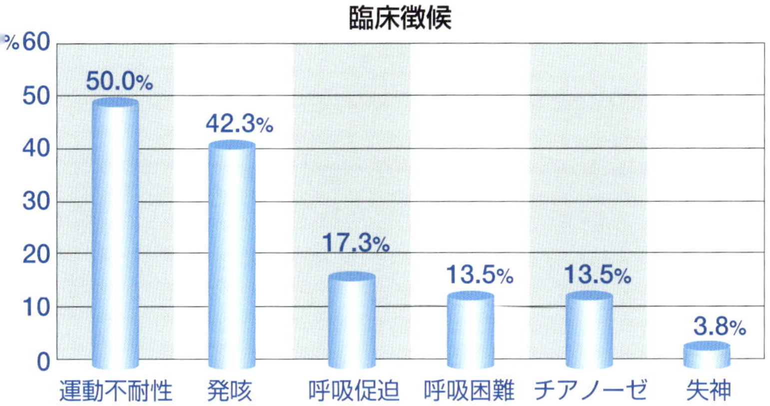

臨床徴候

- 運動不耐性　50.0%
- 発咳　42.3%
- 呼吸促迫　17.3%
- 呼吸困難　13.5%
- チアノーゼ　13.5%
- 失神　3.8%

図3　心臓病の症状

Ⅰ 先天性心臓病

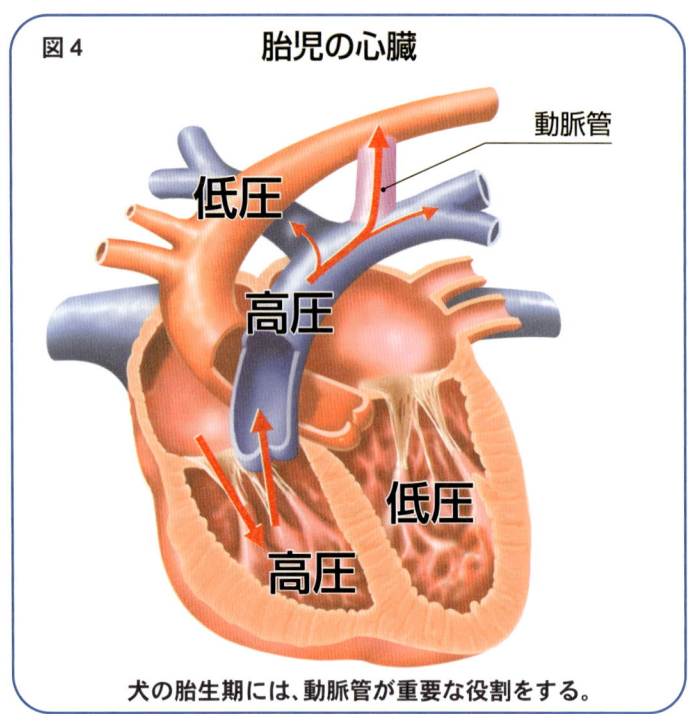

図4　胎児の心臓

犬の胎生期には、動脈管が重要な役割をする。

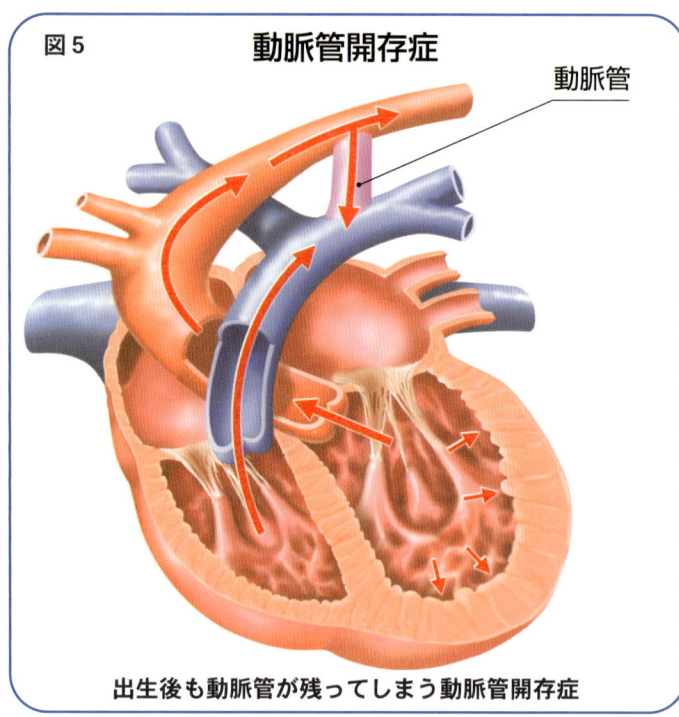

図5　動脈管開存症

出生後も動脈管が残ってしまう動脈管開存症

先天性心臓病

誕生と同時に見られる心臓病であり、生後まもなく行われるワクチン接種時に、獣医師によって発見される場合が多い。

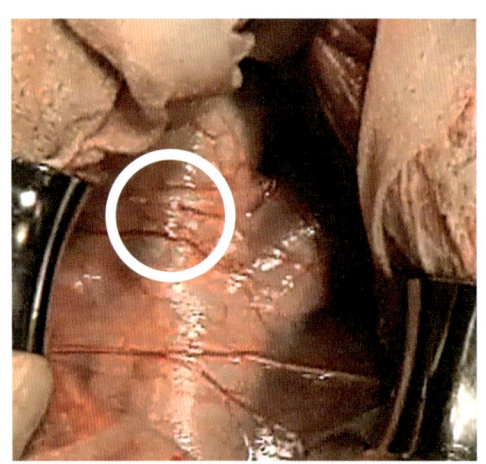

図6　動脈管（写真の○印の位置）の上を走行している神経、血管を分離し、動脈管周囲を剥離した後に結紮する。

動脈管開存症（どうみゃくかんかいぞんしょう）
（Patent Ductus Arteriosus=PDA）

●**原因**：胎生期重要な役割を演じている動脈管が、生後も閉鎖せず残存する結果、左心系（左心房、左心室）に容量負荷（血液量の増加）が生じ、最終的に左心不全に陥る心臓病である。

●**特徴**：形態学的に動脈管は、大動脈と肺動脈間をつなぐ短絡血管であり、圧の高低差により大動脈側から肺動脈側に血液が流入し、肺動静脈、左心房、左心室および上行大動脈に容量負荷が生じる。この容量負荷の程度は、動脈管の太さに左右され、太い場合は肺水腫を特徴とする左心不全に移行することから、早急な治療が必要とされる。

●**進行状況**：生後まもなく聴診により特徴的な心雑音（機械様雑音＝連続性雑音）が聴取される。この時期、多くの例では臨床徴候は認められないものの、すでに容量負荷による心拡大が進行している場合が多い。心雑音のみで明瞭な臨床徴候が認められない例が多いことから、飼い主はこの病気の重要性についてそれほど深刻に考えていないが、時間を経るに従って心拡大が進行し、治療が行われない場合は心房細動あるいは肺水腫を併発して早期に死亡する。

●**治療**：できる限り早期に治療に踏み切ることが必要である。通常、診断された時点でインターベンショナルな方法を用いたカテーテル塞栓術、あるいは開胸による結紮術を行う。前者の方法が第一選択となるが、塞栓術が不可能な場合は、ためらわず、結紮術に移行する。予後は、極めて良好であり、結紮術であっても、通常は翌日餌を食べる。

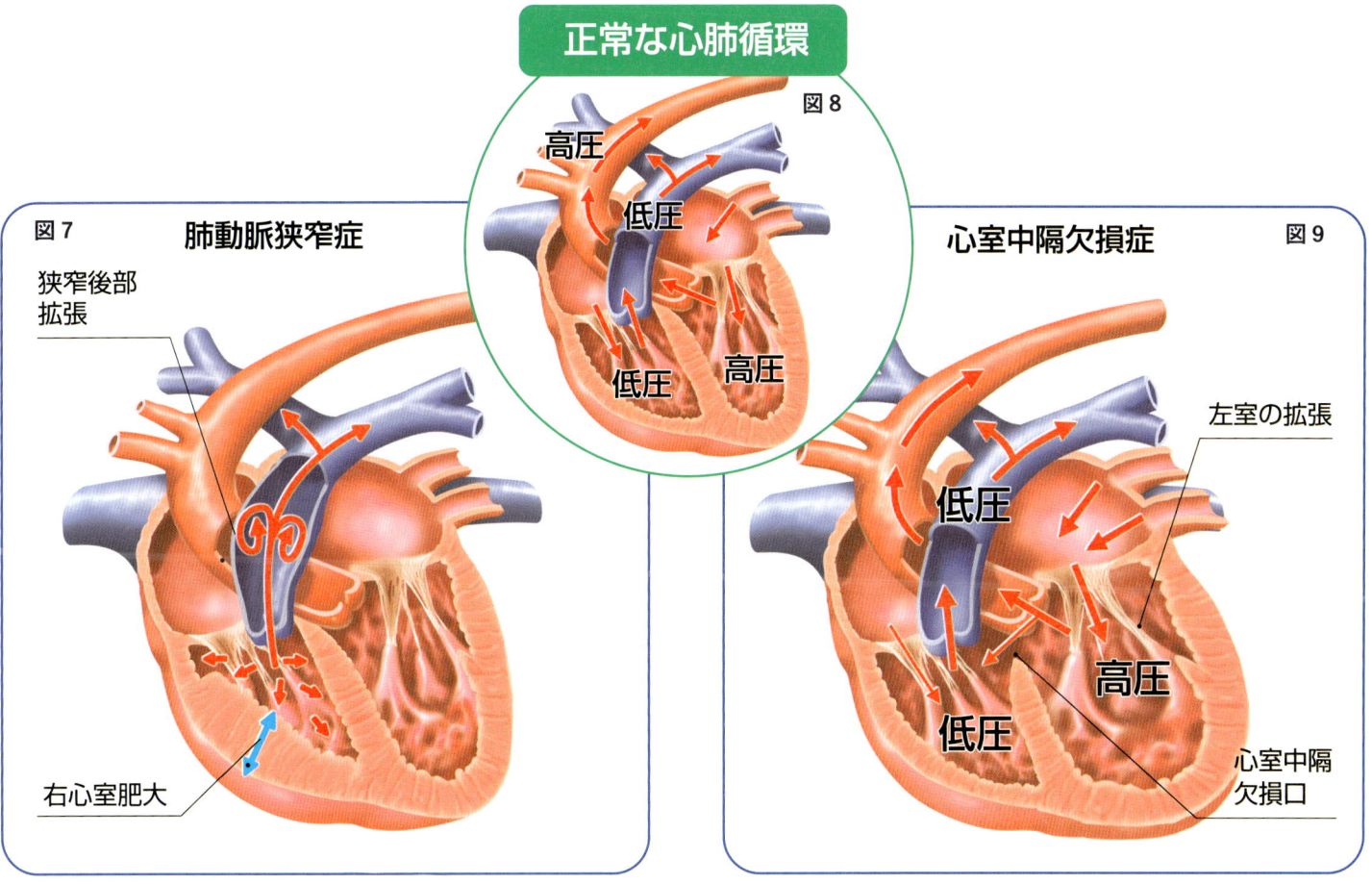

図8 正常な心肺循環
図7 肺動脈狭窄症
図9 心室中隔欠損症

肺動脈狭窄症（はいどうみゃくきょうさくしょう）
（Pulmonary Stenosis=PS）

●**原因**：好発犬種（ブルドッグ、ボクサーなど）があることから、遺伝的要素が高いとされている。右心室から肺に血液を送る血管としての肺動脈弁、あるいは弁下部に先天的な狭窄が生じ、肺への送血が障害される心臓病である。狭窄により肺への血流量が減少することから、肺全体が発育不全に陥る場合がある。

●**特徴**：臨床徴候は狭窄の程度に比例するが、突然死を引き起こす可能性が高い。形態学的に右室の流出路が狭窄していることから、右室には強い圧負荷が加わり、肥大を起こす。また、狭窄により肺動脈からの血流速度は増加し、乱流が起こることから、主肺動脈は狭窄後部拡張（主肺動脈の拡張）を引き起こす。心雑音は左側心基底部に最強点（PMI）を持つ、収縮期駆出性雑音を聴取する。

●**進行状況**：本症の狭窄は進行性であることから、発育に伴って、肺動脈流速（PAV）が増加する可能性が高い。血流速が5.0m/sec.を超えて6.0m/secに近づくにつれて、突然死の発生が増加する。従って、臨床徴候は見られないとしても、定期的なPAV検査が必要である。もし、上記のPAVが観察されたならば、バルーン弁口拡大術を実施する必要がある。

●**治療**：内科的治療による効果は多くを望めないが、血流速を抑制することを期待して、βブロッカーの投与を行う場合がある。特に選択的なβブロッカーの投与が比較的使用しやすく、右室流出路におけるβ受容体の興奮を抑制することによって流速を減少させる。

最も必要な処置は、狭窄部位の開放であるが、バルーンによる弁口拡大術が第一選択となる。この操作によって狭窄は解除されるが、完全開放ではなくPSは残存し、処置後のPAVは、多くの場合ほぼ半減する。もし、拡大術後も流速が減少しない場合は、βブロッカーを併用する。

心室中隔欠損症（しんしつちゅうかくけっそんしょう）
（Ventricular Septal Defect=VSD）

●**原因**：胎生期、何らかの原因によって心室中隔の形成が阻害されると、部分的に欠損口が形成され、心室中隔欠損症が生ずる。Kerklinは欠損口の位置によってI〜IV型に分類し、I型を右室流出路欠損タイプ、IIおよびIII型を膜様部欠損タイプ、また、IV型を筋性部欠損タイプとした。

●**特徴**：本症は、左室から右室に血液が流入する事から、左一右短絡疾患として認識される。血行動態（血液の流れ）としては、正常に右室に還流してきた血液と、欠損口を通して左室から右室に流入して増量した血液が肺動脈、さらに左房・左室に移行することから、左心系の血液が増量する（容量負荷）。その結果、左房・左室の拡大が生じ、最終的には、左心不全の徴候を呈する。心雑音は、右側心尖部において最も強く聴取される。

●**進行状況**：臨床徴候は欠損口の大きさによって大きく異なる。欠損口が小さい場合は、心雑音は大きいものの、右室への血流量は少ないことから、臨床徴候は発現せず、天寿を全うする可能性が大きい。

一方、大欠損口では、肺動脈への血流量が多いこと、大動脈逆流が生ずる可能性があることから左心不全を生じやすく、また、肺高血圧を発現する可能性も高く、左一右短絡から右一左短絡に変化し、チアノーゼを呈する。肺高血圧の進行に伴って特徴的な機械様雑音の聴取は困難となり、最終的にこの心雑音は消失する。

●**治療**：欠損口の大きさによって治療方法が異なる。上述のように小欠損口では治療の必要性はないが、大欠損口では、欠損口の閉鎖術が行われる。内科的治療としては、原因療法ではないことから完治させることはできないが、左心不全の治療を行い心不全の進行を抑える。根治治療としては、開心術による欠損口の閉鎖を行う。

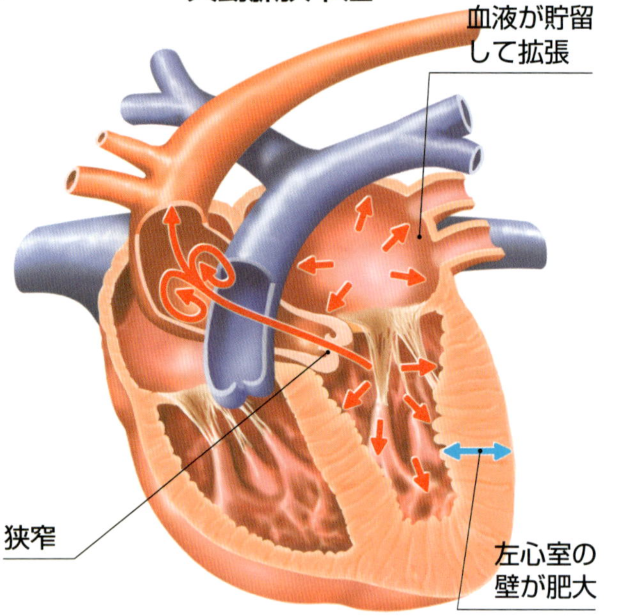

II 後天性心疾患

図10 大動脈狭窄症

(図中ラベル：血液が貯留して拡張／狭窄／左心室の壁が肥大)

図11　僧帽便弁閉鎖不全症は犬種特異性が認められる。特にカバリア・キング・チャールズ・スパニエルにみられやすい。

後天性心疾患

生後、年齢の増加に伴って出現する心臓病をいう。その原因は様々であるが、食餌あるいは環境の整備による犬の高齢化から、後天性心疾患の発現率は増加傾向にある。

大動脈狭窄症（だいどうみゃくきょうさくしょう）
（Aortic Stenosis＝AS）

●**原因**：肺動脈狭窄症と同様に、形態学的には主に、弁および弁下部狭窄が認められる。肺動脈狭窄症では、弁狭窄が多いが、大動脈狭窄症では、線維輪による弁下部狭窄タイプが多い。犬種特異性があり（リトリーバー種など）、遺伝的要因が考えられている。

●**特徴**：狭窄の程度により左室に対する圧負荷の程度が異なると同時に、臨床徴候の出現程度も異なる。中程度の狭窄（大動脈流速3.0～4.0m/秒）までは、ほとんど臨床徴候は認められないが、重度狭窄（大動脈流速5.0m/秒以上）では、突然死の出現が認められる。心雑音は必発であるが、多くの例で臨床徴候が明確でないことから、飼い主はほとんどこの疾患の重大性に気付いていない場合が多い。心雑音は、左心基底部に最強点を持つ収縮期駆出性雑音が特徴的であるが、同時に、股動脈圧を触知し、肺動脈狭窄症との類症鑑別が必要とされる。

●**進行状況**：進行性の疾患であり、特に発育に伴って血流速度が増加する傾向がある。このことは、同時に発育に伴って突然死の発現が多くなることを示している。従って、発育期には、2～3カ月ごとに大動脈血流速度（AOV）を測定し、もし、5.0m/秒を超えるような場合は、流速を下げる内科的な治療を加える必要がある。

●**治療**：内科的治療の目的は、AOVを押さえることにある。そのためには交感神経興奮を抑制する治療薬、たとえばβブロッカーを処方する。いくつかのβブロッカーがあるが、β1受容体を選択的にブロックする薬剤（たとえばアテノロールなど）の使用が推薦される。心筋の収縮力を抑制すると同時に、血圧の低下も認められることから、この薬剤を投与する前に、必ず血圧測定を実施する。

また、投与中も血圧を定期的に測定し、薬剤の効果と心機能抑制の程度を常にチェックする必要がある。肺動脈狭窄と同様にバルーンによる弁口拡大術を実施する報告もあるが、我々の経験および文献的には、その効果は疑問視されている。

僧帽弁閉鎖不全症（そうぼうべんへいさふぜんしょう）
（Mitral Regurgitation＝MR）

●**原因**：原因は不明であるが、病理学的には弁の粘液腫様変成が主であること、犬種特異性（特にカバリア・キング・チャールス・スパニエル）も認められることから、遺伝的要因も検討されている。これまでの報告では、小型犬に多く認められ、マルチーズ種では平均5歳齢で心雑音が聴取され、年齢の増加と共に臨床徴候が増悪し、治療を行わないかぎり、10歳前後で斃死する可能性が高い。

●**特徴**：弁および腱索が粘液変成を起こし僧帽弁が閉鎖不全を起こすことから、左心室から左心房に血液が逆流し、左心系（左心房・左心室・肺静脈）に血液の鬱帯が発現する。

この鬱帯は徐々に増悪し最終的には左心不全に陥り、肺水腫を引き起こす。通常、長期間をかけて病態は増悪傾向を示すが、弁を支える腱索も粘液腫様変成を起こし伸張することから、時には腱索断裂が出現し、急性肺水腫によって死の転帰を取る例も見られる。

●**進行状況**：上述のごとく、本疾患は長期間に徐々に病期が進行する。初期には心雑音のみで全く臨床徴候を示さないが、中期では心拡大に伴って咳、あるいは運動不耐性が認められる。この期間が最も長く、5年以上を経過して終期に向かう。終期では、咳、運動不耐性以外に心房細動のような不整脈の出現、肺水腫を伴う失神などの臨床徴候が出現し、治療をしない限り死の転帰を取る。

●**治療**：現時点では薬剤投与による内科的治療が主であるが、将来的には、最終的に僧帽弁再建術などの外科的治療が選択される可能性が高い。内科的治療としては、血管拡張剤（アンジオテンシン変換酵素阻害剤＝ACEI）を用いた治療が主となるが、病期の進行に伴って、この薬剤に他の薬剤を加えた治療法が実施されている。特に鬱帯が強くなった場合には、ACEIと同時に、強心剤（ジギタリス、ピモベンダン）および利尿剤の投与が行われる。

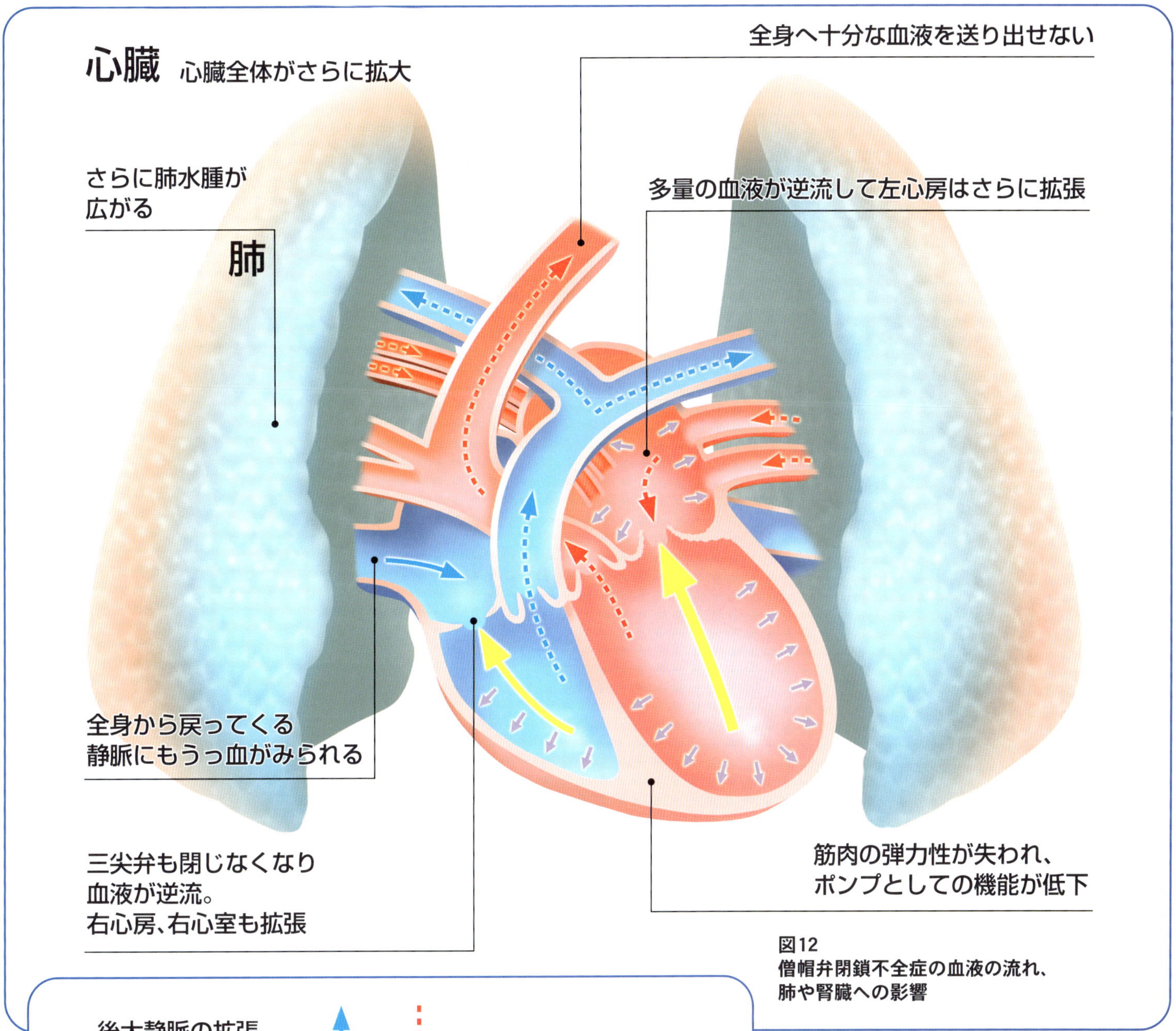

循環器の病気

心臓　心臓全体がさらに拡大

全身へ十分な血液を送り出せない

さらに肺水腫が広がる

肺

多量の血液が逆流して左心房はさらに拡張

全身から戻ってくる静脈にもうっ血がみられる

三尖弁も閉じなくなり血液が逆流。右心房、右心室も拡張

筋肉の弾力性が失われ、ポンプとしての機能が低下

図12　僧帽弁閉鎖不全症の血液の流れ、肺や腎臓への影響

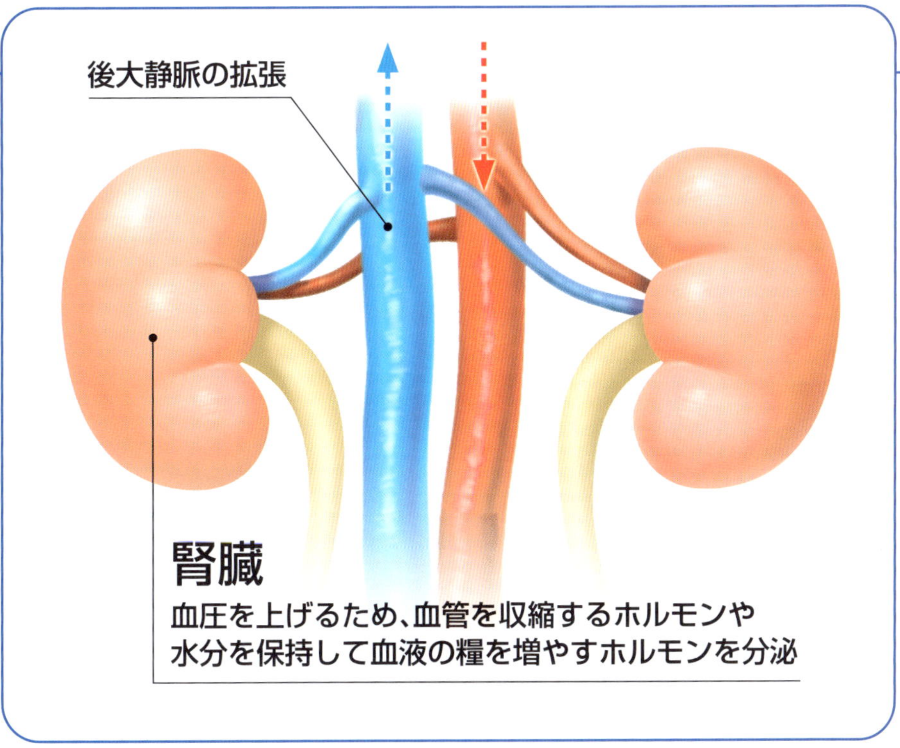

後大静脈の拡張

腎臓
血圧を上げるため、血管を収縮するホルモンや水分を保持して血液の量を増やすホルモンを分泌

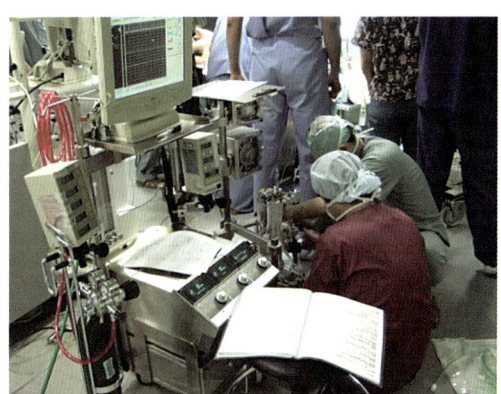

図13　僧帽弁閉鎖不全症の手術。写真は人工心肺装置。

最新 くわしい犬の病気大図典

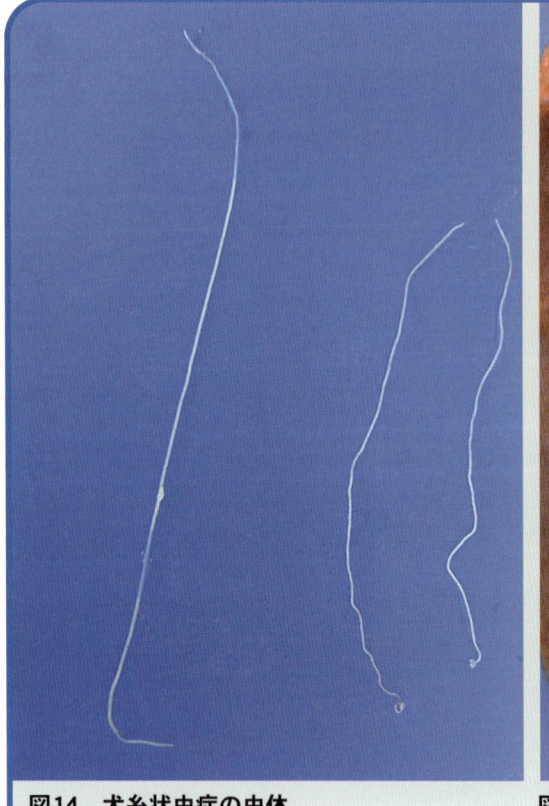

図14 犬糸状虫症の虫体

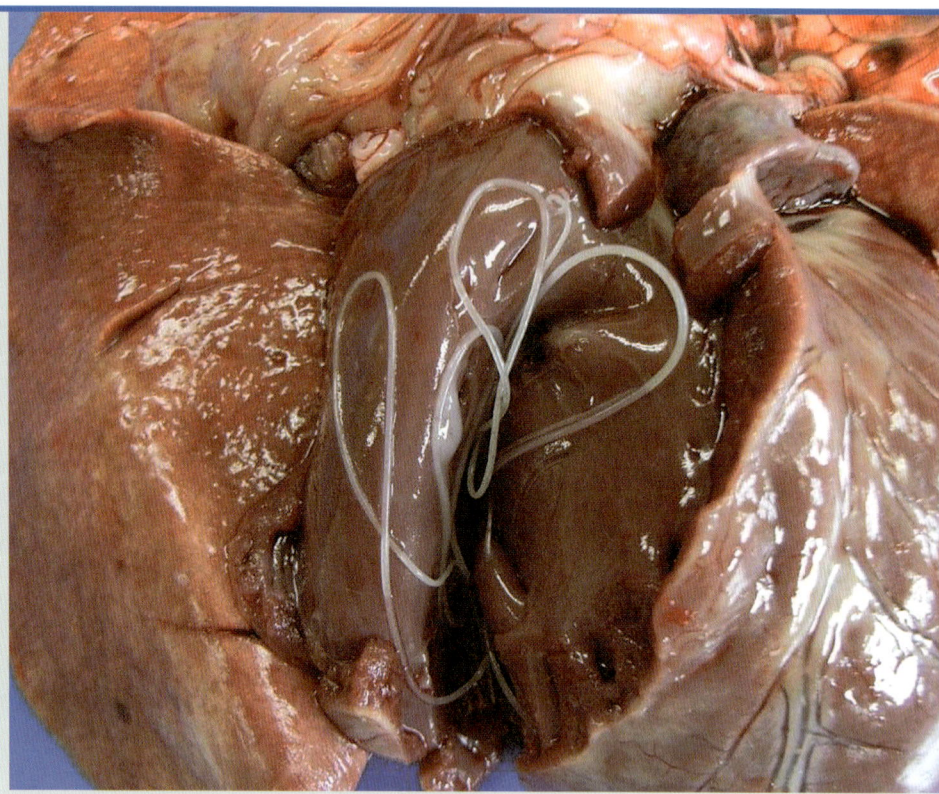

図15 犬糸状虫症に罹った犬の心臓（右写真も同様）

犬糸状虫症の臨床症状

軽症（臨床兆候がみられない）

1. 食欲がある
2. 元気に散歩をしている
3. 心雑音が聞こえる
4. 心臓が少し拡大している

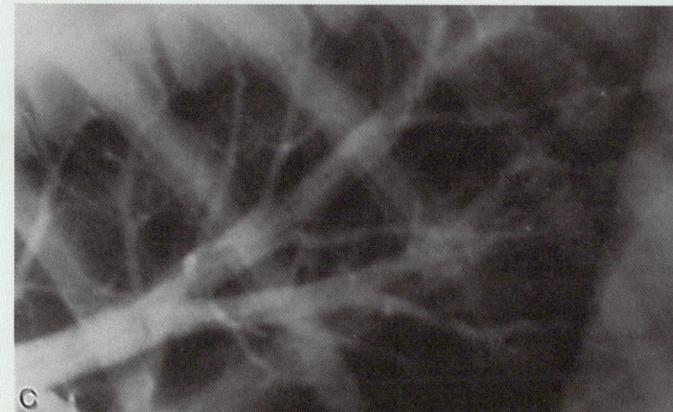

図16 軽症の犬糸状虫症

犬糸状虫症（いぬしじょうちゅうしょう）
（Heartworm Disease=HD）

●**原因**：線虫の一種である犬糸状虫が肺動脈に寄生し、肺塞栓症を発現させると同時に、右心室および右心房にも移行し、極めて複雑な病態を発現させる心臓病である。犬糸状虫の終宿主は犬と猫であり、犬のように多くはないが猫にも犬糸状虫症がみられる。

●**特徴**：寄生数にも関係するが、通常、生きた犬糸状虫の肺動脈内寄生は、血行動態に強い影響を与えない。むしろ、犬糸状虫寄生による肺動脈内膜の損傷が本疾患の血行動態に極めて強い影響を与える。この肺動脈内膜の損傷が結果的に内膜の増殖性病変（肺動脈内膜が増殖して内腔に突出）として血行を阻害し、肺高血圧を生じさせて右心室に圧負荷を生じさせる。従って、本疾患の特徴的所見は、肺高血圧を伴う右心不全であり、浮腫、腹水の貯留など極めて深刻な臨床徴候を発現させる。

●**進行状況**：犬糸状虫症は蚊によって媒介される心臓病であることから、蚊が出現している期間は常に感染の危険がある。吸血により感染した犬の肺動脈に犬糸状虫が寄生するまで、約5〜6カ月を要することから、生後1年以内にすでに犬糸状虫症に罹患している可能性が高い。その後、肺高血圧が生じるまでに数年を経過するが、一旦、臨床徴候が出現した場合は、すでに肺動脈に内膜は肥厚していることから、この変化を治療することは極めて難しい。

●**治療**：感染が成立した場合における本疾患の治療は、内科的に犬糸状虫成虫と仔虫（ミクロフィラリア）を殺滅する方法および外科的に右心系（右心房、右心室、肺動脈）から犬糸状虫を摘出する方法がある。前者の方法は感染初期の段階では比較的安全性が高いが、肺動脈内膜の増殖性病変が強く、寄生数が多い場合は、死滅虫体による急激な血行動態の変化に生体が反応できず、斃死する場合がある。後者の外科的摘出術は状況判断を誤らない限り、治療効果が期待できる。本症の最も重要な事項は予防であり、予防薬を定期的に投与することによって、100％予防できることを知っておくと同時に、犬を飼った場合は必ず予防することを心がける必要がある。

※犬糸状虫、図14〜15 提供：佐伯英治

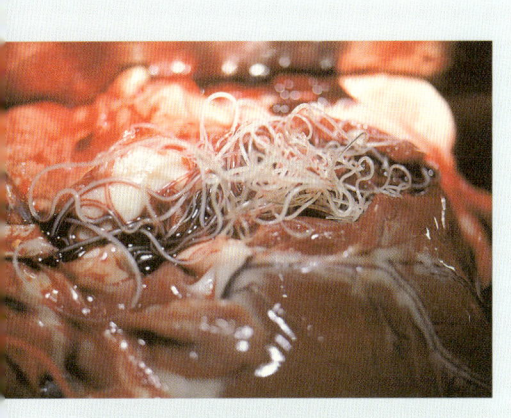

犬糸状虫症の臨床症状

重症（臨床兆候がみられる）

1. 食欲がなく、ほとんど動こうとしない
2. 一日中、咳が出て、安静時も呼吸困難がみられる
3. 入院が必要
4. 腹水がたまる

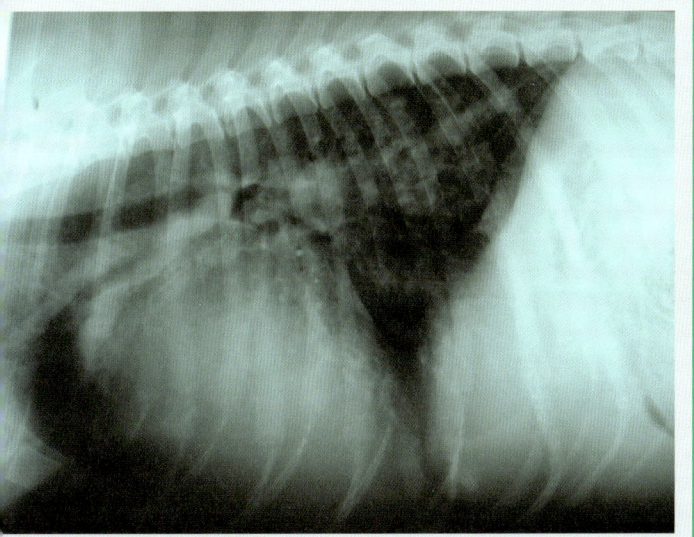

図17　重症の犬糸状虫症

右心房
肺動脈
右心室

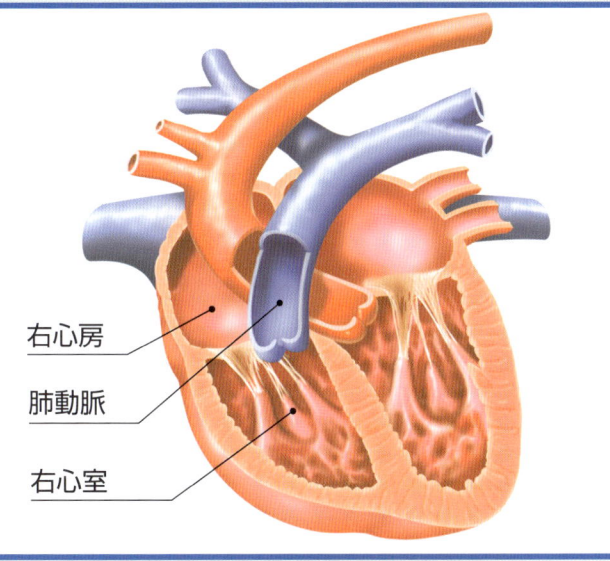

図18　犬の心臓の右心室、右心房、肺動脈に犬糸状虫症の虫体が寄生する。

心筋症の分類
(1) 肥大型心筋症
(2) 拡張型心筋症
(3) 拘束型心筋症
(4) 不整脈源性右室心筋症

拡張型心筋症
右心室、左心室が拡張する結果、収縮ができず、心拍出量が減少して、心不全を起こす。

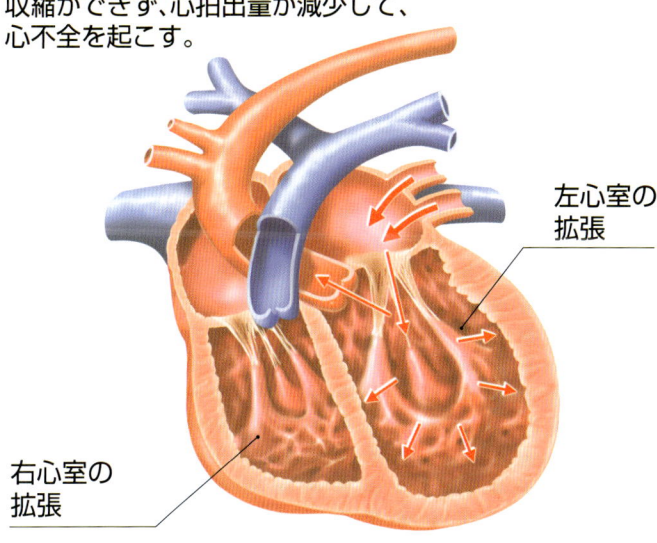

左心室の拡張
右心室の拡張

図19　拘束型心筋症

心筋症（しんきんしょう）（Cardiomyopathy=CM）

●**原因**：心筋症は犬、猫のみならず、人を含めたほ乳類、および鳥類に多く報告があり、その原因には遺伝性因子が強く関与していることが分かっている。現在では、1) 肥大型心筋症、2) 拡張型心筋症、3) 拘束型心筋症、ならびに4) 不整脈源性右室心筋症の4つに分類されている。このうち、犬では主に拡張型心筋症の報告が多い。

●**特徴**：通常心臓は、様々な負荷、たとえば運動することにより（運動負荷）心臓を肥大させて、適応をはかるが、心筋症では、強い負荷も無しに心臓肥大あるいは拡張が起こる。従って、このような心臓では心臓機能は徐々に低下する。大型犬に多く認められる拡張型心筋症は、心筋が菲薄して収縮力が低下する結果、心不全が出現し、徐々に機能低下が発現する疾患である。

●**進行状況**：本症の臨床徴候は突然であり、多くの場合、臨床徴候が認められた時点では、心筋症はかなり進行している。従って、飼い主は徴候が出現するまでその重大性に気づいておらず、発見された時点で予後不良を宣告される場合が多い。拡張型心筋症は肥大型心筋症の最終段階であるとの指摘もあり、本症の治療の難しさを示している。大型犬に多いことから、成犬になった時点で時々、心機能をチェックする必要が有る。

●**治療**：原因として遺伝的要因が考えられることから、根治治療は困難である。発見された時点から、定期的な心機能のチェックが必要であると同時に、内科的な維持療法が行われる。最終的には鬱血性心不全の状態が出現することから、一般的な血管拡張療法と同時に、強心剤による治療が必要とされる。臨床徴候にもよるが、肺水腫の発現では、利尿剤の投与も必要である。犬、猫に限らず本症の1つの誘因としてタウリンあるいはL-カルニチンの欠乏が指摘されていることから、本症を診断された場合には、これらを投与する必要もある。

Chapter 1-4

図1 短頭種気道症候群のパグ。鼻炎も起こしている。

呼吸器の病気

　呼吸器は、生命維持に必要な酸素を体外から体内へ取り込み、代謝により産生された二酸化炭素を体外へ排出するガス交換を行う器官である。呼吸器は、解剖学的に鼻腔、喉頭、気管、肺（気管支、肺胞）からなり、肺は横隔膜と胸壁に囲まれた胸腔内に位置している。

　呼吸の際には、肺が膨らんだり縮んだりすることで空気が肺に出入りするが、呼吸時に肺が膨らむのは横隔膜と肋間筋が胸腔を広げ、胸腔内が陰圧になることで肺が引っ張られ受動的に膨らむ。それに対して縮む時は、筋肉は使われず、肺自身が縮もうとする力で収縮して空気を排出する。

　呼吸器に何らかの病気を発症すると空気の流れやガス交換が障害され、重度な場合には呼吸困難やチアノーゼなどの症状を示す。軽度な場合には、くしゃみ、鼻汁、咳などの症状が認められるのが一般的である。

I 鼻炎/短頭種気道症候群

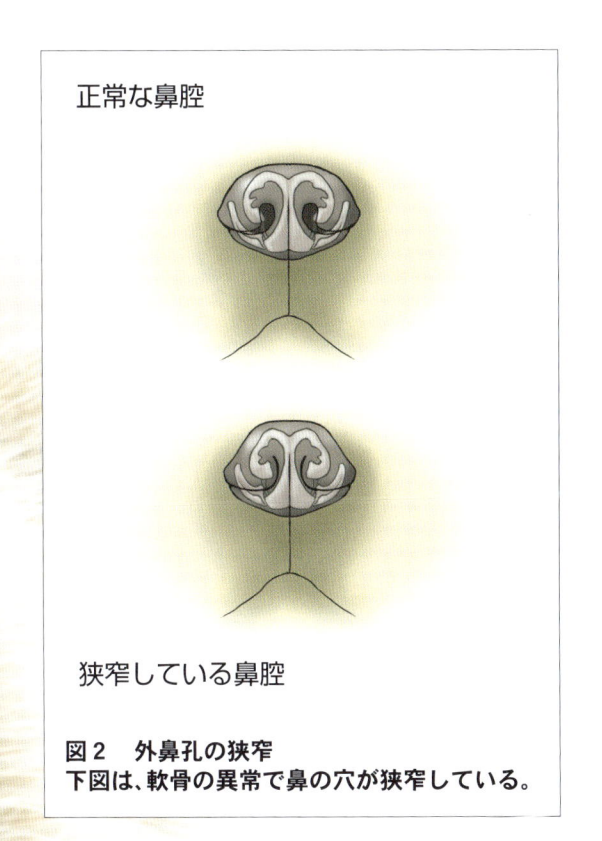

鼻炎（びえん）

　鼻炎は、鼻腔内の炎症で感染性に起因するものと非感染性に起因するものがある。前者には、ウイルス（ジステンパーウイルス、パラインフルエンザウイルスなど）、細菌（ボルデテラ、パスツレラなど）、真菌（アスペルギルスなど）感染が、後者には異物の吸引、口腔内疾患に関連した歯牙疾患、口蓋裂などがある。また、アレルギー性疾患によっても鼻炎を発症する。

　症状は、くしゃみ、鼻汁が一般的である。アレルギー性疾患やウイルス感染による鼻汁は水溶性であるが、二次性の細菌感染を合併すると膿性の鼻汁になる。また、鼻汁が多量な場合には、鼻腔が詰まり、呼吸しにくいために開口呼吸をする。

　予防は、ウイルス感染の予防のために定期的なワクチン接種である。ワクチンのないウイルスや細菌に対しては、感染が起こらないように日常から栄養管理などに注意して免疫力を高め、さらに生活環境を清浄にしておく必要がある。

　治療は、二次性の細菌感染を考慮して抗生剤、および消炎剤を投与する。また、鼻炎の原因となっている疾患を治療する。アレルギー性鼻炎に対しては、ステロイド剤の投与、および原因となっているアレルゲンを特定して除去する。

図2　外鼻孔の狭窄
下図は、軟骨の異常で鼻の穴が狭窄している。

短頭種気道症候群（たんとうしゅきどうしょうこうぐん）

　パグ、ブルドッグ、シー・ズーなどの短頭種に認められる咽喉頭の解剖学的な構造異常により、気道が閉鎖する病気である。解剖学的な異常として外鼻孔の狭窄、扁桃腺の腫大、軟口蓋の過長、喉頭の虚脱がみられ、これらの異常により気道が狭くなり、興奮時に呼吸困難や失神状態になる。

　症状は、ガチョウのような特徴的な呼吸音を伴った呼吸困難に加えて、興奮と発熱が認められる。安静時には症状を認めない場合があるが、興奮時には症状が明確になる。

　短頭種特有の解剖学的な構造が原因になっているが、肥満、興奮、高温多湿が症状を悪化させる危険因子なので、これらの影響を最小限にすることで症状の発現を予防する。

　治療は、症状が軽い場合には鎮静、酸素吸入、冷却などを行い、重度な場合には原因となる部位を外科的に矯正（鼻孔狭窄部の修復、軟口蓋の切除など）する必要がある。

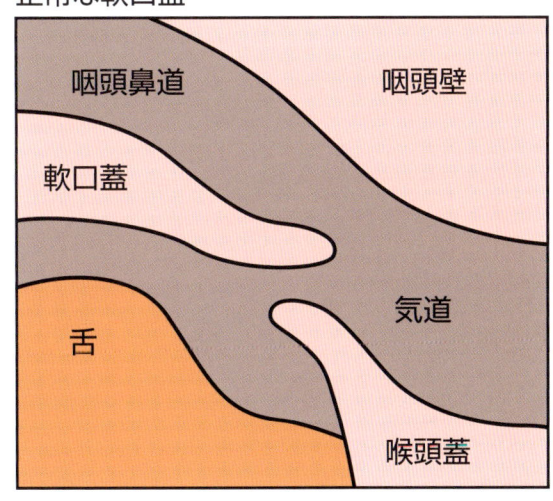

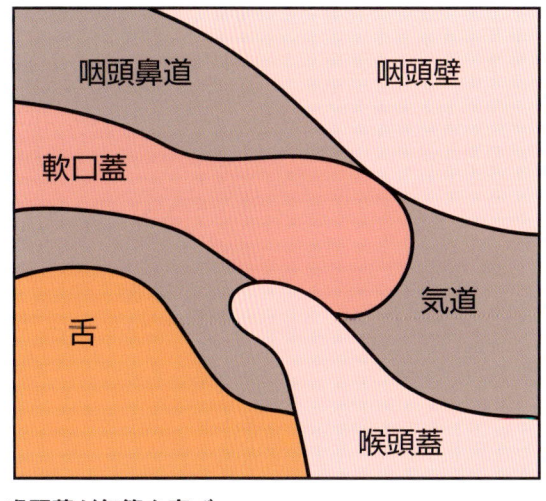

図3　軟口蓋過長　喉頭蓋が気管を塞ぐ。

呼吸器の病気

Ⅱ 喉頭麻痺/気管虚脱/気管支炎

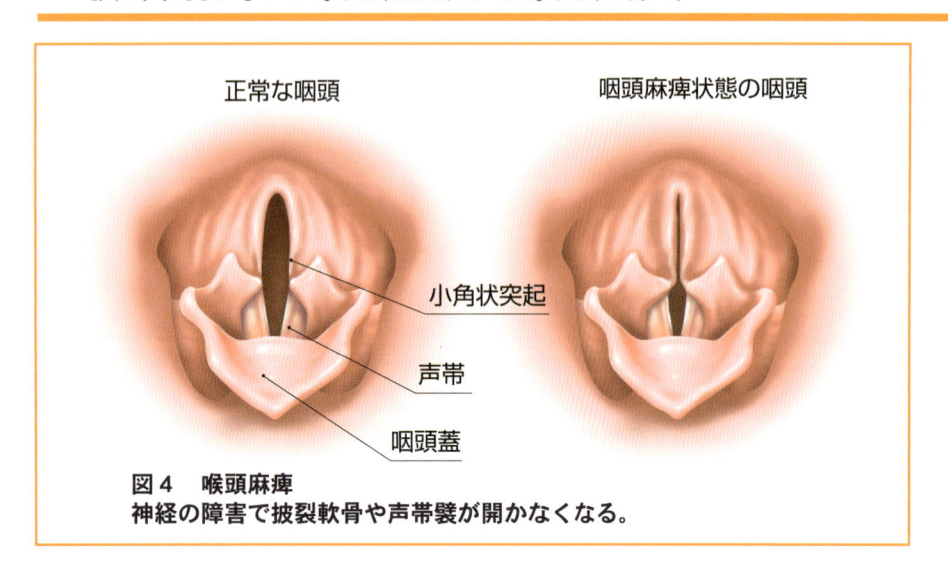

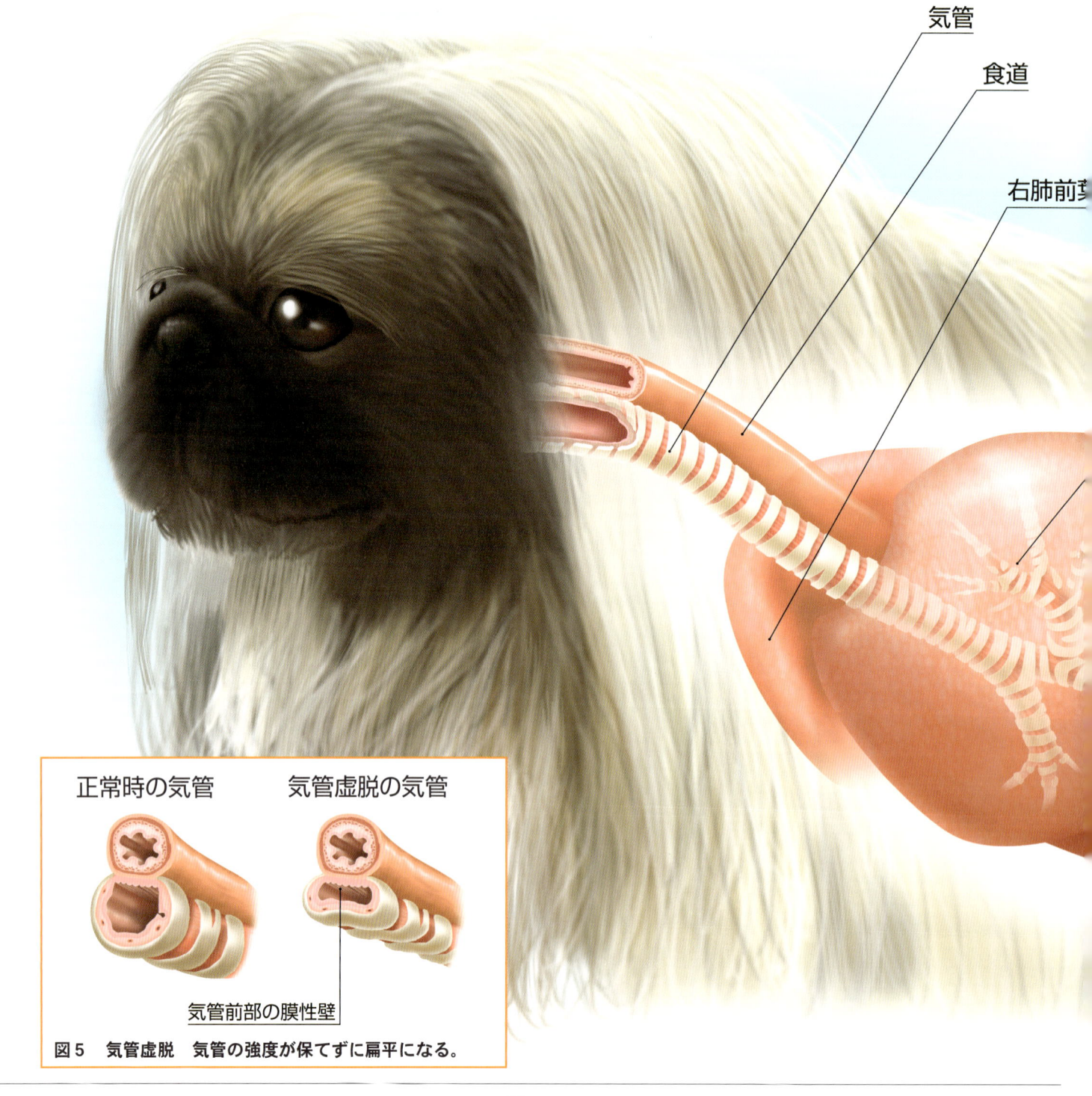

正常な咽頭　　　　　咽頭麻痺状態の咽頭

小角状突起
声帯
咽頭蓋

図4　喉頭麻痺
神経の障害で披裂軟骨や声帯襞が開かなくなる。

気管
食道
右肺前葉

正常時の気管　　気管虚脱の気管

気管前部の膜性壁
図5　気管虚脱　気管の強度が保てずに扁平になる。

正常時の気管支

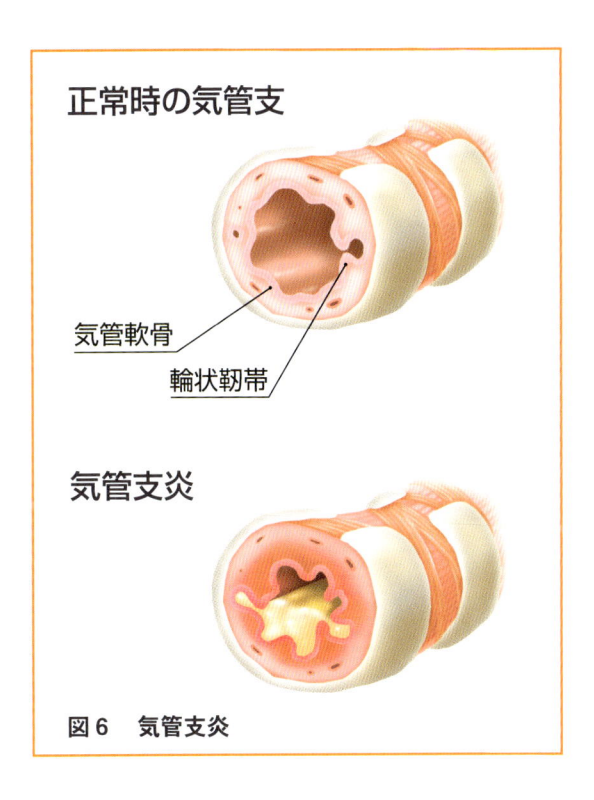

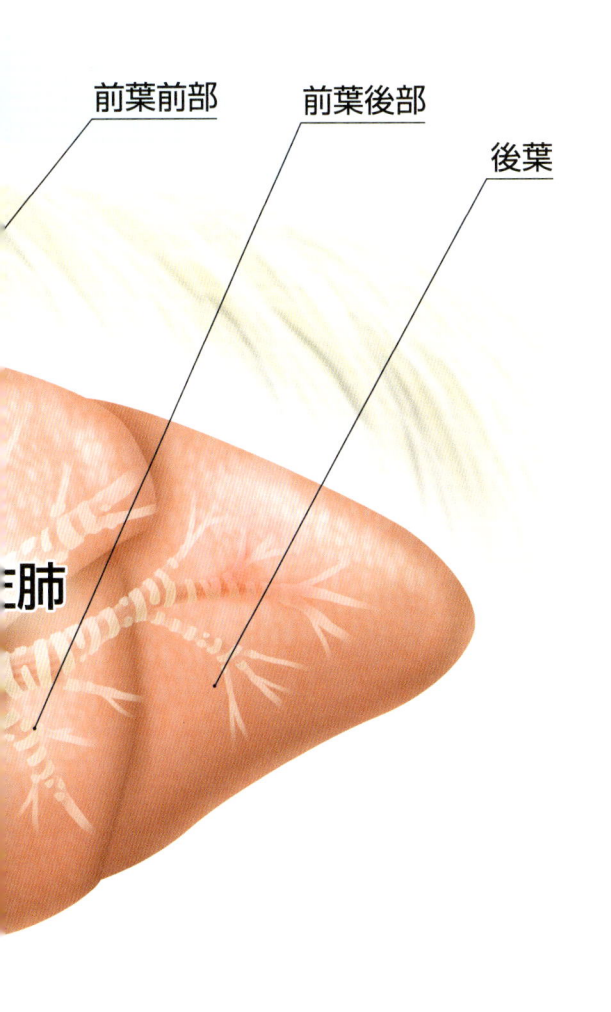

気管軟骨
輪状靭帯

気管支炎

図6　気管支炎

前葉前部　前葉後部

後葉

喉頭麻痺(こうとうまひ)

　喉頭神経の機能不全や喉頭筋に分布する神経の障害により、披裂軟骨や声帯襞が開かなくなり、麻痺が進むと気道が閉鎖して呼吸時に喘鳴を示す。先天性喉頭麻痺は、ブービエ・デ・フランダース、シベリアン・ハスキー、ダルメシアン、ブルテリアなどに発生し、後天性喉頭麻痺は、セント・バーナード、ラブラドール・リトリーバー、アイリッシュ・セッターなどの大型犬の高齢動物に認められる。

　喘鳴と運動不耐性から始まり、気道が閉塞すると呼吸困難、チアノーゼ、虚脱が認められる。

　治療は、症状が軽度であれば安静を保ち酸素療法を行い、喉頭の腫脹や炎症に対しては、ステロイド剤を投与する。重度な場合には、閉塞を解除するために部分的な喉頭切除を実施する。

気管虚脱(きかんきょだつ)

　正常な気管は、C字型をした輪状の軟骨からできており、その背側は、筋肉と結合組織からなる膜性壁になっている。気管虚脱は、呼吸時に気管の強度が保てずに扁平になり、さらに膜性壁が伸びて内側に入り込むために空気の流れを阻害する。特に、吸気時には胸腔内、および気管内が陰圧になるために膜性壁を内側へ引っ張るために症状が明確になる。

　気管虚脱の正確な原因は明らかではないが、一般的にトーイ犬種に多く認められることより、遺伝的要因が関連している。症状は、「ガチョウの鳴き声」と表現されるガーガーという咳が特徴である。特に、興奮や高温多湿などで症状が悪化する。咳以外にも運動不耐性、呼吸困難、失神などを認めることがある。

　治療は、興奮やストレスが症状を悪化させるので涼しい環境で安静にする。必要であれば鎮静剤を投与する。さらに、鎮咳剤、および気管支拡張剤を投与する。また、体重制限や首輪から胴輪に変更するなど気管への刺激を軽減させる。安静時でも呼吸困難などを認める場合には、気管が虚脱しないように外科的に気管へステントを装着する。

気管支炎(きかんしえん)

　気管支炎は、気管支に起こる炎症でウイルス感染が原因となる場合が多い。それ以外にも粉塵、刺激性ガス、花粉などのアレルゲンなどの刺激により発症する。症状としては、乾性の咳が持続的に認められる。また、微熱や水溶性の鼻汁を認めることもあるが、一般状態は良好な場合がほとんどである。しかし、二次性の細菌感染を合併すると咳は湿性になり、元気消失、呼吸促迫、呼吸困難、チアノーゼなどを示す場合がある。

　予防は、粉塵、アレルゲン、温度変化の少ない環境で飼育し、ワクチン接種を実施する。また、幼若や高齢など抵抗力の弱い犬に発症しやすいので、日常から免疫力を低下させるストレスの軽減に配慮する。

　治療は、軽症の場合には適度な温度と湿度を維持した環境で安静にしていれば数日で治癒する。また、必要に応じて栄養の供給、抗生剤、消炎剤、鎮咳剤などの投与を行う。

III 肺炎/肺水腫

肺炎（はいえん）

　肺炎は、細菌やウイルスなどの病原体により、原発性あるいは続発性に肺のガス交換部位に生じた炎症である。肺炎は、原因により細菌性（ボルデテラ、パスツレラなど）肺炎、ウイルス性（ジステンパーウイルス、アデノウイルス、パラインフルエンザウイルスなど）肺炎、真菌性（ヒストプラズマなど）肺炎、アレルギー性肺炎、および吸引性（誤嚥性）肺炎などに分けられている。症状としては、咳、呼吸音の異常、運動不耐性、努力性呼吸または呼吸困難、膿性鼻汁、発熱、元気消失、食欲不振などが認められる。

　予防は、ウイルス感染に対して定期的なワクチン接種を実施する。ワクチンのないウイルスや細菌に対しては、感染が起こらないように、日常から栄養管理などに注意して免疫力を高め、さらに生活環境を清浄にしておく必要がある。また、給餌方法の管理や制吐剤の投与により、吸引性（誤嚥性）肺炎の危険性を軽減できる。

　治療は、二次性の細菌感染を考慮して抗生剤の投与が中心となるが、必要に応じて栄養の供給、消炎剤、鎮咳剤などの投与、ネブライザー療法、酸素療法などを行う。

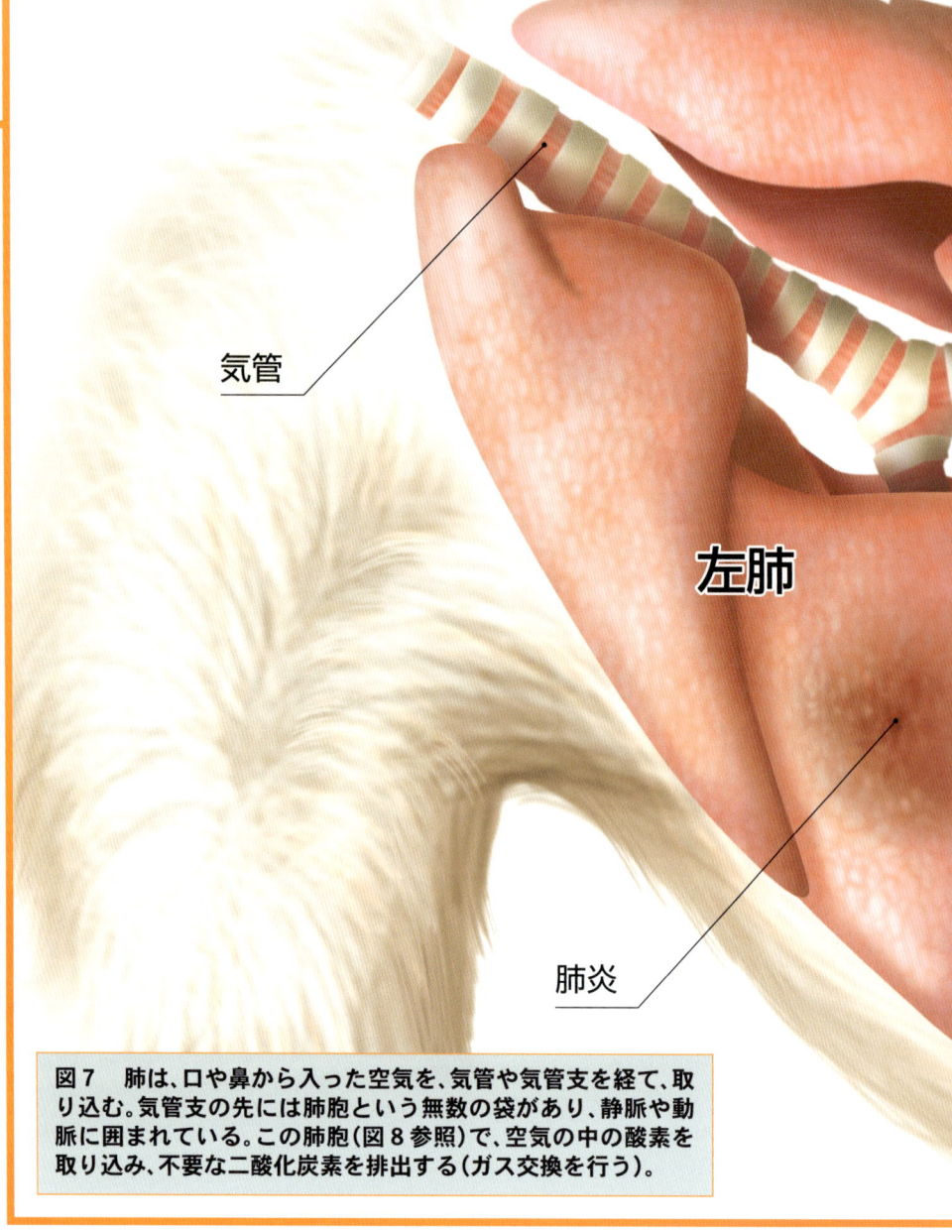

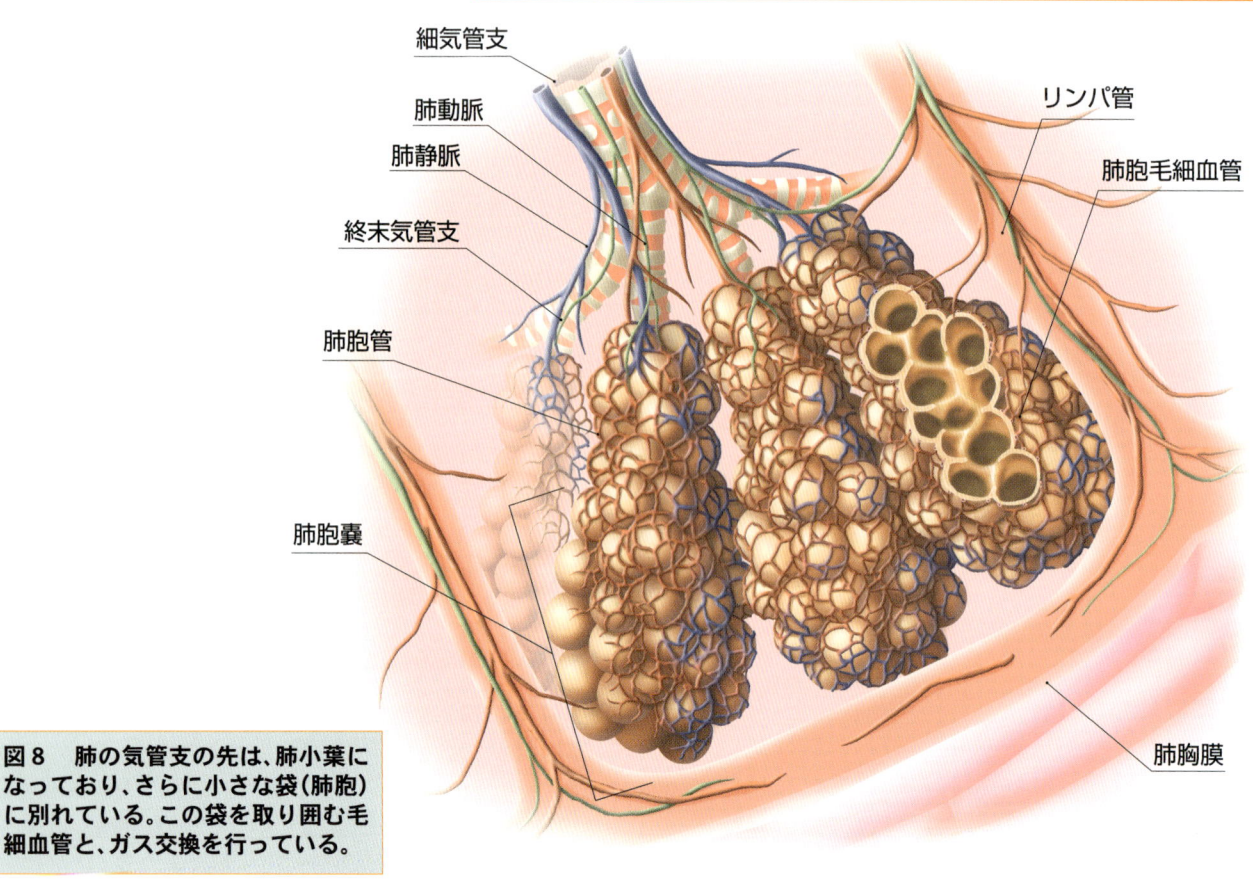

図7　肺は、口や鼻から入った空気を、気管や気管支を経て、取り込む。気管支の先には肺胞という無数の袋があり、静脈や動脈に囲まれている。この肺胞（図8参照）で、空気の中の酸素を取り込み、不要な二酸化炭素を排出する（ガス交換を行う）。

図8　肺の気管支の先は、肺小葉になっており、さらに小さな袋（肺胞）に別れている。この袋を取り囲む毛細血管と、ガス交換を行っている。

右肺

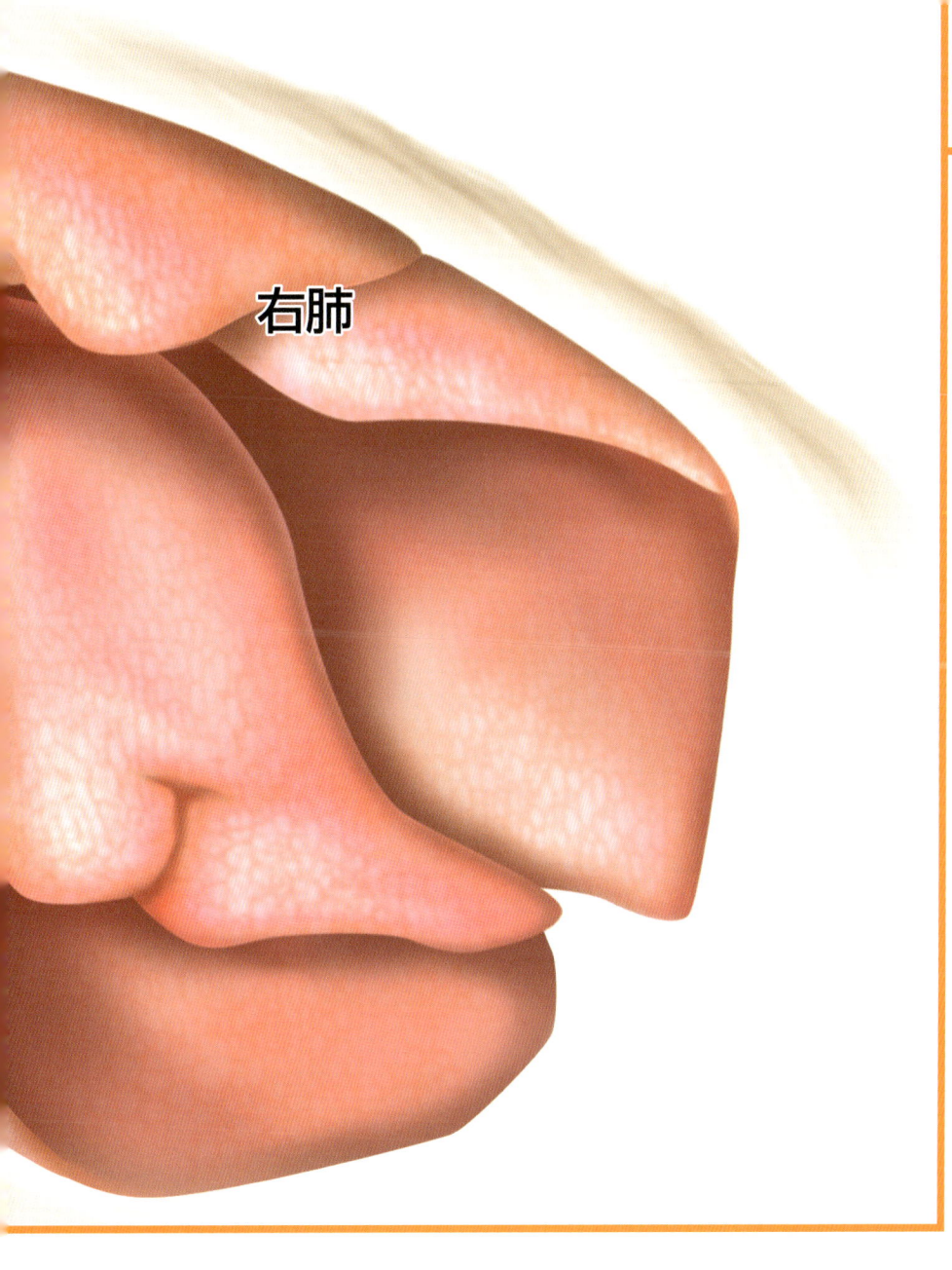

肺水腫（はいすいしゅ）

　肺水腫は、肺の毛細血管から肺の間質、肺胞や気管支に液体が漏出し貯留している状態である。そのため、肺での充分なガス交換ができないために低酸素血症を呈する。肺水腫には、心原性と非心原性があり、前者は僧帽弁閉鎖不全症などの心臓に関連する肺水腫であり、後者は肺に炎症が起こることにより、肺の毛細血管の透過性が高くなることに関連する肺水腫がある。犬の肺水腫は、心原性肺水腫がほとんどである。

　症状は、湿性の咳、開口呼吸、呼吸促迫、呼吸困難、チアノーゼなどがみられる。また、外鼻孔または口から水溶性または血液の混ざったピンク色の液体が認められることがある。横臥姿勢を嫌がり、犬座姿勢を保ちながら首を伸ばし肘を外側に湾曲させ動くことを嫌がる。

　治療は、原疾患の治療、肺に蓄積している水腫の除去、低酸素血症の改善である。心疾患に対しては強心剤や血管拡張剤の投与、肺の炎症に対しては消炎剤などを投与する。肺に蓄積している水腫の除去には利尿剤を投与する。また、低タンパク血症が関与している場合には血漿を投与する。

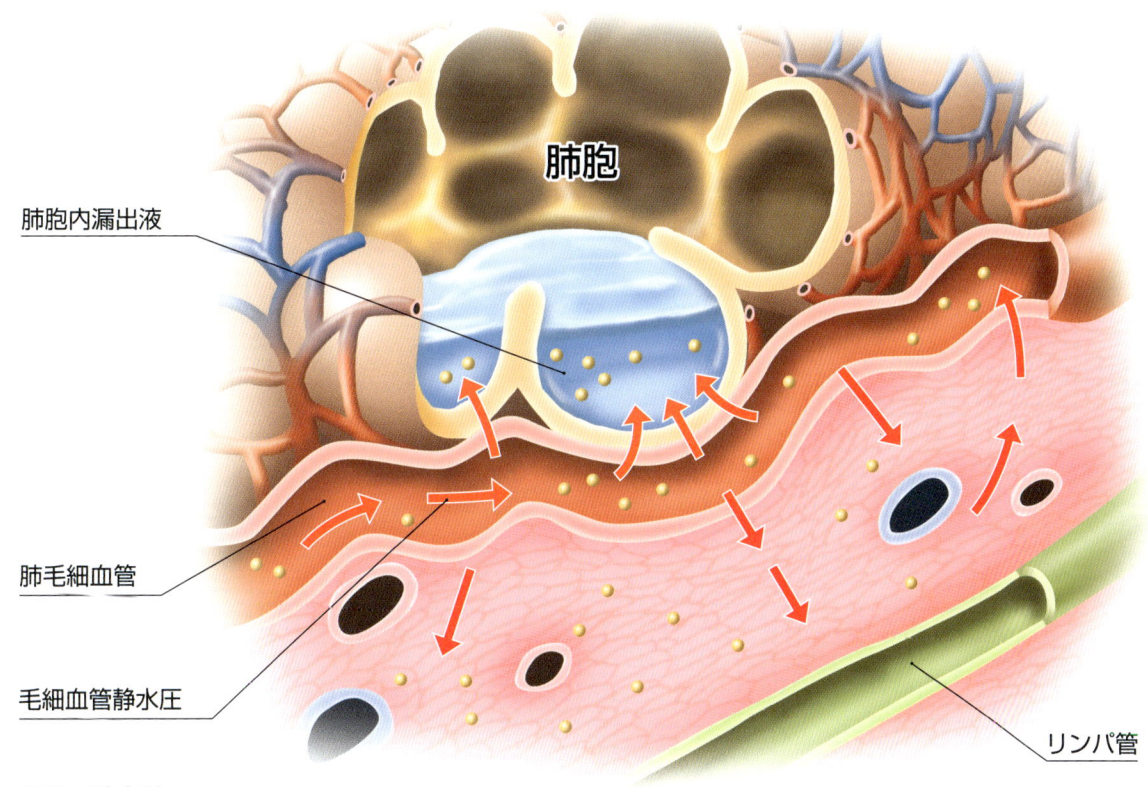

呼吸器の病気

肺胞

肺胞内漏出液
肺毛細血管
毛細血管静水圧
リンパ管

毛細血管から漏出した水分が、間質に貯留しているものを間質性肺水腫といい、間質を越えて水分が肺胞にまで貯留したものを肺胞性肺水腫という。

図9　肺水腫
肺の毛細血管から水分が漏出し、肺胞や気管支に水が貯まる病気である。

Ⅳ 気胸/乳糜胸

気胸（ききょう）

　気胸は、胸腔内に空気が侵入して肺の虚脱や呼吸困難を起こした状態である。胸部の外傷または肋骨骨折により、胸壁や肺が傷ついて起こる外傷性気胸、検査処置や治療手技の合併症として起こる医原性気胸、日常生活の中で起こる自然気胸がある。犬においては、交通事故や咬傷による外傷性気胸が一般的である。胸腔は縦隔により左右に分かれているために、気胸は片側性に起こる場合が多い。また、胸腔内に侵入する空気が多量で、胸腔内の圧が徐々に高まり、陽圧になった状態の気胸を緊張性気胸といい、このタイプの気胸が最も重篤でショックを起こして死亡する危険がある。

　症状は、侵入した空気の量、および肺の虚脱の程度により異なるが、一般的には呼吸促迫、呼吸困難、チアノーゼなどを認める。

　治療は、侵入した空気の量が少量であれば安静にして自然回復を待つ。重度な場合には、注射器または胸腔チューブを設置して空気を抜去する。肺や気管に大きな損傷があり、そこから多量な空気が胸腔内に侵入する場合には、開胸手術を行い損傷した部位を修復する。

図10　気胸
肺を取り囲む胸腔に空気が侵入する病気である。

乳糜胸（にゅうびきょう）

　乳糜胸は、腸管のリンパ管に吸収された脂肪成分を含む乳糜液が胸管から胸腔内へ漏れて貯留した状態である。乳糜胸の原因は、外傷性、非外傷性、特発性に分けられ、外傷性は胸壁の外傷や手術による胸管損傷、非外傷性は胸腔内の腫瘍、犬糸状虫症、肺葉捻転などによる。特発性は、胸管からの乳糜の漏出の原因が不明なものである。

　症状は、胸腔内に漏出した乳糜の量により異なり、多量に貯留している場合には、肺が圧迫されることにより呼吸が充分に行えず呼吸促迫、呼吸困難などを呈する。

　治療は、低脂肪食の食事を与えて胸管を流れる乳糜の量を減量する食餌療法や、胸腔チューブを設置して胸腔内に貯留している乳糜液を抜去する。これらの内科的な治療で改善が認められない場合には、開胸手術による胸管結紮術や乳糜の貯留するスペースを無くす胸膜癒着術を実施する。

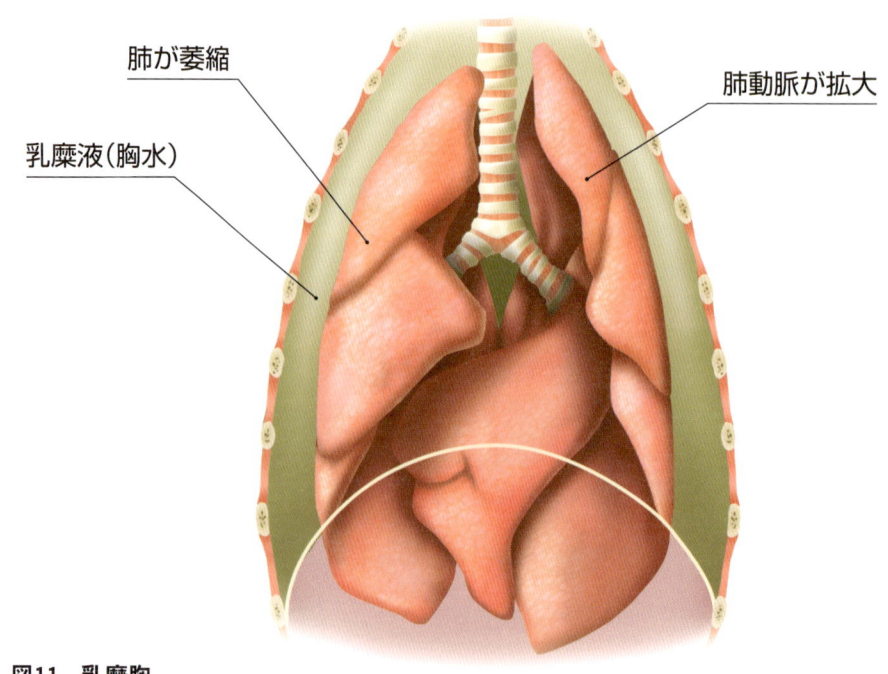

図11　乳糜胸
胸腔内に乳糜液が貯留し、肺が圧迫される病気。

Ⅴ その他の重要な呼吸器の病気

本文で解説した呼吸器に関連する疾患以外にもいくつか重要な疾患がある。

副鼻腔炎（ふくびくうえん）

鼻腔周辺の骨に囲まれた空洞部の副鼻腔に炎症が起きる疾患である。副鼻腔炎は、慢性疾患で鼻炎が長期におよんだ場合に引き起こされる。鼻炎と同様にくしゃみや鼻汁が認められるが、鼻炎に比べて治療しても治りにくい疾患である。治療は、抗生剤や消炎剤の投与であるが、外科的に副鼻腔内を洗浄するなどの治療が必要な場合が多い。

気管支拡張症（きかんしかくちょうしょう）

気管支や細気管支が嚢胞状、または円柱状などに拡張する疾患である。原因としては、喀出されない分泌物の貯留や感染に関連している。湿性の咳、粘液膿性の痰喀出を認める。治療は、抗生剤、気管支拡張剤、去痰剤などを投与し、アレルギー疾患と関連する場合にはステロイド剤を投与する。

肺挫傷（はいざしょう）

胸部の打撲により肺に出血や損傷が起こり、その部位の肺が充分に膨らまず、換気が不充分になる状態である。重度な場合には、呼吸困難を起こすが、多くの場合は安静と酸素療法で改善する。

肺葉捻転（はいようねんてん）

肺が大きく7つに分かれている肺葉の一部が捻れて、空気や血液が流入しない状態である。そのため、肺葉に血液が貯留して壊死や出血を起こす。治療は、開胸手術により捻れた肺葉を摘出する。

肺腫瘍（はいしゅよう）

原発性肺腫瘍と転移性肺腫瘍があり、多くの場合が転移性の腫瘍である。肺への転移が多い腫瘍としては、乳腺腫瘍、骨肉腫、悪性黒色腫などがある。症状としては、慢性の咳が最も多く、それ以外に呼吸困難、無気力、体重減少、呼吸促迫、跛行、発熱などを認める。

肺血栓塞栓症（はいけっせんそくせんしょう）

血管内にできた血栓が肺動脈などの太い血管に詰まり、血液を送れなくなった状態である。ヒト医学のエコノミークラス症候群に相当するもので、犬においては犬糸状虫感染症に関連して起こることがある。治療としては、血栓を溶かす抗血栓療法が行われる。

参考文献

岩崎利郎、辻本元、長谷川篤彦 監修（2005）：獣医内科学/文永堂出版
多川政弘、局博一 監修（2007）：犬と猫の呼吸器疾患/インターズー
前出吉光 監修（2007）：犬の臨床/デーリィマン
山根義久（2006）：イヌ・ネコ 家庭動物の医学大百科/ピエ・ブックス

Chapter 1-5

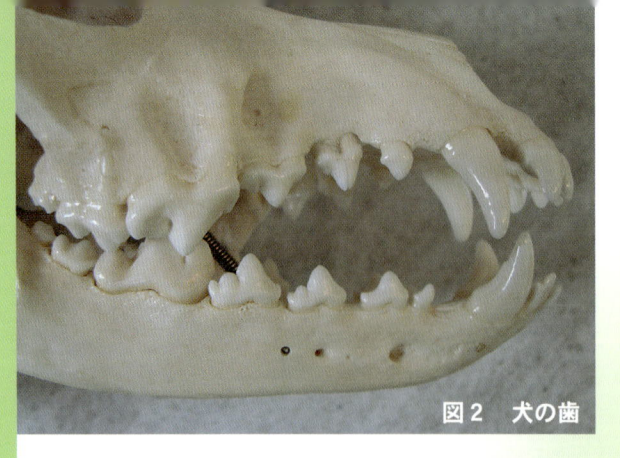

図2　犬の歯

図1　犬の永久歯

切歯
犬歯
前臼歯
上の裂肉歯
後臼歯
後臼歯
下の裂肉歯
前臼歯
犬歯
切歯

　犬の歯の本数は、原則として乳歯は、乳切歯が上顎に6本、下顎に6本、乳犬歯が上顎に2本、下顎に2本、乳臼歯が上顎に6本、下顎に6本あり、合計28本である。一方、永久歯は、切歯が上顎に6本、下顎に6本、犬歯が上顎に2本、下顎に2本、前臼歯が上顎に8本、下顎に8本、後臼歯が上顎に4本、下顎に6本の合計42本である（図1、2）。しかし、特に小型犬は、欠如している歯（これを欠歯という）も認められることがあり、42本より少ない個体もいる。

　歯と歯周組織の構造（図4）は、次頁のとおりである。歯は歯肉を境にして目に見える部分を歯冠、顎の骨の中に存在する部分を歯根、その間の部分を歯頸部という。歯冠は、エナメル質と象牙質から構成され、歯根は、セメント質と象牙質から構成され、その中心部の歯髄腔には歯髄が存在する。エナメル質は、体内で最も硬い組織で、知覚器官の機能や修復力はない。象牙質は、生理的に年齢とともに象牙芽細胞から作られ続ける他、外来の刺激によっても作られる。歯髄は、血管、神経、リンパ管に富む組織で、いわゆる歯の神経と言われる部位であり、象牙芽細胞が存在して、歯の知覚、栄養、象牙質の形成を行っている。歯肉、セメント質、歯根膜、歯槽骨の4つの部位は歯周組織という。歯肉は歯の周囲の強い保護層の粘膜組織である。セメント質は骨によく似た組織で、歯根膜はセメント質と歯槽骨の間にあり、歯に加わった力が直接歯槽骨にかからないようにする役割がある。歯槽骨は歯を支えている顎の骨の一部をいう。

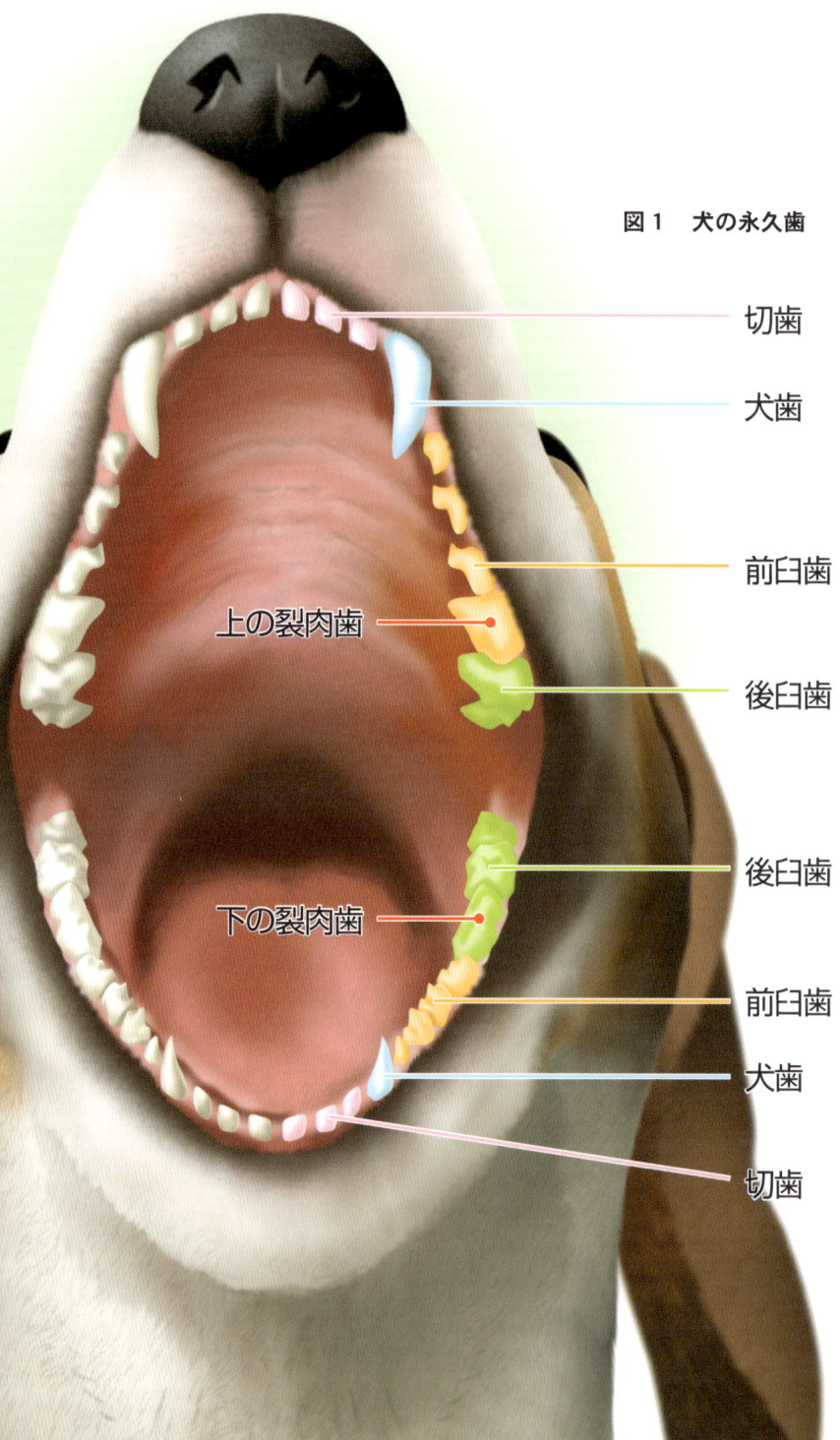

口腔の病気

　動物は、口腔で食物を体内に取り入れて生命を維持している。口腔はものをよく咬んで（咀嚼という）、飲み込む（嚥下という）ことはもちろん、獲物を捕え、肉を切り裂き、外敵の攻撃から守り、グルーミングを行い、舐めあったり、咬んだりすることによるコミュニケーションの手段でもある。しかし、飼育された犬では、獲物を捕え、野生の動物の肉を切り裂く機会はほとんどない。各歯の働きとして、切歯と前臼歯は、ものを捕え、犬歯はものを捕えるほか、ものを突き、引き裂き、後臼歯は、ものをすりつぶす役割がある。

　犬の口腔の病気で最も多い病気は、歯周病であり、歯の破折（歯が折れてしまうこと）、乳歯遺残（成犬になっても乳歯が残ってしまうこと）、および口腔内腫瘍（口の中のできもの）も比較的多くみられる。

I 歯周病

図3 歯周病の進行状態

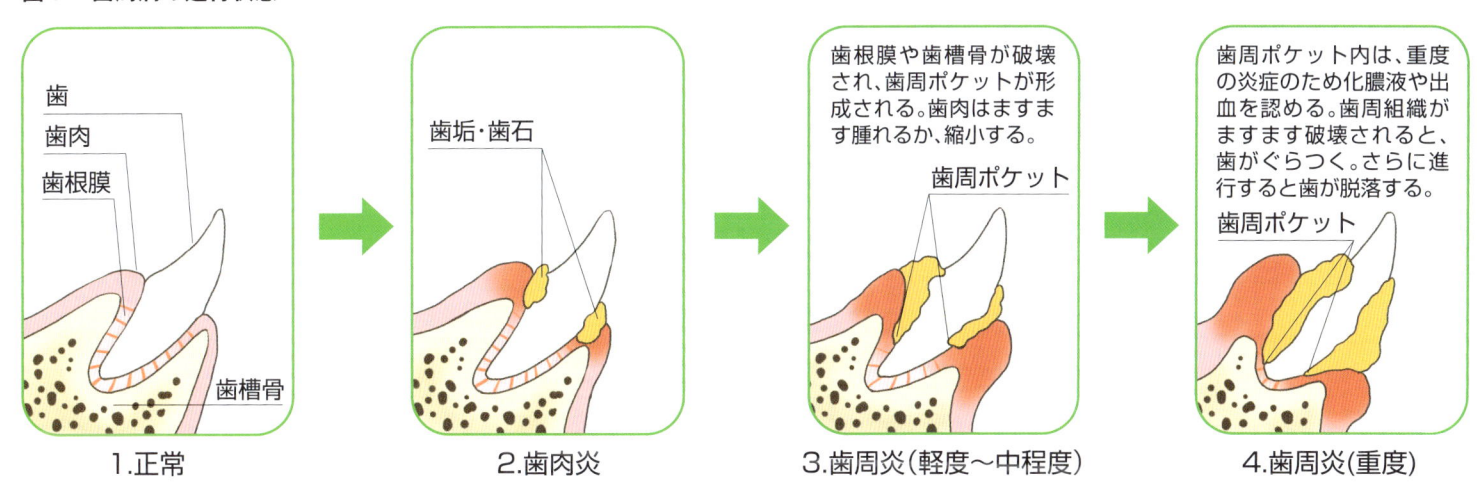

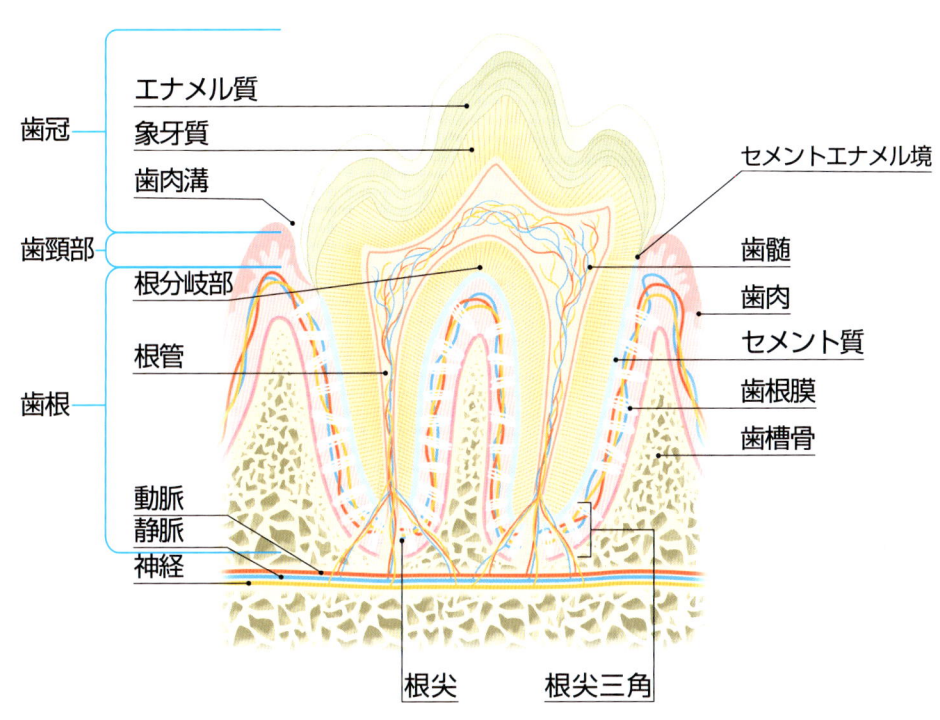

1. 正常
- 歯
- 歯肉
- 歯根膜
- 歯槽骨

2. 歯肉炎
- 歯垢・歯石

3. 歯周炎（軽度〜中程度）
- 歯根膜や歯槽骨が破壊され、歯周ポケットが形成される。歯肉はますます腫れるか、縮小する。
- 歯周ポケット

4. 歯周炎（重度）
- 歯周ポケット内は、重度の炎症のため化膿液や出血を認める。歯周組織がますます破壊されると、歯がぐらつく。さらに進行すると歯が脱落する。
- 歯周ポケット

図4 歯と歯周組織の構造

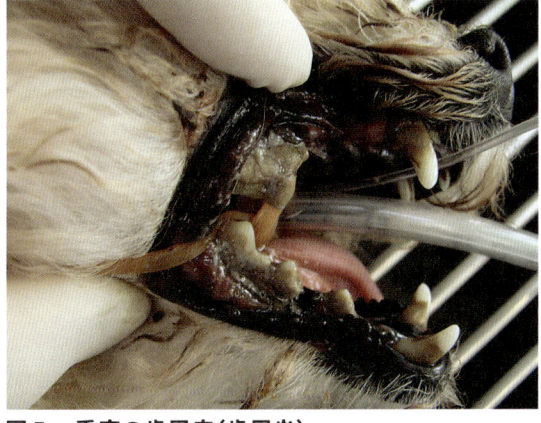

- 歯冠：エナメル質、象牙質、歯肉溝
- 歯頸部
- 歯根：根分岐部、根管、動脈、静脈、神経
- セメントエナメル境、歯髄、歯肉、セメント質、歯根膜、歯槽骨
- 根尖、根尖三角

図5 重度の歯周病（歯周炎）
歯垢、歯石が多量に歯に付着して歯肉が赤く腫れ、歯と歯肉の間から化膿液を認める。歯が脱落して、存在していない部位もある。
（雑種犬・12歳）

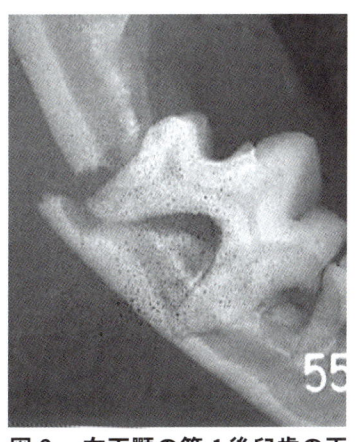

図6 右下顎の第1後臼歯の下顎骨が重度の歯周病により、吸収されて骨折している。
（左写真と同じ犬）

歯周病（ししゅうびょう）

3歳以上の犬の約80％以上がかかっているといわれる歯周病は、歯垢中の歯周病関連細菌が原因で歯肉のみならず、歯槽骨、セメント質、歯根膜が炎症を起こし、破壊される疾患である（図3）。最初、歯垢が歯面に付着すると3〜5日で歯石を形成する。歯肉だけが炎症を起こした歯肉炎のときに治療すれば完全に回復できるが、歯肉のほかの歯槽骨、セメント質、歯根膜まで炎症がおよぶ歯周炎では、正常な組織に戻すことは不可能となる（図3）。この歯肉炎と歯周炎を総称して歯周病という（図3）。

その症状は、歯の表面の歯垢・歯石が付着して歯肉が赤く腫れ、口臭があり、進行すると歯と歯肉の間からの化膿液や出血を認め、歯がぐらつき、歯が抜ける場合もある（図3）。

歯肉炎を放っておくと、歯周炎に進行し（図5）、根尖（歯根の先端部）の周囲に炎症（これを根尖周囲病巣という）を生じることがある。さらに、根尖周囲病巣からその周囲の組織（口腔粘膜、頬、鼻腔あるいは下顎の皮膚など）に穴を開け、その部位から化膿液や血液が排出することがある。頬や下顎に穴があいた場合を歯瘻といい、鼻腔に穴が開いた場合を口鼻瘻管という（51ページ参照）。また、小型犬では、歯周病により臼歯の下顎骨がひどく吸収されると、下顎骨が薄くなり、硬いものを咬んだだけでも骨折することもある（これを下顎骨骨折という）（図5、6）。

さらに、歯周組織から歯周病関連細菌やその毒素や炎症性物質が血液中に入り込み、心臓、肝臓、腎臓など全身性の病気を引き起こす恐れもある。

歯周病の治療は、その程度によるが、全身麻酔下で歯垢中の細菌を除去すること（これをスケーリングという）（46ページ参照）と歯周組織が重度に破壊された場合は抜歯が適応される。その予防は、歯垢・歯石が歯面に付着しないように歯磨きを中心としたデンタルホームケアを行う。

ホームデンタルケアの方法

Step 1 口周辺を触って慣れさせる。

最初、犬をリラックスさせた状態で口の周りを触ることに慣れさせる。口の周りに触れたらその都度、褒めてあげたり、ご褒美をあげたりする。これを何度も繰り返す。いわゆる、口腔を触れたら何かいいことがあると認識させることが重要である。

Step 2 ガーゼを巻いた指を口の中に入れてみる。

次に指にガーゼを巻いて水や湯でガーゼを濡らして、特に歯の側面をなでるように行う。

Step 3 慣れてきたら、初めて歯ブラシを使う。

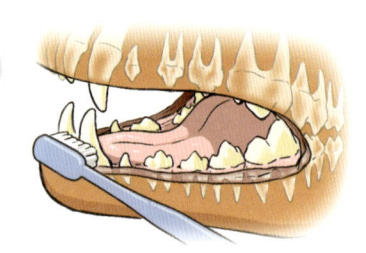

これに慣れてきたら、初めて歯ブラシを用いる。歯ブラシは、動物用のものでも人用の子供用のものでもよい。歯ブラシは、小さめのヘッドで軟らかい毛のついたものが使用しやすい。歯ブラシも指を用いたときと同様に水や湯、あるいは犬の好きな動物用歯磨きペーストをつけて歯の表面をなでるように行う。歯磨きを行っていると次第に唾液が出されてくるので清浄効果も期待できる。歯磨きは、歯肉の中1〜3mmまでの歯垢が除去できる。理想的には乳歯の時期から歯磨きに慣れさせること。ただし、脱落しそうな乳歯があるときは、その周囲の歯磨きはやらないようにする。毎日、1日1回が理想。

Step 4 歯ブラシを歯に当てる角度は約45度。

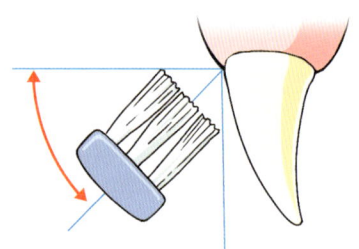

その方法は、歯と歯肉の間を前後に小刻みに毛先を動かして磨くバス法がお薦めである。歯ブラシの歯面に当てる角度は、約45度に傾斜させると高い清掃効果が得られる。

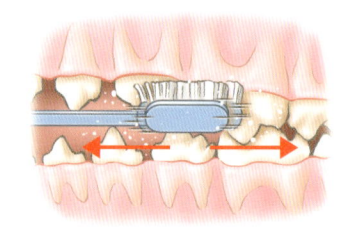

小刻みに毛先を動かそう。

■歯周病の治療（スケーリング）

図7　歯に歯垢、歯石が付着し、歯肉が赤く腫れ、ところどころ出血している。

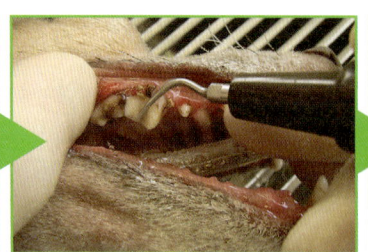

図8　超音波スケーラーを用いて、歯垢、歯石を除去している。

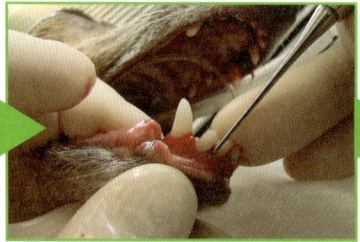

図9　歯と歯の間の細かい歯垢、歯石をハンドスケーラーで除去している。

図10　歯周ポケットの中の歯垢、歯石をキュレットという器具で除去している。（歯肉縁下スケーリング）

図11　ポリッシングブラシに荒い研磨剤を付けて、歯の表面を磨いている。

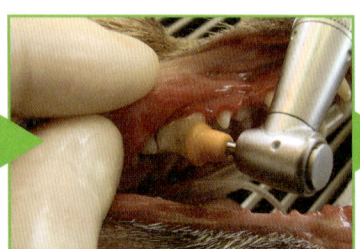

図12　ラバーカップに仕上げ用研磨剤を付けて、歯の表面を磨いている。

図13　スケーリング終了。歯垢、歯石が除去され、きれいになった歯が確認できる。

II 歯の破折

歯の破折(はのはせつ)

　人の臼歯(奥歯)と異なり、犬の歯のほとんどの臼歯は先が尖っているため、硬いものを咬むことでその先端が破折(歯が折れること)しやすい(図14)。特に犬は、上顎の第4前臼歯と下顎の第1後臼歯がスライドするようなハサミのような咬合形態(これをハサミ状咬合という)のため、ほとんどこれらの歯でものを咬んでいる。したがって、骨、ひづめ、硬めのプラスチックなど硬いものを咬んだ場合、特に上顎の第4前臼歯の外側部分の歯がはがれるように破折することが多い(図14)。その他の歯も破折することがある。交通事故や落下事故によっても歯が破折することがある。歯の破折の形態はさまざまであり、目に見える破折ばかりでなく、顎の骨の中にあって目に見えない歯根が破折することもある(図15)。

　歯が折れ、歯髄が露出した場合は、歯髄炎から歯髄が死んで、そのまま放っておくと口の中の細菌が歯髄腔を経て根尖周囲病巣を起こすことがある。

　治療は、目に見える歯の破折が歯髄に達していない場合は、歯冠修復材で修復するかそのまま経過をみるが、歯髄に達している場合ついては、歯髄が生きている場合は歯髄保護剤と歯冠修復材で治療するか、抜歯を行い、歯髄が死んでいる場合は、歯髄を除去して(いわゆる神経を抜いて)根管充填材と歯冠修復材で充填するか(図16〜18)、抜歯する。歯根が破折している場合は、根尖に近い破折の場合は、そのまま経過をみることもあるが、通常、抜歯することが多い。歯の破折の予防は、犬に硬いものを咬ませないように注意することである。

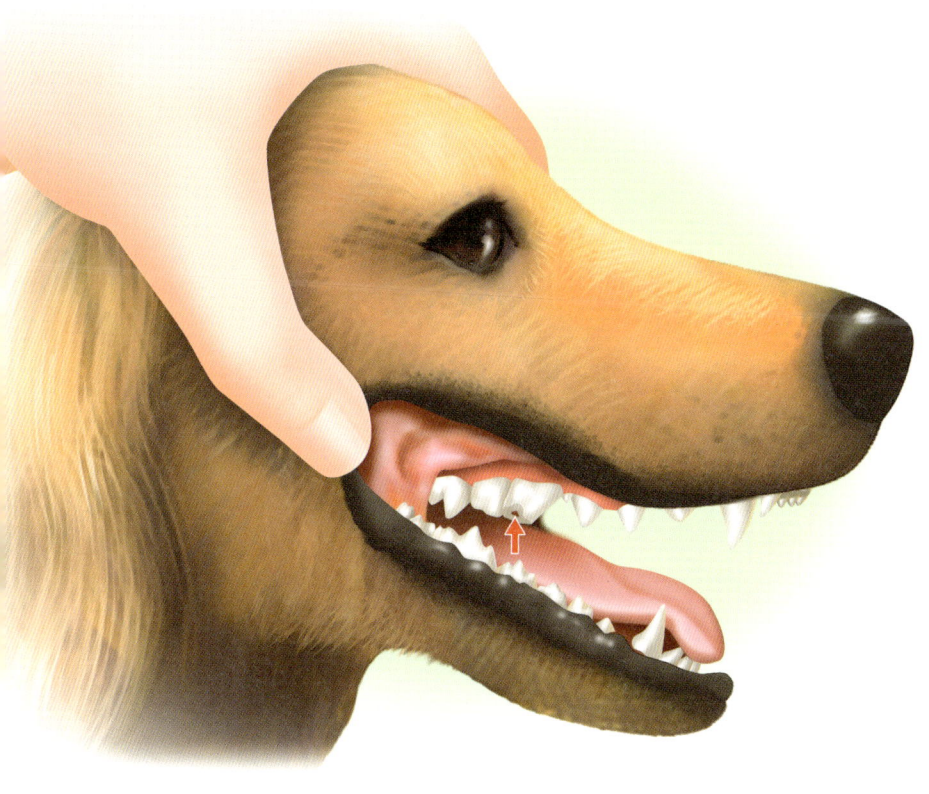

図14　右上顎の第4前臼歯が破折して歯髄が見えている。(矢印)

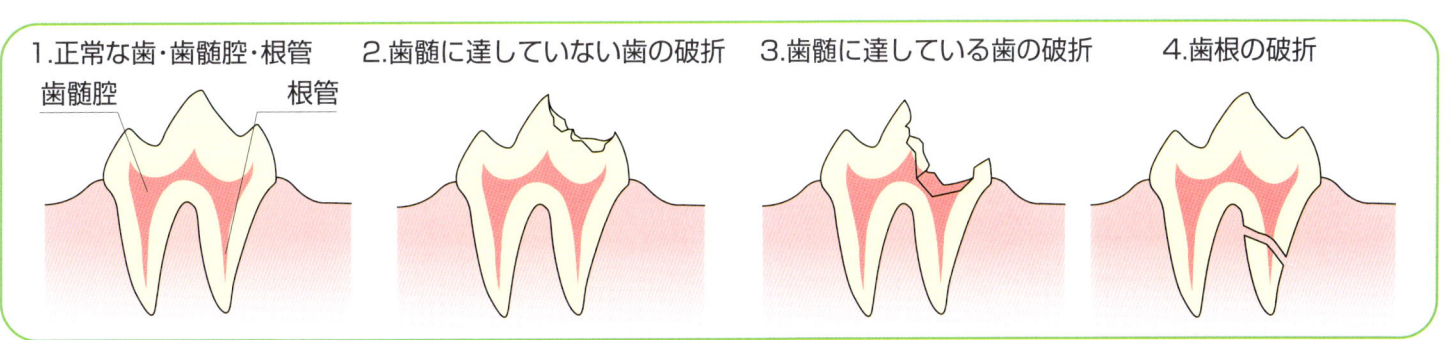

1. 正常な歯・歯髄腔・根管　　歯髄腔　根管
2. 歯髄に達していない歯の破折
3. 歯髄に達している歯の破折
4. 歯根の破折

図15　歯の破折の形態

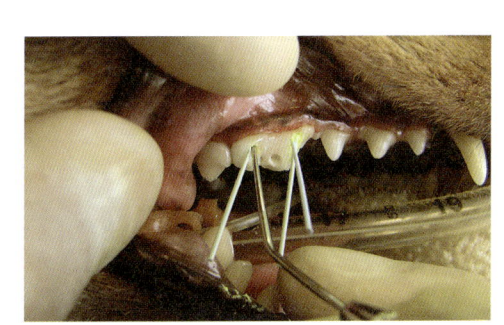

図16　根管充填
歯髄を除去して根管充填剤を入れている。

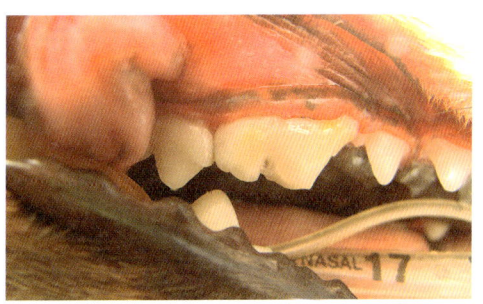

図17　歯冠修復
歯冠修復剤で充填し、治療が終了した。

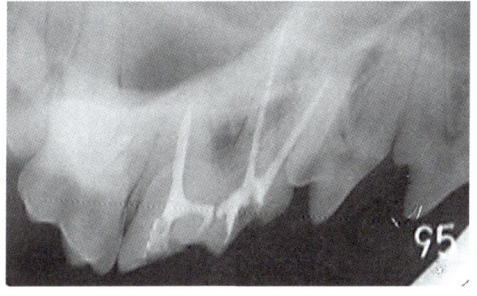

図18　口腔内X線
X線検査で適切に充填されていることが確認できる。

Ⅲ 乳歯遺残

図19　乳歯遺残
左上顎の乳犬歯が残存している。また永久犬歯と乳犬歯の間に歯垢、歯石が付着している（矢印）。

図20　口腔内X線
乳犬歯の歯根は吸収されず、そのまま残っていることが確認できる（矢印）。

図21　乳犬歯の脱臼
エレベーターを用いて乳犬歯を脱臼している。

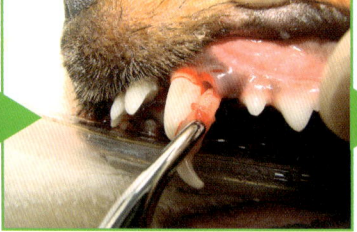

図22　乳犬歯の抜歯
抜歯鉗子を用いて抜歯をしている。

図23　抜歯後の口腔内
抜歯後の穴は次第にふさがる。

乳歯遺残（にゅうしいざん）

　犬は、人や猫と同様に乳歯から永久歯に生え換わる二生歯性である。犬の歯は、通常、生後約7カ月齢で乳歯から永久歯に生え換わるが、7カ月齢を過ぎても乳歯が残り、永久歯とともに認めることもある。これを乳歯遺残という。乳歯遺残は小型犬で比較的よく認められる。

　通常、歯の生え始めは、乳歯では、生後3週齢から下顎の乳切歯、上顎の乳切歯、下顎の乳臼歯、上顎の乳臼歯、下顎の乳犬歯、上顎の乳犬歯の順で生えてきて、生後約2カ月齢で完全に生え終わる。そして永久歯において目に見える歯の長さが乳歯の目に見える長さの1/2〜2/3の位置になった時に乳歯が抜ける。犬では、生後約5カ月齢から下顎の切歯、上顎の切歯、下顎の臼歯、上顎の臼歯、下顎の犬歯、上顎の犬歯の順に生え換わり、約7カ月齢で歯の生え換わりは終了する。

　特に、乳歯遺残が多くみられるのは、上顎の乳犬歯と下顎の乳犬歯である。乳歯が遺残すると正常な咬合にならず（これを不正咬合という）、そのまま放っておくと、乳歯が存在するために正常な位置に生えることができなかった永久歯が口蓋や歯肉、あるいは口唇粘膜に当たったり、突き刺したりする。また、永久歯と乳歯の間に歯垢・歯石が蓄積して歯周病になってしまうことが多い（図19）。したがって、生後7カ月齢を過ぎても乳歯が残っている場合は、原則として乳歯を抜歯する必要がある（図20-23）。不正咬合の場合は、症状によって矯正することがある。

Ⅳ 口腔内腫瘍

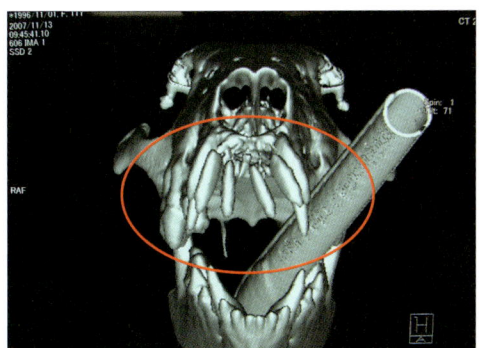

図24　上顎の切歯部歯肉が硬く、腫れている。
病理組織検査の結果、高分化型線維肉腫であった。

図25　3D-CT検査
切歯骨の一部が溶け出している（円内）。切歯骨まで腫瘍が入り込んでいる。

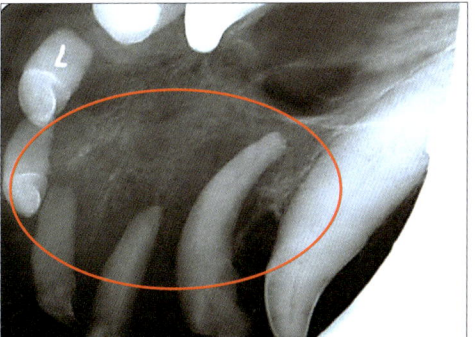

図26、27　口腔内X線　切歯骨の一部が溶けている（円内）。

口腔内腫瘍（こうくうないしゅよう）

　口腔内腫瘍は、中年齢～高齢の犬に多く認められ、歯を作る細胞や組織が腫瘍化した歯原性腫瘍と歯を作る細胞や組織と関係なく、その他の組織から発生する非歯原性腫瘍がある。歯原性腫瘍は、顎の骨の中に入り込むことが多く、非歯原性腫瘍では、線維肉腫、扁平上皮癌、悪性黒色腫の順に顎の骨の中に入り込む。口腔内腫瘍の原因はいまだにわかっていない。

　口腔内腫瘍の多くは、線維腫性エプリス、骨形成性エプリス、棘細胞性エナメル上皮腫、エナメル上皮腫など良性のものであるが、悪性腫瘍の非歯原性腫瘍では、悪性黒色腫（悪性メラノーマ）、扁平上皮癌、線維肉腫の順に認められる。その他の口腔内腫瘍もあるが、さほど発生率は高くない。

　口腔内腫瘍は、口の中に発生する腫瘍のため、口腔からの出血や口臭、痛み、開口障害や閉口障害、下顎リンパ節の腫大などを認め、次第にものを食べるのに支障をきたすようになる。

　この中で悪性黒色腫などは、肺などの他の臓器などに転移することが多い。これら口腔内腫瘍は、基本的には腫瘍部分を完全に外科的に摘出する。その他、放射線の照射や化学療法などの治療を行う場合もある。

V 不正咬合

正常な咬合

上顎が長いか、下顎が短い骨格性不正咬合

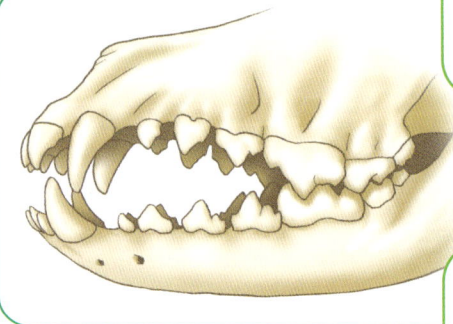

図28　犬の骨格性不正咬合と正常な咬合

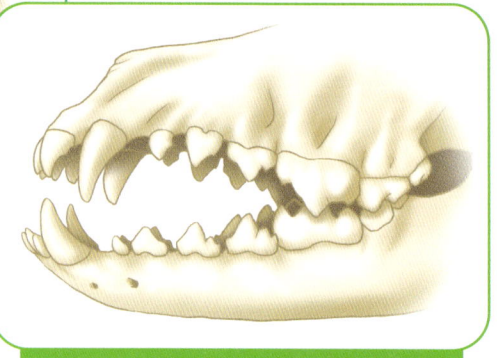

下顎が長いか、上顎が短い骨格性不正咬合

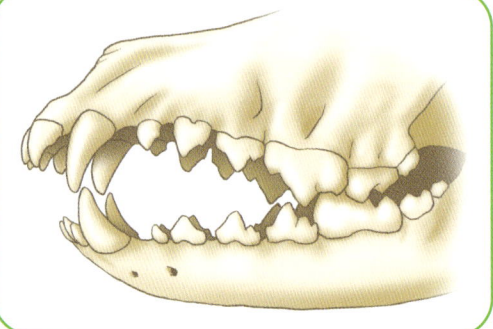

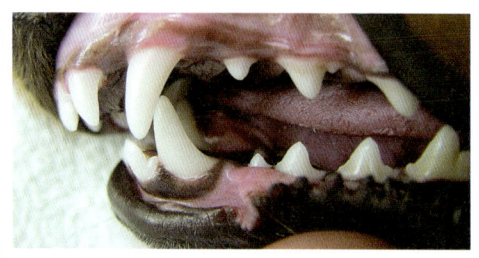

図29　骨格性不正咬合
正常咬合と比べて上顎が長いか、下顎が短い。
（M・ダックスフント・1歳半）

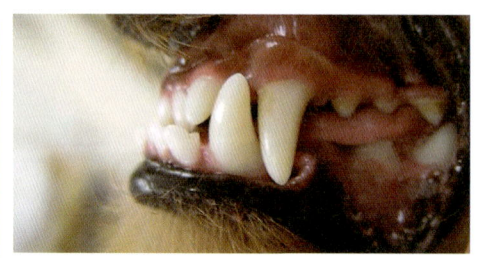

図30　骨格性不正咬合
正常咬合と比べて下顎が長いか、上顎が短い。
（トーイ・プードル・1歳）

不正咬合（ふせいこうごう）

　正常な咬みあわせ（図28）は、上顎の歯が下顎の歯に少しかぶるように咬合する。不正咬合は、骨格性不正咬合（図29、30）と歯性不正咬合（図31、32、33）に分けられる。骨格性不正咬合は、顎の長さや幅の不均衡で（図29、30）、歯性不正咬合は、歯の位置の異常である（図31、32、33）。比較的よくみられる不正咬合は、下顎の犬歯の舌側転位（下顎の犬歯が正常の位置より内側に萌出すること）（図31）、前方交叉咬合（前方の歯の1本、あるいは数本の歯が咬み合う歯より正常な位置でなく内側や外側に位置すること）（図32）、小型犬の切歯によくみられる叢生（歯が重なって萌出すること）（図32）、短頭種の犬によくみられる上顎の前臼歯の回転（歯が正常な位置でなく、回転して存在すること）（図33）などである。不正咬合により歯の先端が、口蓋や他の歯に当たることで外傷を生じることがある（図31）。その結果、痛みや不快感をともなうことがある。
　骨格性不正咬合は、治療することは不可能であるが、歯性不正咬合は、咬合状態と時期により治療できる場合もある。

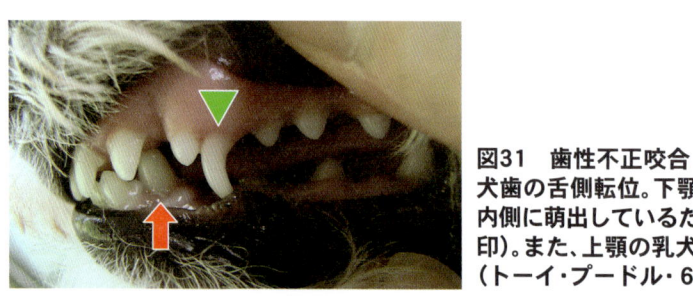

図31　歯性不正咬合
犬歯の舌側転位。下顎の犬歯が正常の位置より内側に萌出しているため上顎に当たっている（矢印）。また、上顎の乳犬歯も存在している（矢頭）（トーイ・プードル・6ヵ月齢）

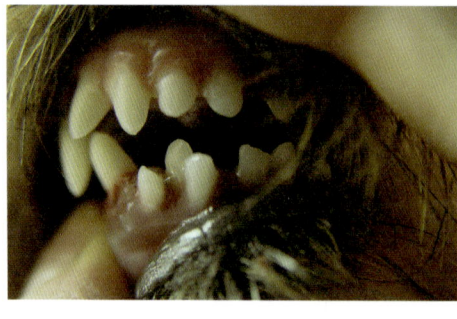

図32　歯性不正咬合
前方交叉咬合、叢生。下顎の切歯が重なって萌出している（叢生）。また、一部の下顎の切歯が上顎の切歯より前方に位置している（前方交叉咬合）。（雑種・1歳）

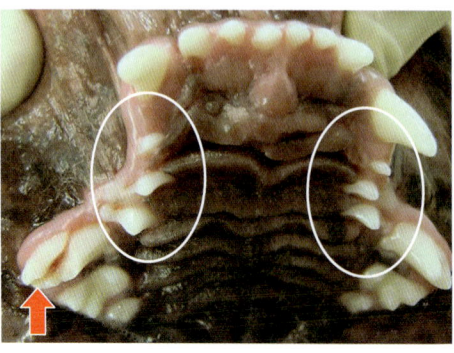

図33　歯性不正咬合
上顎の第1～第3前臼歯が回転している（円内）。また右上顎の第4前臼歯が破折している（矢印）。（フレンチ・ブルドッグ・2歳）

VI その他の重要な口腔の病気

咬耗、摩耗（こうもう、まもう）

咬耗とは、犬が日々、年齢とともに上顎と下顎の歯で咬み合って接触して咬むたびごとに徐々に歯がすり減る生理的な場合と、自らの意志により石やおもちゃ、ケージなどを咬むことによって歯が擦り減る場合とがある（図34、35）。一方、歯磨きのし過ぎなど外的、機械的な力で歯が擦り減る場合を摩耗という。飼育環境や食物の嗜好性、咬み癖などによって歯の擦り減る程度は異なる。歯が擦り減る場合、歯の最も表面にあるエナメル質だけとは限らず、象牙質や歯髄腔にまでおよぶことがある。歯の擦り減り方がゆっくりである場合、象牙質にある象牙細管の中の象牙突起が刺激されて歯髄の中の象牙芽細胞により象牙質が作られ、歯髄が保護される。しかし、歯の擦り減り方が早い場合、歯髄が露出して（これを露髄という）、歯髄が感染する。

治療は、露髄があれば歯髄が生きている場合、歯髄を保護する治療を行い、歯髄が死んでいれば歯髄を除去して（いわゆる神経を抜いて）根管治療を行うか、抜歯する。

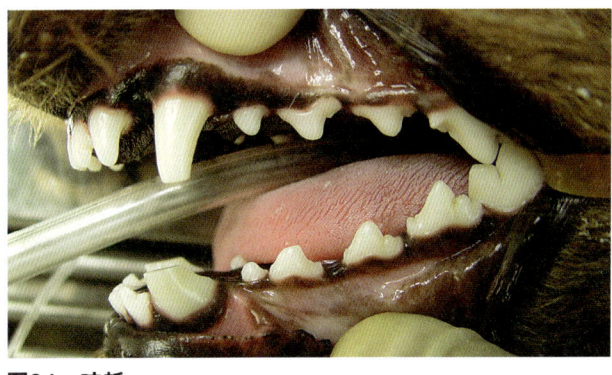

図34　咬耗
上顎と下顎の犬歯、切歯、下顎の第1、2前臼歯がすり減っている。この犬は毎日テニスボールをよく咬んで遊んでいたとのこと。テニスボールが原因と考えられる。（M・ダックス、10カ月齢）

歯瘻（しろう）

歯瘻は、歯の病気に由来する化膿した部位と口腔粘膜や皮膚の間に作られた交通路をいう（図36）。通常は、歯の根管、あるいは歯周病から歯の周囲に炎症～化膿が生じて、それが進行して口腔粘膜や皮膚に穴が開く（図36）。歯肉などの口の中の口腔粘膜に穴が開いた状態を内歯瘻といい、上顎の場合、目の下に穴が開き、下顎の場合、下顎の皮膚に穴が開くことが多い。この皮膚に穴があいた状態を外歯瘻という（図36）。

歯の破折や咬耗により歯髄が見えて、その根管から感染する場合や歯周病により、歯の周囲の歯周組織から感染する場合がある。

X線検査やプローブという歯科用器具により原因となる歯を確認して、通常、全身麻酔をしてその歯を抜歯して、炎症を起こしている部分を除去することで治る。

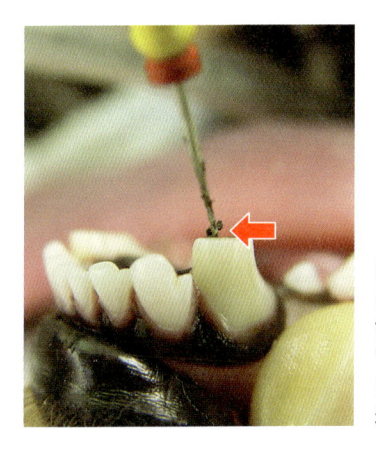

図35　歯髄の露出
この犬の下顎の犬歯の歯髄は露出して壊死している。黒色の歯髄がファイルという器具に付着して見える。（矢印）

口鼻瘻管（こうびろうかん）

歯周病や歯の破折、咬耗からの根尖周囲に炎症が起き、それが進行して口と鼻の間を隔てている骨が溶けて口と鼻がつながってしまう状態を口鼻瘻管という（図36）。一般的に、上顎の犬歯や第3切歯に多く起こるが、その他、すべての上顎の歯にみられる。上顎の口と鼻を隔てている骨は、1～2mmほどの薄い部位もあり、上あごの歯の歯周病などにより歯周組織が破壊されることがある。症状は、くしゃみ、鼻水、鼻出血などである。

診断は、口腔内X線検査や歯周プローブにより確認する。歯の周囲のポケットが深く、鼻と口とに穴があいた部位をプローブにより確認するとともに鼻腔からの出血も確認する。

治療は、全身麻酔の下で原因となる歯を確認して抜歯して、歯肉や口腔粘膜で穴があいた部位を塞ぐ手術を行う。

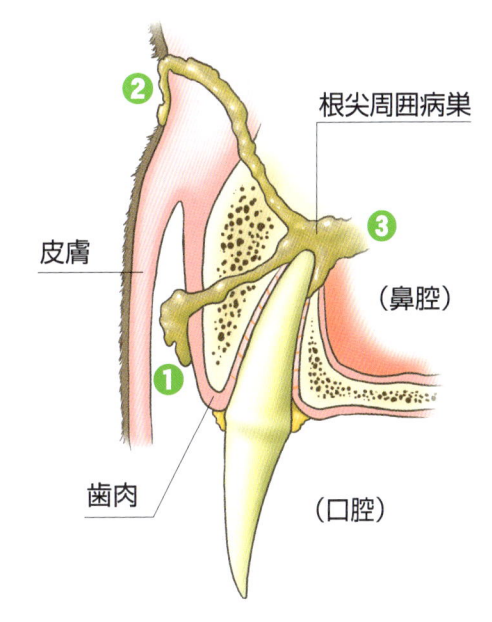

図36　内歯瘻、外歯瘻、口鼻瘻管

❶.**内歯瘻**
歯の病気から根尖周囲病巣となり、口腔粘膜に穴が開く。

❷.**外歯瘻**
歯の病気から根尖周囲病巣となり、皮膚に穴が開く。

❸.**口鼻瘻管**
歯の病気から根尖周囲病巣となり、鼻腔に穴が開く。

参考文献
1. 藤田桂一　コンパニオンアニマルの口腔疾患30症例+1　インターズー
2. 藤田桂一　臨床のための小動物歯科　インターズー

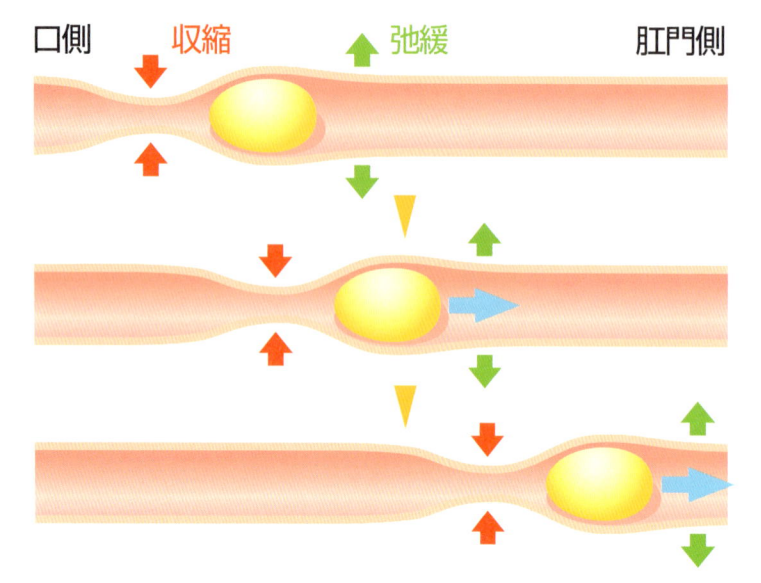

図1　ぜん動運動のしくみ
●消化管の主な運動にぜん動運動がある。これは、食べ物をはさんで、口側で収縮、肛門側で弛緩するといった動きが同時に起こることで、食べ物が先に（肛門側に）送られていく。

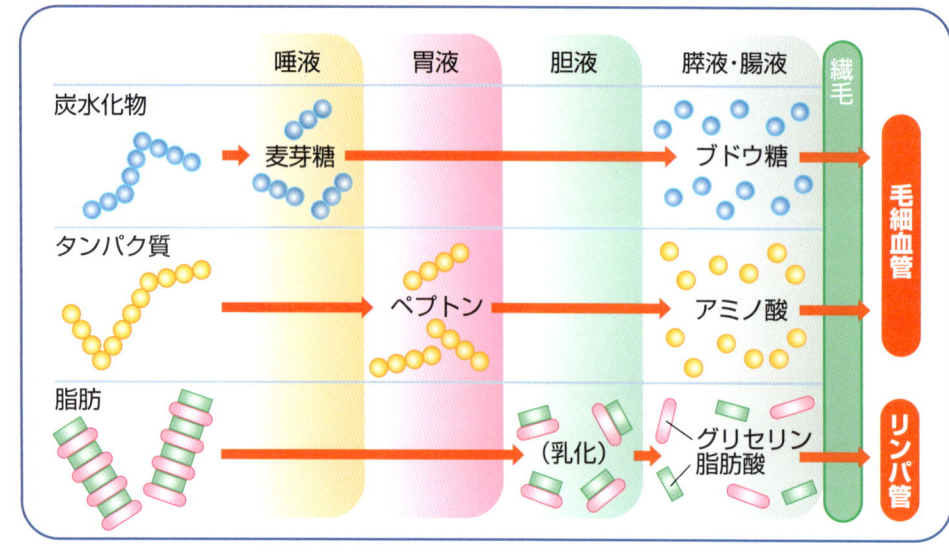

図2　各臓器から分泌される消化液
●食べ物の中の3大栄養素（炭水化物、タンパク質、脂肪）は、消化器の各器官で、小さな形に消化（分解）され、吸収される。その消化を促すのに、消化液が重要な働きを担う。

消化器の病気

　犬ではヒトと同じように口から入った食べ物が食道を通過し、始めに胃の中に入る。胃の容積は体重あたり100～250ml／kgの大きさがあり、胃酸と胃のぜん動運動によって食べ物をよくこなし、小さな形に消化することができる。

　胃の中で食べ物は7～10時間にわたって消化が行われ、時間とともに徐々に胃から排出される。胃から排出された未消化物は次に小腸を下降していく。小腸の始めの部分を十二指腸と呼び、十二指腸を通過する際にこの壁からまた新たに消化液が分泌される。ここでの分泌液は胆嚢から分泌される胆汁と、膵臓から分泌される膵液である。これらによりさらに消化活動が行われ、食べ物は小腸壁から吸収されやすいように、とても小さなレベルにまで分解されていく。

　十二指腸の次は空腸・回腸へと続いていくが、これらの小腸粘膜には絨毛と呼ばれる小さなじゅうたんの毛のような構造が見られる。筒状に見える腸管も絨毛があることにより、面積を増し、より多くの物質を吸収できるような仕組みになっている。

　小腸粘膜から吸収された物質は毛細血管の中に入り、門脈と呼ばれる血管に集合する。この門脈は肝臓に続いており、たくさんの物質が肝臓を通過することになる。肝臓は体の中では一番大きい消化器であり、口から入った食べ物のほとんど全てが肝臓に集められることになる。肝臓の役割はいろいろな物質をさらに細かく分解したり、体に害をおよぼすものは解毒したり、栄養を蓄えたりと、その機能は多岐にわたる。

　小腸を通過し吸収されなかった食べ物は大腸へと向かう。大腸の機能は不必要になった食べ物の中の水分の吸収と排泄のための糞塊形成である。大腸は結腸と直腸に分けられ、直腸を最後に肛門から外に出ることになる。

図3　犬の消化器

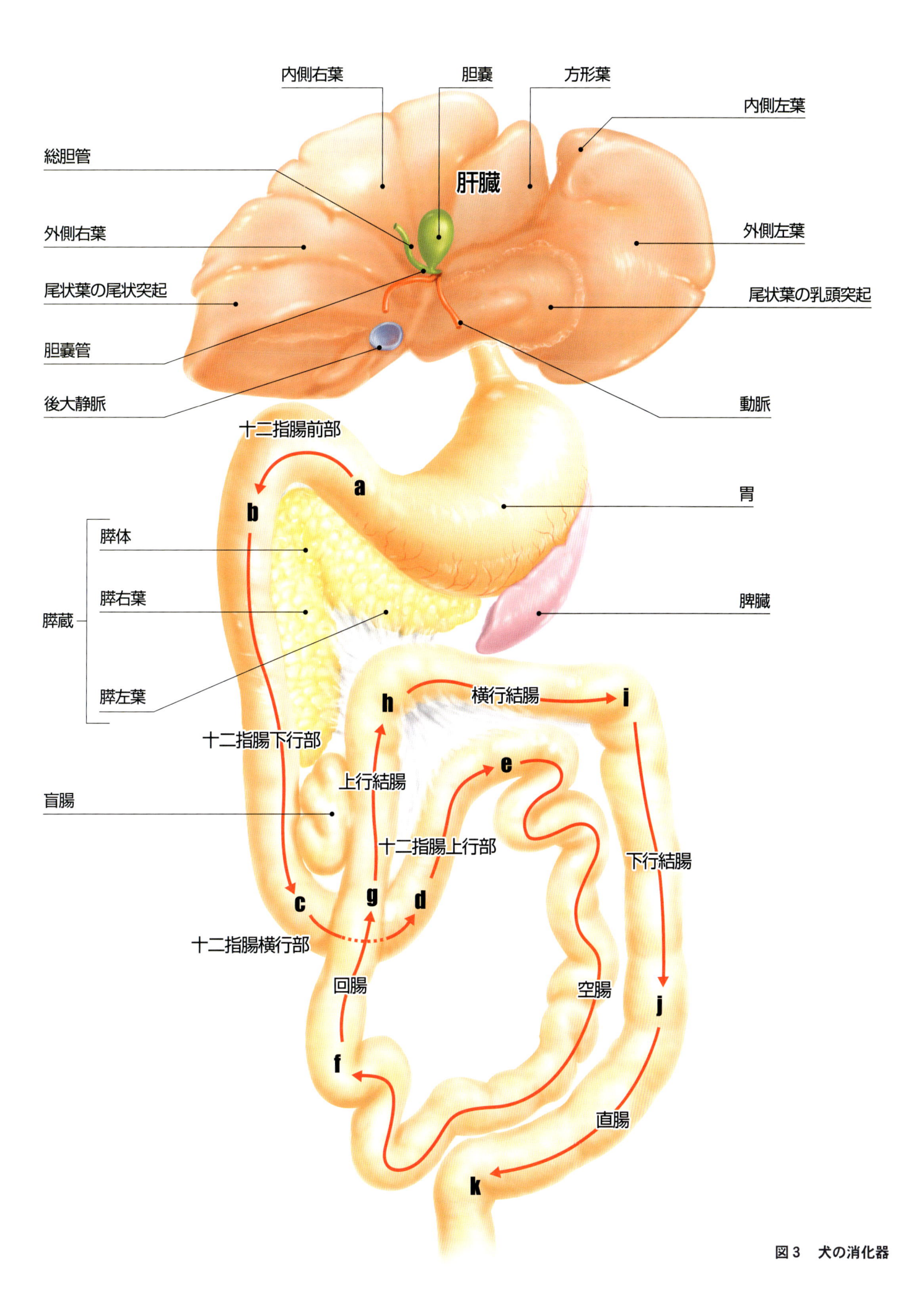

I 食道

吐出と嘔吐の違い

吐出は、食べた物が胃に入る前に吐き戻される状態。飲み込んだ食べ物がそのままで(未消化で)出てくる。

嘔吐は、いったん胃や小腸にまで入った食べ物(胃内容物、小腸内容物)を吐き戻す状態である。犬が吐いたら、その前後の様子や吐いた物がどんな状態であるかを確認しよう。

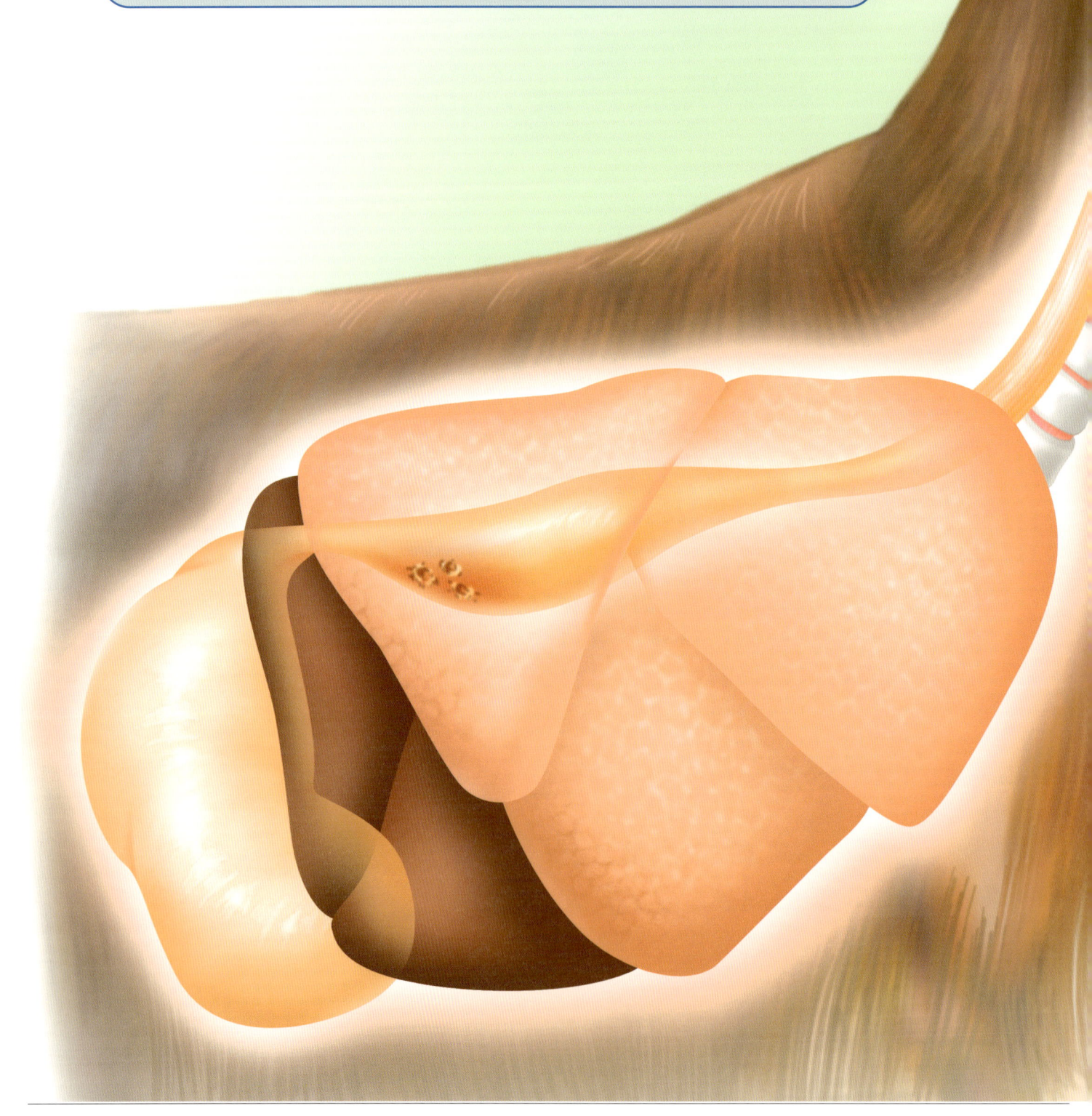

巨大食道（きょだいしょくどう）

　巨大食道は、食道の部分的あるいは全体的な拡張と運動性の低下を特徴とする疾患であり、症状としては吐出が見られる。この吐出は、食べた物が胃に入る前に吐き戻す状態を表し、先天的または後天的な原因で発現する。先天的巨大食道の原因はよく分かっておらず、しばしば離乳後間もない子犬に見られ、発生率が高い犬種は、シェパード犬、アイリッシュ・セッター、ミニチュア・シュナウツァーである。

　治療は、食道の運動性低下による吐出であるため、食事を高い場所に置き、犬の上体を約45度の角度に上げて食べさせることにより、胃に入りやすくする。

　後天性の場合は、重症筋無力症や甲状腺機能低下症などに関連して見られることがあり、筋肉や神経に異常を起こす疾患に罹患した時に、二次的に発現することがある。そのため原因が明らかになった場合には、その治療を行う。

食道炎（しょくどうえん）

　食道炎は、主に胃内容物の逆流により発現するため、膵炎や腎不全など急性や慢性の嘔吐（胃内容物や小腸内容物を吐き戻す状態）を引き起こす疾患が原因となる。その他、食道内異物や刺激性化学物質による粘膜の損傷も原因となる。

　症状は、炎症の程度により様々であるが、よだれを垂らしたり、食欲不振、吐出（食べた物が胃に入る前に吐き戻す状態）などが見られる。ここで炎症という言葉について解説する。炎症とは組織の損傷や破壊によって起こる局所防御反応であり、肉眼的に見える場合と顕微鏡を用いらなければ見えない程度のものがある。肉眼的に見える場合は赤く腫れあがったり、上皮組織が欠損した潰瘍状態が見られる。食道炎も目に見えないようなものから、大きくクレーター状に潰瘍を形成する場合がある。

　治療は、原因の除去ならびに制酸剤、H2ブロッカー、粘膜保護剤等を用いる。

消化器の病気

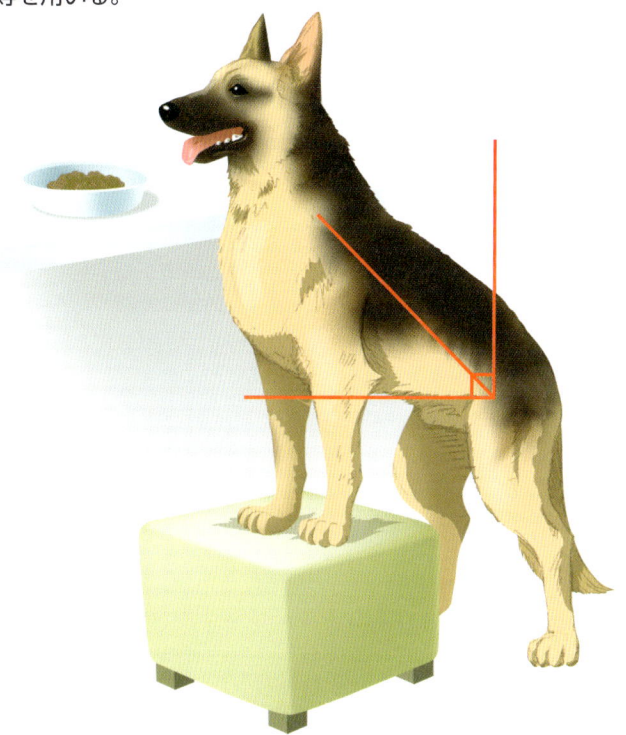

図4　犬の巨大食道

図5　巨大食道の犬の食事の工夫
食事（食器）を高い場所に置き、犬の上体を約45度の角度に上げて食べさせることにより、胃に入りやすくする。

II 胃

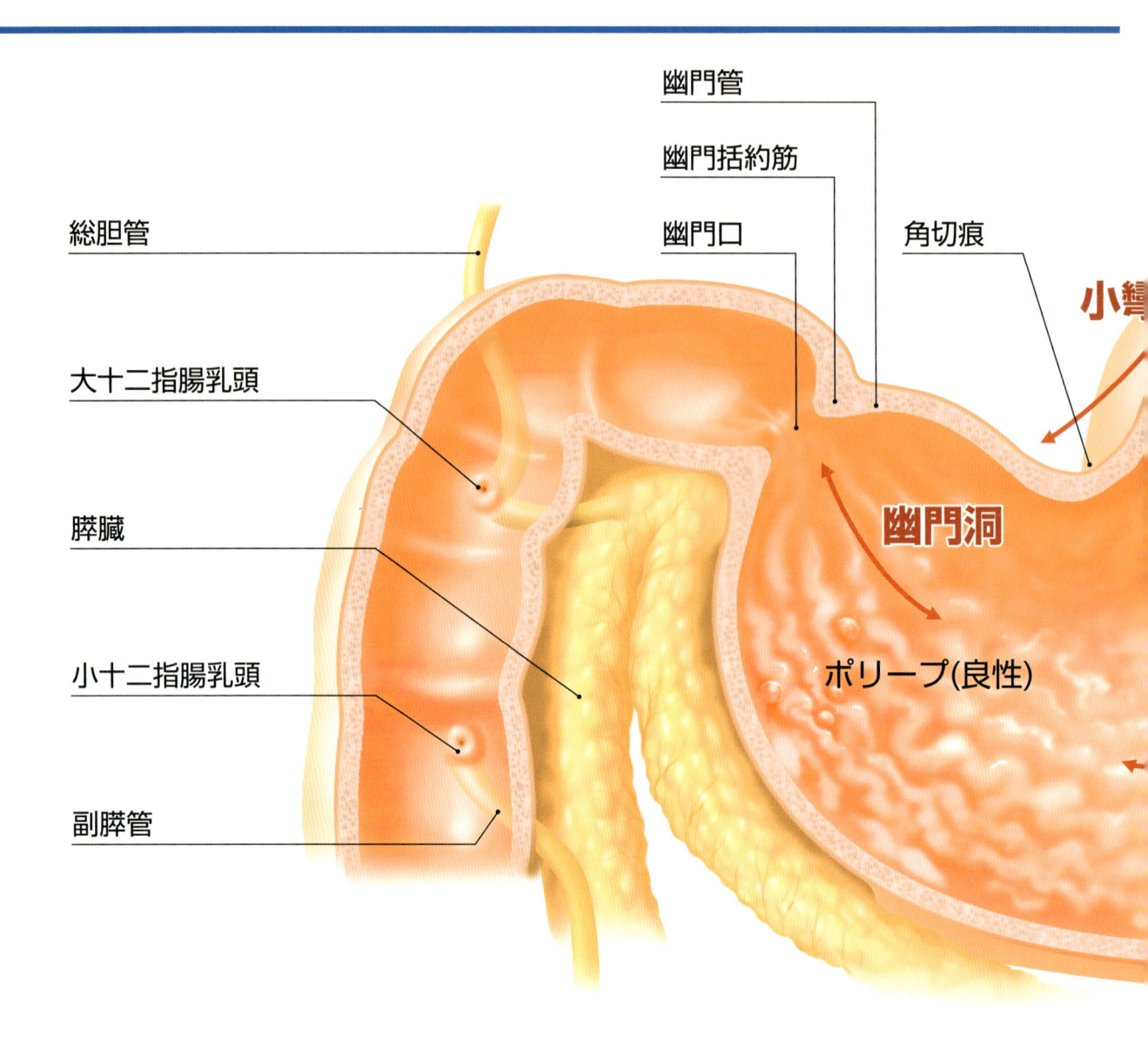

(図中ラベル)
- 総胆管
- 大十二指腸乳頭
- 膵臓
- 小十二指腸乳頭
- 副膵管
- 幽門管
- 幽門括約筋
- 幽門口
- 角切痕
- 小彎
- 幽門洞
- ポリープ(良性)

正常

急性胃炎(きゅうせいいえん)

　急性胃炎の原因として子犬では、石などの異物によって胃の粘膜の損傷により発現する場合や、ゴミ箱の中の傷んだ食べ物を摂取したことにより、その発酵副産物や細菌毒素が原因となって発症する。

　症状は、嘔吐が見られるが、異物によっては無症状のため、別の目的で撮影したX線検査から発見されることもある。嘔吐が起こるメカニズムは各種の刺激が、胃に備わっている刺激を受け取る器官や延髄にある嘔吐中枢、延髄にある化学受容体を興奮させ嘔吐が引き起こされる。また副腎皮質ホルモン剤や解熱鎮痛剤などのある種の薬剤も急性胃炎を引き起こすことがある。

　治療は、食事の制限、食事療法、制吐剤、H2ブロッカー、粘膜保護剤などを用いる。

慢性胃炎(まんせいいえん)

　2週間以上にわたる嘔吐が一般的な症状であるが、無症状の場合もあり、食欲不振、体重減少、沈うつなどの症状も見られることがある。原因は、ほとんどの犬で不明であるが、食物抗原、薬剤、病原体などに繰り返し暴露させることにより発現する。

　治療は原因の判明した場合にはその除去であるが、ほとんどの犬では不明であるため急性胃炎と同様の対症療法を行う。

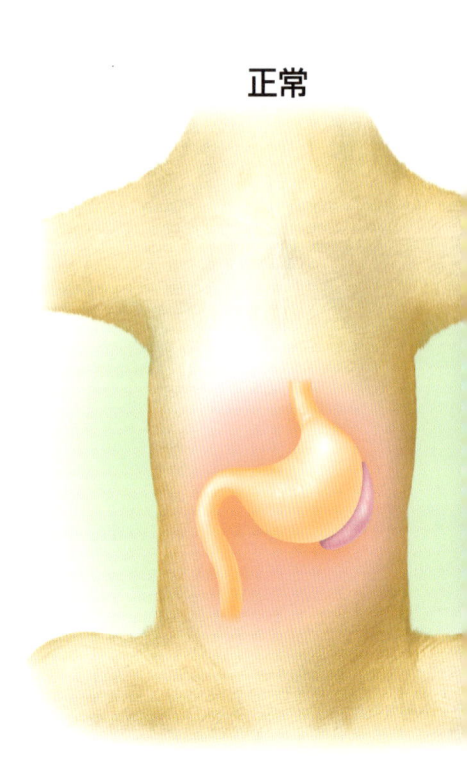

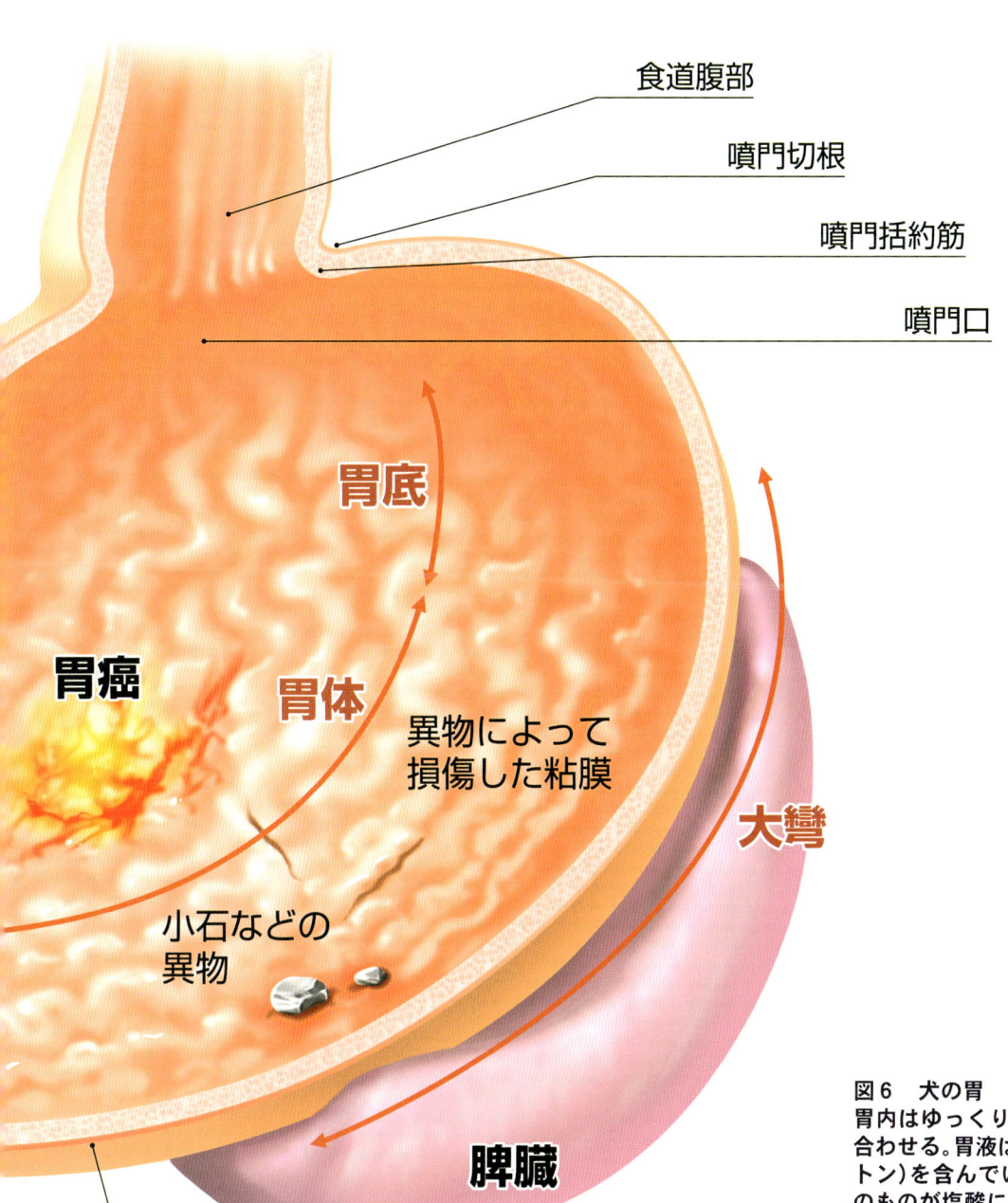

食道腹部
噴門切根
噴門括約筋
噴門口

胃底
胃癌
胃体
異物によって損傷した粘膜
大彎
小石などの異物
脾臓
漿膜

図6　犬の胃
胃内はゆっくり動いて、消化液（胃液）と食べ物を混ぜ合わせる。胃液はタンパク質を分解する消化酵素（ペプトン）を含んでいる。胃液は塩酸を含んでいるが、胃そのものが塩酸におかされないように、粘液が出て、胃壁を守っている。

180度回転

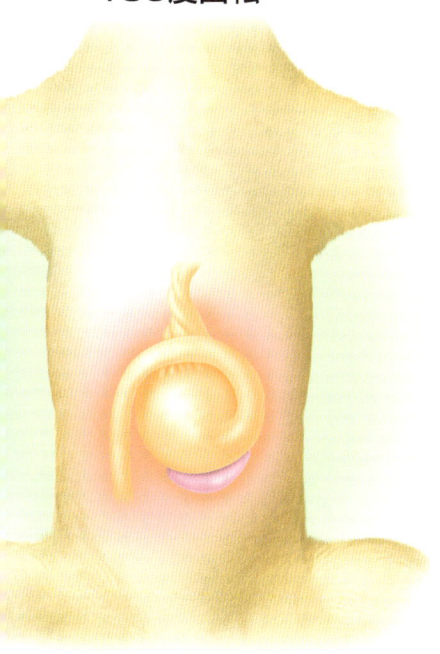

図7　180度の胃捻転が起こった様子

消化器の病気

胃拡張－捻転症候群（いかくちょう－ねんてんしょうこうぐん）

　この疾患は、胃が大きく拡張することや捻転することによって引き起こされる。致死率の高い疾患であり、内科的、あるいは外科的に緊急に治療が必要な場合がある。この症候群は、大型犬や胸の深い犬に見られ、食後すぐに激しい運動をした場合によく発生するが、原因はよく分かっていない。胃拡張－捻転が起こると、胃の中にガスが貯留し循環血液量が減少し、ショック状態になる。
　治療は、胃の中のガスを抜く減圧術、ショックの治療や胃の固定術などの外科手術を行う。

胃の腫瘍（いのしゅよう）

　胃に発生する腫瘍には、良性のポリープや癌がある。症状は嘔吐、食欲不振、体重減少などであり、年を取った犬にまれに見られ、発生率はあまり高くない。ポリープは偶然発見される場合もあり、治療は部分切除で行うが、癌の場合には、胃の部分切除などが必要なために犬に対しての負担も大きく、また予後は一般に悪い。

Ⅲ 小腸/大腸/肛門

図8　食べ物は胃の次に小腸に運ばれる。小腸の最初の部分を十二指腸といい、ここに膵臓や胆嚢からの管が繋がっていて、消化液（膵液、胆汁）によって、さらに栄養素が消化される。小腸の内壁は、たくさんのヒダがあり、細かい絨毛と呼ばれる小さなじゅうたんの毛のような構造がみられる。筒状に見える腸管も絨毛があることにより、面積を増し、栄養分を効果的に吸収できる。絨毛の内部には、毛細血管とリンパ管が通っていて、絨毛で吸収した栄養分を全身へ運ぶ。
　大腸は、結腸、直腸からなり、主に水分の吸収を行う。
　肛門は、消化器の末端で、食べ物のカスを排泄する。犬には肛門嚢があり、分泌液がたまる。

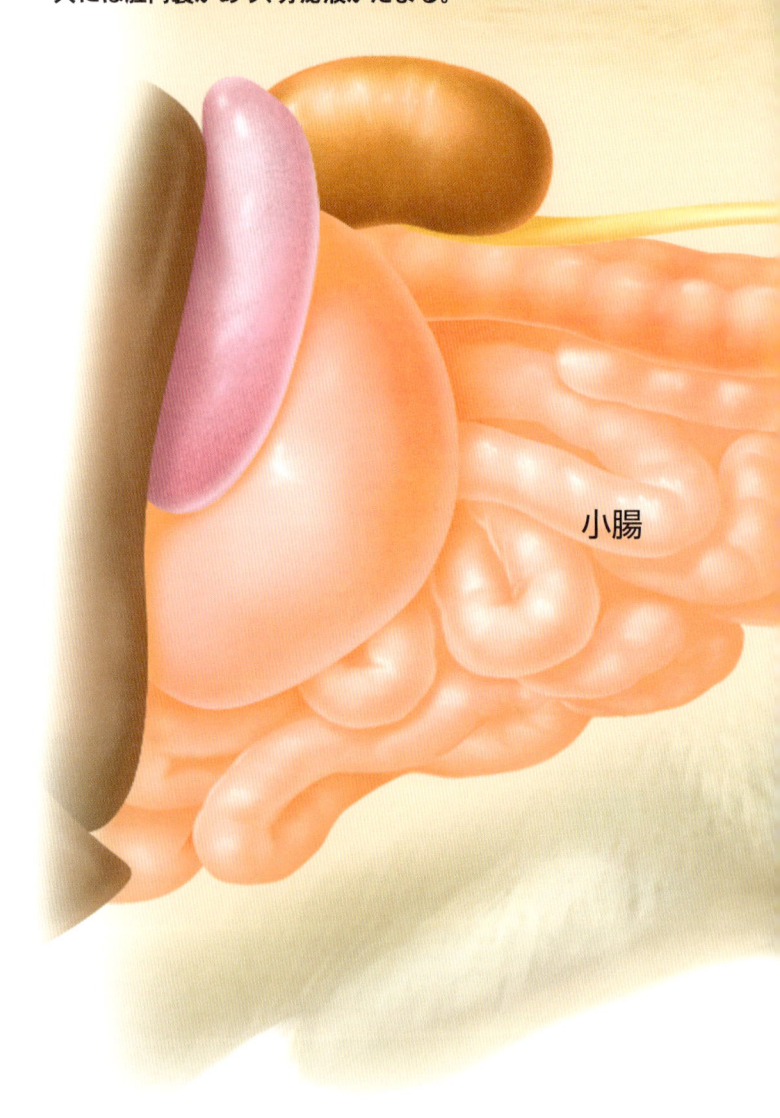

小腸

急性の小腸疾患（きゅうせいのしょうちょうしっかん）

　急性の小腸性疾患の原因には、ウイルス、細菌、寄生虫、原虫などがあり、症状は下痢、血便、嘔吐などである。下痢の発生メカニズムは、腸管からの水分の分泌過剰、吸収不良、腸のぜん動亢進により下痢が起こる。
　通常小腸では、腸管腔内に分泌された水分が再度吸収されるための循環が起こっているが、その総量の約0.1％が糞便内に排泄されているに過ぎない。小腸性下痢の特徴としては、回数は普段よりやや増加するくらいで1日1〜2回、1回の量は多くなり、脂肪便や出血を伴う場合には黒色便がみられる。
　ウイルスの中で重要なのは、犬パルボウイルスと犬コロナウイルスであり、パルボウイルスは下痢を起こすだけではなく、腸粘膜を障害することにより、体の中に細菌が侵入し、敗血症を起こし死亡する可能性が高いが、コロナウイルスは、パルボウイルスに比較して症状は軽度である。治療は点滴、抗生剤、下痢止め、インターフェロンなどを使用する。
　細菌性の腸炎を起こす病原体には、サルモネラ、キャンピロバクター、クロストリジウムが重要であるが、中でも前者のふたつは、人間にも病原性があるので注意が必要である。治療は抗生剤や下痢止めなどを用いる。
　下痢を起こす原虫には、ジアルジアが知られているが、これはジアルジアのシストを摂取することによって感染し、寄生虫では感染した種類によって症状は異なるが、下痢や血便などを伴う。治療は抗原虫薬や駆虫薬を用いて治療する。

慢性の小腸疾患（まんせいのしょうちょうしっかん）

　2週間以上にわたる慢性経過の小腸疾患には、炎症性腸疾患（IBD）、リンパ管拡張症、リンパ腫、慢性ジアルジア症、細菌過剰発育などがある。主な症状は、下痢と体重減少であるが、嘔吐がみられる場合もある。
　IBDは、腸の粘膜に炎症細胞が広く浸潤している状態であり、原因がはっきりしない慢性の小腸疾患を示す。治療は副腎皮質ホルモン剤や免疫抑制剤が主体になる。
　リンパ管拡張症は、腸に通っているリンパ管の機能不全から腸絨毛の破壊や腸の内腔にリンパ液が流出し、タンパク質や脂肪が失われる。症状は下痢や体重減少で、治療は食事療法と抗生剤、副腎皮質ホルモン剤になる。
　犬のリンパ腫は猫に比較して多くはないが、原発性や続発性のこともある。症状は嘔吐、下痢、食欲不振、体重減少で、治療には抗がん剤を用いた化学療法が必要であるが、予後は不良である。
　慢性のジアルジア症は原虫であるジアルジアの治療がうまくいかず、慢性の下痢を起こした場合に発生する。
　小腸の細菌過剰発育とは、腸内細菌が腸管内でいろいろな原因により増加を起こし、下痢や体重減少、食欲不振などがみられる。治療は抗生剤や下痢止めなどを用いる。

小腸性下痢の特徴

　排便の回数は、普段より少し多いくらい、1日1〜2回。1回の量は多い。脂肪便や出血を伴う場合は、黒色便がみられる。

図中ラベル: 大腸、肛門、肛門嚢

大腸性疾患（だいちょうせいしっかん）

　大腸性疾患の原因には、寄生虫性、感染性、食事性、炎症性腸疾患（IBD）などがあり、腫瘍性や腸重積などの閉塞によっても起こる。大腸性下痢の発生メカニズムは、小腸性の場合と同様であるが、大腸では粘液の分泌も起こるため、異常がなくても粘液で覆われた便が排泄されることもある。

　大腸性下痢の特徴としては、回数は普段より増加し1日4～6回、1回の量は少なくなり、粘液便や出血を伴う場合には鮮血便がみられる。

　寄生虫性の場合には、主に鞭虫が原因となるが、症状は急性や慢性の下痢、粘血便を伴う場合などがある。軽度の寄生では症状が現れないこともある。感染には寄生虫卵を直接摂取することにより成立する。治療は駆虫薬により行う。

　感染性の大腸疾患は、細菌、ウイルス、真菌などによって起こり、症状はそれぞれ下痢を主体とし、食欲不振、嘔吐、発熱などが見られることがある。治療は抗生剤、抗真菌剤、下痢止めなどの対症療法が必要となる。

　食事性のものでは、摂取したものの中に大腸を傷つけたり、刺激する異物が入っていたり、未消化な骨などが粘膜を傷つけることによって下痢や血便が発生する。

　また、食事中の抗原が刺激となって、アレルギー性の炎症を引き起こすことがある。治療は、病歴の聴取から判断したり食事療法によって行なう。

　炎症性腸疾患（IBD）は、小腸の項で記載したが、同じような病態が大腸でも発現する。

　腫瘍性の大腸疾患では、良性のポリープや悪性腫瘍によって、通常の治療では反応しない下痢や血便が発生する。良性の場合には、内科療法や切除を行なうが、悪性では発見時には転移していることが多いので、症状の緩和には腫瘍の切除や抗癌剤が必要となる。

会陰ヘルニア（えいんへるにあ）

　会陰ヘルニアは、肛門周囲に発生する大腸（直腸）のヘルニアであり、直腸壁を支えている筋肉が弱まったことにより起こり、多くは年をとった犬にみられる。症状は便秘、排便困難やヘルニア部の膨らみである。治療は、ヘルニア部に貯まった便の排出や緩下剤、食事療法、外科手術になる。

肛門の疾患（こうもんのしっかん）

　肛門の疾患には、肛門嚢の疾患、肛門周囲の腫瘍、肛門閉鎖症（鎖肛）がある。肛門嚢の疾患として炎症や腫瘍がみられるが、炎症は肛門嚢内に細菌が感染し化膿することにより、お尻を床や地面にこすりつけたり舐めたりする。肛門嚢を絞ると、その液は黄緑色で血が混じることもある。治療は肛門嚢を絞って液を排出させ、洗浄や抗生剤を注入する。

　肛門周囲の腫瘍には、良性の肛門周囲腺腫や悪性の腫瘍が発生するが、良性のものは切除や去勢手術により予後は良好であるが、悪性では転移が早期に起こることもあり予後不良である。

　鎖肛は、肛門開口部の先天的な奇形であり、出生時に肛門が閉鎖していることにより排便ができなくなる。鎖肛には、いくつかのタイプがあり治療は外科的に整復する。

大腸性下痢の特徴

排便の回数は、普段より増加し、1日4～6回。1回の量は少なくなる。粘液便や出血を伴う場合は、鮮血便がみられる。

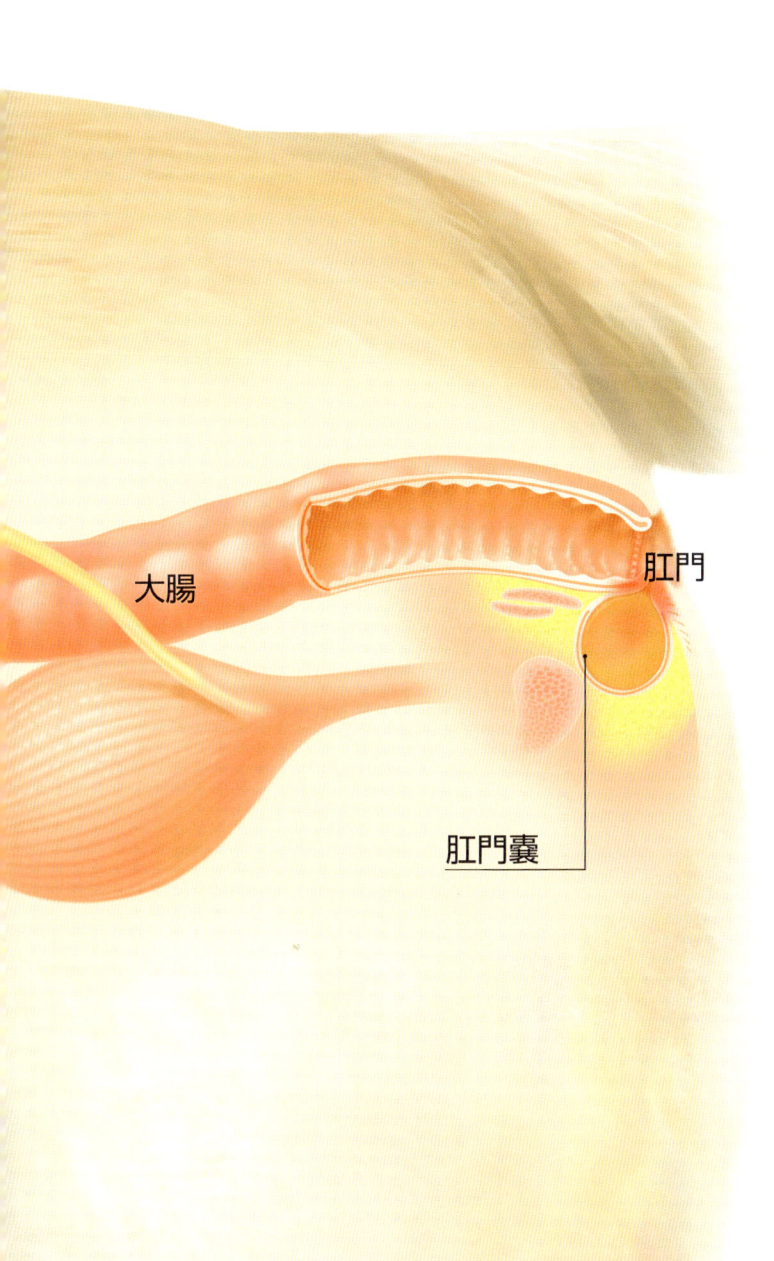

Ⅳ 肝臓/胆嚢

肝臓の炎症性疾患（かんぞうのえんしょうせいしっかん）

　肝臓の炎症性疾患は、感染性と非感染性に分けられる。感染性のメカニズムとして、肝臓は胆道を通して直接腸にもつながっていることから、腸管内の細菌が上行してくる場合がある。しかし通常の免疫状態では感染は起こらず、種々の疾患や免疫抑制剤の投与を受けた時などに、免疫機能が低下した状態の時に感染が成立することがある。

　細菌性胆管肝炎や肝膿瘍では、食欲不振、発熱などが起こり、治療は数カ月にわたる抗生剤の投与が中心となる。

　非感染性では、原因不明の慢性活動性肝炎（CAH）や銅蓄積病がある。CAHの症状は、多飲多尿、食欲不振、黄疸、腹水などである。治療は、副腎皮質ホルモン剤、ウルソデオキシコール酸、食事療法などを行う。また銅蓄積病は、遺伝的な銅代謝の欠陥であり、ウエストハイランドホワイトテリアなどにみられる。

　症状は、無症状から急性に食欲不振と黄疸がみられ、肝不全を起こし死亡することがある。治療は、銅を排泄させる薬剤を投与する。

肝臓の非炎症性疾患（かんぞうのひえんしょうせいしっかん）

　肝臓の非炎症性疾患には、門脈体循環シャントやステロイド肝障害などの代謝性障害などがある。肝臓での血管走行は、流入する血管として大動脈から分枝した肝動脈があり、これは酸素を運び込んでいる。次に胃、脾臓、膵臓、腸管から繋がった門脈があり肝臓内に入り込む。さらに流出する血管は、静脈があり、これは肝臓内の中心静脈から肝静脈を経て大静脈に繋がる。

　門脈体循環シャントは、消化管からの静脈血が門脈に入るが、その門脈が肝臓の中をしっかりと通らずに、静脈に入ってしまう状態である。この原因は、先天的である場合がほとんどであり、後天的では、門脈高血圧に続発して起こることもある。

　症状は、元気消失、食欲不振、体重減少、嘔吐、下痢、神経症状などである。

　治療は、外科的にシャント血管の結紮を行う。

　ステロイド肝障害は、副腎皮質機能亢進症による副腎皮質ホルモンの過剰状態や、皮膚病ならびに免疫疾患などで、副腎皮質ホルモン剤の投与を多く受けた時に発生する。症状は無症状のものから多飲多尿、脱毛、嗜眠などがあり、治療は、副腎皮質ホルモン剤の減量や他剤への変更が可能であれば行う。

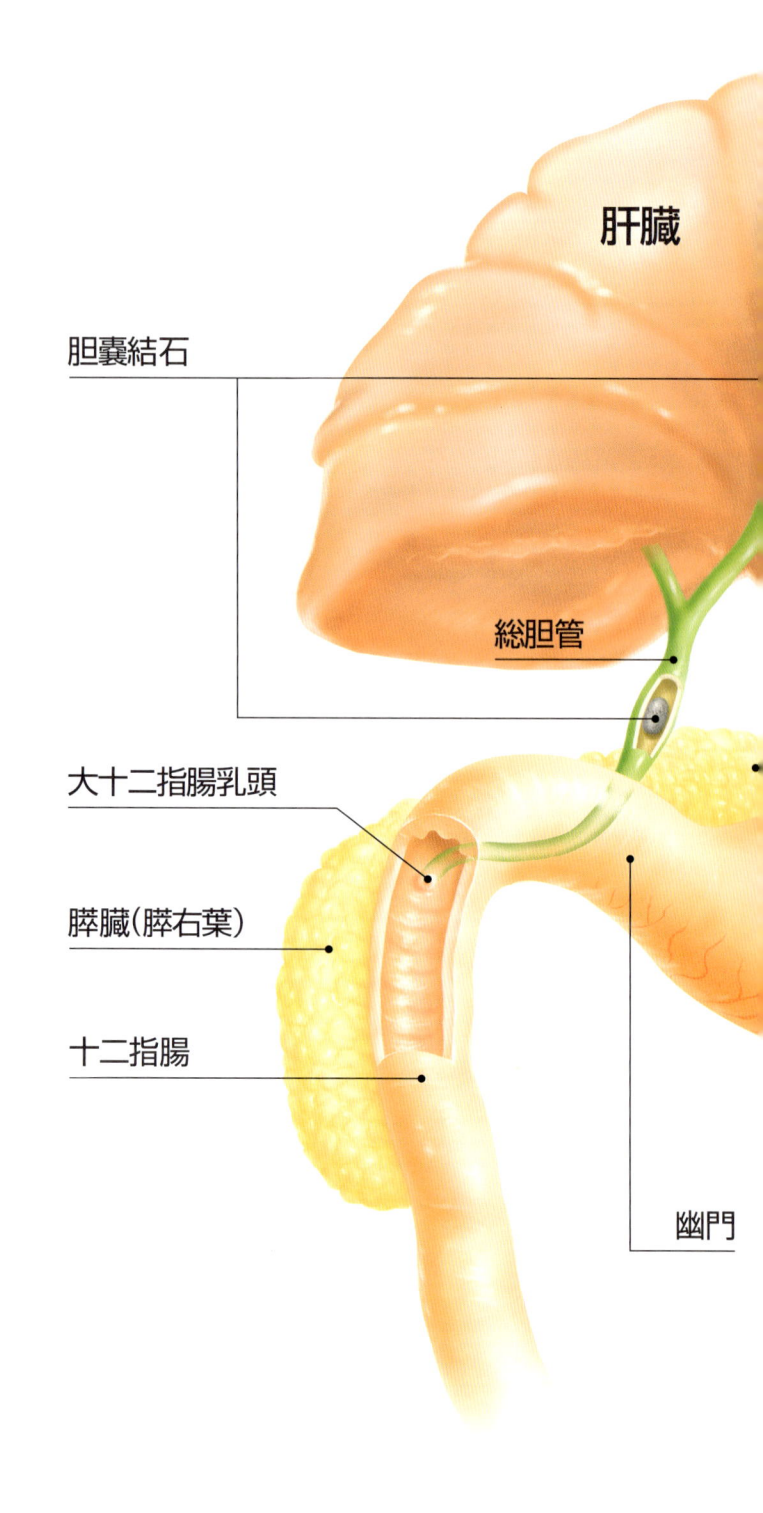

肝臓の腫瘍（かんぞうのしゅよう）

　肝臓の腫瘍には、肝臓から発生（原発）したものと、別の部位から転移したものがみられる。肝臓への転移は血行やリンパ管を介して起こる。症状は、その腫瘍がかなり大きくなるまで現れないので、しばしば手遅れになることがある。

　症状としては、食欲不振、嘔吐などの消化器症状である。治療は外科的切除が可能であれば行うが、適応でない場合は抗がん剤を用いた化学療法になる。

胆嚢

胆嚢管

噴門

膵臓（膵左葉）

図9　犬の肝臓と胆嚢

胆嚢の疾患（たんのうのしっかん）

　胆嚢の疾患には胆石症がある。これは、胆嚢内に結石が形成され、その結果胆嚢炎や胆管閉塞が発現した場合に食欲不振、嘔吐、発熱などの症状がみられる。
　治療は、抗生剤を主体に行うが、重度の場合には胆嚢切除や胆石の摘出を実施する。

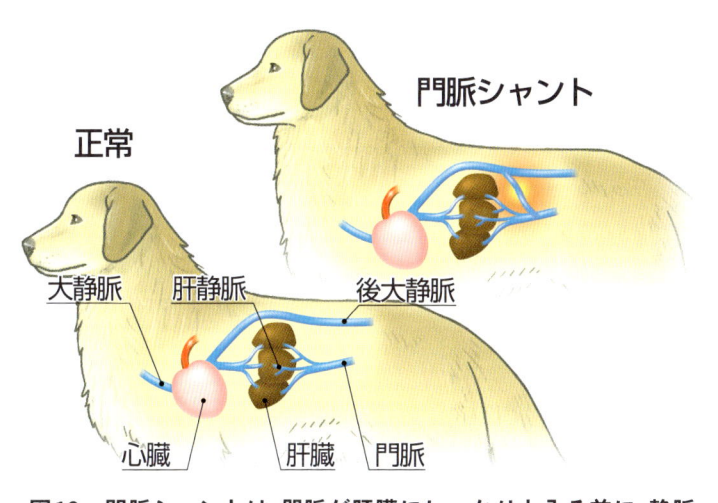

正常　　門脈シャント

大静脈　肝静脈　　後大静脈
心臓　　肝臓　門脈

図10　門脈シャントは、門脈が肝臓にしっかりと入る前に、静脈につながってしまう。

肝臓のはたらき

　小腸粘膜から吸収されたブドウ糖とアミノ酸は（p52図2参照）、門脈という血管を通って、肝臓に送られる。
(1) 余分なブドウ糖は、グリコーゲンとして貯えられる。
(2) アミノ酸からタンパク質を合成する。
(3) アンモニアを尿素に変え、体に害をおよぼすものを解毒する。
(4) 胆汁を作り、その後、胆嚢に送る。
　また、栄養を貯えたり、とそのはたらきは多岐にわたる。

胆嚢からの分泌液

　胆嚢に貯えられた胆汁は、脂肪を細かくして水に溶けやすい状態にするはたらきをする（乳化）。

V 膵臓

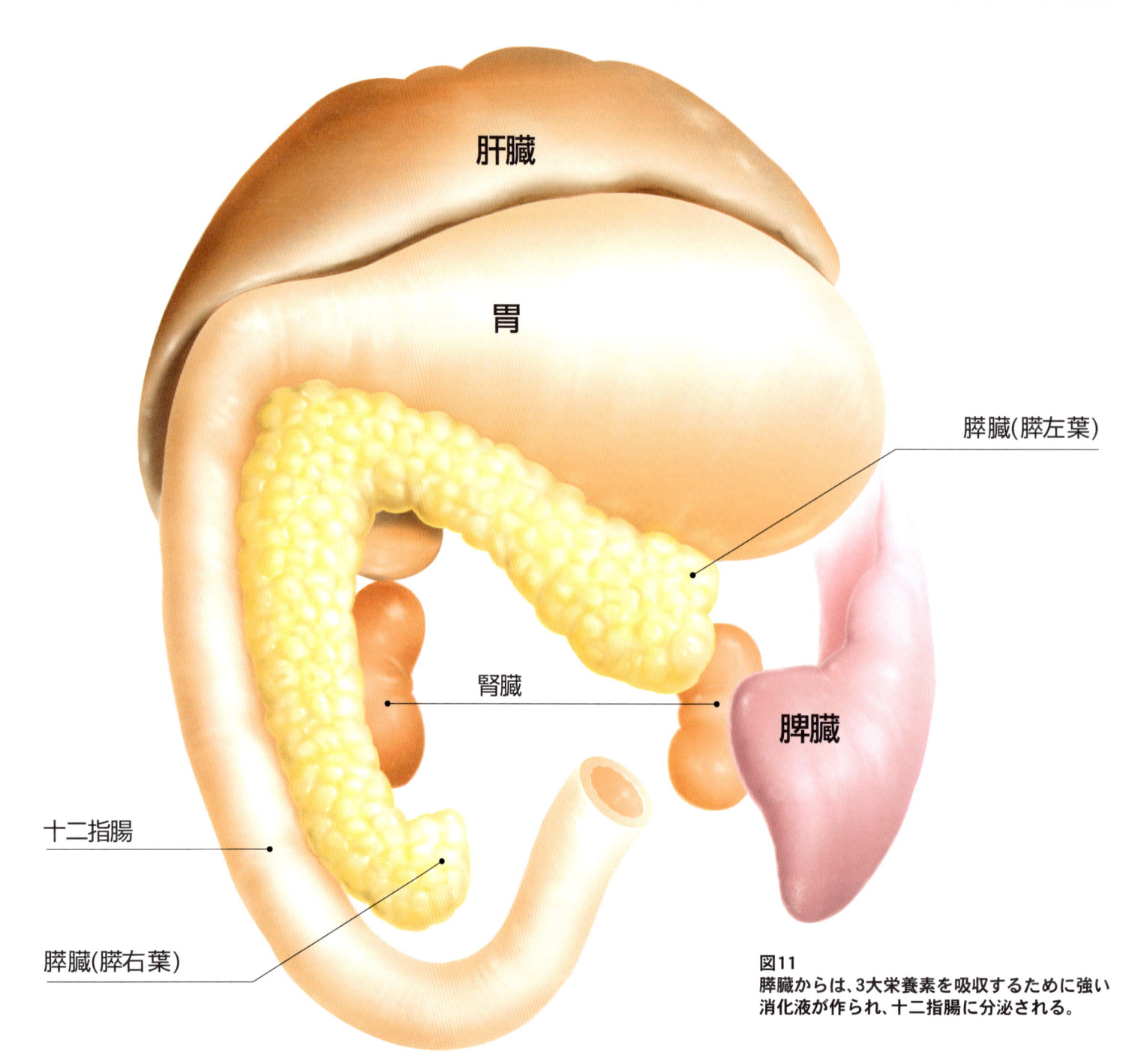

(図中ラベル: 肝臓、胃、膵臓(膵左葉)、腎臓、脾臓、十二指腸、膵臓(膵右葉))

図11
膵臓からは、3大栄養素を吸収するために強い消化液が作られ、十二指腸に分泌される。

膵炎(すいえん)

　膵炎は急性、慢性、軽度、重度などに分けられ、症状はそれぞれのステージによって違ってくるが、病態生理についてはあまりよく分かっていない。
　急性膵炎では、いろいろな原因によって膵臓で自己消化が発生し、その炎症が広がっていくことにより、全身に障害が起こる。
　慢性膵炎では、どのような経緯で慢性化に移行するのかよく分かっていない。ミニチュア・シュナウツァーやヨークシャー・テリアなどは、他の犬種に比較して発症率が高い。高脂肪食や食べ慣れてない食事、肥満などは膵炎の危険因子となる。
　症状は、食欲不振、嘔吐、腹部圧痛などがみられる。重度のものでは致死率が高く合併症を発現する。
　治療は、その程度によって変わるが、点滴、制吐剤、食事療法が主体となる。

膵外分泌機能不全(すいがいぶんぴきのうふぜん)

　膵外分泌機能不全は、膵臓から分泌される消化酵素が欠乏することによって、消化吸収不良が起こる。
　症状は、食欲があるにもかかわらず、体重減少があり、未消化の便や下痢がみられる。
　治療は、欠乏した消化酵素を投薬する。

膵臓の腫瘍(すいぞうのしゅよう)

　膵臓の腫瘍には、インスリノーマ(β細胞腫瘍)がみられ、インスリンを過剰に分泌することから、低血糖が発現する。
　症状は、低血糖による発作、虚脱、運動失調などであり、診断時には転移していることがある。
　治療は、腫瘍の外科的摘出や内科療法を行う。

VI その他の重要な消化器の病気

食道の疾患

血管輪奇形(けっかんりんきけい)

　血管輪奇形は先天的な奇形であり、心臓基底部の血管に異常が起こり胸部食道を輪形に絞扼することによって、食事中の固形物が通過できない病態となる。子犬の時に乳を飲んでいるときには何ら症状は出ないが、離乳が過ぎて固形物に変わったときに吐出が見られる。治療は外科的整復を行う。

食道狭窄(しょくどうきょうさく)

　食道狭窄は食道炎、薬剤、異物などが原因となり、狭窄が発現し固形物を吐出してしまう。治療はバルーンカテーテル拡張術が主流であるが、数回にわたり処置が必要になる場合がある。

胃腸の疾患

出血性胃腸炎(しゅっけつせいいちょうえん)

　出血性胃腸炎は嘔吐や元気消失が急激に発生し、血液の濃縮がみられる疾患である。程度によっては吐血や下血がみられることもある。原因は不明であり、早急な治療を必要とする。治療は濃縮した血液を点滴により希釈、制吐剤や下痢止めを用いる。

ヘリコバクター胃炎(へりこばくたーいえん)

　ヒトでは、ヘリコバクターピロリの感染が慢性胃炎の原因とされているが、犬においてもヘリコバクター種の感染が慢性嘔吐の原因となる。診断は内視鏡による組織生検から病理診断を行う。治療はヘリコバクターの除菌を行う。

胆嚢の疾患

胆管閉塞(たんかんへいそく)

　胆管閉塞の原因には膵臓に問題がある場合、胆石、胆嚢炎、濃縮胆汁プラグなどがある。症状や治療は、その原因となった疾患によって変わるが、嘔吐などの消化器症状や食欲不振である。内科療法にて反応が悪い場合には外科手術が必要となる。

参考文献

小動物消化器疾患治療ハンドブック：インターズー
犬と猫の診断と治療：インターズー
小動物の胃腸病ハンドブック：LLL,Seminer
小動物内科学全書：LLL,Seminer

Chapter 1-7

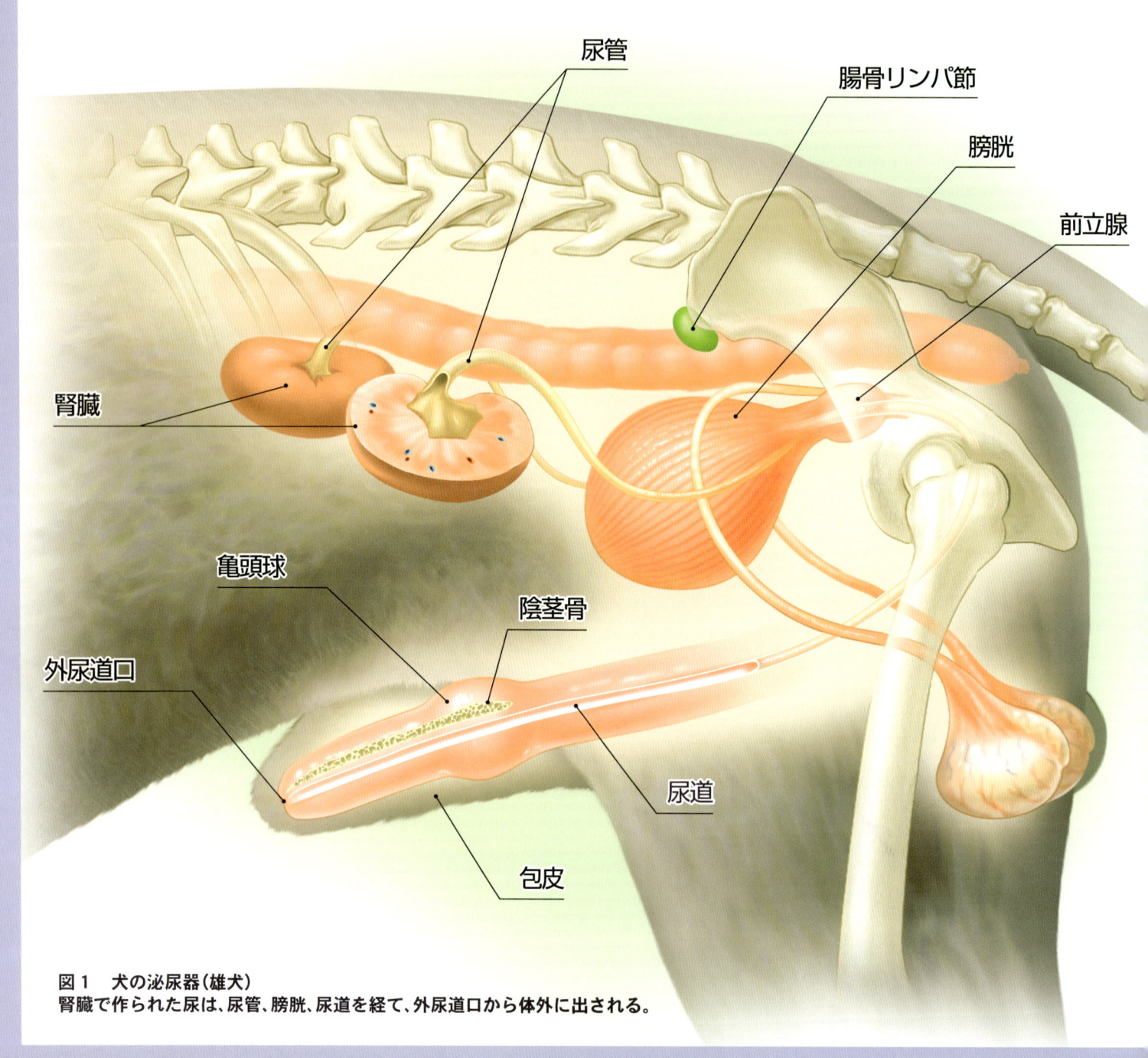

図1 犬の泌尿器（雄犬）
腎臓で作られた尿は、尿管、膀胱、尿道を経て、外尿道口から体外に出される。

泌尿器の病気

　泌尿器とは腎臓から外尿道口までの部位をいい、尿を作って体外に出す働きを担っている（図1）。よってこのいずれかの部位に異常が生じると、正常な尿を正常に体外に出すことが難しくなり、体内に不必要な物質や水分が蓄積したり、必要な物質や水分が足りなくなったりして、生命が危険な状態になることがある。

　また、腎臓は尿を作るのが主な仕事であるが、それ以外に、赤血球の生成を促すエリスロポエチンやカルシウム代謝を調節するビタミンDや循環器系に影響をおよぼすレニン・アンジオテンシンの産生や活性化に関わっているので、腎臓の異常はそれらの働きに影響をおよぼすこともある。

I 急性腎不全

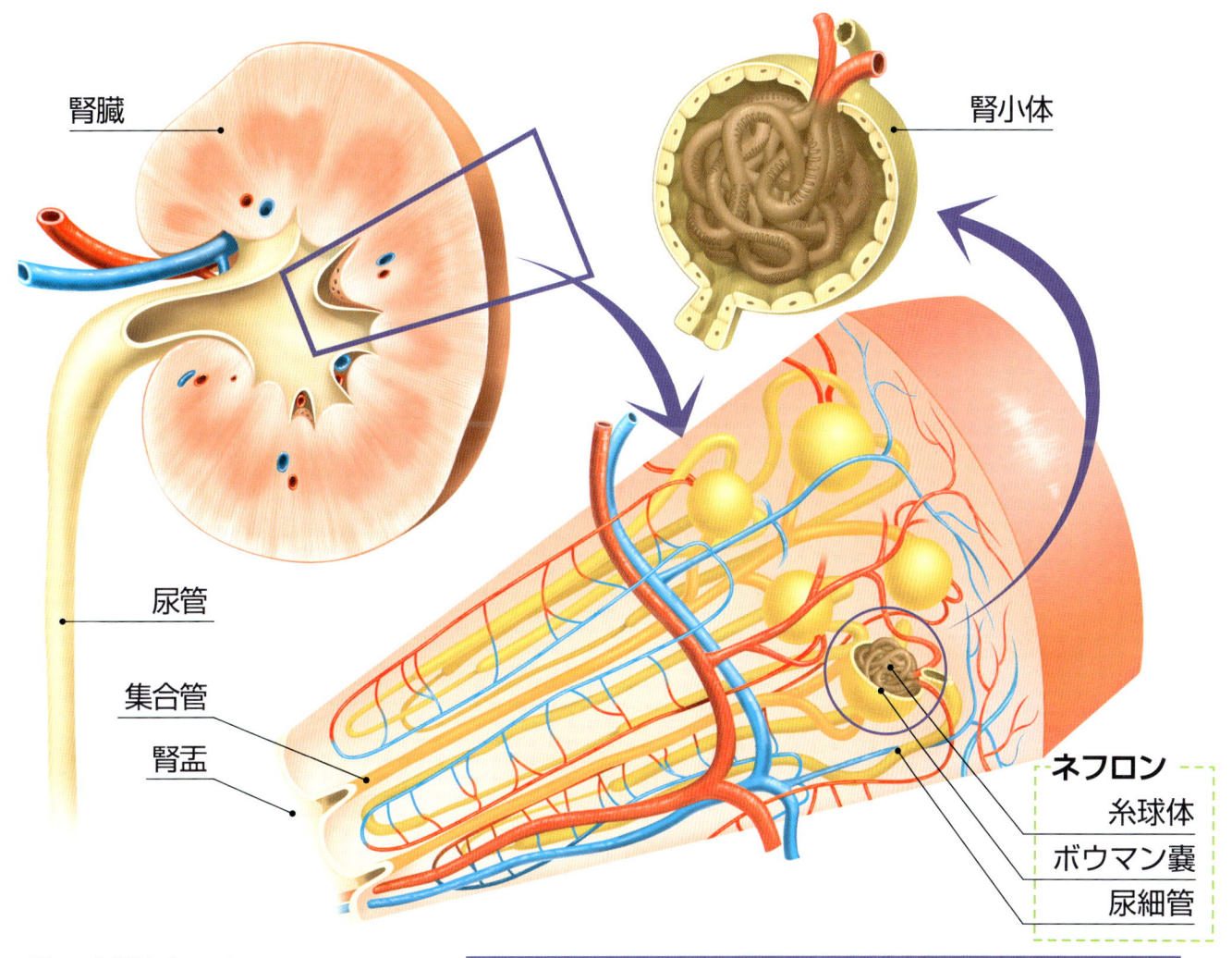

図2　腎臓とネフロン
ひとつの糸球体とそれを囲むボウマン嚢を腎小体と呼び、ひとつの腎小体から出る一本の尿細管を合わせて、「ネフロン」と呼ぶ。

急性腎不全の分類（原因の存在部位によって分類される）

- 腎前性急性腎不全：高度の脱水や心拍出量の減少などによって、糸球体への血流が減少したもの。
- 腎後性急性腎不全：尿路が閉塞を起こした場合や、尿路損傷によって、尿が尿路外の体内に漏れ出た場合に起こる。
- 腎性急性腎不全：腎毒性物質、感染、ヘモグロビンやミオグロビン、および虚血などによってネフロンが傷害されたもの。

急性腎不全（きゅうせいじんふぜん）

　腎臓は糸球体、ボウマン嚢、尿細管からなるネフロンが多数集まって作られている。糸球体に流れ込んだ血液は、ここでろ過されて原尿が作られる。原尿はボウマン嚢から尿細管に流れ込み、ここで必要な物質や水分は再吸収され、不必要な物質や水分だけが尿として腎盂へ排泄される（図2）。この個々のネフロンの機能が急激に低下したものが急性腎不全であり、これは可逆性の可能性がある。

　急性腎不全は、原因の存在部位から腎前性、腎後性および腎性急性腎不全に分類される。

　腎前性急性腎不全は、副腎皮質機能低下症などでみられる高度の脱水や心疾患による心拍出量の減少などによって糸球体への血流が減少したものである。

　腎後性急性腎不全は、尿の通り道（尿路）が結石や腫瘍などによって閉塞を起こした場合、および交通事故などによる尿路の損傷によって、尿が尿路外の体内に漏れ出た場合に起こる。

　腎性急性腎不全は、腎毒性物質の摂取や投与、レプトスピラ症などの感染症、ヘモグロビンやミオグロビン尿症、およびDICなどによってネフロンが傷害されたものである。腎毒性物質には鉛、砒素などの重金属、エチレングリコール、メラミンなどの有機化合物、殺鼠剤、乾癬の治療用軟膏などのビタミンD製剤、パラコートなどの除草剤、種々の抗生物質、抗腫瘍剤や非ステロイド系抗炎症剤などがある。最近は、一部のブドウ摂取により腎不全を起こすことが指摘されている。その他、急性糸球体腎炎、急性腎盂腎炎などによるものもある。

　腎前性や腎後性急性腎不全は、早期に原因疾患を治療することによって回復させられることが多いが、対応が遅れれば腎性腎不全に移行する。腎性急性腎不全は腎実質障害が治癒しない限り回復しないため、回復させられるとしても時間がかかることが多く、回復までの間、透析療法が必要になることもある。急性腎不全の全体の予後は非常に悪く、一部の例は救命できても慢性腎不全に移行する。

Ⅱ 尿路結石症/慢性腎不全

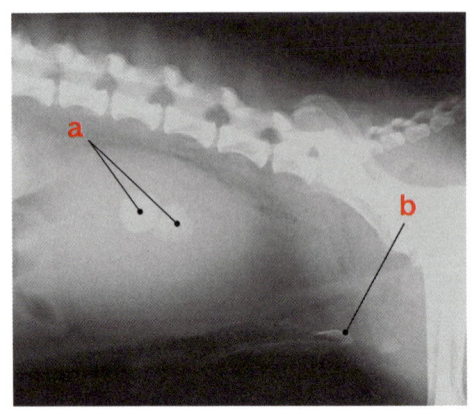

図3
膀胱と尿道に結石がみられる。
a:膀胱結石　b:尿道結石

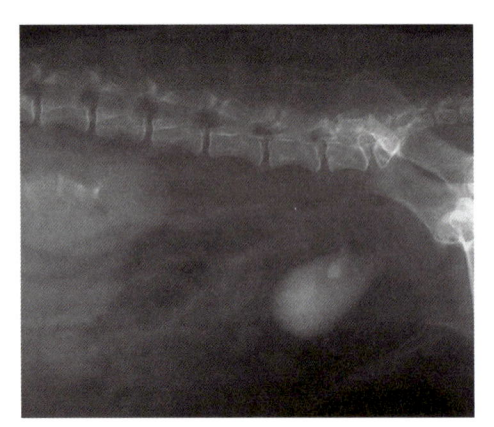

図4
腎盂、尿管と膀胱に結石がみられる。

図5　ストラバイト結石

図6　シュウ酸カルシウム結石

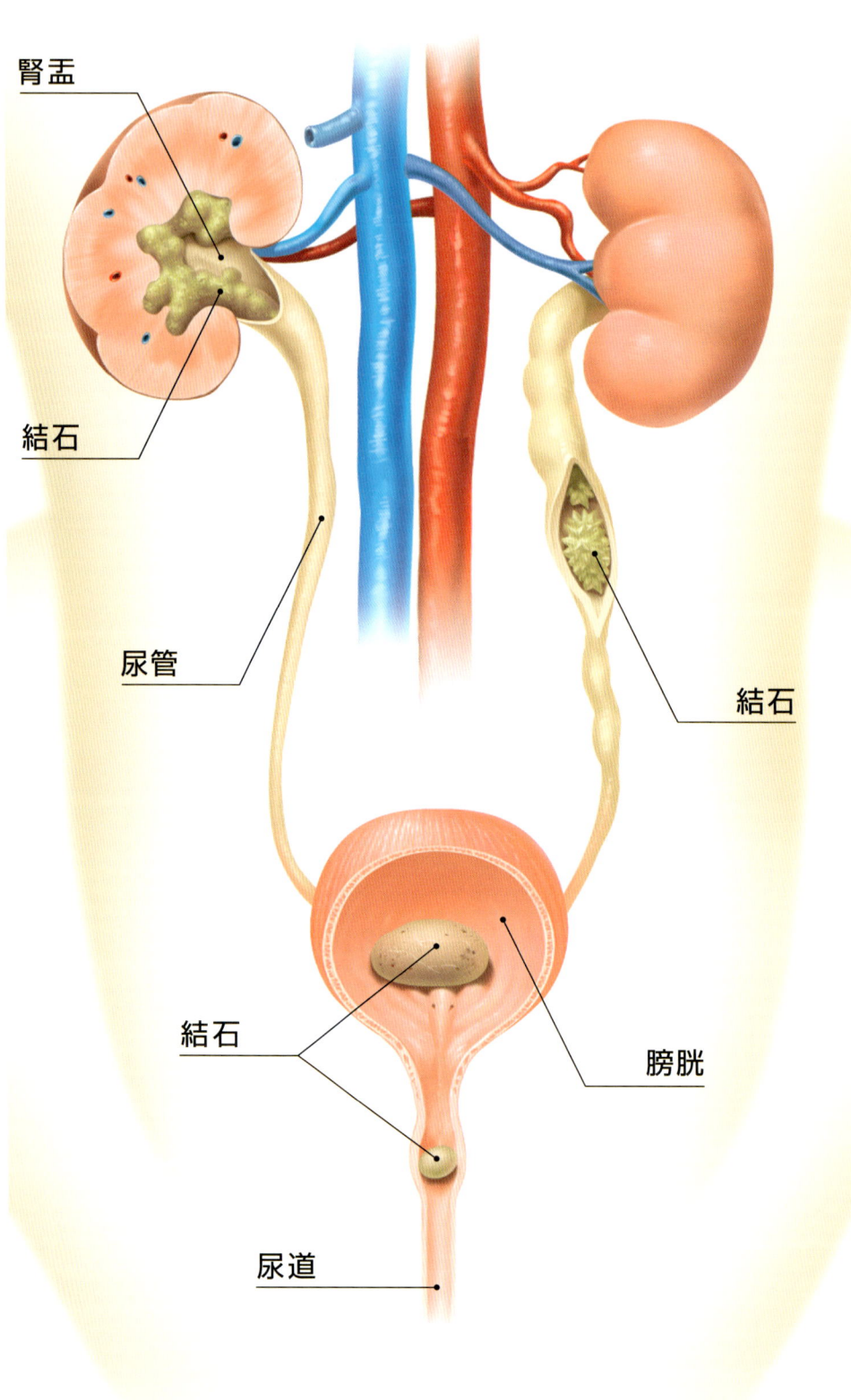

図7　結石のできやすい場所

腎臓におけるろ過と再吸収のしくみ

図8
血液は腎動脈を経て、毛細血管の集まりである糸球体へ入り、そこで血液中の血球やタンパク質以外の成分がろ過される。ろ過された原尿は、尿細管を通って集合管へ向かうが、尿細管を通る間に、グルコース、アミノ酸、および必要な量のナトリウムやカリウムなどの無機塩類や水分が再吸収される。

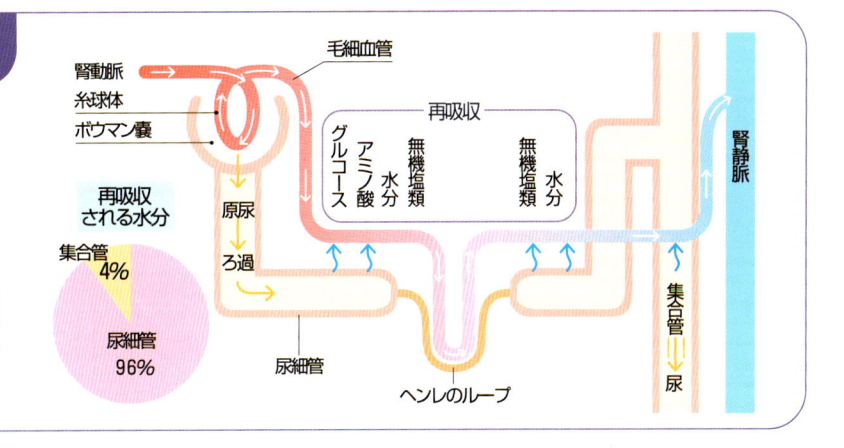

再吸収される水分
集合管 4%
尿細管 96%

尿路結石症（にょうろけっせきしょう）

腎盂から外尿道口までのいずれかの部位に、結石が存在するもので、尿管結石は腎盂で、尿道結石は膀胱で作られた結石が、それぞれ尿管、および尿道に流れ込んだものと思われる（図9）。

犬の結石の90％以上は膀胱と尿道に（図3）、残りが腎盂（図4）と尿管にみられる。結石は、リン酸アンモニウムマグネシウム（ストラバイト）、シュウ酸カルシウム、尿酸アンモニウム、リン酸カルシウム、シスチン、シリカなどが結晶化して少量の有機体基質とともに成長、凝集して作られる。

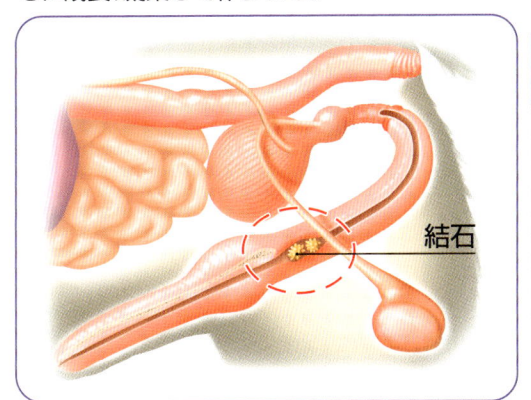

このうちストラバイト結石（図5）は、尿をアルカリ化する細菌（ウレアーゼ産生菌）感染にともなって形成されることが多い。犬ではこのストラバイト結石が多いが、最近はシュウ酸カルシウム結石（図6）の比率も増えている。ストラバイト結石以外では、直接細菌感染が結石形成に関わることはないが、結石が存在することによって尿が流れにくくなったり、粘膜を傷つけたり、ポリープを作ったり、結石自体が細菌の温床となったりして尿路感染が起きやすくなる。また、結石が尿管や尿道を閉塞することによって腎後性急性腎不全を起こす。

ストラバイト結石は、結石溶解用の処方食、および尿路感染の治療を徹底することによって溶解可能である。しかし、それ以外の結石の溶解は難しいので、臨床症状がある場合、または結石成分が不明の場合は、外科的に摘出する必要がある。一部の例では、膀胱鏡を利用して非外科的に結石を除去できる場合もある。

結石症においては、結石除去後の再発予防が最も大切で、原病（結石全般における排尿障害、尿酸結石における門脈シャントやカルシウム結石における上皮小体機能亢進症など）のあるものではその治療を行い、水分摂取量を増やし、結石の成分ごとに推奨されている食事療法、および薬物療法を行う。

結石症の症状
- 血尿
- 努力性排尿
- 無尿
- 高窒素血症

などがある。

図9　雄犬の尿道で結石のつまりやすい場所

慢性腎不全（まんせいじんふぜん）

機能しているネフロン（65ページ図2）の数が減少したものが慢性腎不全であり、機能を廃絶したネフロンは、通常の治療で元に戻ることはなく、多くが不可逆性である。

犬の慢性腎不全の原因としては糸球体性腎炎が最も多く、その他にアミロイドーシス、間質性腎炎、腎盂腎炎、多発性腎嚢胞、腫瘍、高カルシウム血症、腎異形成によるものなどがある。また急性腎不全から移行することもある。糸球体性腎炎の原因には犬糸状虫症、子宮蓄膿症、ライム病、エールリッヒア症などの感染症、リンパ腫、多発性骨髄腫などの腫瘍性疾患、全身性エリトマトーデス、免疫介在性溶血性貧血などの自己免疫性疾患、副腎皮質機能亢進症などの内分泌性疾患、サモエド、イングリッシュ・コッカー・スパニエルなどにみられる遺伝性疾患などがある。

慢性腎不全では、残っているネフロンをそれ以上失わないよう原因疾患を治療することが基本である。ただし、原因不明のことも多く、慢性腎不全の共通的な悪化因子である脱水、高リン血症、タンパク尿、高血圧を検索し、検索されればそれらの改善をまず行う。対症療法としては胃腸炎の治療、貧血の改善、血清カリウム濃度やアシドーシスの補正、栄養摂取の指示、尿路感染のコントロールなどを行う。

慢性腎不全の悪化因子と対症療法

●慢性腎不全の悪循環
正常な機能ネフロン数の減少に伴って、腎臓での水分、電解質、タンパクの調節が充分に行えなくなり、脱水、高リン血症、タンパク尿、高血圧が起こり、これらがさらに残存ネフロンを傷害するという悪循環に陥る。

●慢性腎不全の対症療法
腎不全に伴って起こる胃腸炎、貧血、カリウム濃度異常や代謝性アシドーシス、食欲不振、および尿路感染を治療することによって、犬の状態を少しでもよくして、犬がより快適に過ごせるようにする。

●慢性腎不全の食事療法
リン、タンパク、ナトリウムを制限し、カリウム、クエン酸、ビタミン類を強化し、脂質を改変した腎不全用処方食を給餌する。

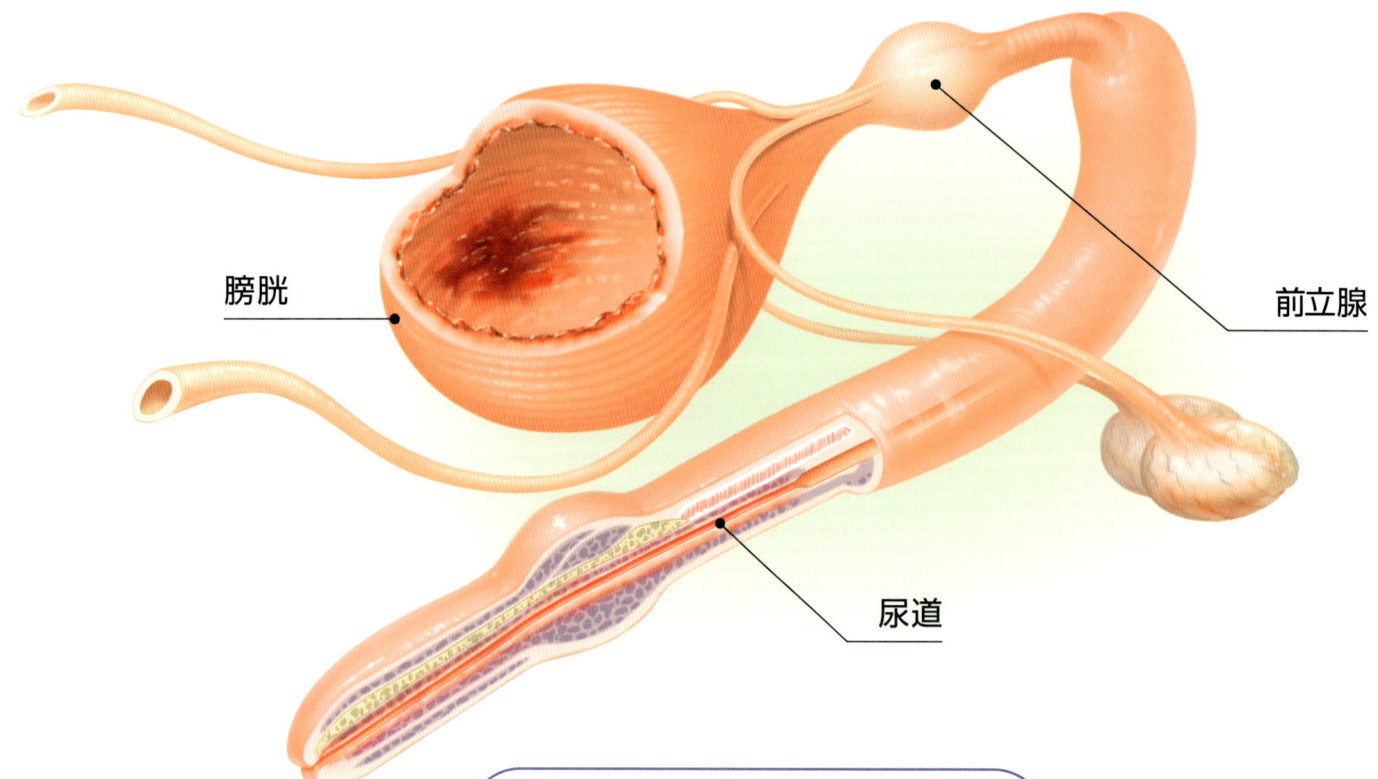

Ⅲ 前立腺疾患／尿路感染症

図10　尿路と前立腺
尿路とは、腎臓で作られた尿が外尿道口から排尿されるまでの通り道で、腎盂→尿管→膀胱→尿道→外尿道口までをいう。上図は、膀胱に感染を起こし、炎症がみられる尿路感染症に罹っている。

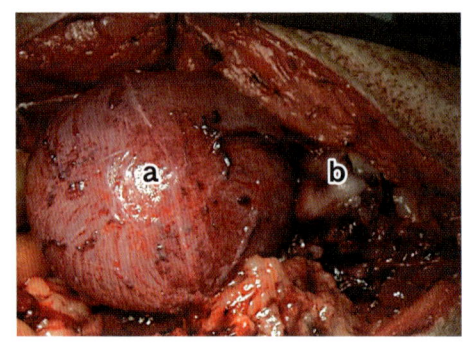

図11　犬の前立腺癌
a:膀胱　b:前立腺癌

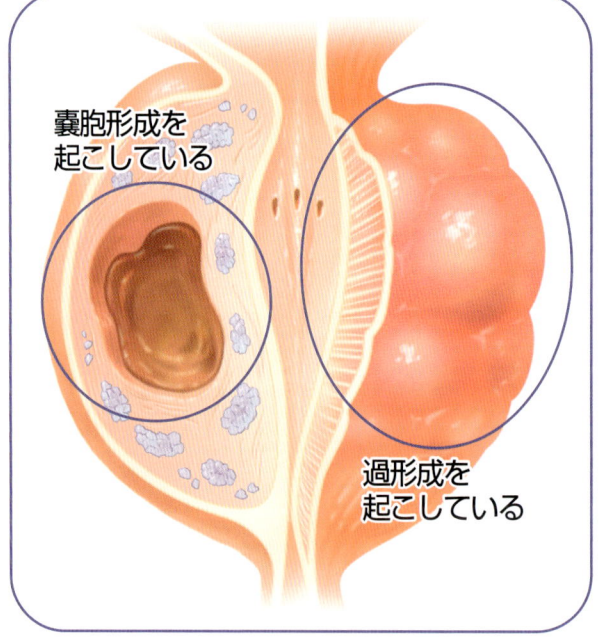

図12
前立腺とは、前立腺液を分泌する雄の副生殖腺で、交尾時にこの前立腺液が精液に混じって、雌の膣内に注入される。前立腺に過形成が起こり、そこに細菌感染が起これば、前立腺炎、前立腺膿瘍が生じる。

前立腺疾患（ぜんりつせんしっかん）

　犬の前立腺疾患としては、良性過形成／嚢胞形成、急性前立腺炎、慢性前立腺炎、前立腺膿瘍、扁平上皮化生、前立腺腫瘍、傍前立腺嚢胞がある。未去勢の雄犬は、程度の差こそあれ、年齢と共に前立腺の過形成を起こし、それに嚢胞形成を伴うこともある。良性過形成／嚢胞形成を持つ多くの犬は無症状だが、血様の尿道分泌物、便のしぶりなどを起こすことがある。

　また、そこに細菌感染が起これば急性前立腺炎、慢性前立腺炎、前立腺膿瘍が生じる。扁平上皮化生は、睾丸のセルトリ細胞腫などに伴う高エストロジェン血症によって前立腺上皮が形態変化を起こし、前立腺内に嚢胞形成などがみられるもので、感染がなければ無症状のことも多い。

　前立腺癌（図11）は、去勢の有無に関係なく生じ、血様の尿道分泌物、しぶり、および尿道閉塞を起こす。腫瘍が腸骨リンパ節を経て肺や椎体に転移したり、膀胱頸部に成長して尿管閉塞を起こしたり、結腸や直腸に浸潤することもある。

　傍前立腺嚢胞は、前立腺に隣接してみられるひとつ以上の大きな嚢で、前立腺や本来退化するはずの雄性子宮に由来する。他の前立腺疾患と同様、血様の尿道分泌物、しぶり、および排尿障害を起こすことがある。

　前立腺癌以外に対しては、去勢手術が有効であるが、感染がある場合は、適切な抗菌剤の長期投与が必要となる。また、前立腺膿瘍や傍前立腺嚢胞の場合は、外科的な処置が必要なことが多い。前立腺癌に対して去勢手術は無効で、前立腺切除や抗癌剤療法が行われるが、予後不良の場合が多い。

表1. 動物病院で行う犬の尿検査について

項　目	正　常	検査結果からわかること
尿比重	前の晩から絶食絶水した早朝尿で>1.030	●尿の濃縮能力、他の検査値への影響
尿pH	5.5～7.5	●結石のできやすさ、他の検査値への影響
尿糖	陰性	●糖尿病や腎性糖尿の有無
尿ケトン体	陰性	●糖尿病性ケトアシドーシスの有無
尿ビリルビン	陰性～1＋(尿比重>1.020以上の場合)	●黄疸の有無
潜血	陰性	●尿中の赤血球、ヘモグロビンおよびミオグロビンの有無
尿タンパク	陰性	●尿中タンパクの有無
尿タンパク/クレアチニン比	<0.5	●尿中タンパクの有無
尿沈渣検査	陰性	●尿中の赤血球、白血球、上皮細胞、異型細胞、円柱、結晶、および微生物の有無
尿培養検査	陰性	●尿中微生物の有無

尿の色で体調はわかるのか？

溶血や黄疸といった病気によって、尿がワイン色や黄色になったり、尿路や生殖器の出血や感染によって、赤色や白色になったりする。ただし、食べ物や薬剤の色素によって、尿に色がつくこともあり、水分摂取量によっても、尿の色は変わるので、尿の色だけで体調を正確に言い当てることはできない。

図13
尿検査によって、病気の様々なサインが示されるが、排尿の様子自体にも、病気のときのサインが現れているので(例：血尿、多尿、なかなか出ないなど)、普段から見逃さないようにする。

尿路感染症(にょうろかんせんしょう)

　腎盂から外尿道口までのいずれかの部位で感染を起こしたものである。ただし、外尿道口に近い尿道内には、正常でも正常細菌叢と呼ばれる細菌群が存在する。感染が成立するには、細菌が尿路粘膜に付着する必要があり、これは細菌側の問題に加えて、生体側の抵抗性が関与する。尿路粘膜の表面は、正常であればグリコサミノグリカンという物質に覆われ、細菌が付着しにくくなっているが、結石やポリープや腫瘍によって、この層が破壊されると細菌感染が起きやすくなる。

　また、正常な排尿は、粘膜表面を洗い流し、細菌の付着を防いでいるが、尿路のいずれかの部位で狭窄や閉塞があったり、脊髄損傷などによって完全な排尿が妨げられたりすると、この作用が機能しなくなる。さらに尿には、多量の抗体が含まれていて細菌感染を防いでいるが、免疫を抑制する薬剤の投与や糖尿病や副腎皮質機能亢進症などによって、免疫が妨げられると感染が起きやすくなる。

　尿路感染は、尿の貯留時間が長い膀胱で起きやすい。ただし、尿路のいずれにおける感染も他の尿路に波及する可能性があり、特に前立腺の感染には薬剤が届きにくく、難治性の尿路感染の原因になりやすい。

　尿路感染は適切な抗菌剤を適切な量で、充分な期間投与することで寛解することが多い。しかし、生体側の抵抗性が損なわれたままだと難治性になったり、再発しやすかったりするので、改善可能な生体側の要因はできる限り除去することも重要である。また、生体側の抵抗性を充分に改善できない場合、一日一回の少量の長期抗菌剤投与が再発予防に有効な場合がある。

Ⅳ排尿異常

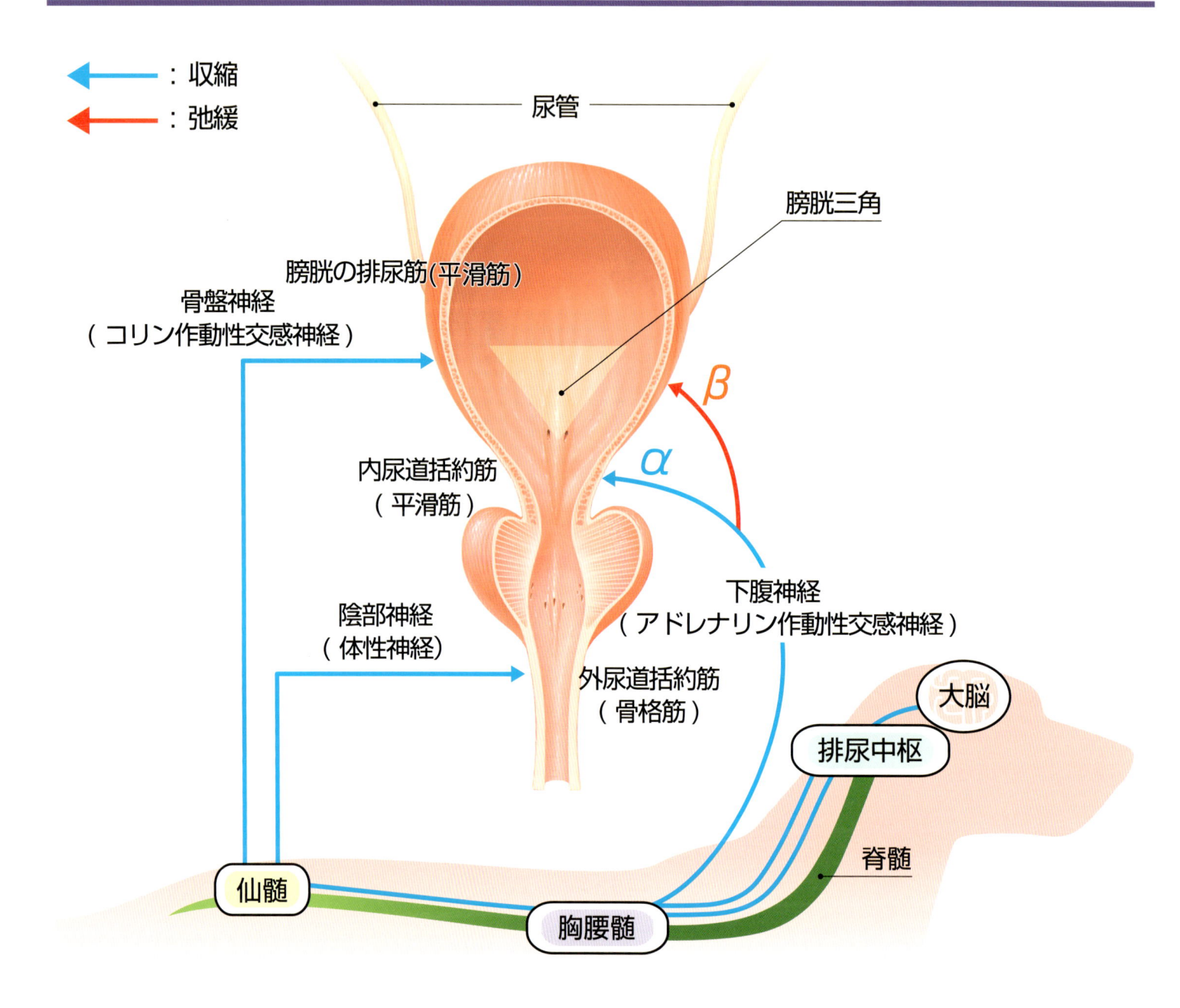

← ：収縮
← ：弛緩

尿管
膀胱三角
膀胱の排尿筋（平滑筋）
骨盤神経（コリン作動性交感神経）
内尿道括約筋（平滑筋）
陰部神経（体性神経）
外尿道括約筋（骨格筋）
下腹神経（アドレナリン作動性交感神経）
大脳
排尿中枢
脊髄
仙髄
胸腰髄

図14　排尿、および蓄尿に関わる筋と神経支配
正常な排尿は、尿道が閉鎖した状態で膀胱が弛緩してゆっくりと充満する蓄尿期（胸腰髄からの下腹神経が支配）と、尿道が弛緩するとともに膀胱が収縮して尿が排泄される排尿期（仙髄からの骨盤神経および陰部神経が支配）から構成される。

排尿異常（はいにょういじょう）

　正常な排尿は、尿道が閉鎖した状態で膀胱がゆっくりと充満する蓄尿期と、尿道が弛緩するとともに膀胱が収縮して尿が排泄される排尿期から構成される。適切な蓄尿、および排尿は、図14に示したような膀胱の排尿筋、内尿道括約筋、および外尿道括約筋と、それを支配する神経系の調和のとれた相互作用に依存している。よってこれらのいずれかに異常が起きると、尿が出なかったり、漏れてしまったりするが、それを治療するには、異常部位とそれを支配する神経によって、治療法を決定していく必要がある。
　例えば交通事故などで仙髄が傷害されると、尿が溜まっても出せない膀胱麻痺という状態になることがあるが、その場合には、コリン作動薬やβアドレナリン拮抗薬が使われる。
　逆に膀胱の過剰収縮による尿失禁には、抗コリン剤が使われる。内尿道括約筋の収縮を弱めて排尿しやすくするには、αアドレナリン拮抗薬が、逆に内尿道括約筋の緩みによる尿失禁のときなどには、αアドレナリン作動薬が使われる。
　前立腺以降の尿道では骨格筋が主体なので、この部位を弛緩させるには、筋弛緩薬などが投与される。また排尿異常は異所性尿管、尿道や膣の異常、前立腺疾患、避妊手術後の女性ホルモン不足、精神的ストレスなどが原因となることもあるので、それらを鑑別する必要もある。

Ⅴ その他の重要な泌尿器の病気

多飲多尿(たいんたにょう)

原因としては中枢性尿崩症が有名であるが、その他に高血圧、副腎皮質機能低下症、肝不全、糖尿病、先端巨大症、ファンコーニ症候群、心因性多尿症、原発性腎性尿崩症、続発性腎性尿崩症(慢性腎臓病、副腎皮質機能亢進症、高カルシウムや低カリウム血症、および子宮蓄膿症など)、グルココルチコイドや利尿剤やフェノバルビタールの投与、タンパク制限食の給餌、幼若であること、麻酔後であることなどを鑑別する必要がある。

タンパク喪失性腎症(たんぱくそうしつせいじんしょう)

重度なタンパク尿によって低タンパク血症を起こしたもので、タンパク尿、低アルブミン血症、高コレステロール血症、および浮腫(むくみ)や腹水を示すものをネフローゼ症候群ともいう。肺血栓症による呼吸困難や、腸骨動脈または大腿動脈の血栓症による下半身麻痺が起きることもある。疾患名としては、糸球体腎炎か腎アミロイドーシスに分類される。治療は、糸球体腎炎か腎アミロイドーシスの治療を行う。むくみが重度であったり、胸水がみられたりするものでは利尿剤であるフロセミドの投与を行う。高血圧や血栓症がみられる場合はその治療も必要となる。

尿路腫瘍(にょうろしゅよう)

犬の腎臓の原発性腫瘍としては腎癌が最も多く、次いで血管肉腫、線維肉腫および腎芽腫などがみられる。リンパ腫は、一般に転移腫とみなされる。腎癌は、エリスロポエチンを産生して赤血球増多症を起こすこともある。腎盂から尿道の腫瘍の多くは移行上皮癌であるが、扁平上皮癌、腺癌、平滑筋肉腫であることもある。大型犬では、横紋筋肉腫もみられる。尿路腫瘍に伴って手足の骨に病変がみられる肥大性骨障害が生じることがあり、特に横紋筋肉腫ではよく認められる。尿路腫瘍は、診断時、すでに局所に浸潤しており、転移率も高いので長期予後は不良であるが、外科手術や化学療法や放射線療法によって、腫瘍による臨床症状を短期的には軽減できることも多い。

異所性尿管(いしょせいにょうかん)

異所性尿管とは、正常では膀胱三角(図14)に開口する尿管が、先天的な異常によって片側性、または両側性に尿道や腟などに開口するもので、シベリアン・ハスキーやゴールデン・リトリーバーに多く認められる。これには、膀胱を完全に迂回するものと、膀胱壁内にトンネルを作り、膀胱三角を通り越して開口するものとがあるが、両者とも尿失禁を伴うことが多い。治療としては、尿管を正常な位置に開口させる手術を行う。術後も尿失禁が続く例では薬物療法が必要になることもある。

尿路損傷(にょうろそんしょう)

交通事故などによって腹部を強打したり、骨盤を含む骨折を起こしたりすることによって、腎臓破裂、尿管断裂、膀胱破裂、尿道断裂などを起こすことがある。よって事故後は、排尿状態の異常や腎後性急性腎不全の発現の有無を注意深く観察する必要がある。損傷部位は、排泄性尿路造影や逆行性尿道膀胱造影で確認する。膀胱破裂は、腹側で起これば尿は腹腔内に漏れるが、膀胱三角近くで起これば腹腔外の後腹膜腔内に漏れる。尿道の小さな裂傷は、カテーテルを1週間以上留置することによって治癒する可能性があるが、その他の尿漏れは、外科的に修復する必要がある。

参考文献

1. CANINE and FELINE NEPHROLOGY and UROLOGY, Osborne C.A. and Finco D.R. eds. 1995 Williams & Wilkins. Baltimore
2. BSAVA 犬と猫の腎臓病と泌尿器病マニュアルⅡ、翻訳 竹村直行、監修 松原哲舟、Elliot J. and Grauer G.F. eds. 2008 NEW LLL PUBLISHER. 大阪

Chapter 1-8

犬の内分泌器官

内分泌器官の上位（脳内）のうち、視床下部では、脳下垂体に運ばれるホルモンなどが作られ、脳下垂体からは、下位の内分泌器官、および組織に向けて、ホルモンが放出される。

下位の内分泌器管は上位からのホルモン刺激を受けて、自らホルモンを分泌する。その後、体内でホルモンが過剰となると、上位からの刺激ホルモンの分泌は抑制される。また反対にホルモンが欠乏すると、刺激ホルモンの分泌が促進される。ホルモンの分泌は、促進と抑制によって、体内でバランスよく調節される機構となっている。

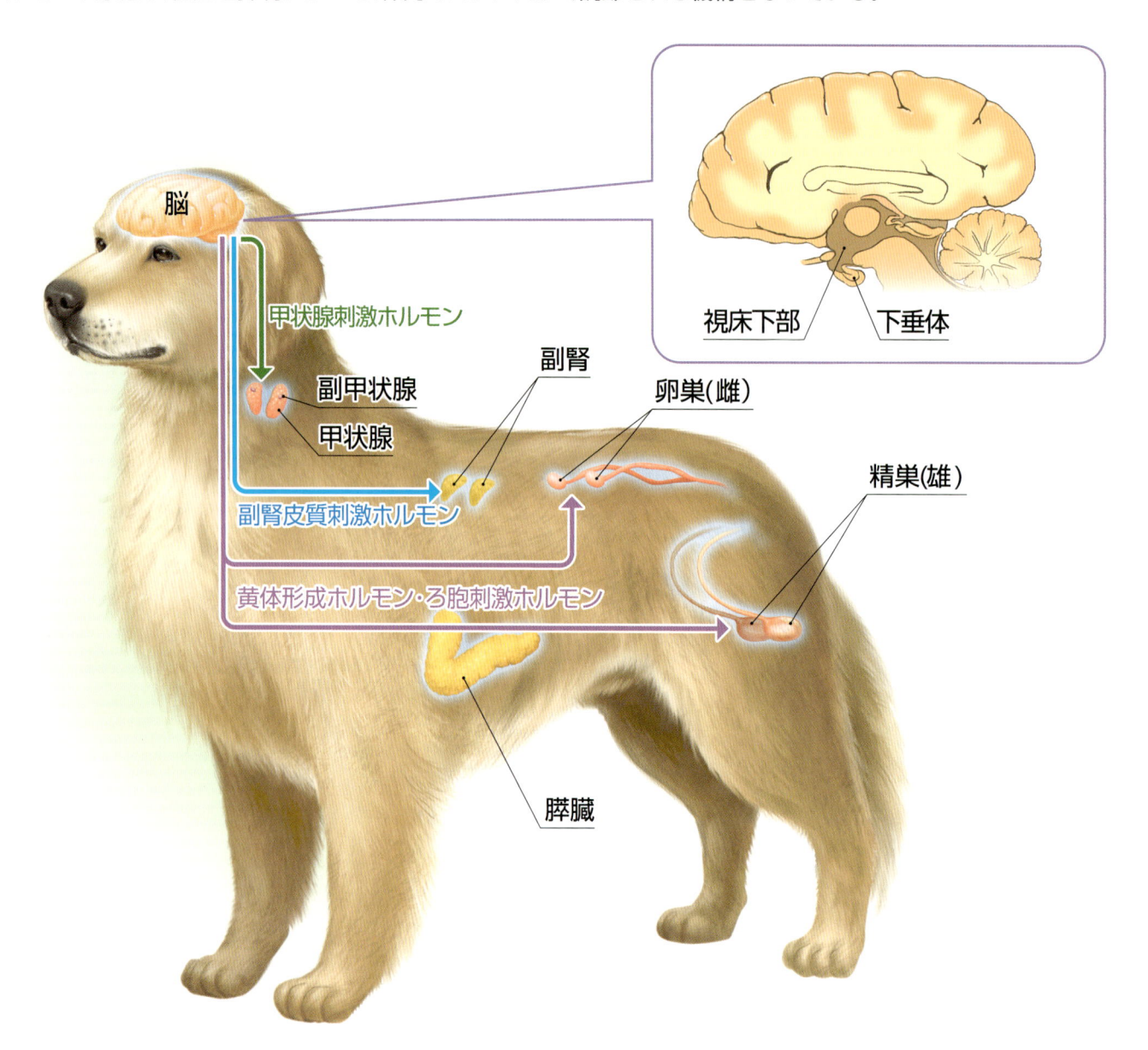

脳／甲状腺刺激ホルモン／副甲状腺／甲状腺／副腎／卵巣（雌）／精巣（雄）／副腎皮質刺激ホルモン／黄体形成ホルモン・ろ胞刺激ホルモン／膵臓／視床下部／下垂体

内分泌器官の病気

動物の内分泌器官は、上位（脳内）の視床下部、および下垂体と下位（末梢）の甲状腺、副甲状腺、副腎、性腺などで構成されている。多くの内分泌腺は、脳からの刺激ホルモンの分泌量の調節によってバランス良くコントロールされている。末梢の内分泌腺のホルモンが過剰になると刺激ホルモンの分泌が抑制され、反対にホルモン濃度が低下すると、刺激ホルモンの分泌が促進される。

内分泌の病気は、これらのバランスがくずれた状態で、末梢の内分泌腺の異常（過剰または減少）と、脳からの刺激ホルモンの異常（過剰または減少）に大別される。例えば、副腎皮質機能亢進症では、下垂体からの副腎皮質刺激ホルモンの過剰産生が原因の下垂体性副腎皮質機能亢進症（二次性）と、副腎（下位）からの副腎皮質ホルモンの過剰（一次性）に大別され、副腎皮質ホルモンの過剰症による病気の症状は似ているが、原因、診断法、治療法などが異なっている。

表1. 内分泌器官から分泌されるホルモン

上位(脳内)の内分泌器官	視床下部および脳下垂体	成長ホルモン	成長を促進する。
		甲状腺刺激ホルモン	甲状腺の発育とホルモンの分泌の促進。
		生殖腺刺激ホルモン	生殖腺の働きを支配する。
		副腎皮質刺激ホルモン	副腎皮質の発育とホルモンの分泌の促進。
		バソプレッシン	尿量を減らす。
		オキシトシン	子宮収縮を促進する。乳汁の分泌を促進。
下位(末梢)の内分泌器官	甲状腺	チロキシン	代謝を促進する。
		トリヨードチロニン	
	副甲状腺	パラトルモン	血液中のカルシウム量を増加させる。
	膵臓ランゲルハンス島	インスリン	血糖値を減少させる。
		グルカゴン	血糖値を増加させる。
	副腎	アドレナリン	血糖値を増加させる。
		ミネラルコルチコイド	体液のナトリウムやカリウムの濃度調節に関与。
		グルココルチコイド	糖分の貯蔵・放出、抗炎症作用、ストレスへの反応。
	精巣	アンドロゲン	雄性ホルモン
	卵巣	エストロゲン	卵胞ホルモン
		プロゲステロン	黄体ホルモン

I 糖尿病

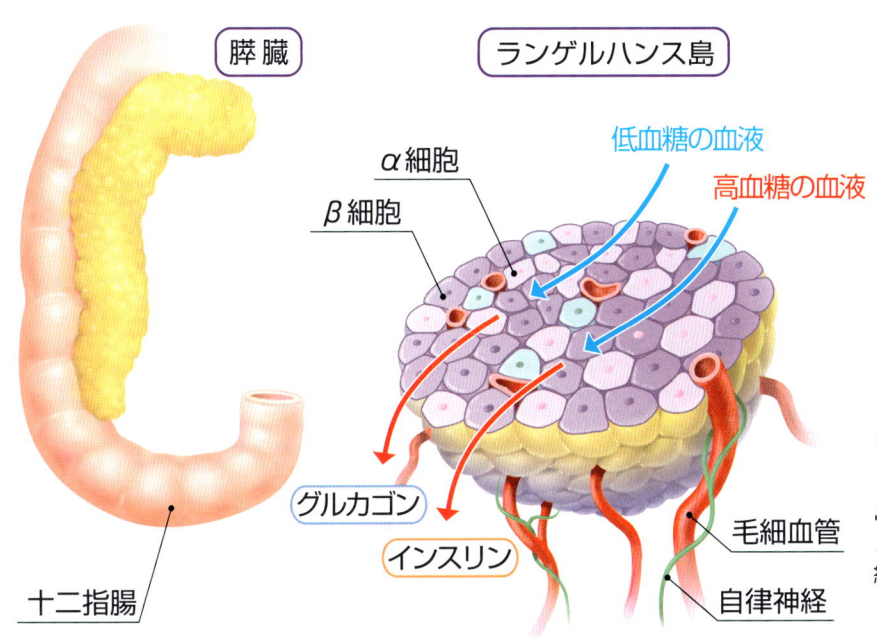

図2　膵臓のランゲルハンス島

膵臓の内部にある内分泌器官をランゲルハンス島という。血糖値の調節に関与するホルモン＝インスリンは、ここのβ細胞から分泌されている。α細胞からは、グルカゴンが分泌される。

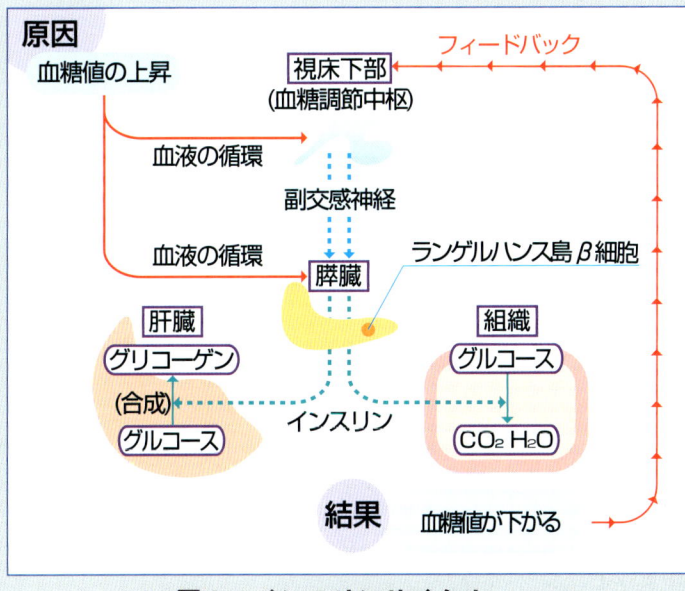

図3　インスリンサイクル

血糖値が増加したとき

食事をすると、血液中の糖分(グルコース)が増え(＝血糖値の上昇)、視床下部や膵臓で感知され、膵臓のβ細胞からインスリンの分泌を促す。インスリンは、糖分(グルコース)を肝臓に貯蔵する働きを促し、また組織中では、糖(グルコース)を細胞に取り込もうとする(左図)。糖尿病は、このインスリンが不足し、糖分が血液中に高濃度にとどまってしまう。余った糖は尿中にも多量に排泄される。

血糖値が減少したとき

血糖値の減少を視床下部や膵臓が感知すると、膵臓のランゲルハンス島α細胞からグルカゴンが分泌される。グルカゴンは、肝臓に働きかけ、貯蔵されていたグリコーゲンを分解し、血液中に糖を放出する。また副腎皮質(p76)からはグルココルチコイドが分泌され、糖新生系の酸素を誘導するなど肝臓での糖新生を亢進させる働きをし、グルカゴン、カテコラミン(副腎随質から)などとともに血糖値を上昇させる。

インスリンは「鍵」

膵臓から分泌されたインスリン（緑）が、細胞の細胞膜表面にあるインスリン受容体（オレンジ）に結合することによって、血液中の糖分＝グルコースを、細胞が取り込めるように信号を送る。こうして、細胞はグルコースをエネルギー源として利用したり、蓄えたりするのである。インスリンは、グルコースを細胞内に取り込むための重要な「鍵」である。

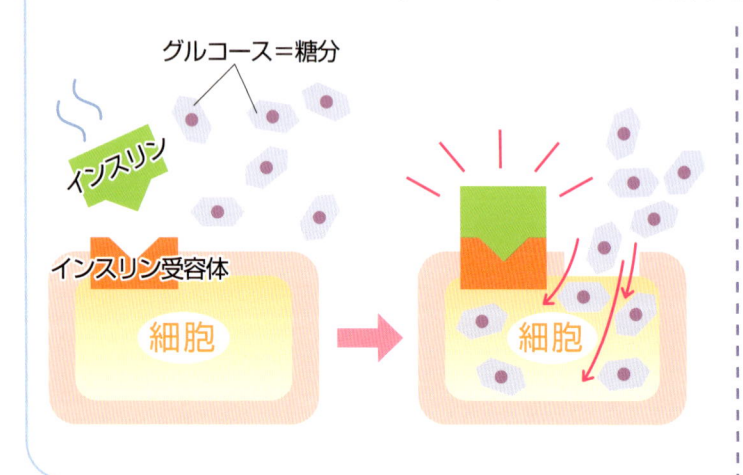

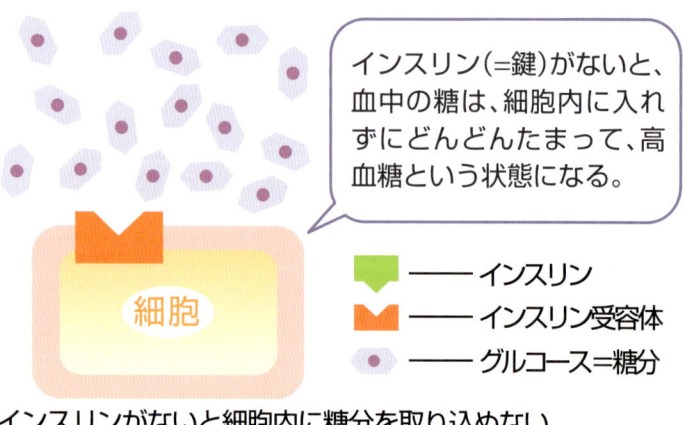

インスリン（＝鍵）がないと、血中の糖は、細胞内に入れずにどんどんたまって、高血糖という状態になる。

インスリンがないと細胞内に糖分を取り込めない。

図4　インスリンのはたらき

●原因と病気の概要

動物の体の細胞は、「糖分：グルコース」を主なエネルギーとしている。インスリンは、グルコースが細胞内に入り込むときの「鍵」として重要なはたらきをしているため、不足すると細胞内に入れない糖分が血液中に高濃度にとどまり、尿中に余った糖が多量に排泄されるようになるため「糖尿病」と表現されているが、実際は膵臓の病気である。糖尿病は、インスリンがほぼ完全に分泌されないⅠ型糖尿病と、インスリンの分泌が不充分なⅡ型糖尿病に大別される。

犬の糖尿病は、ほとんど全てがⅠ型糖尿病とされている。したがって人で一般的なⅡ型糖尿病とは異なり、インスリン療法が必ず必要となる。また、遺伝的因子と関連があり、ミニチュア・ピンシャー、サモエド、ケアーン・テリア、プードル、ダックスフント、ミニチュア・シュナウツァー、ビーグルなどの犬種は比較的高い発症リスクがある。

●特徴

犬に多いⅠ型糖尿病は、自己免疫が関与して膵臓のβ細胞が破壊されて起こる。多飲・多食・多尿などの典型的な臨床症状が現れた頃には、ほとんどインスリンの分泌能力が無くなってしまっているので、インスリン療法が必ず必要となる。したがって、血糖降下剤や食餌療法を単独で行うことはまずあまりないことである。

●進行状況

遺伝的因子に加え、感染症やストレス因子などが引き金となって、β細胞が自己免疫的機序によって破壊が進行され、臨床症状が認められた時点では、ほぼ90％以上のβ細胞が破壊されている。

●予防

犬のⅠ型糖尿病の予防方法は現段階ではない。原因で列挙した好発犬種に関して、日常的に早期発見・早期治療を心がけることが大切である。早期発見の一番の目安は「多飲・多尿」である。症状を見逃して長期間高血糖状態を放置すると、糖尿病性ケトアシドーシスを発症し、生命に関わることとなる。

●治療

治療の基本は、「インスリン」療法で、注射療法以外はない。インスリンの注射は、家族が自宅で毎日行う必要がある（図5）。食後の高血糖を軽減させる目的で、繊維質を豊富に含んだ処方食を併用すると、食事中の栄養分がゆっくり吸収されるため、血糖値の安定がしやすくなる。

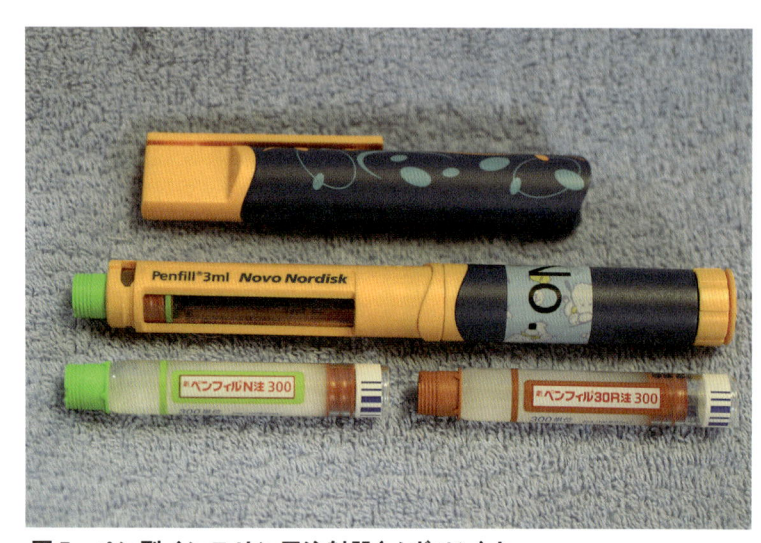

図5　ペン型インスリン用注射器（ノボペン）とインスリンカートリッジ

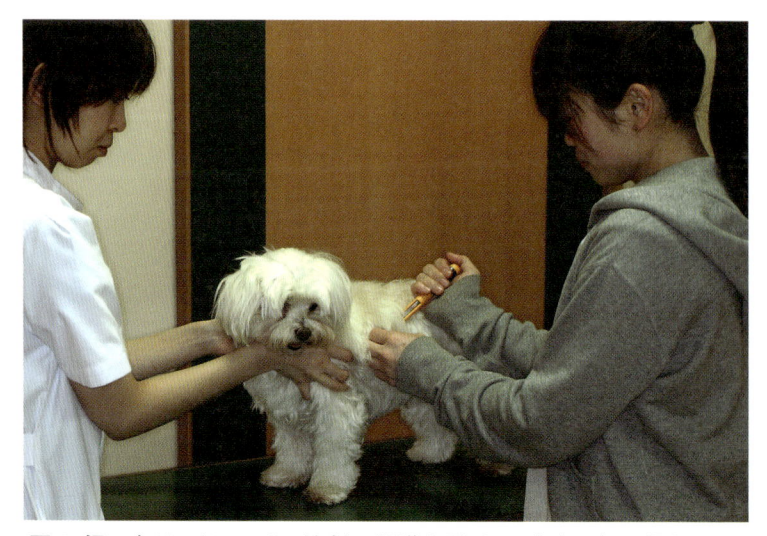

図6　飼い主は、インスリン注射の指導を受けて、自宅で毎日行う。

II 甲状腺機能低下症

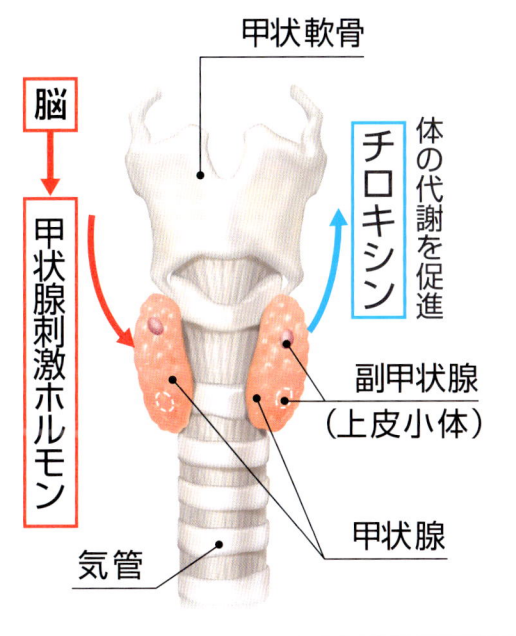

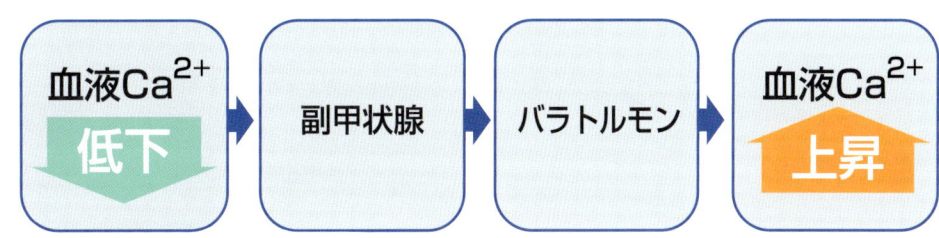

図7　甲状腺の構造
　甲状腺ホルモンは、体の代謝を促進させるための触媒のような働きがある。甲状腺の機能が低下することで、基礎代謝量が低下し、元気が無くなったり、皮膚の新陳代謝が悪くなったりする。

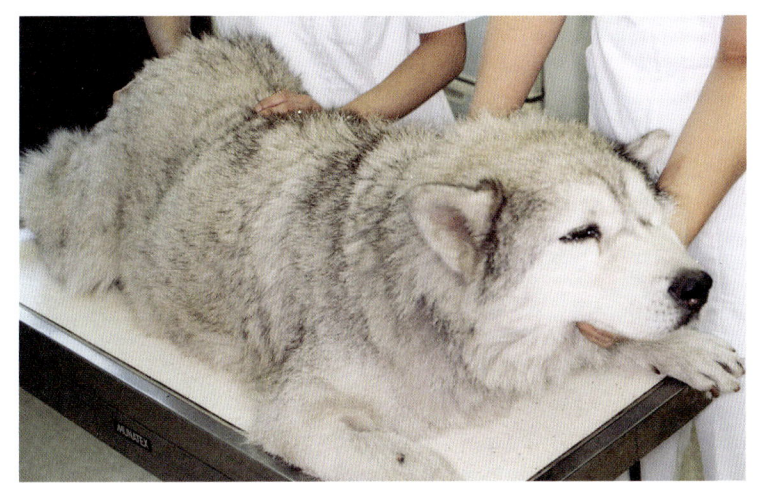

副甲状腺は血液中のカルシウム量を上昇させるホルモンを分泌

血液Ca²⁺低下 → 副甲状腺 → パラトルモン → 血液Ca²⁺上昇

甲状腺機能低下症（こうじょうせんきのうていかしょう）

●原因と病気の概要
　犬の甲状腺機能低下症の原因は、自己免疫が関与した免疫介在性甲状腺炎が主な原因である。猫の甲状腺機能亢進症と反対に、体の細胞が活発に活動・代謝できなくなることにより、運動性の低下、肥満傾向などが認められる。

●特徴
　多くの場合、肥満傾向や運動性低下や無気力・倦怠感などが認められる。典型的な脱毛や脱毛部の色素沈着が診断の決め手になることも多いが、近年は検査技術が向上し、早期・診断が可能になり、皮膚病変を伴わない症例が増えている。甲状腺ホルモン濃度の低下と共に高コレステロール血症や軽度の貧血が認められることが良くある。寒さに対する抵抗性が極端に弱くなる。

●進行状況
　自己免疫性に甲状腺の細胞の破壊がゆっくりと進行し、限界になって初めて臨床症状が現れ、家族が気づかないうちに徐々に進行する病気である。一般的に発症は4歳以降で比較的大型犬（ゴールデン・リトリーバー、アイリッシュ・セッターなど）に多発する傾向がある。

●予防
　自己免疫性の甲状腺炎の予防は不可能だが、遺伝性が示唆されるため、繁殖に供さないことが重要である。好発品種は、欧米では抗甲状腺抗体を測定し、繁殖の適否を判断することが行われている。

●治療
　甲状腺機能低下症と診断されたら、甲状腺ホルモン（合成サイロキシン製剤：チラージンまたはSoloxine）の服用によって治療を行う。一般的に一度、甲状腺機能低下症になると治癒は望めないので、終生甲状腺ホルモンの服用が必要となる。

図8　甲状腺機能低下症で重度の肥満と運動能力低下を示したシベリアン・ハスキー。

図9　同じ犬の尾の背側部の脱毛の状態。

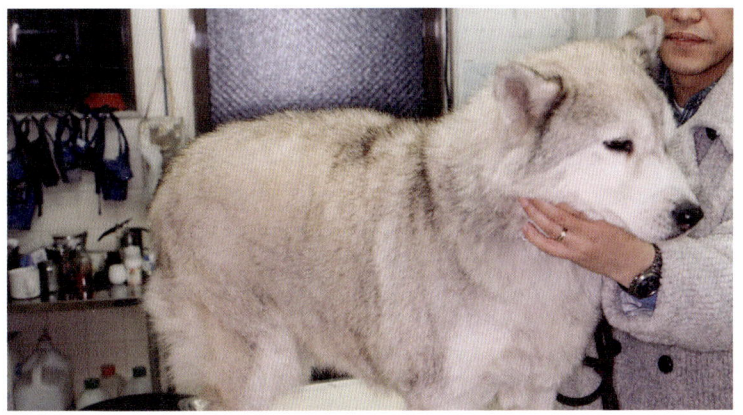

図10　甲状腺ホルモン剤の服用でスマートになり、活力が戻った状態。

Ⅲ 副腎皮質機能亢進症/副腎皮質機能低下症

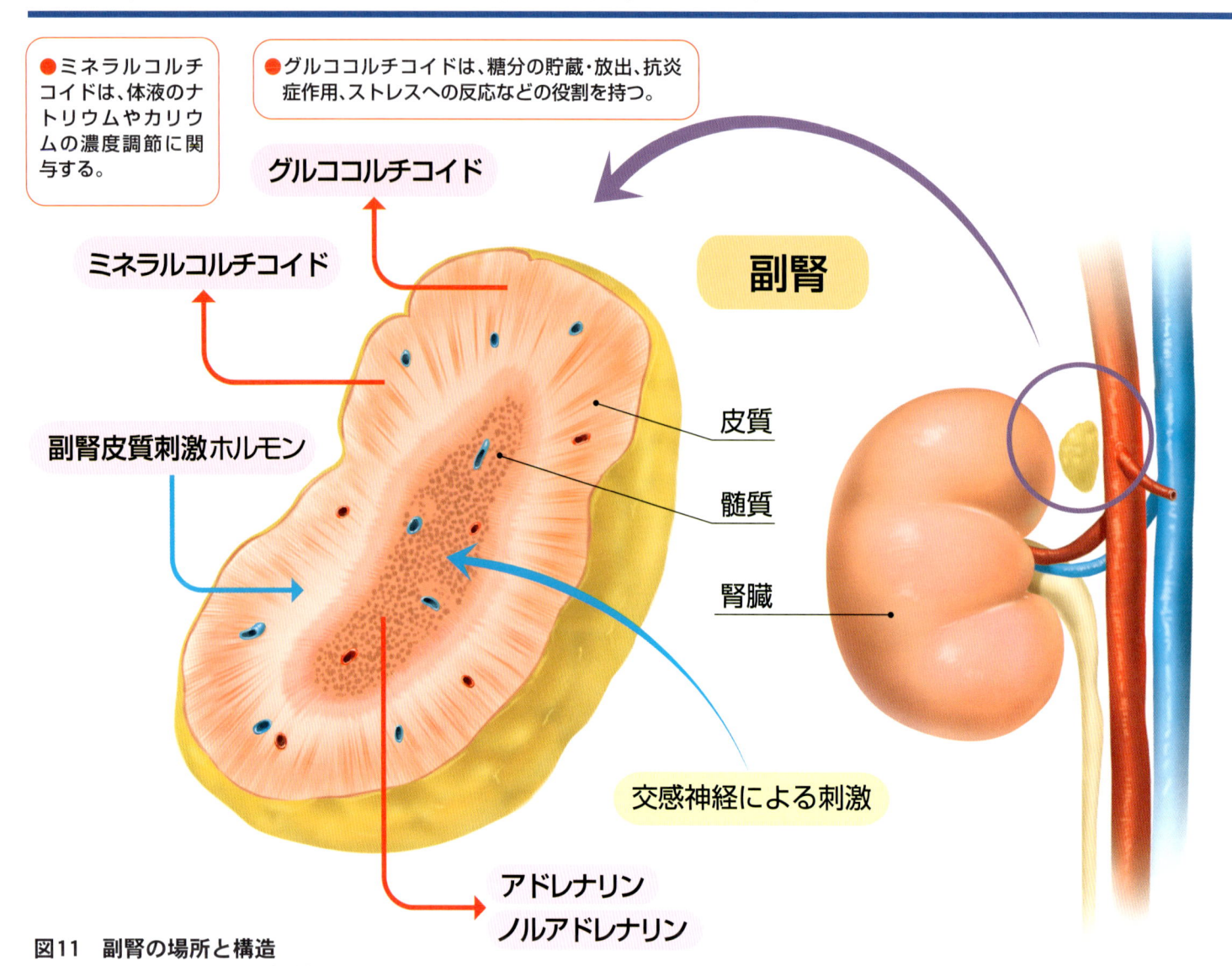

- ミネラルコルチコイドは、体液のナトリウムやカリウムの濃度調節に関与する。
- グルココルチコイドは、糖分の貯蔵・放出、抗炎症作用、ストレスへの反応などの役割を持つ。

グルココルチコイド
ミネラルコルチコイド
副腎皮質刺激ホルモン
副腎
皮質
髄質
腎臓
交感神経による刺激
アドレナリン
ノルアドレナリン

図11　副腎の場所と構造
　副腎は、左右の腎臓の頭側に位置している。腎臓との関わりはない。副腎は、皮質と髄質からなり、皮質からミネラル（鉱質）コルチコイドとグルコ（糖質）コルチコイドが、髄質からはアドレナリンが分泌される。皮質からのホルモン分泌が過剰となる病気が副腎皮質機能亢進症（クッシング病）であり、皮質からのホルモンの欠乏で起こる病気が副腎皮質機能低下症（アジソン病）である。

副腎皮質機能亢進症＝クッシング病
（ふくじんひしつきのうこうしんしょう）

●原因と病気の概要
　副腎皮質機能亢進症（HAC）の原因は、脳の下垂体に「腺腫」と呼ばれる良性の腫瘍ができて、過剰に副腎皮質刺激ホルモン（ACTH）が分泌される下垂体性（PDH）と、腎臓の近くに位置する副腎が腫瘍化して、過剰な副腎皮質ホルモンを分泌する副腎腫瘍性（ATH）、および副腎皮質ホルモンの過剰投与による医原性副腎皮質機能亢進症の3つに大別される。

●特徴
　HACは、副腎皮質ホルモンの過剰によって様々な臨床症状を示す全身性疾患である。副腎皮質ホルモンが過剰になると、多飲・多尿、食欲亢進やお腹がビール腹のように大きく（主に肝臓の肥大が原因）なったり、手足の毛以外の部分が脱毛したり、皮膚が紙のように薄くなったりする。副腎皮質ホルモンが過剰になると、最終的に免疫機能が抑制され、様々な病原体に対して抵抗性が失われる。

●進行状況
　HACはPDHもATHも徐々に進行する。病気の初期は、単に食欲が亢進し、水を余計に飲む程度であるので、多くの飼い主は、病気であることに気がつかない場合が多いようである。臨床症状は、特徴の項で述べたような症状が複合して現れるが、個体によってその現れ方は様々である。

●予防
　HACの予防方法はない。ただし、ステロイドホルモンの長期過剰投与（治療）によって発症する医原性副腎皮質機能亢進症は、適切な投与計画や中止、および減量によって未然に発症を予防することが可能である。

●治療
　HACに対する治療は、薬物療法、外科療法、放射線療法に大別されるが、一般臨床では薬物療法が主体である。これまで様々な薬剤が効果的治療薬として報告されてきたが、現在はOP'-DDD（ミトタン）とトリロスタンの2種類が主流になっている。OP'-DDDは、副腎皮質の細胞を選択的に壊死させる薬剤で、一方トリロスタンは、副腎皮質ホルモンの前駆物質の合成を阻害する薬剤で、それぞれ作用機序が異なるため、症例によって適切に使い分ける必要がある。

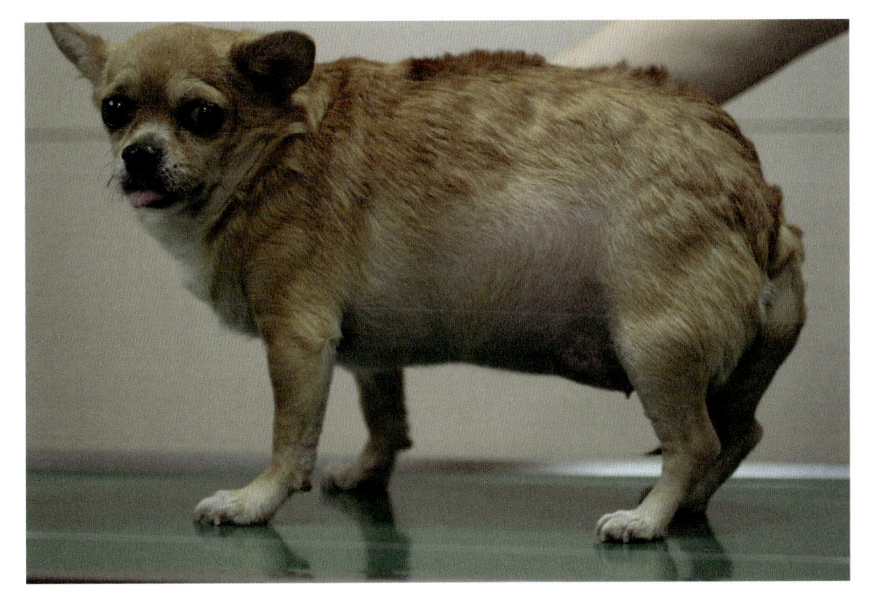

図12 クッシング病のチワワ。腹部がビール腹のように膨れ、対側部に脱毛がみられる。

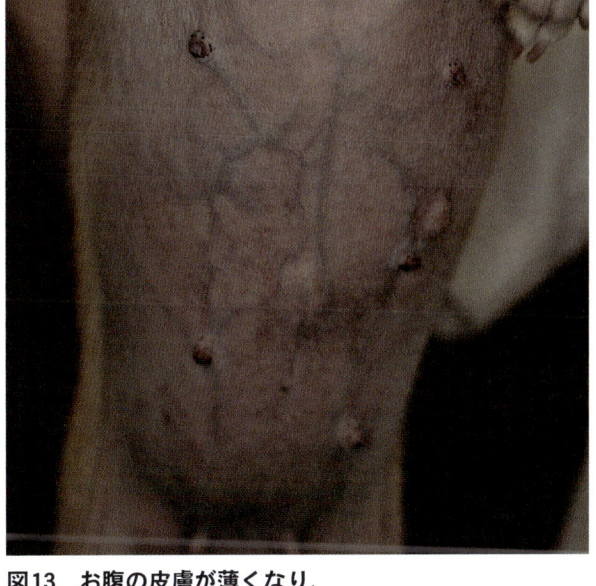

図13 お腹の皮膚が薄くなり、血管が透けてみえるのが特徴。

副腎皮質機能亢進症(HAC)の3つの原因
（1）脳下垂体にできた腫瘍により、副腎皮質刺激ホルモンが過剰に分泌される。
（2）副腎そのものが腫瘍化して副腎皮質ホルモンが過剰に分泌される。
（3）副腎皮質ホルモンの過剰投与による医原性（医療が病気を引き起こす原因となる）

副腎皮質ホルモンを投与する主な医療行為
上記の原因（3）は、副腎皮質ホルモンの投与を医療行為として行うものである。副腎皮質ホルモンは、消炎作用、免疫抑制作用があり、日常小動物臨床でよく使用される薬剤のひとつである。
消炎作用を目的に使用される疾患としては、アレルギー性疾患、炎症性疾患、および整形外科疾患など多岐にわたる。また、免疫抑制作用としては、自己免疫疾患や抗ガン剤として使用されている。

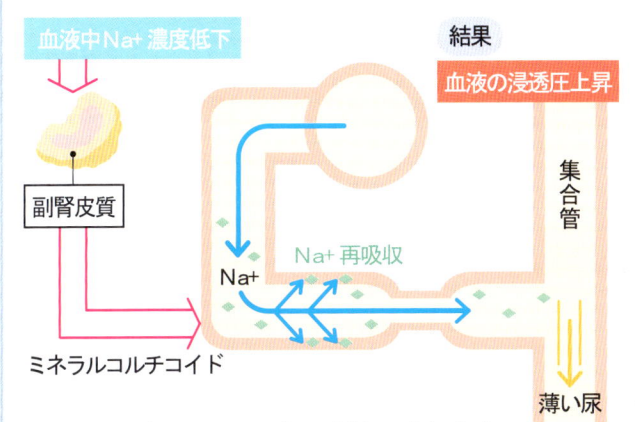

図14 ミネラルコルチコイドのはたらき
体液の浸透圧が低下したとき、副腎皮質から分泌されるミネラルコルチコイドは腎臓にはたらきかける。尿細管において原尿の濾過中に、ナトリウムの体内への再吸収を促す。その結果、薄い尿が排出される。

副腎皮質機能低下症＝アジソン病
（ふくじんひしつきのうていかしょう）

●原因と病気の概要
主に自己免疫性に副腎組織が破壊され、クッシング病とは反対に副腎皮質ホルモン（ミネラルコルチコイドとグルココルチコイドがある）が欠乏する病気である。ミネラルコルチコイドは、体液のナトリウムやカリウムの濃度調節に関して重要な役割を持ち、グルココルチコイドは、糖分の貯蔵・放出、抗炎症作用、ストレスへの反応などの役割があり、どちらも生体の維持に重要な役割を持つホルモンである。

●特徴
ミネラルコルチコイドが不足すると、血液中のナトリウムが減少するため、全身の総血液量（水分も）が低下して、循環不全、低血圧症、腎不全などに発展する。同時に、高カリウム血症を伴うため、心筋（心臓の筋肉）にも障害が起こる。グルココルチコイドが欠乏すると、食欲不振、体重減少、低血糖症状などが認められる。アジソン病の急性症状をアジソンクリーゼ（急性副腎不全）と呼び、急激に症状が悪化するため、適切な治療を行わないと生命に関わる。

●進行状況
自己免疫が関連した副腎皮質の破壊が主な原因で、副腎の破壊が90％以上になるまでは、明確な臨床症状は認められない。この病気の臨床症状は、曖昧で多様なため、急性症状（虚脱状態）になるまで家族が気がつかないことがしばしばある。脳下垂体から分泌されるACTH（副腎皮質刺激ホルモン）の不足が原因の二次性がまれに認められる。

●予防
犬の副腎皮質機能低下症の多くは、原因不明（特発性）で、ほとんどが自己免疫による副腎皮質の破壊と考えられ、予防方法はない。

●治療
治療の原則は、ミネラルコルチコイド（酢酸フルドロコルチゾン）とグルココルチコイド（プレドニゾロン）の服用が治療の主体となり、一般的には終生投与が必要となる。アジソンクリーゼにより動物病院に虚脱状態で来院して、初めて診断されるケースが多く、その場合の救急治療は、生理食塩液の点滴療法と副腎皮質ホルモン（リン酸デキサメサゾンナトリウムなど）の注射が行われる。

Ⅳ インスリノーマ/尿崩症

インスリノーマ

●原因と病気の概要
膵臓のβ細胞が腫瘍化して過剰にインスリンが分泌される病気。

●特徴
インスリンの分泌が恒常的に過剰になると、糖分が体の組織にどんどん取り込まれて、肝臓での合成・放出が間に合わなくなり、低血糖の症状（虚脱や昏睡）が現れる。

●進行状況
主にβ細胞の腺癌で悪性度が高く、外科療法によって開腹した時点で既に40％以上に転移病巣が確認され、中央生存率は16～19ヵ月とされている。

●予防
腫瘍性疾患で、予防方法はない。

●治療
摘出可能で転移が認められなければ、外科療法が選択される。食事療法も重要で、高タンパク・高脂肪で単糖類（単純なブドウ糖や砂糖類）が少ない食事を1日4～6回に分けて投与する。内科療法は、グルココルチコイド療法、またはジアゾキシド（Diazoxide）の投与が行われる。

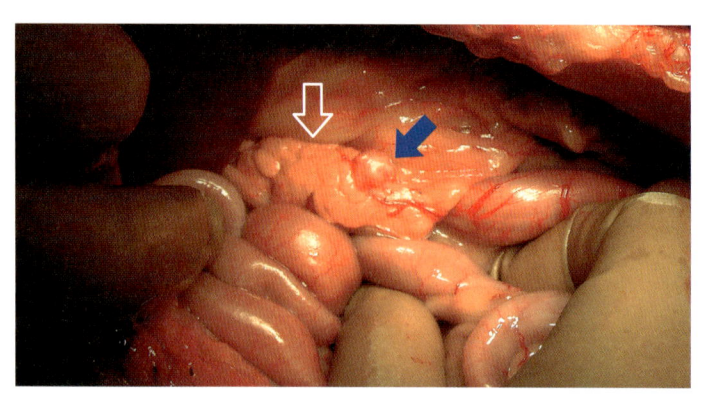

図15　開腹手術で確認されたインスリノーマ（矢印）白矢印は膵臓。

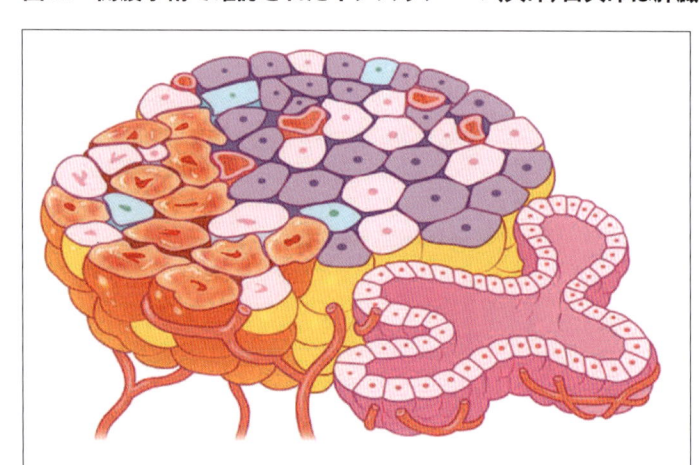

図16　ランゲルハンス島の模式図
（β細胞が癌によって破壊される様子）

食事から摂取したブドウ糖（グルコース）は、血液を介して全身に運ばれる。ブドウ糖はランゲルハンス島からのインスリン分泌により、細胞に取り込まれ、エネルギー源として使ったり、肝臓に蓄えられたりする（p73参照）。しかし、ランゲルハンス島に腫瘍ができると、インスリンの分泌が過剰になり、取り込むブドウ糖の量が増加し、逆に血液中のブドウ糖が減少するため、低血糖を起こす。

尿崩症（にょうほうしょう）

●原因と病気の概要
重度の多飲・多尿を主訴とする病気で、中枢性尿崩症と腎性尿崩症に大別される。正常な犬の1日の体重1kgあたりの飲水量は60ml以下、尿量は25～45ml以下であるが、この病気になると飲水量は100ml以上、尿量は50ml以上に増加する。アルギニン・バソプレッシン（AVP）と呼ばれる尿量を調節するホルモン（抗利尿ホルモン）の脳での産生異常、または腎臓でのAVPに対する反応性の異常が原因で起こる。

●特徴
異常にたくさんの水を飲み、多量の尿を排泄する（多飲・多尿）ことが特徴である。多飲・多尿の症状を示す病気は、この病気以外にも、糖尿病、クッシング病、腎炎、心因性などたくさんあるので、その鑑別診断が重要になる。

●進行状況
中枢性尿崩症は、一般的に特発性（原因不明）や先天性（生まれつき）であるが、適切な治療を行えば良好な生活が期待できる。頭部損傷に起因する一過性の中枢性尿崩症は、しばしば2週間以内に改善する。腎性尿崩症は、腎臓の障害が原因であるため治療法が限定され、予後が悪いことが多いようである。

●予防
予防法はない。

●治療
中枢性尿崩症は、合成のバソプレッシン（酢酸デスモプレッシンなど）製剤の結膜嚢内への滴下療法で良好にコントロールできる。自由に飲水できるような環境を、家庭で可能な限り整えておくことが最も重要な治療要素となる。

尿崩症は、中枢（脳下垂体）性尿崩症と腎性尿崩症に大別される。
血液中の無機塩類の濃度が高いと、脳下垂体からバソプレッシンと呼ばれる抗利尿ホルモンが分泌される。バソプレッシンは、腎臓の集合管での水分の再吸収を促進する働きをする。

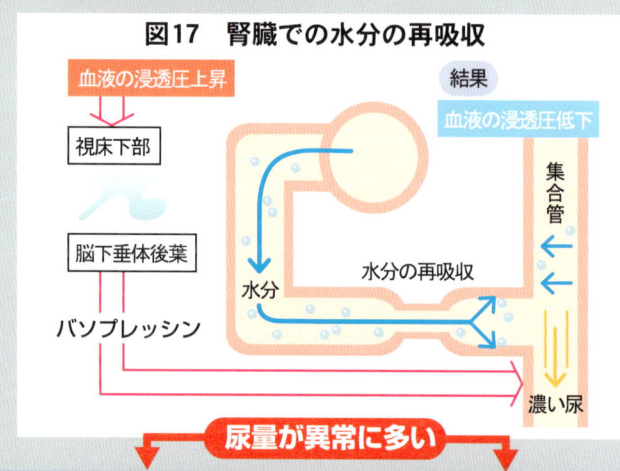

図17　腎臓での水分の再吸収

尿量が異常に多い

（1）中枢性尿崩症：脳下垂体からのバソプレッシンの分泌低下が原因で、集合管での水分再吸収が少なく、薄い尿が大量に排泄される。

（2）腎性尿崩症は、バソプレッシン分泌が正常にも関わらず、集合管の反応が悪く、水分吸収が少なく、薄い尿が大量に排泄される。

血液中の無機塩類濃度は高いまま、口渇感を起こす。

多飲・多尿！！

Ⅴ その他の重要な内分泌系の病気

内分泌性脱毛症(ないぶんぴつせいだつもうしょう)

　内分泌の異常による被毛の変化(皮膚病)がよく認められる。一般に左右対称性の痒みを伴わない脱毛が特徴的で、皮膚の色が黒っぽくなることがよくある。ホルモンの欠乏によって毛包が休止して脱毛が起こる。甲状腺機能低下症、クッシング症候群、成長ホルモン欠乏症、アンドロゲン欠乏症、セルトリー細胞腫(睾丸の腫瘍)、去勢反応性皮膚炎(ポメラニアンに多い)などがあり診断法・治療法・予後などはそれぞれ様々である。

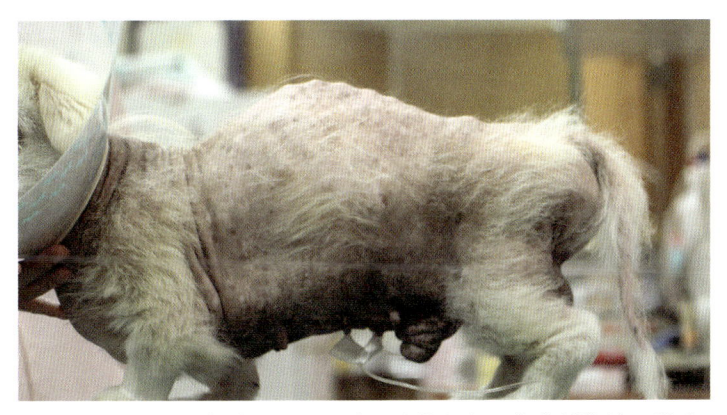

図18　セルトリー細胞腫による痒みを伴わない左右対称性の脱毛。腫瘍化した睾丸から分泌されるホルモンによって起こる。本症例は去勢手術によって改善した。

図19　同犬の尾部の脱毛状態

原発性副甲状腺機能亢進症(げんぱつせいふくこうじょうせんきのうこうしんしょう)

　副甲状腺は、甲状腺に付属した非常に小さな内分泌器官で、血液中のカルシウム(イオン化カルシウム)の濃度を厳密に調節している。副甲状腺に腺腫(良性の腫瘍)が形成されると、副甲状腺ホルモン(PTH)の分泌が無秩序に増加して、高カルシウム血症(腎臓からのCaの吸収の増加)を示す。重度の高カルシウム血症が持続すると、腎不全、尿道結石症、筋肉の虚弱など様々な症状が認められる。外科的摘出手術の予後は一般的に良好であるが、再発も多く認められる。

原発性副甲状腺機能低下症(げんぱつせいふくこうじょうせんきのうていかしょう)

　副甲状腺からのPTH分泌の完全、または部分的低下により低カルシウム血症を示す病気である。一般的に自己免疫が関与して副甲状腺が破壊される。カルシウムは、神経の興奮に重要な物質で、欠乏すると様々な神経系の障害が認められる。治療は、ビタミンD(一般的にはカルシトリオール)製剤とカルシウムの補給療法が効果的である。

参考文献

1. Feldman & Nelson , Canine and Feline Endocrinology and Reproduction 3rd ED, Saunders, 2004.
2. Robin Reid and Fiona Roberts , Pathology Illustrated 6th ED, Elsvier, 2005.
3. David E. Goldman et.al., , Principles of Pharmacology 2nd ED, Lippincott Williams & Wilkins 2008.
4. 竹内和義, 雑誌CAP　「小動物臨床内分泌疾患の維持管理」チクサン出版社　連載
   * 犬の糖尿病のモニタリングと血糖曲線の評価法　2005年3月
   * 小動物糖尿病治療の最新情報　2005年5月
   * 犬の甲状腺機能低下症の診断　2005年7月
   * 猫の甲状腺機能亢進症の診断と治療　2005年9月
   * クッシング症候群の診断と治療　2005年9月
   * 犬のアジソン病の診断と治療　2005年11月

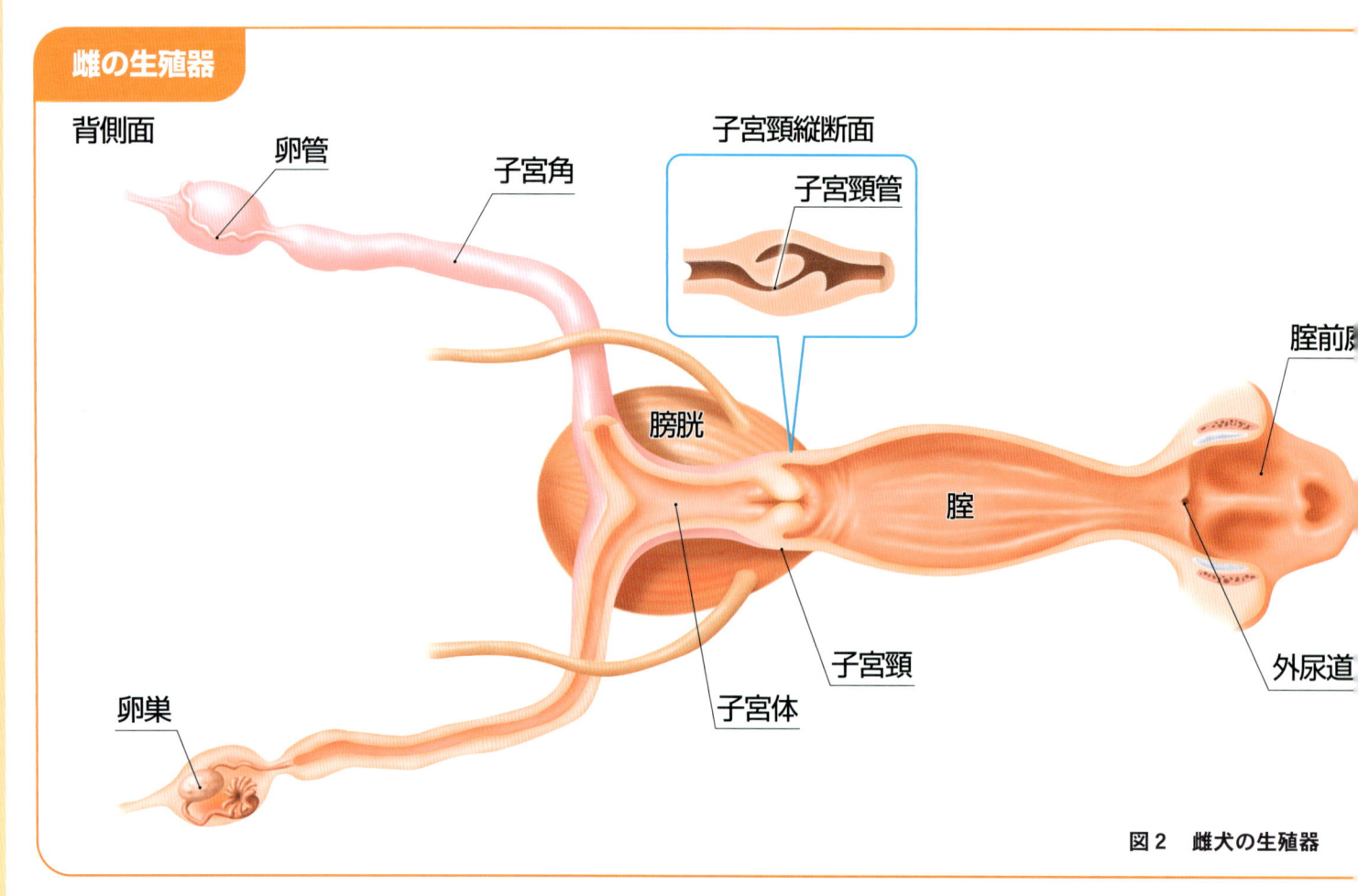

Chapter 1-9

雌の生殖器

背側面

卵管／子宮角／子宮頸縦断面／子宮頸管／膀胱／腟前庭／腟／子宮頸／子宮体／外尿道／卵巣

図2　雌犬の生殖器

雄と雌の生殖器の位置と構造

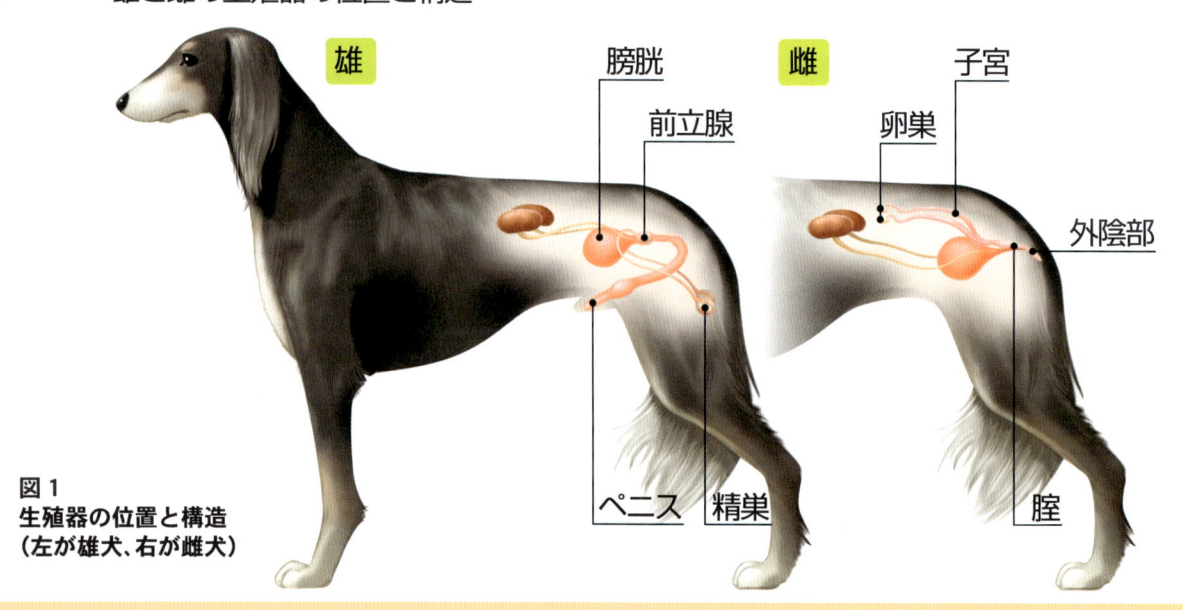

雄　膀胱／前立腺／ペニス／精巣

雌　子宮／卵巣／外陰部／腟

図1
生殖器の位置と構造
（左が雄犬、右が雌犬）

生殖器の病気

　生殖器は、雄と雌では、その構造と機能には違いがある。雄では精巣、前立腺、陰茎など、雌では卵巣、卵管、子宮、子宮頸管、腟前庭、腟などを生殖器といい、精巣および卵巣は、それぞれ精子と卵子を生産する器官であり、各種の性ホルモンを分泌する。

　雌犬の性成熟に達する時期は、一般的には小型犬は8～10カ月齢、大型犬は10～12カ月齢である。雄犬では繁殖に供用できる時期は、生後10～12カ月齢以上である。

　生殖器は、子ども（産子）を得るために必要な器官である。しかし妊娠出産予定のない犬では、生殖器関連の病気の予防のために不妊手術（卵巣または卵巣・子宮摘出術）や去勢手術（精巣摘出術）を行う。

雄の生殖器

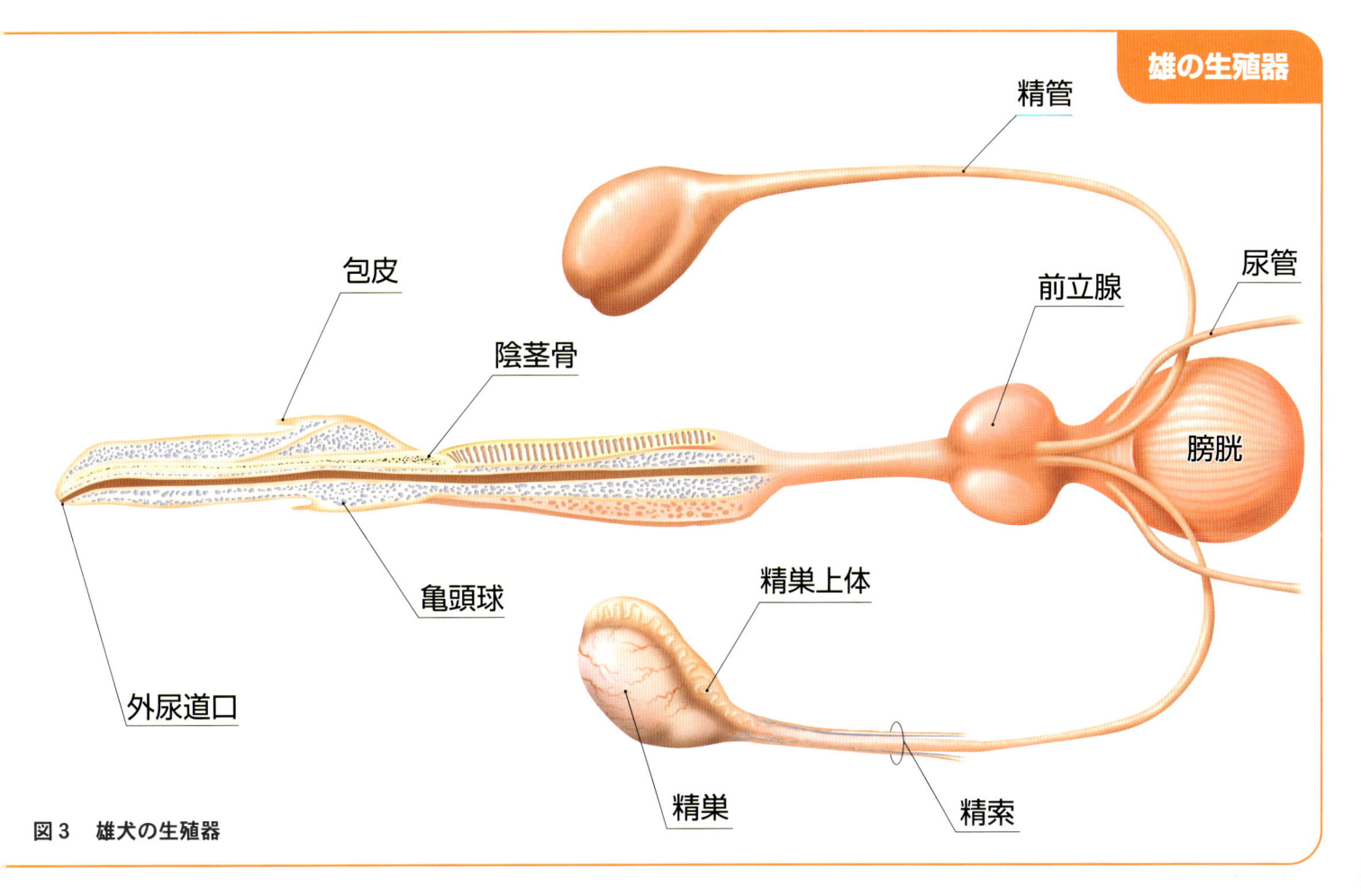

図3　雄犬の生殖器

I 雄の病気

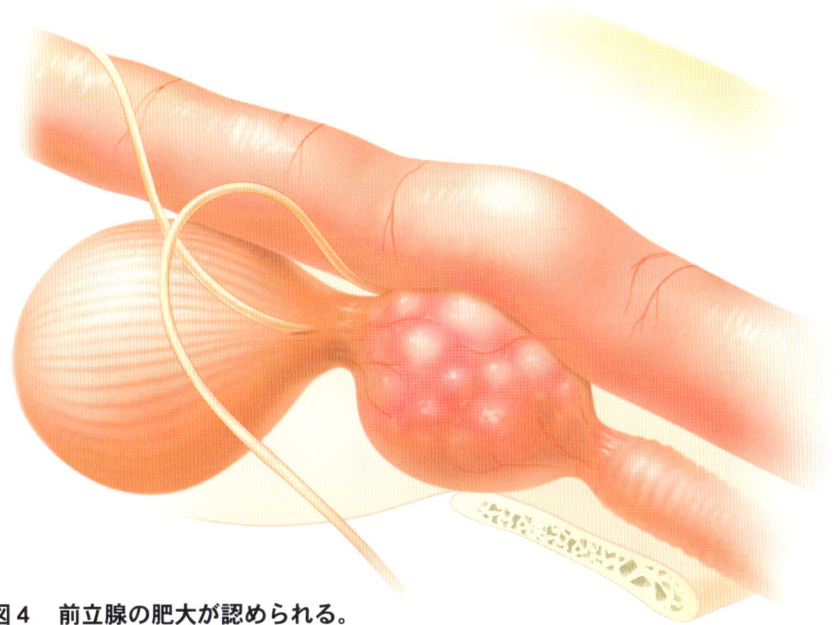

図4　前立腺の肥大が認められる。

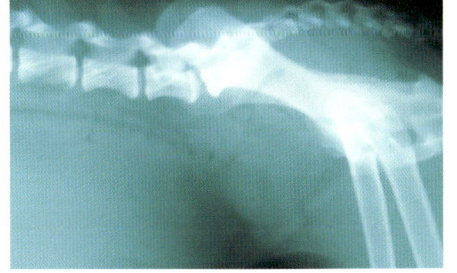

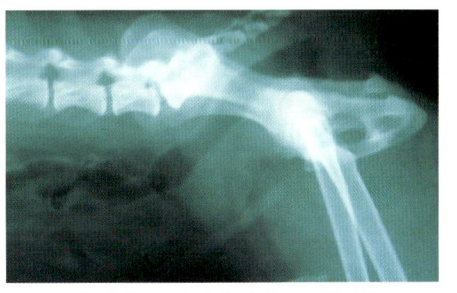

図5　前立腺肥大症Ｘ線写真　　図6　前立腺肥大症治療後Ｘ線写真

前立腺肥大症（ぜんりつせんひだいしょう）

　5歳以上の精巣摘出術（去勢手術）をしていない雄犬には、前立腺の肥大が認められ、排便や排尿障害、また疼痛が起こることがある。原因は、加齢とともに雄性ホルモンのバランスが崩れるためである。
　前立腺肥大症の治療は、一般的には精巣摘出術が行われているが、薬物による治療が注目されてきている。現在、雄犬の前立腺肥大症の内服治療薬が開発され、治療効果が上がっている。

雄犬の潜在精巣

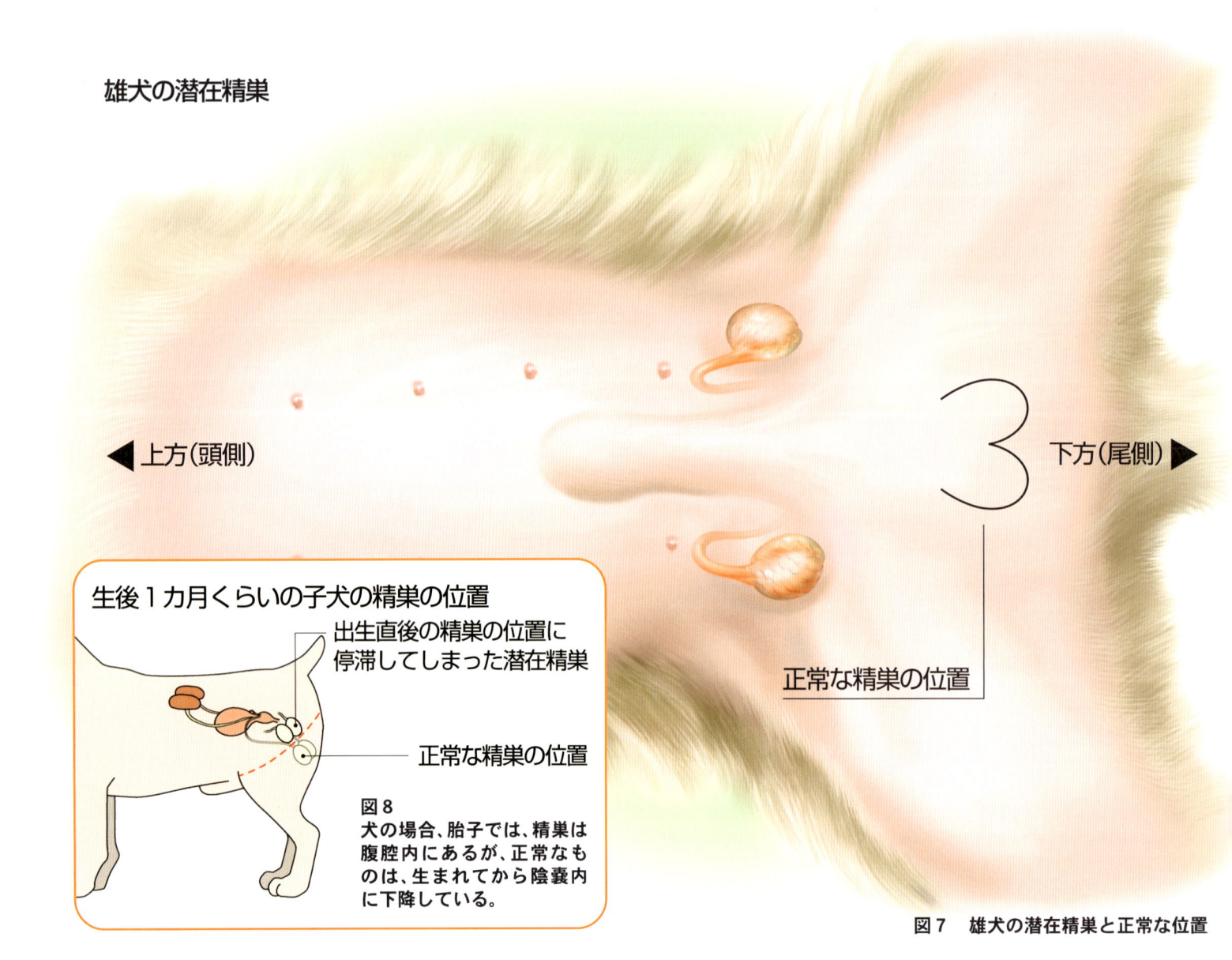

◀上方(頭側)　　　　　　　　　　　　　　　下方(尾側)▶

正常な精巣の位置

生後1カ月くらいの子犬の精巣の位置
出生直後の精巣の位置に停滞してしまった潜在精巣
正常な精巣の位置

図8
犬の場合、胎子では、精巣は腹腔内にあるが、正常なものは、生まれてから陰嚢内に下降している。

図7　雄犬の潜在精巣と正常な位置

潜在精巣(せんざいせいそう)

　精巣は、下腹部の下方で陰嚢内に左右1個ずつある。雄の胎子のときの発育過程では、精巣は胎子の腹腔内にあるが、正常なものは生まれてから陰嚢内に下降し、収まる。なかには生後6カ月しても両方、または片方の精巣が陰嚢内に下降しないものがある。両方とも下降しないものは不妊となるが、片方だけ下降していれば生殖能力があるものもいる。
　しかし潜在精巣は、遺伝的疾患であるため、交配には使わないのが通常である。潜在精巣犬の精巣腫瘍発生率は、下降している精巣の3～14倍といわれているので、予防的にも精巣摘出術(去勢手術)を行う。犬の種類を問わず発生するが、小型犬や柴犬に比較的多くみられる。

陰茎持続勃起症(いんけいじぞくぼっきしょう)

　陰茎持続勃起症は、性行動を伴わないで起こる陰茎の持続的な勃起状態をいい、陰茎海綿体からの血液の流出が障害されるか、流入する血液量が増加して海綿体に血液がうっ滞することによって起こる。勃起神経の異常により起こるとされている。そのまま放置すると陰茎は壊死を起こす。陰茎持続勃起症は、排尿にはほとんど問題が生じない場合と、常に排尿がみられる場合がある。
　治療は、亀頭球を切開して、亀頭海綿体のうっ血している血液を排出後、洗浄する。

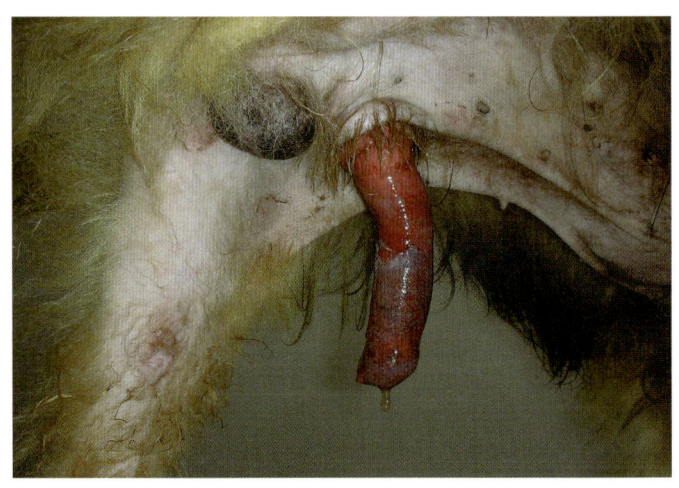

図9　摘出した潜在精巣

図10　陰茎持続勃起症の犬

Ⅱ 雌の病気

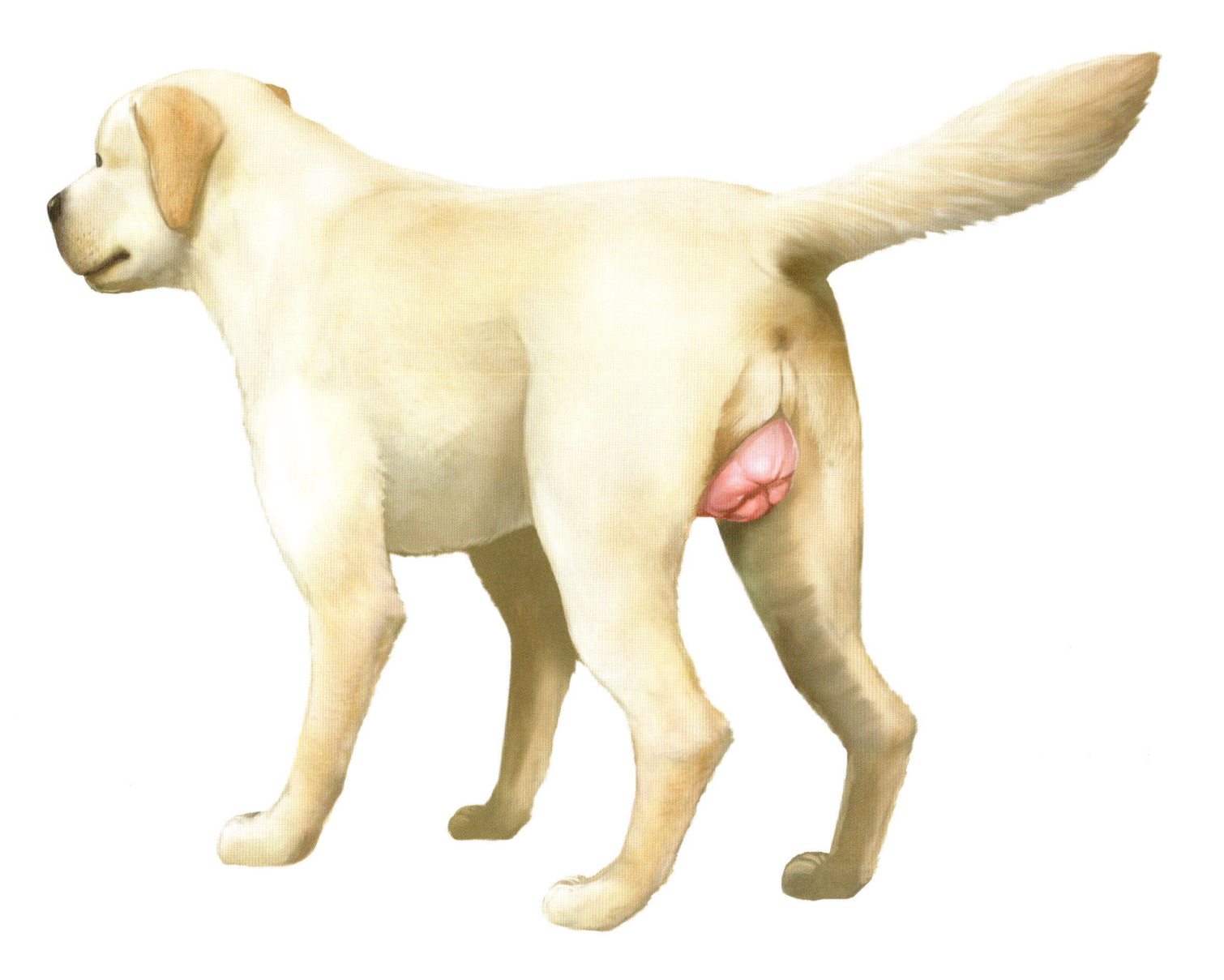

図11　腟の一部が異常に腫れ、外陰部から突出する腟脱。

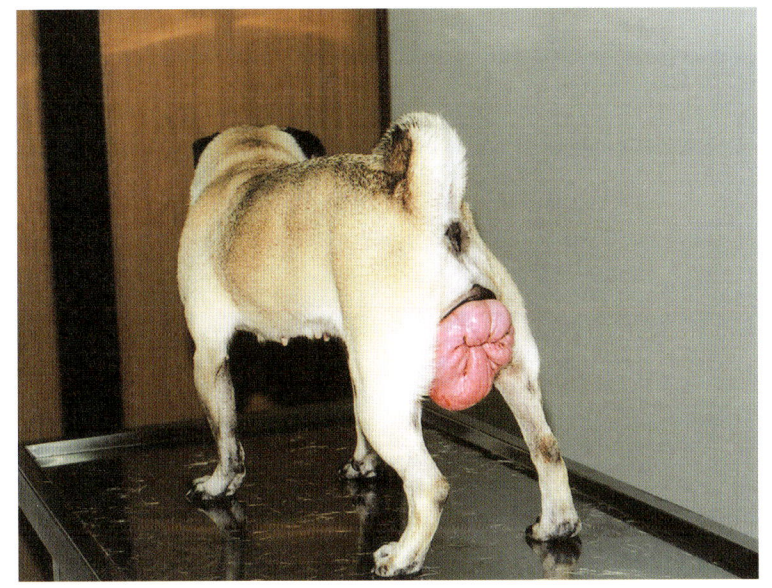

図12　腟脱を起こしているパグ。

腟過形成（腟脱含む）（ちつかけいせい（ちつだつ））

　発情前期の雌犬は、卵巣から分泌される卵胞ホルモンの影響で、発情期には腟の粘膜は充血し腫れ、その一部が塊となり、外陰部から突出してくる場合がある。このようなものを腟の過形成という。

　腟脱とは腟が反転し、外陰部から完全に脱出する病気である。比較的若い雌犬の発情期に起こるが、発情が終了すると自然に引っ込むこともある。腟脱では脱出部が床にすれたり、犬が咬んだりして悪化させることがあるので、脱出した腟を切除する。しかし、また次の発情期には同症状を繰り返すことがあるので、このような場合、不妊手術（卵巣摘出または卵巣・子宮摘出術）で再発を防ぐことができる。

　腟脱は、発情期の他に分娩期、助産のために飼い主が胎子を無理に引っぱり出したことが原因となることもある。犬の種類を問わず発症するが、パグやラブラドール・リトリーバーに比較的多い病気である。

犬の妊娠（受精から着床）

妊娠とは、自然交尾や人工授精によって、胎子が母体の子宮内で成長する期間をいうものである。基本的な妊娠期間は63日といわれているが、58日～64日の幅がある。

雌雄の卵子と精子が合体し受精をする。卵管で受精した卵子は、卵管を下降しながら発生を開始し、胚は子宮角で着床する。

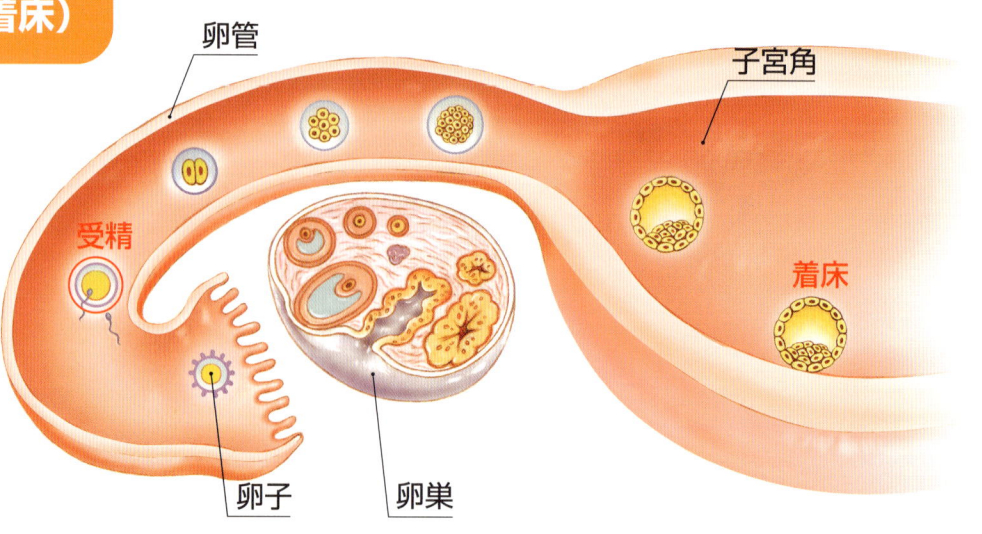

図13　受精卵は卵管を下降しながら、発生を開始し、子宮角に着床する。

犬の胎子の成長

犬の胎子の成長は、超音波検査でみることができる。実際には交配後24日くらいで胎子の心拍をとらえることが可能であり、X線ではおおよそ42日以降で胎子の頭部や骨格をとらえることができる。

図14
子宮角に着床した胚は、58～64日間かけて、発育する。

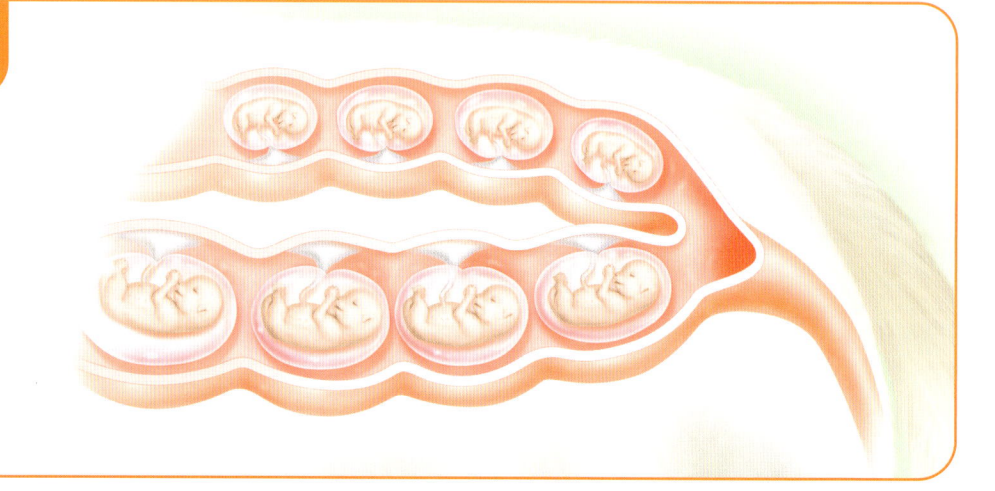

雌犬の発情周期

雌犬の発情は、発情前期（平均8日間）、発情期（平均10日間）、発情休止期（約2カ月間）、および無発情期の4期に分けられ、性成熟に達した犬では5～12カ月間隔（7～8カ月ごとが多い）で発情を繰り返す。

これには季節との関連性は認められないが、バセンジは、1年に1回、秋にだけ発情することが知られている。発情前期は外陰部の腫大や充血がみられる。雄犬は雌犬にたいへん興味を示すが、雌犬はまだ交尾を許容しない。発情期は、雌犬が雄犬に交尾を許容する期間である。発情休止期には、雌犬は雄犬に交尾を許容しなくなり、妊娠期に相当する2カ月間がこの時期である。無発情期は、卵巣の活動は休止している。

偽妊娠（ぎにんしん）

偽妊娠とは、妊娠していないのに妊娠時と似たホルモン支配（プロラクチンが高濃度に分泌）が起こり、妊娠時と同じような行動を起こすことをいう。以前には"想像妊娠"とも呼ばれていた。

犬の偽妊娠では、発情後30日くらいすると妊娠犬のように乳腺が発達し、60日くらいすると乳汁を分泌することもある。この場合、犬では卵巣の黄体の機能が妊娠期間と同じ約2カ月間続くので、この発情休止期の2カ月間を"生理的偽妊娠"と表現してもよいのではないかといわれている。治療は、プロラクチンの分泌を抑制する内服薬の投与をするが、何度も偽妊娠を繰り返す雌犬で子ども（産子）をとる予定がない場合は、卵巣・子宮摘出術を勧める。

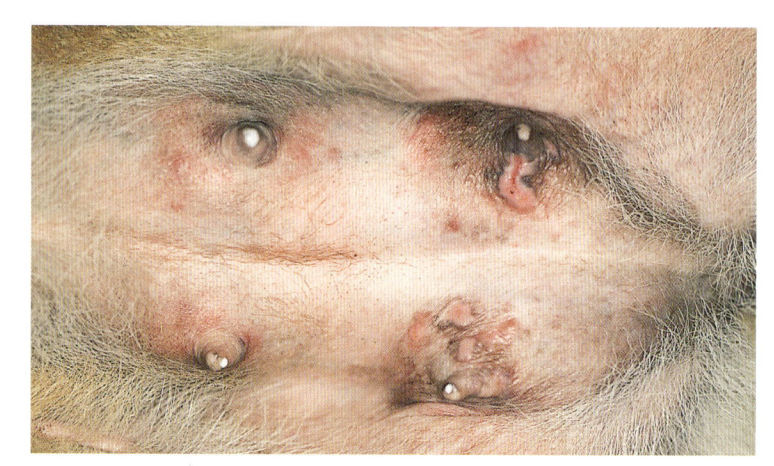

図15　妊娠していないのに、乳腺が発達する偽妊娠。

犬の出産・分娩

犬は出産が近くなると食欲が減退し、落ち着きが無くなり、尿の回数が増える。雌犬の分娩を予知する方法として、体温を測定する方法がある。分娩予定の22時間くらい前になると1℃くらい、体温が下がるので、出産が近づいた目安になる。

正常分娩は、胎子が、頭から出てくる頭位分娩、尾位分娩がある。

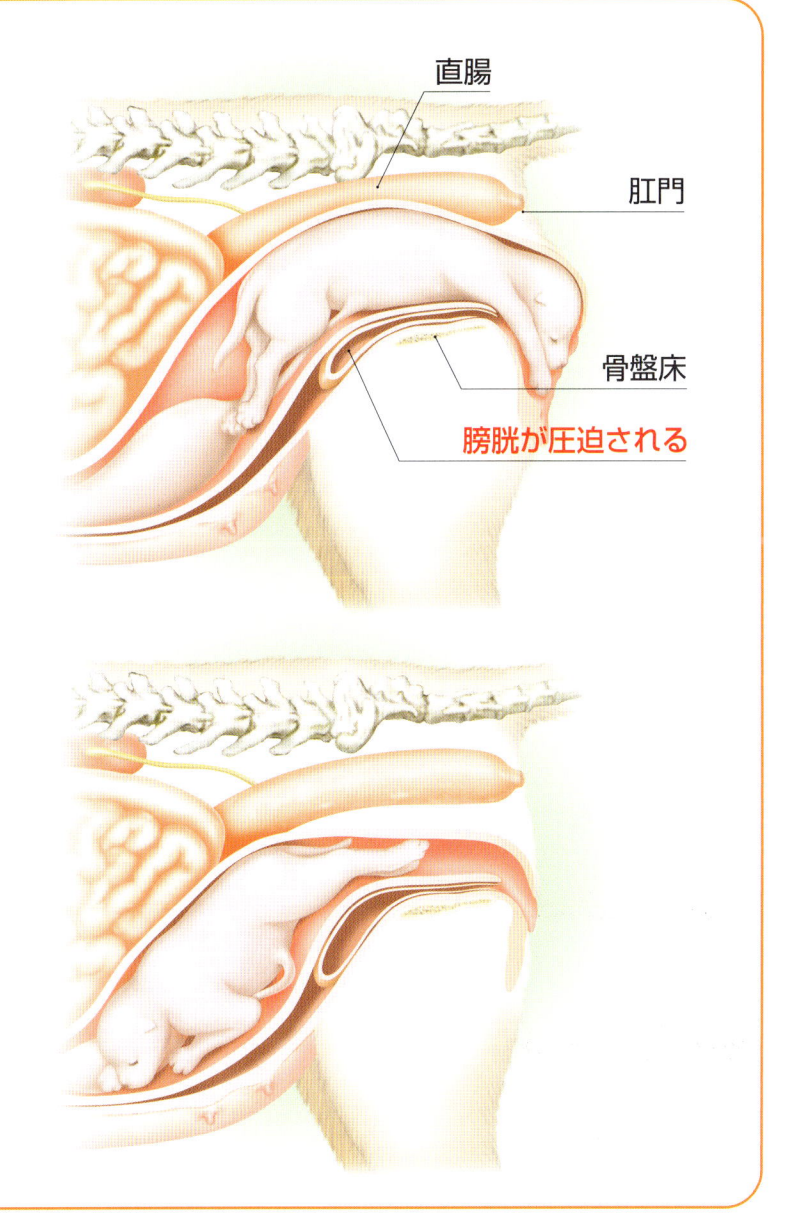

図16　犬の正常分娩。上図は、頭位分娩。下図は、尾位分娩。

難産（なんざん）

分娩の過程で人の助けや医学的な処置をしなければ娩出不可能で、母体と胎子に危険がおよぶ恐れのある状態を難産という。難産はどの犬種でも起こるが、チワワやトーイ・プードルなどの小型犬で産子数が少ないやや神経過敏な犬、また飼い主が溺愛している犬に多いようである。またパグやブルドッグなどの短頭犬種のそのほとんど、また柴犬もややその傾向にある。

難産には母体側に原因がある場合と、胎子側に原因がある場合がある。まず、母体側の原因には陣痛が微弱な場合の他、肥満や高齢犬、初めての分娩時、子宮捻転や鼠径ヘルニアなどがある場合に難産が多いといわれている。また、幼若期に栄養バランスの悪いフードで育った犬、事故などで骨盤が変形している雌犬も難産になる。

一方、胎子側の原因には、母犬に比較して胎子が大きい場合や初産犬で胎子数が少ない場合、小型の雌に大型の雄を交配した場合などに難産が起こりやすくなる。

難産の治療には、ホルモン剤の投与で分娩を促進させたり、胎子を牽引したりするが、帝王切開を行う場合もある。

帝王切開は緊急的に行う場合と、あらかじめ難産が予想される場合、分娩前日や分娩予定日を基準として胎子を摘出する。

難産の予防には、無理な繁殖は行わず、また潜在精巣や整形外科、眼科領域などで先天性の病気があるものは繁殖に用いてはならない。今後、子ども（産子）をとる予定がなければ不妊手術をしておくべきである。

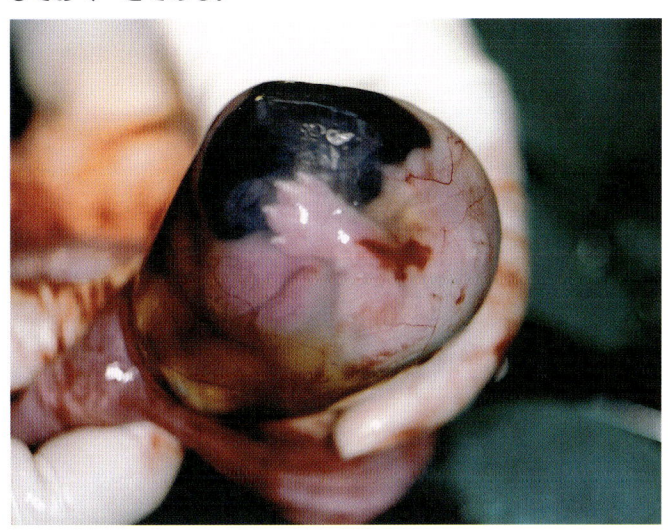

図17　帝王切開で摘出した胎子。羊膜に包まれている。

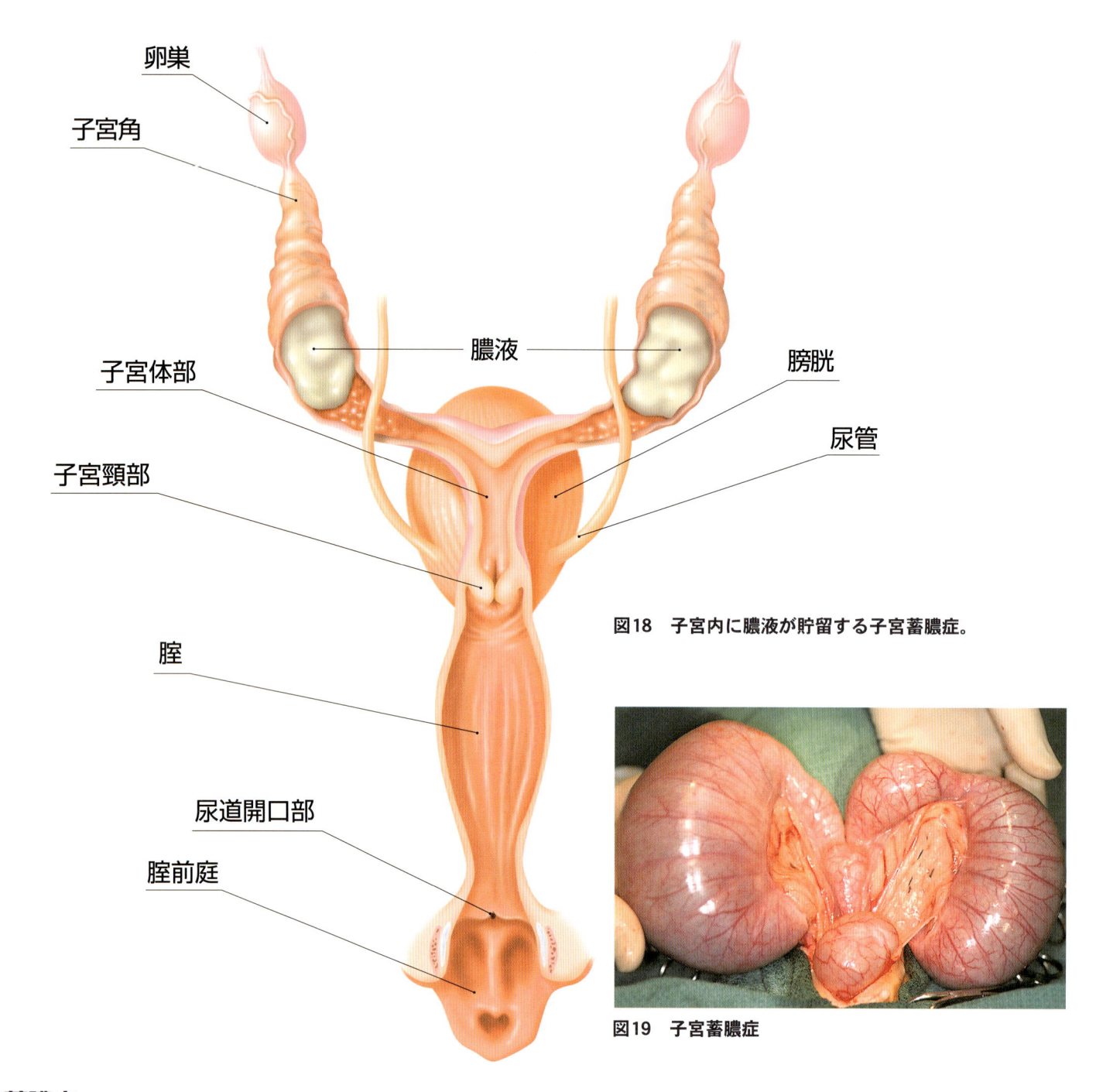

図18 子宮内に膿液が貯留する子宮蓄膿症。

図19 子宮蓄膿症

子宮蓄膿症（しきゅうちくのうしょう）

子宮蓄膿症は、子宮内に膿液が貯留する病気である。原因は、内分泌的にプロジェステロンというホルモンが出ているときになりやすく、雌犬の発情周期では発情休止期といい発情期が終了してから、約60日以内の発症がそのほとんどを占める。細菌感染も重要であり、約80％が大腸菌である。肛門、外陰部からの侵入が考えられるが、子宮内は本来、無菌である。交配の有無とは関係はなく、5〜6歳以上で未経産とか長く繁殖を休止している犬にみられる。その他、発情抑制や誤交配後の着床阻止のためのホルモン剤の使用後に発症する可能性もある。

症状は、典型的なものとして食欲不振、多飲多尿、嘔吐、腹部の膨満と下垂、外陰部の腫大、腟からの分泌物の排出がありますが、子宮頸管が閉鎖していて腟から分泌物が流れ出ないこともあり、このような場合、飼い主による発見が遅れ、より重症となっていることがある。

治療法は、大きく分け二通りがあり、今後、子ども（産子）を希望しない場合、卵巣・子宮摘出術を行う。子ども（産子）を得たい場合は、ホルモン剤を投与し子宮からの膿汁の排出を行う。結果としては、卵巣・子宮摘出術が一般的であり、そのほうが雌犬の予後はいいようである。

類似の病気として子宮水症、子宮粘液症がある。これらの病気は、子宮内が無菌的なことが多いが、原因不明の場合が多いため、一般的には卵巣・子宮の摘出術が行われている。

犬の人工授精

犬の人工授精は、自然交配によらず精子を人為的に卵子と会合させ産子を得る処置といえ、採取した犬の新鮮精液や低温精液、また凍結融解精液を交配適期の雌犬の腟または子宮内に注入することにより、受精を成功させる方法といえる。いずれにせよ犬の人工授精を成功させるためには、雌雄犬の授精のタイミング、精液の性状、および授精テクニックが大切である。

Ⅲ その他の重要な生殖器の病気

　生殖器関連の代表的な病気として、いくつか挙げられる。まず雄犬と雌犬の病気と不妊症、妊娠中と周産期の病気、雌犬の乳腺の病気、また分娩後の新生子の病気も含まれることもある。
　雄と雌において一時的であれ持続的であるにしろ繁殖をしなくなり、また傷害されている状態を繁殖障害という。その原因には飼育されている環境が悪かったり、飼い方に問題があったり、栄養障害があったり、また交配させるタイミングが悪かったりする飼い主側に問題がある場合と、遺伝的欠陥、全身の病気、生殖器の異常や病気、ホルモンのアンバランスなど動物の側に病気がある場合などがある。
　通常、生殖器の異常や病気に原因する繁殖障害を不妊症と呼んでいる。これは受胎しない状態をいう。不妊症の原因は雌雄両方にある。また交配時に雌も雄も相手に対して恐怖心があったり、臆病だったり、過剰な興奮状態になったりする精神的なものから、交尾をする環境において見知らぬ人に囲まれたり、物音や見慣れないものがあったりして、気が散ったりするのも原因として挙げられる。これらは、子を産む能力がないわけではないので、人工授精の適応とも考えられる。
　また、妊娠しても途中で胚や胎子が死滅したり、吸収されたり、流産するものを不育症といい不妊症と区別することがある。
　次に代表的な雄と雌の繁殖障害を挙げたが、病気は関連性があるため、一頭の犬でも、いくつかの病名が挙げられることも珍しくはない。

1.雄犬の繁殖障害

　雄は、生殖器に病気があると交尾欲の減退が起こる。雄の生殖器の病気では、子どもをとるという目的以外は、そのほとんどに精巣摘出手術が行われることにより、治療効果が上がる。
(1) 精巣の病気には、潜在精巣(前述)、精巣炎、精索(巣)捻転、無精子症、精巣の腫瘍などがある。
(2) 副生殖器の病気には、前立腺肥大症(前述)、前立腺嚢胞、前立腺膿瘍、前立腺炎、前立腺の腫瘍などがある。
(3) 外部生殖器の病気には、亀頭包皮炎、陰茎の損傷、陰茎持続勃起症(前述)、陰茎小帯遺残、腫瘍などがある。
(4) 雄性仮性半陰陽
(5) 生殖器へのウイルスや細菌の感染

2.雌犬の繁殖障害

　雌の生殖器の病気では、子どもをとる目的以外は卵巣または卵巣・子宮摘出手術を行うことにより治療効果が上がる。
(1) 卵巣の病気には、卵巣嚢腫、卵巣遺残症候群、卵巣腫瘍などがある。
(2) 子宮の病気には、子宮蓄膿症(前述)、子宮水症、子宮粘液症、子宮内膜炎、子宮の腫瘍などがある。
(3) 腟の病気には、腟炎、腟過形成・腟脱(前述)、陰核の肥大、腟の腫瘍などがある。
(4) 乳房の病気には偽妊娠(前述)、無乳症、うっ乳症、急性乳腺炎、乳腺の腫瘍などがある。
(5) 雌性仮性半陰陽
(6) 生殖器へのウイルスや細菌の感染

3.妊娠期および周産期の病気(雌犬)

(1) 妊娠期の異常として流産や早産、また胎子奇形や胎子の過大、胎子死。子宮無力症。
産道の異常による難産(前述)がある。帝王切開が選択されるケースもある。
(2) 母体の異常としては子宮捻転や子宮破裂、子宮ヘルニアなどがある。
(3) 分娩時での子宮脱。産後の胎盤停滞や子宮収縮不全。
(4) 妊娠末期から分娩後にかけて、カルシウムの不足が起こり、呼吸が速くなり痙攣などの症状を起こす産後急癇がある。

4.新生子の疾患

　犬において新生子とは通常生後2週齢までをいう。新生子は、体温調節や全身の機能が未熟なため、出生後は早期に初乳を与えることは重要である。
　また先天性疾患や母犬が死亡し孤子新生子となると初乳が飲めず、病気にかかりやすくなる。人工哺乳が必要である。新生子の死亡の多くは、生後5～7日以内に起こることがほとんどで、いろいろな原因により衰弱死をすることがあるが、これを進行性衰弱症候群という。
　また雌犬(母体)に細菌感染が起こると、乳汁中に細菌が進入し、乳汁中毒症候群が起こる。治療においては、脱水の改善に乳酸加リンゲル液やブドウ糖液が使用される。また細菌感染に対しては、抗生物質の投与が行われる。子犬の鼻や口からの出血などを示す出血性症候群ではビタミンKを投与する。

去勢、および不妊手術

犬の去勢手術や不妊手術は計画性のない繁殖を避けるため、飼い主の希望により行われる。他に生殖器関連の病気の治療と予防のために行われる場合もある。また去勢手術とは精巣摘出手術のことをいい、不妊手術とは卵巣摘出手術または卵巣・子宮摘出手術のことを表す。

雌では一時的な避妊（妊娠を避けること）方法として、3～4カ月ごとに合成黄体ホルモン剤を注射する方法もある。また合成黄体ホルモン剤を皮下に移植することにより雌犬では2年間、発情を抑制することが可能となる。しかし一時避妊を選択するより、健康管理の一環として、病気予防も含めた不妊手術が選択される場合がほとんどである。

手術を行うのに適切な年齢については統一された見解はない。去勢と不妊を目的とした手術は、生後数カ月齢から受けられるが、一般的には性成熟前（生後5～6カ月頃）が理想的であるとされている。

また雌雄を飼育し、不妊や去勢をしていない場合、飼い主が繁殖を希望しないでも雌の発情期に交尾をし、妊娠をすることがある（誤交配）。そのような場合は分娩させ、後に不妊手術を行うが、どうしても子ども（産子）を望まない場合は、誤交配後、早めにホルモン剤を注射し妊娠を阻止することができる。しかし雌犬の体に負担がかかる場合がある。

去勢手術

雄犬の去勢手術の目的として、前立腺肥大症（前述）、潜在精巣（前述）、肛門周囲腺腫また行動面などの治療と予防が考えられる。雄犬では、性成熟に達すると人や動物へのマウンティングや攻撃性、徘徊などがみられるようになるが、去勢手術により改善される可能性がある。しかし、しつけや犬との暮らし方が重要である。

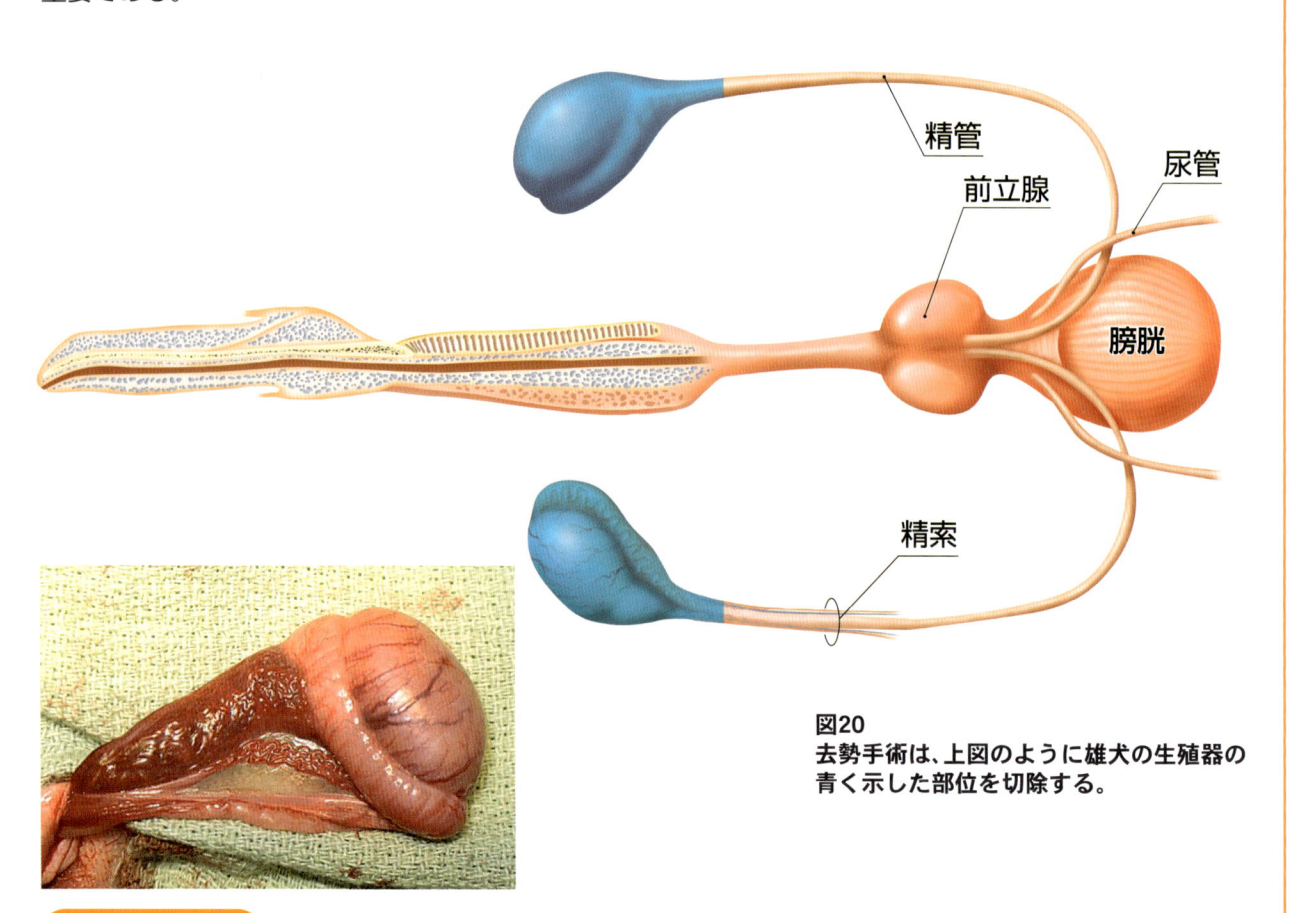

図20
去勢手術は、上図のように雄犬の生殖器の青く示した部位を切除する。

不妊手術

雌犬は、不妊手術により乳腺腫瘍の発生がほぼ抑えられることが分かっている。初回の発情前の手術では99.5％、1回発情後92.0％、2回発情後74.0％、2.5歳以降効果はほとんどなし。しかし雌犬では乳腺腫瘍の摘出時には卵巣・子宮同時摘出が望ましいといわれている。不妊手術後、まれに尿失禁が発症することもある。

去勢手術、不妊手術Q&A

Q 去勢手術のデメリットは？

A 去勢手術後は代謝が減少するため、肥満になりやすい傾向があるといわれていたが、適切な食事と運動で、バランスのとれた生活をすることで肥満は防ぐことができる。

Q 不妊手術のデメリットは？

A 不妊手術後は代謝が減少するため、肥満になりやすい傾向があるといわれているが、適切な食事と運動で、バランスのとれた生活をすることで肥満は防げる。また不妊手術を受けていない雌犬と比べると将来に尿失禁の発生率が高いといわれているが、実際の発生率は低く、不妊手術をすることにより、産科・生殖器病の発症を防ぐことができる。

Q 去勢手術の内容、手術時間、手術へむけて飼い主が気をつけておくことは？

A 犬の精巣摘出術は陰嚢内直前（前方）、または陰嚢中央部の正中線上の皮膚を切開し、精巣を摘出する手術である。実際の手術時間は、わずか5分くらいだが、手術の前後には、術前検査、滅菌や術部の毛刈りと消毒、麻酔の安定、手術が終了しても麻酔が覚めて安定するまでの時間がかかる。手術前は絶食する。

Q 不妊手術の内容、手術時間、手術へむけて飼い主が気をつけておくことなどは？

A 犬の卵巣または卵巣・子宮摘出術は腹部の正中線上を開腹して生殖腺を摘出する。時間は15～30分くらいであるが、手術の前後には、術前検査、滅菌や術部の毛刈りと消毒、麻酔の安定、手術が終了しても麻酔が覚めて安定するまでの時間がかかる。手術前は絶食する。手術後には発情が来ることはない。

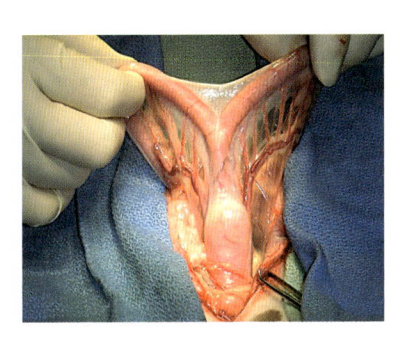

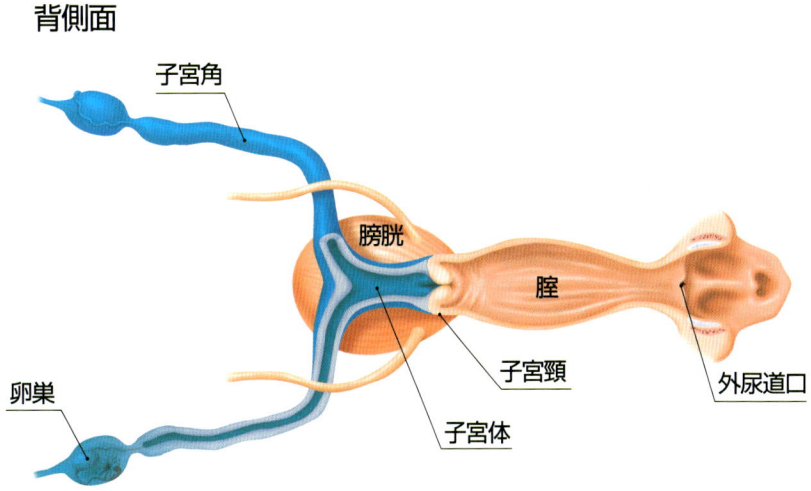

図21 不妊手術は、上図のように雌犬の生殖器の青く示した部位を切除する。

参考文献

1. 小嶋佳彦：ペット大好き！新潟のペット119番,新潟,新潟日報事業社,1999
2. 小嶋佳彦・相田真由美：コンパニオンアニマルのための繁殖学．Let1s院内業務！動物看護エキスパートBOOK,東京,インターズー,2005
3. 筒井敏彦：動物看護のための小動物繁殖学,東京,ファームプレス,2005
4. 小嶋佳彦：犬と猫の交尾・人工授精から妊娠・出産まで,CLINIC NOTE 38,東京,インターズー,2008
5. Johnston SD, Kustritz MVR, Olson PNS: Canine and Feline Theriogenology. WB Saunders,Philadelphia,2001
6. 小島動物病院アニマルウェルネスセンター（未発表）：産科・生殖器科マニュアル,新潟

Chapter 1-10

図1 犬の耳のしくみ

内耳／半規管／前庭／蝸牛

脳

耳介／外

垂直耳道／水平耳道　外耳道

輪状軟骨

鼓膜／耳小骨／鼓室／耳管　中

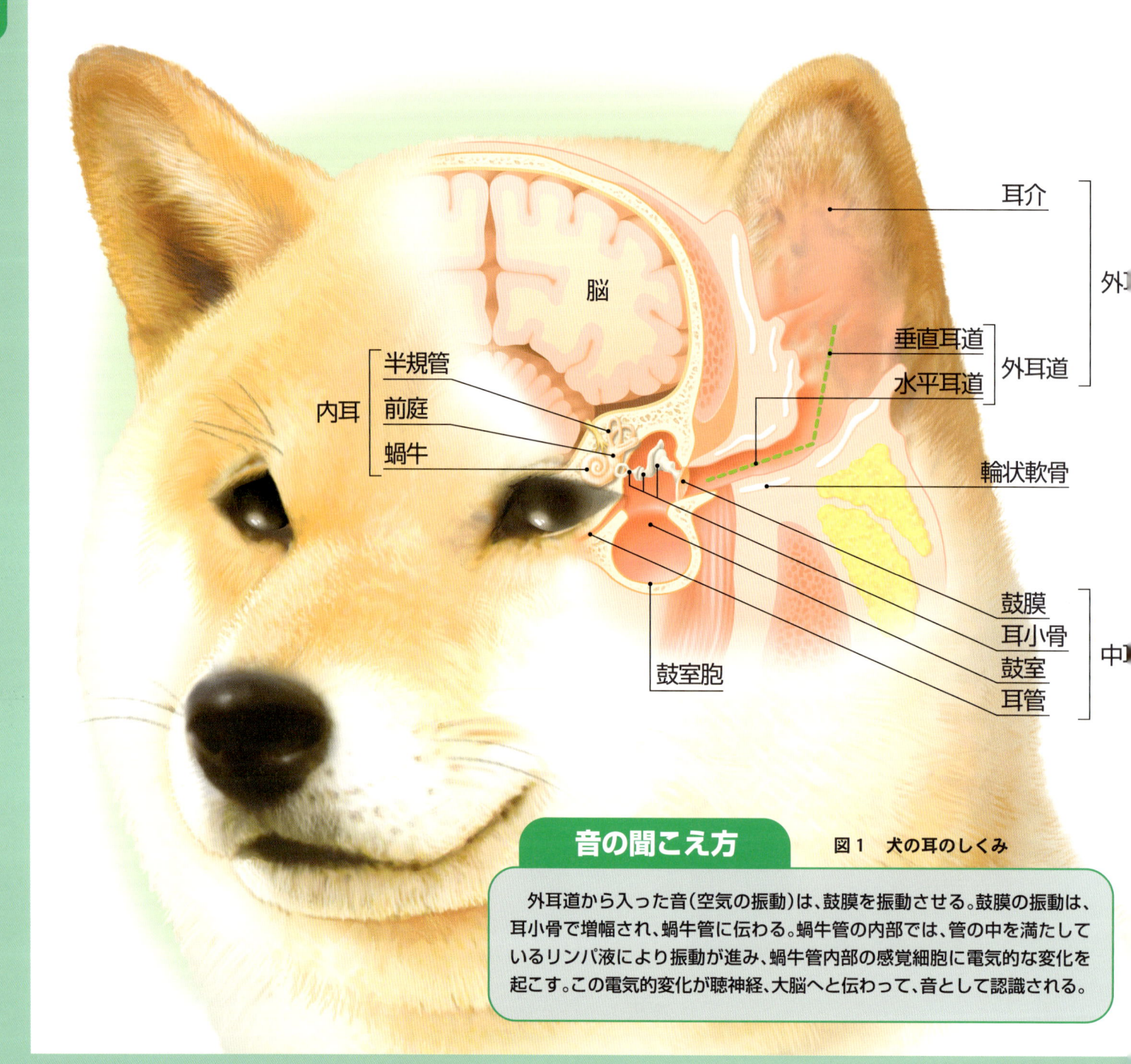

鼓室胞

音の聞こえ方

外耳道から入った音（空気の振動）は、鼓膜を振動させる。鼓膜の振動は、耳小骨で増幅され、蝸牛管に伝わる。蝸牛管の内部では、管の中を満たしているリンパ液により振動が進み、蝸牛管内部の感覚細胞に電気的な変化を起こす。この電気的変化が聴神経、大脳へと伝わって、音として認識される。

耳の病気

　犬の耳は、外耳（耳介、外耳道）、中耳（鼓膜、耳小骨、耳管、鼓室、鼓室胞）、内耳（蝸牛、前庭、半規管）よりなる。耳介は軟骨の表面が皮膚で覆われた構造になっており、集音の働きをしている。外耳道は垂直耳道と水平耳道からなり、音を鼓膜に伝える。耳道の表面は皮膚と同じ構造になっており、毛包、皮脂腺、耳垢腺（アポクリン腺）などの付属器を有する上皮と、豊富な弾性繊維やコラーゲンを含む真皮が存在する。

　耳垢の主成分は、主に脱落した上皮組織と分泌腺から分泌される分泌液である。一方、中耳の内腔は分泌性の上皮によって被われ、この上皮は液体を分泌し、気体を吸着する。鼓膜を始め中耳は聴覚に重要な役割を果たす。

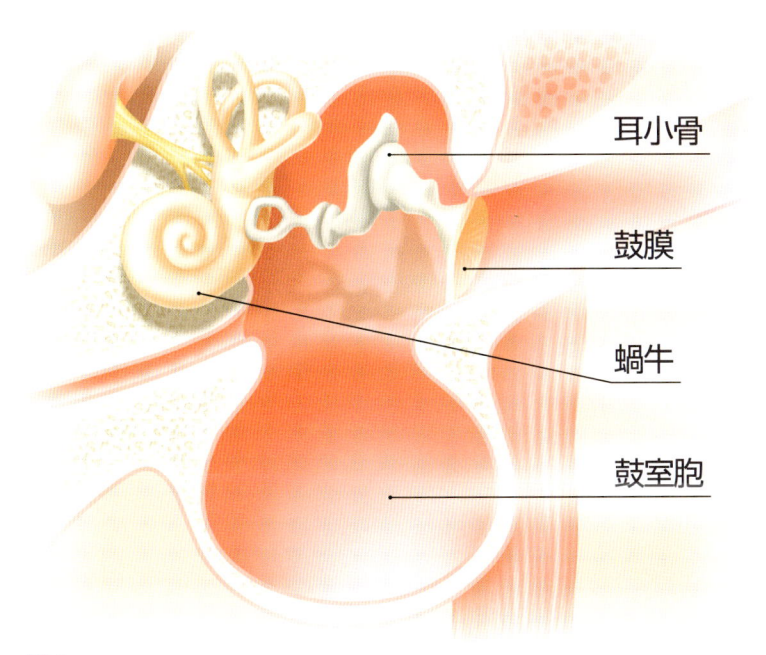

図2
耳小骨は、3つの小さな骨（つち骨、きぬた骨、あぶみ骨）がつながっていて、鼓膜の振動を増幅しながら、奥へ伝える。

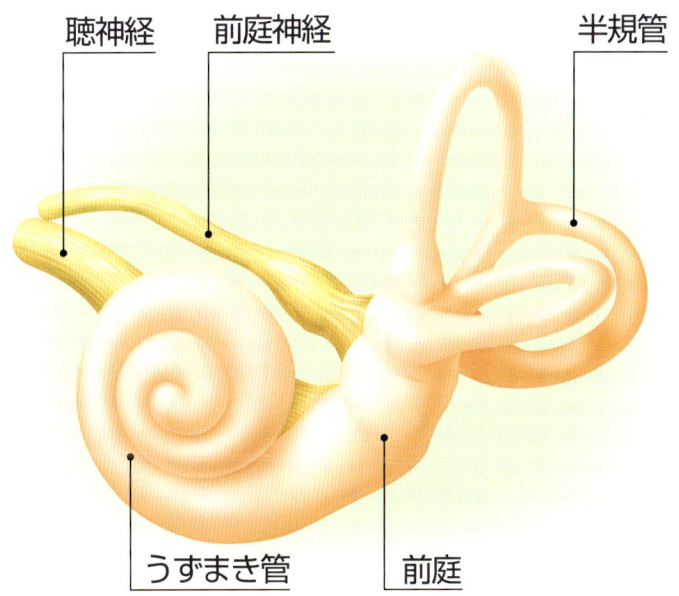

図3
蝸牛に炎症が起こると聴覚に障害が生じる。前庭、半規管は、体の平衡感覚を司る器官のため、炎症により、体のバランスが保てなくなる。

I 耳血腫

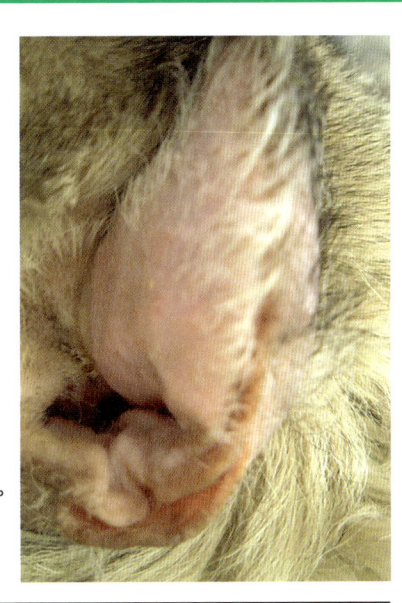

図4 耳血腫
耳介の内側に腫脹が見られる。

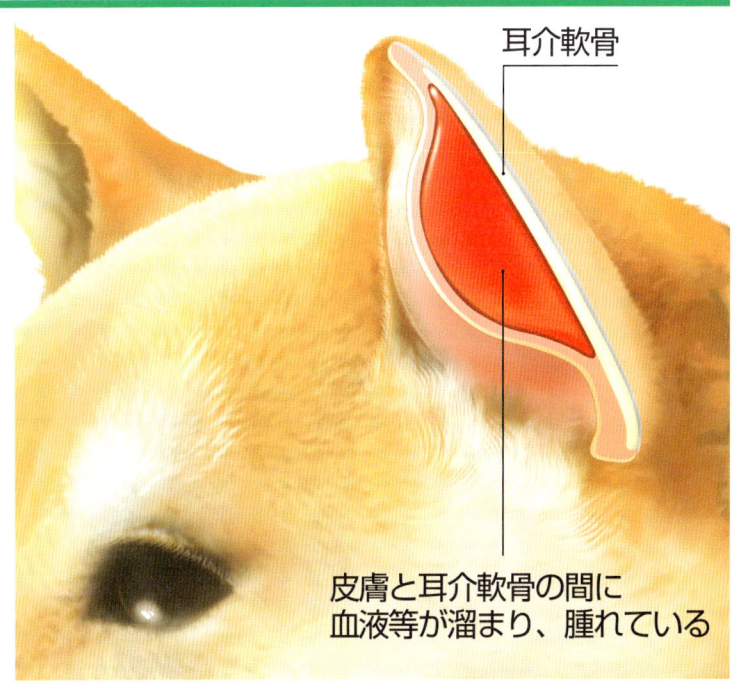

皮膚と耳介軟骨の間に血液等が溜まり、腫れている

図5 耳血腫の犬の患部

耳血腫（じけつしゅ）

耳血腫とは、耳の軟骨板内に血液が貯留した状態のことである。

- **原因**：いろいろな要因が考えられているが、明確にはなっていない。耳の疾患がない犬に発症することもあるが、外耳炎等のために生じる痒みや疼痛などの不快感のために頭部を振ったり、耳を掻いたり、擦りつけたりすることは大きな要因になる。頭部を振ることにより、耳介に外力が加わり軟骨が骨折する。骨折した耳介軟骨内部の大耳介動脈の分枝から出血がおこり耳血腫が発生する。

- **特徴（臨床症状）**：通常、耳介の凹面全体あるいは一部に波動感のある腫脹がみられる。進行すると繊維化して硬くなり肥厚する。犬は頭部を激しく掻いたり振ったりする。基礎疾患として外耳炎の病歴があることが多い。

- **治療**：内科的治療として大切なのは基礎疾患の治療であり、基礎疾患をコントロールしなければ再発することもある。局所の治療として、内容を吸引しコルチコステロイドを併用する方法もあるが再発が多い。外科的に治療されることもあるが、手術の目的は血腫の除去、再発防止、耳介の外観の維持である。

- **予防**：原因がはっきりしないので完全に予防できるわけではないが、外耳炎などの痒みを起こす耳の疾患をコントロールすることは重要である。

II 外耳炎

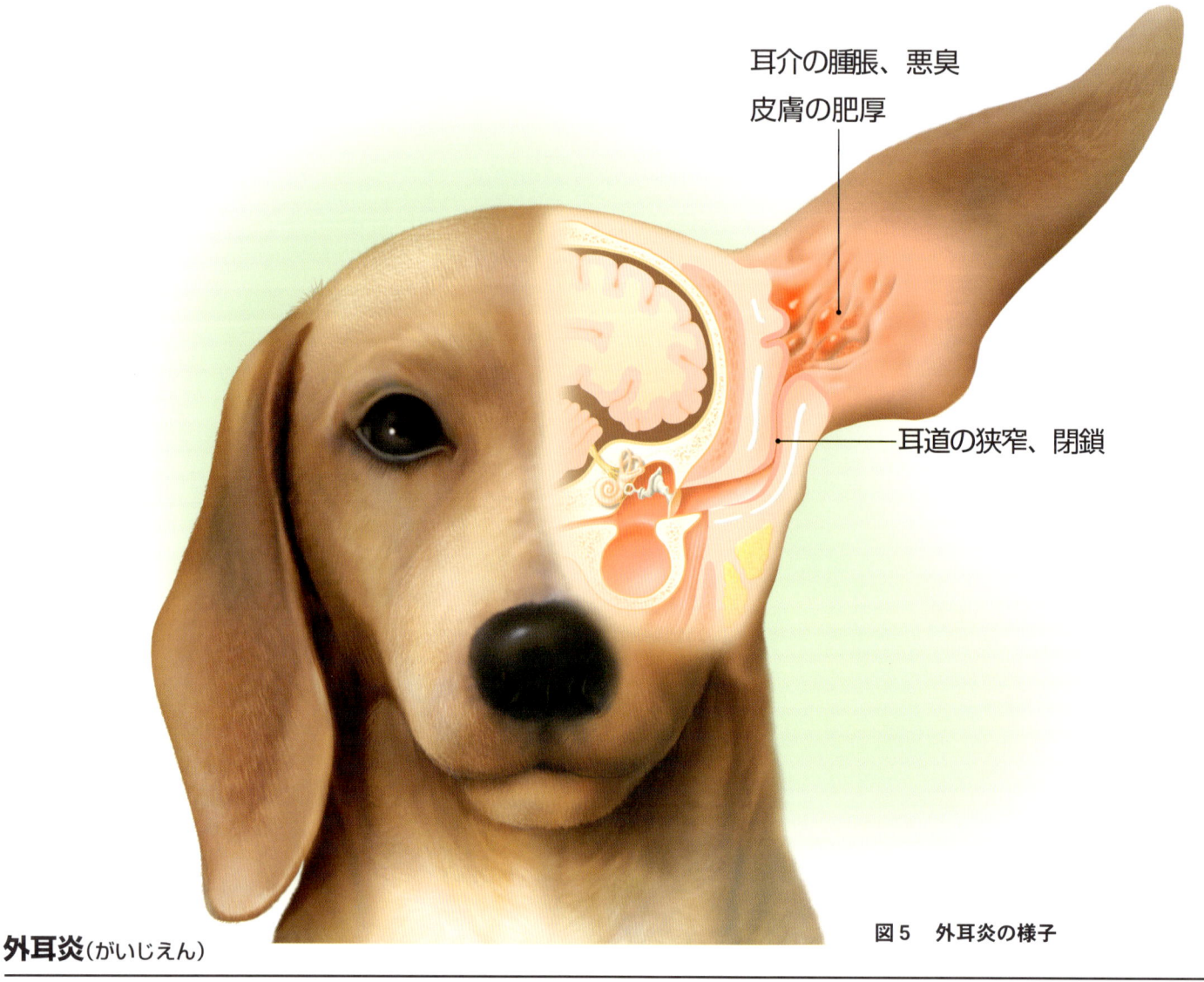

図5　外耳炎の様子

- 耳介の腫脹、悪臭
- 皮膚の肥厚
- 耳道の狭窄、閉鎖

外耳炎（がいじえん）

外耳道の炎症性疾患であり、犬で最も多い耳道疾患である。

- **原因**：外耳道の表面は皮膚であり、皮膚に異常を起こすいろいろな原因が外耳道にも異常を起こしうる。外耳炎を起こしやすくする素因ともいえるファクターには、大きく重い下垂した耳介や細い耳道などの、解剖学的な構造、先天性角化症など先天的な要因の他に、耳道内の皮脂腺やアポクリン腺の過形成や分泌過多、耳道内の腫瘍、肉芽腫、ポリープ、異物などによる耳道の狭窄あるいは閉塞、高温多湿、水泳、などの後天的な要因が含まれる。

　外耳炎の引き金ともなる一次性原因としては、耳ダニ、耳道内異物、治療過誤（綿棒、刺激性の局所薬の使用）などの局所性の問題と、アトピー、食物不耐性、自己免疫疾患、角化異常などの全身性の問題が含まれる。また、一旦起こってしまった外耳炎の治癒を妨害し持続させるような持続要因（悪化因子）には、細菌、マラセチア、耳道上皮の浮腫、潰瘍、耳道内アポクリン腺の炎症、中耳炎などが含まれる。

- **特徴（臨床症状）**：初期には紅班、脱毛などの炎症性変化は様々であるが、その後、腫脹、悪臭、分泌物の増加などがみられるようになり、頭を振ったり、掻いたり、擦りつけたりするようになる。疼痛を伴うこともある。慢性になると皮膚が肥厚し、耳道の狭窄や閉鎖が生じる。さらに進行すると組織の石灰化や骨化が起こることがある。

- **治療**：多くの場合内科的に処置され、全身療法より局所治療が主流である。

（1）局所治療：局所治療として最も大切なのが耳道の洗浄であり、消毒するのではなく、物理的に汚れを除去することが目的である。洗浄剤としては刺激が少なく、内耳に影響を与える可能性が低く、量的にも問題なく使用できる生理食塩水や水が使用される。この他には、聴器毒性の可能性があり鼓膜が損傷している場合には使用できないが、クロルヘキシジン、ポピドンヨード、酢酸、酢酸アルミニウムあるいは市販の耳道洗浄剤などが使用できる。クロルヘキシジンの濃度は0.25％でも犬は聴器毒性を示さないと言われているが、猫では0.05％でも短期の聴器毒性を示すことがあると言われている。一方、緑膿菌は0.05％で耐性を持つ可能性が指摘されている。ポピドンヨードは確実な抗ブドウ球菌作用は1％濃度が必要とされており、聴毒性の観点からゆくとあまり勧められない。酢酸は2％溶液では緑膿菌を5％溶液はブドウ球菌や連鎖球菌を死滅させる。5％以上の濃度では刺激がある。

大量の洗浄液で洗っても、耳道から洗い流せない硬く付着した粘稠性の高い耳垢は、耳垢溶解剤を使い軟化させる。これらは使用後軟化した耳垢と共にきれいに洗い流す必要がある。

　洗浄時は、まず鼓膜を確認する。確認できなければ洗浄液としては聴毒性のある液体は避けて、生理食塩液あるいは水を使用

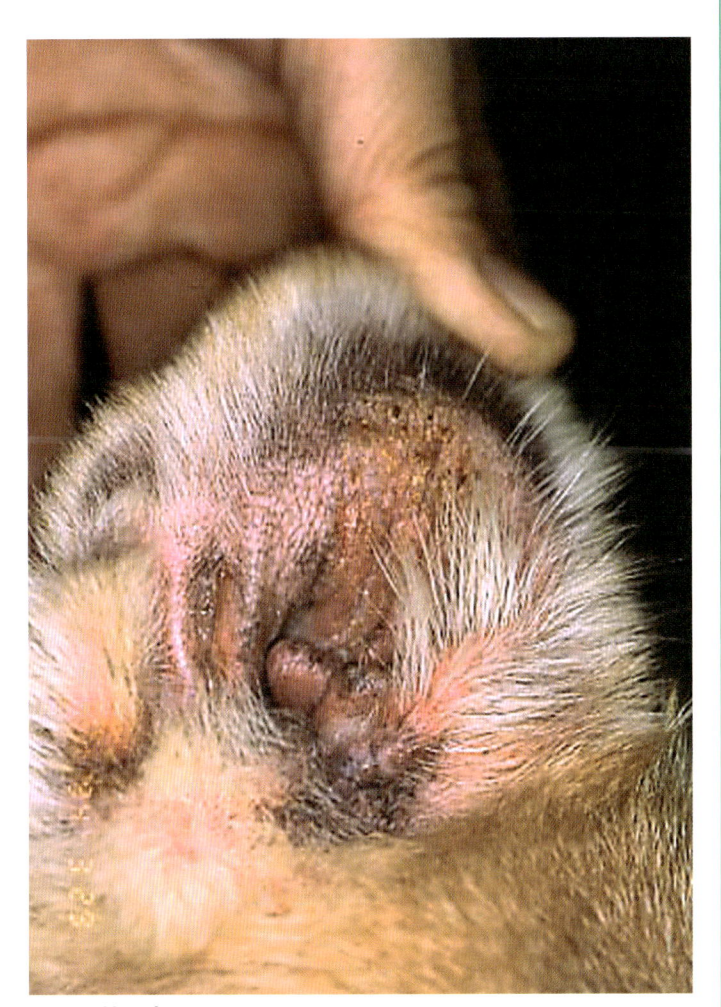

図6　外耳炎
炎症により赤くなっている。

する。洗浄に綿棒は使用しない。実際の洗浄方法としては、機械を用いて洗浄する方法もあるが、ない場合には6フレンチ、8フレンチのチューブをシリンジに取り付け弱い圧をかけながら、洗浄液を注入し吸引するということを繰り返す。確実に耳垢のあるところにチューブの先を誘導するということであれば、耳鏡を用いて誘導する。耳道表皮や鼓膜を傷つけないよう注意し、洗浄液はできるだけ除去する。

洗浄後に必要であれば、原因に合わせて、抗生物質、グルココルチコイド、抗真菌剤などが単体、あるいは混合して市販されている外用剤を適用する。

(2)全身治療：局所治療に加えて全身治療が必要になることがある。外耳炎を起こす基礎疾患（全身性疾患）の治療のため、あるいは、外耳炎が中耳炎におよんだ場合の抗生物質の投与などの目的で全身的な治療を行う。

●**予防**：日常的に耳道環境を最適に維持することが大切である。

犬の耳の洗浄の仕方

犬の耳道環境を最適な状態に保つためには、耳道を清潔に保つことが必要である。健康な犬でも耳垢は日々産生される。人間が自分で耳を掃除するように、健康な犬でも日常的に耳をケアーする必要がある。家庭での健康な耳のケアーの方法であるが2つの大きな原則がある。

1. 刺激の強い薬液は使わない
2. 綿棒は使わない、である。

つまり、デリケートな耳道の皮膚を傷つけず、耳垢を取り除くことが大切である。

実際には、耳道洗浄用に市販されている動物用の耳道洗浄液を耳道内に滴下し、カット綿で耳道入り口を押さえ、垂直耳道を外側からやさしくマッサージすることで耳道内を洗浄する。充分に洗浄できたら、汚れた洗浄液をカット綿で吸収し拭き取る。これを洗浄液が汚れなくなるまで繰り返す。この手順を犬の状態に応じて週1回程度の割合で実施する。

> 垂れ耳の犬の顔を抑え、耳を持ち上げ、耳に動物用の耳道洗浄液を滴下。

> 耳を上げたまま、カット綿で耳道入口を押さえ、垂直耳道をやさしくマッサージしてやる。

> 耳を軽く持ち上げたまま、新しいカット綿で汚れた洗浄液を吸収して、ふき取る。

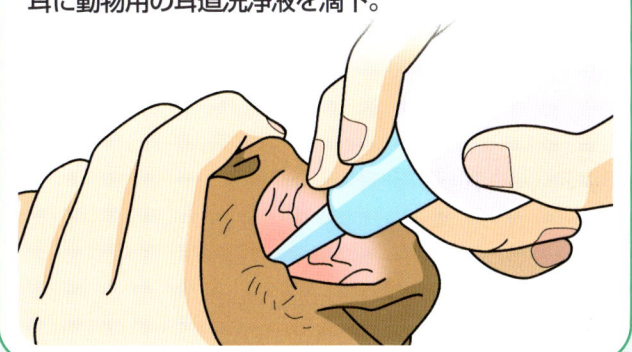

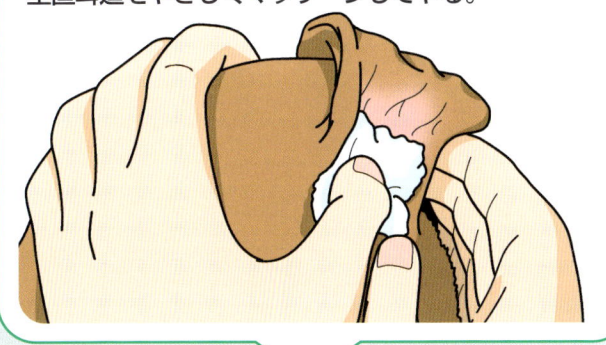

Ⅲ 中耳炎/内耳炎

中耳炎(ちゅうじえん)

中耳炎とは、細菌を原因とした中耳に限局した炎症のことであり、犬ではほとんどが外耳炎を併発している。

● **原因**:外耳炎が、鼓膜を介して中耳に波及したために発生すると考えられている。ヒトの中耳炎では一般的な、耳管からの感染は重要でないと考えられている。原因菌として、Staphylococcus intermedius、Pseudomonas app.、Echerichia coli、などが報告されている。ただし中耳の細菌と外耳道の細菌が同じとは限らない。組織学的には、炎症によって中耳の上皮に過形成が起こり、重層扁平上皮が偽重層の円柱細胞に変わる。真皮には、種々の炎症細胞が浸潤し、肉芽組織が形成されるが、この中には分泌細胞や腺様構造がみられる。

● **特徴(臨床症状)**:基本的には、外耳炎と同じである。特に多量の浸出液、処置時や開口時の疼痛、狂ったように耳を振る動作などが見られることがある。肉芽組織の内部には腺様、嚢胞様の構造が認められることがあり、増殖によって中耳腔に狭窄が起こってくる。

● **治療**:鼓室胞洗浄、および抗生物質の全身投与がまず選択される方法であるが、犬では多くが慢性外耳炎を伴っているので、耳道が狭窄あるいは閉鎖しており、実施できないことがある。

また、この方法では再発することもある。抗生物質の選択は、感受性試験の結果に基づいて行った方がよい。鼓室胞洗浄、および抗生物質の全身投与で、改善されない場合には手術適用となる。

手術方法としては、外耳炎による耳道の狭窄と中耳炎が併発している場合には、一般的には全耳道切除術＋外側鼓室胞骨切り術が適用される。この手術方法には、術後感染、出血など一般的な問題だけでなく、顔面神経麻痺など、併発症も多い。外耳炎がなく中耳炎だけの場合には、腹側鼓室胞骨切り術も適用できる。

● **予防**:犬の中耳炎はほとんどが外耳炎から波及するので、外耳炎の治療が予防につながる。

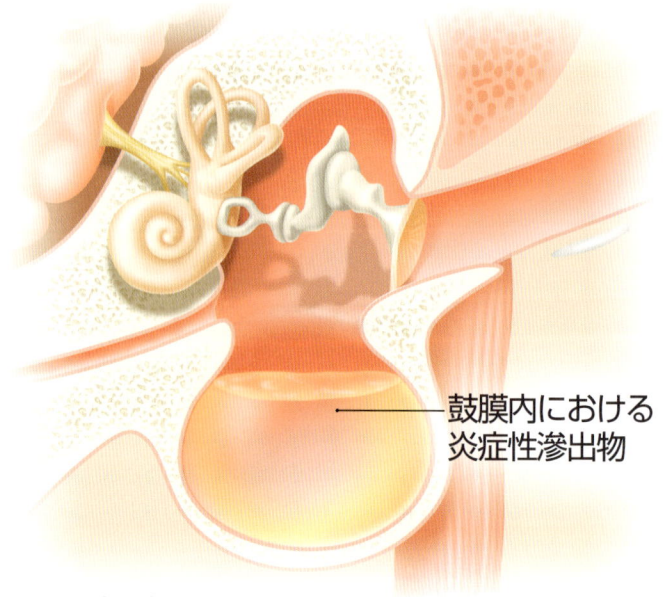

図8 中耳炎
鼓室胞に滲出物が溜まっている。

内耳炎(ないじえん)

内耳の骨迷路を中心とした炎症性疾患のことである。

● **原因**:最も可能性の高いのは、中耳炎からの波及である。卵円窓を介して中耳から内耳へ細菌感染が波及することがあるが、中耳で増殖した細菌のエンドトキシンなどによっても、症状を呈することがある。

● **特徴(臨床症状)**:聴覚障害、罹患側への斜頸、罹患側への旋回、罹患側から外側へ向かっての急速な眼振あるいは回旋性の眼振、非対称性の運動失調などが見られる。

● **治療**:中耳炎から波及した場合には中耳炎の治療を行う。

● **予防**:外耳炎、中耳炎の治療。

図9 内耳炎にかかっている犬。
罹患側への斜頸(上図)、罹患側への旋回が見られる。

Ⅳ その他の重要な耳の病気

　耳介、および耳道の表面は皮膚の一部であるため、種々の皮膚疾患が生じる。特に耳介を好発部位としている犬の皮膚疾患には、疥癬、落葉状天疱瘡、寒冷凝集素病などがある。耳介、および耳道の炎症は、アトピー性皮膚炎の症状としても大切であり、両側性のことも片側性のこともある。また、皮脂腺腫、皮脂線上皮腫、肥満細胞腫、扁平上皮癌やメラノーマなど種々の皮膚腫瘍が発生する可能性がある。耳に特有の腫瘍として耳垢腺腫瘍が挙げられる。耳垢腺癌は、時により耳道の軟骨を侵食し、周囲組織へ浸潤し、鼓室胞内へも広がることがある。

耳の腫瘤性病変（みみのしゅりゅうせいびょうへん）

　耳道内の腫瘍は、腫瘍自体の問題としての浸潤、および転移なども考慮しなければならない。しかし、それだけでなく、外耳炎さらには中耳炎の発生要因となり得ることも重要である。道内に腫瘤性病変が存在すると、もともと狭い空間である耳道が腫瘤によって占拠され、耳垢の排出が妨げられ耳道内環境が変化し、外耳炎が発症しやすく治癒しにくい状況が作られる。

耳垢腺腫瘍（じこうせんしゅよう）

　耳垢腺腫瘍とは、耳道に存在する耳垢腺から発生した腫瘍のことであり、良性を耳垢腺腫、悪性を耳垢腺癌と呼ぶ。耳垢腺とはアポクリン腺の変化したものであり、犬の耳道の皮膚に存在している。

- **特徴**：耳垢腺腫瘍の発生はあまり多くはないが、珍しいというわけでもない。腺腫は、犬でより一般的であると言われているが、犬でも腺癌の診断がくだされることは多い。猫では腺癌が多く約50％が悪性と言われている。時に潰瘍性で浸潤性が強く、耳介周囲にまで広がることもある。出血しやすく二次感染を起こしていることもしばしばである。出血した血液が凝固して、耳ダニの感染を疑わせるような硬い黒色の耳垢を主訴に来院することもある。
- **臨床症状**：外観的には、外方増殖性の有茎性の腫瘤や浸潤性の腫瘤として存在する。表面は、びらん潰瘍性あるいは平滑で軟らかいことも硬いこともある。耳道の深い部位に存在し、全体を直視することが難しいことも多い。臨床症状は慢性外耳炎の症状と同じで、頭を振る、耳を前肢で掻く、耳漏や間欠性の出血、悪臭などである。このため慢性外耳炎と鑑別することが必要である。
- **治療**：外科的処置を含めた処置が薦められる。マージンを広くとり切除する必要があるが、非有茎性の腺腫は、完全に切除しきることは難しく再発の危険性が強い。腺癌は、浸潤性破壊性であり腫瘍の発生している部位にもよるが、多くのケースで耳道切除が必要になる。耳道の切除範囲は腫瘍の種類、大きさ、発生部位および悪性度によって違う。最も侵襲の大きな手術方法は、全耳道切除術に外側鼓室胞骨切り術であるが、この方法を選択しても耳道周囲の軟部組織へ浸潤している場合には、完全に切除しきれないこともある。症例によっては、手術に放射線療法を併用した治療方法が考慮される場合もある。腺癌では転移の可能性があるので、耳下腺や下顎リンパ節はまず第一にチェックしなければならない。

炎症性ポリープ（えんしょうせいぽりーぷ）

　猫で一般的であるが、犬にも発生することがある。

- **原因**：原因として、感染および先天性要因が考えられているが、まだ充分に解明されているわけではない。
- **臨床症状**：耳道内にポリープが観察されることが多いが、耳道の狭窄やポリープの位置によっては見えにくいこともある。ポリープは、咽頭・耳管・中耳の粘膜から発生する可能性がある。臨床症状としては、ポリープによる耳道狭窄のために二次的に発生した外耳炎の症状がみられる。耳道内のこげ茶色の漿液性の耳漏や化膿性滲出液の排出、そして頭を振る動作が最もよく見られる。斜頸や眼球振とう、平衡異常といったさらに進んだ症状を示す場合もある。
- **治療**：外科的切除を含めた治療が勧められる。猫では腹側鼓室胞骨切り術が薦められるが、犬では慢性外耳炎による外耳道壁の肥厚、狭窄を伴っていることも多く全耳道切除＋外側鼓室胞骨切り術が適用となることもある。

コレステリン腫（真珠腫）（これすてりんしゅ（しんじゅしゅ））

　非腫瘍性の緩徐に成長する中耳腔内の嚢胞性病変のことである。中耳の慢性炎症によって鼓膜の粘膜上皮が喪失したことによって誘導される。緩徐に大きくなり嚢胞病変を形成する。嚢胞は層状の扁平上皮で覆われ、中には角質脱落片が入っている。鼓膜のポケットが進展して中耳の炎症をおこした粘膜に接触し付着したところからおこると考えられている。慢性外耳炎との関連が示唆される。

- **臨床症状**：臨床症状は中耳炎の症状と同じである。
- **治療**：腫瘍ではないが外科的な切除が必要である。中耳腔にアプローチできる全耳道切除＋外側鼓室胞骨切り術などが選択される。

図1 犬の皮膚

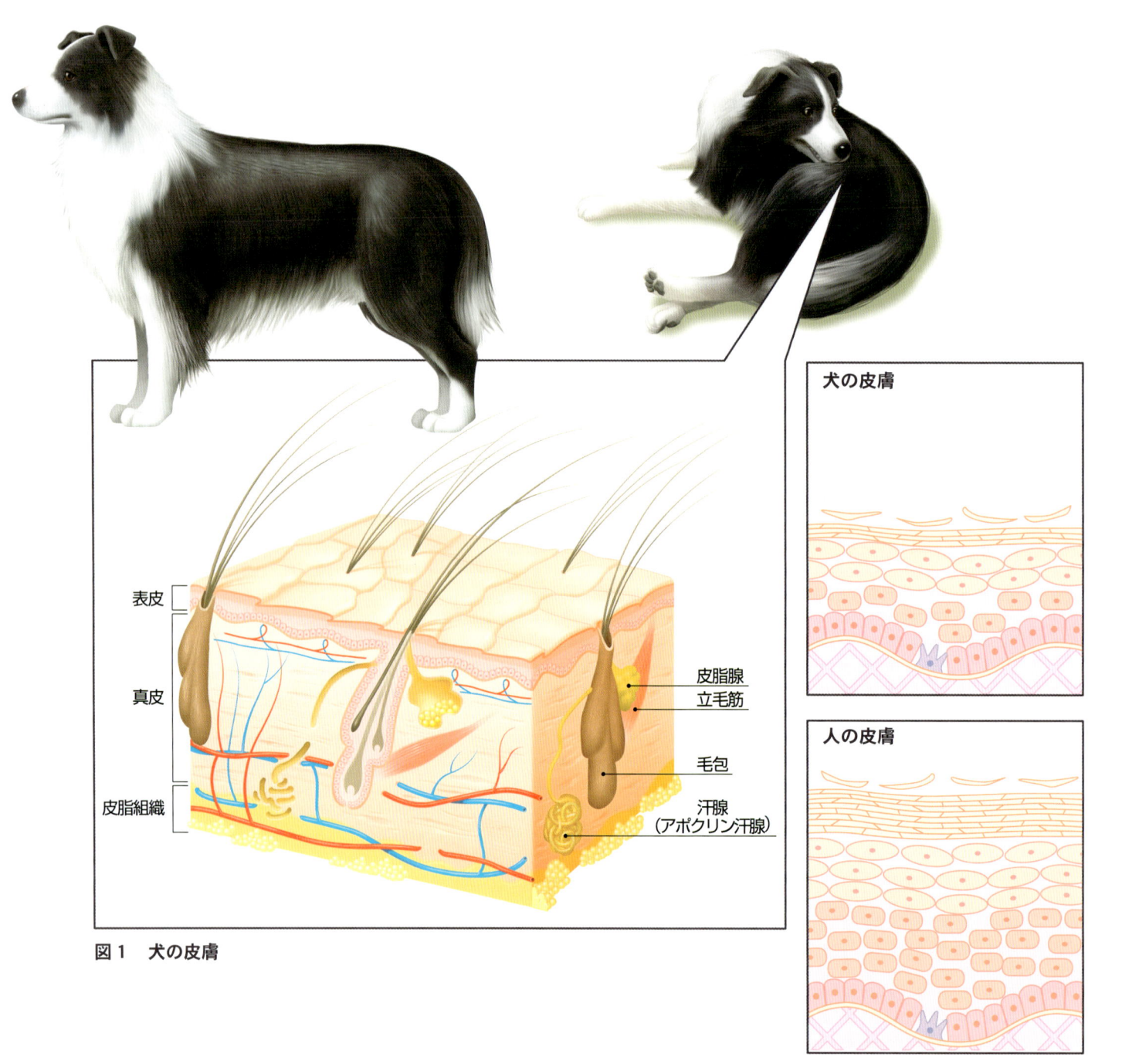

図2 ヒトの皮膚と犬の皮膚。ヒトに比べて、犬の皮膚は薄い。

（図の凡例）
- 表皮
- 真皮
- 皮脂組織
- 皮脂腺
- 立毛筋
- 毛包
- 汗腺（アポクリン汗腺）
- 犬の皮膚
- 人の皮膚

皮膚の病気

　皮膚は、体を外部から守る「バリア」である。皮膚の最外層は「表皮」と呼ばれる（図1）が、ヒトと比べて犬は表皮がとても薄く（図2）、外部からの刺激や侵入物の影響を受けやすいため、皮膚のトラブルは多い。動物病院で最も来院数の多い病気は皮膚病であるともいわれている。皮膚は体内の水分をとどめておく機能も持っている。また、触れる、痛い、痒い、熱い、冷たいなどを感じる感覚器としての機能も重要である。

　ヒトと大きく異なるのは、犬は体温を下げるための汗が出ないので、体温の調節は皮膚ではあまり行われないという点である。そのため犬は体温を下げることが苦手で、高気温下では熱中症になりやすい。

I アトピー性皮膚炎

図3 アトピー症の発症しやすい部位

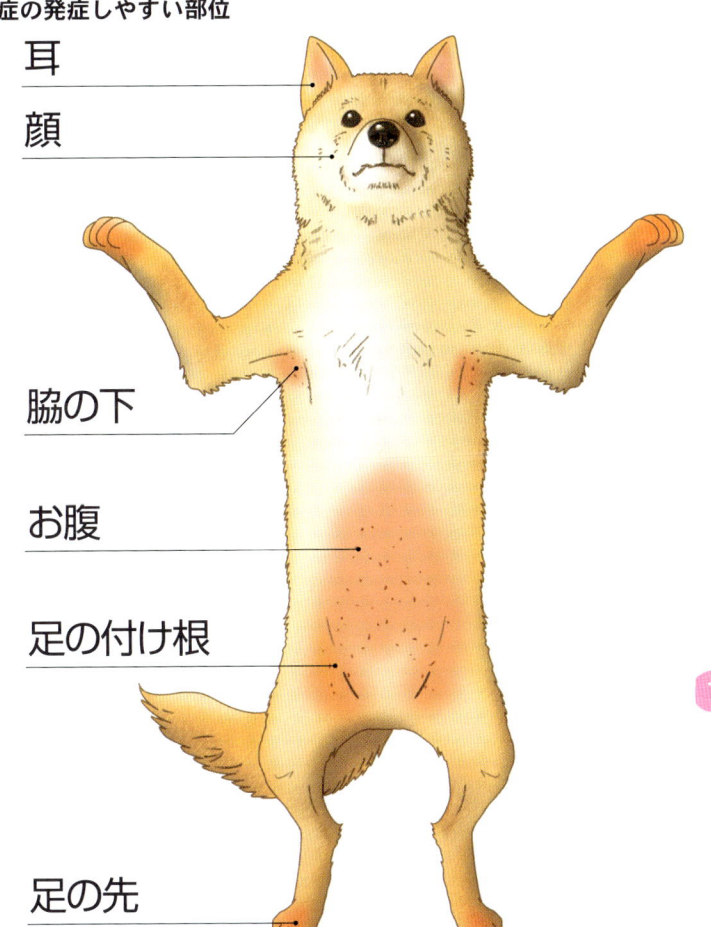

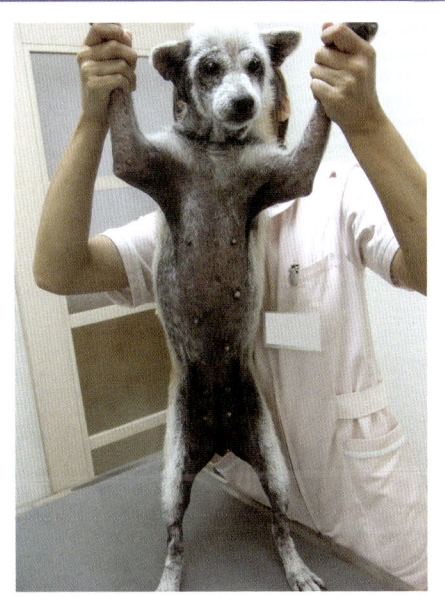

- 耳
- 顔
- 脇の下
- お腹
- 足の付け根
- 足の先

図4 アトピー症の犬

アレルギー体質　アレルゲンが存在
発症
皮膚バリア機能の低下

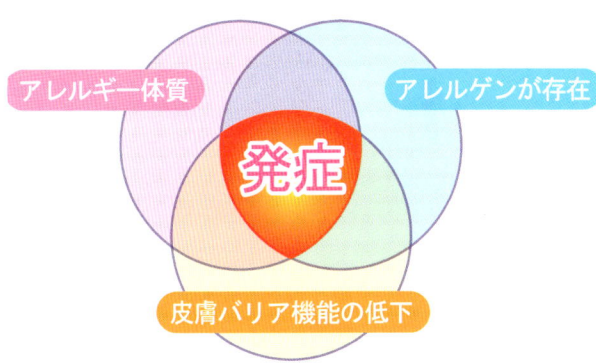

図5 アトピー症の発症イメージ

アトピー性皮膚炎（あとぴーせいひふえん）

　アトピー性皮膚炎は、犬の約10％が罹っているといわれ、最も多い病気のひとつである。遺伝的素因が関与するとされており、日本では柴犬、シー・ズー、ウェスト・ハイランド・ホワイト・テリア、フレンチ・ブルドッグ、ゴールデン・リトリーバーなどが多い。

　アトピー性皮膚炎というのは、アレルギーによる皮膚病のひとつで、本来であれば大きな害を示さない物質に対して体が異常に反応してしまうことにより、様々な症状が出る。原因となる物質は「アレルゲン」と呼ばれ、多くの場合は環境中に存在する物質である。家のチリの中に存在し、ヒトや動物のフケなどを食べるハウスダストマイト、スギやブタクサなどの植物の花粉、猫のフケ、カビ類などが原因となることが多い。吸い込むことが原因ではなく、アレルゲンが皮膚の中で反応することが原因といわれている。

　またアトピー性皮膚炎の犬は、皮膚のバリア機能や保湿力が低下していることが多く、これもアトピーを発症する要因となる。つまりアトピー性皮膚炎は、
（1）遺伝的な素因がありアレルギーを起こしやすい体質がある、
（2）アレルゲンが存在する、
（3）皮膚バリア機能が低下しアレルゲンが体内に侵入しやすい、
などいろいろな要因が重なって発症する、複雑な病気である（図5）。根本的に治すことが難しく、また若いうちに発症し長期にわたるため、獣医師も飼い主も治療や管理に大変苦労させられる病気である。

　多くは5歳ぐらいまでに発症する。必ず見られる症状は「痒み」であり、絶えず引っ掻いたりなめたりしている。脱毛や皮膚の赤みも見られ、長期にわたると皮膚が黒ずんだり厚くなったりする。症状の出やすい場所は、眼や口の周り、耳、脇、下腹、四肢の先端などである（図3、4）。慢性の外耳道炎を伴うことも多い。ただし、痒いからといってすべてアトピー性皮膚炎ではない。また、他の病気（表在性膿皮症や食事アレルギーなど）も同時に関係することがあり、獣医師にきちんと診断してもらうことが重要である。

　確定診断のための検査はなく、いろいろな検査から総合的に判断する。血清による検査は、その犬がアトピー性皮膚炎かどうかの検査ではないが、原因の推定に役立つ。病院によっては、他にも様々なアレルギー検査を採用している。食事はアレルギーに関連することがあるが、検査で完全に調べることは難しい。（詳しくは『食事アレルギー』を参照）

　治療は大きく分けると、環境の整備、皮膚のケア、薬による体質・症状の管理である。

　環境の整備とは、原因物質をなくすことであるが、家のチリや植物の花粉などを犬に全く接触させないということは、現実的には不可能である。ただし、シャンプーを頻繁に行うことにより、体表のアレルゲンを減らすことはできるかもしれない。

　皮膚のケアにより、バリア機能を回復させれば、アレルゲンが皮膚の中に侵入することを防ぐことができ、症状を緩和することができる。具体的には、保湿性のシャンプーやコンディショナーを用いて皮膚の水分保持を助ける。この際のシャンプーや保湿剤の選択は獣医師に相談すること。

またシャンプーの方法も、(1)皮膚の症状に合った薬用シャンプーを10分程度浸透させる、(2)ぬるま湯を使う、(3)よくすすぐ、(4)ドライヤーを使いすぎない(できればタオルドライ)、など美容目的とは違うコツがある。シャンプー後やシャンプーが行えないときに保湿剤を使用することは効果的である。

　アトピー性皮膚炎の治療薬の選択肢として、コルチコステロイド、抗ヒスタミン薬、免疫抑制剤、インターフェロン療法、減感作療法などがあるが、「魔法の薬」はなく、それぞれ長所と短所がある。特にコルチコステロイドは、効果は高いが副作用が問題となる。ただし、強い症状を急速に緩和させるためには、コルチコステロイドを投与せざるを得ないこともある。どの薬もそうであるが、いたずらに怖がるのではなく、他の薬剤と組み合わせるなどの適切な使用を考えていけばよい。

　またヒトのアトピー性皮膚炎では外用薬が用いられることが多いが、犬は毛に覆われていること、薬をなめ取ってしまうことなどから、あまり使用頻度は高くない。症状の出ている場所が小さい場合は有効であろう。

　アトピー性皮膚炎の管理のポイントは、いかに痒みと付き合っていくかということである。痒みを完全に抑えようとして、薬を使いすぎてしまうのは、犬にとって良いことではない。また、たとえ皮膚が多少赤くても、痒みが少なければ犬は苦しくない。獣医師とよく相談しながら、適切な管理計画を練ることが重要である。

図6　皮膚に合った薬用シャンプーを10分ほど浸透させ、よくすすぐ。

II 食事アレルギー

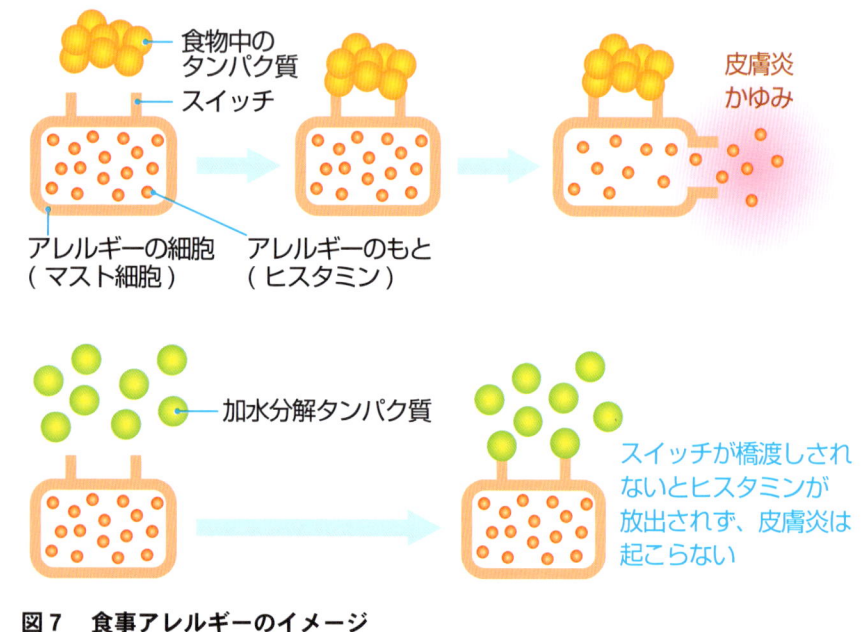

図7　食事アレルギーのイメージ

食事アレルギー(しょくじあれるぎー)

　食事アレルギーとは、食物中の物質(主にタンパク質)に対して、健康な犬であれば起こらないアレルギー反応が起きてしまうものである。食事アレルギー自体は、そう多くないといわれている一方、食事アレルギーとアトピー性皮膚炎を両方持っている場合がある。

　症状は、皮膚の痒みや赤み、慢性外耳道炎など、アトピー性皮膚炎と似ている。また嘔吐や下痢などの消化器症状として発症する場合もある。

　現在、血液検査などで食事アレルギーを確定するのは困難である。最も信頼性の高い方法は「除去食試験」といって、アレルギーの原因物質を一切含まない食事を与えて症状が改善するかどうかを確認するものである。実際には「理論的にアレルギーにならない加工をしてあるフード(アミノ酸食もしくは加水分解タンパク食)」(図7)を一定期間与えて、症状の改善を確認する方法をとることが多い。この方法では飼い主の協力が不可欠である。

　原因物質が特定されれば、その食材を与えないようにすれば症状は改善する。ただし、牛肉とラムなど、本来違う食材であるが、同じアレルギー反応を起こすものがあるので、注意が必要である。またアトピー性皮膚炎を併発している場合は、双方を管理しなくてはならない。

Ⅲ 表在性膿皮症

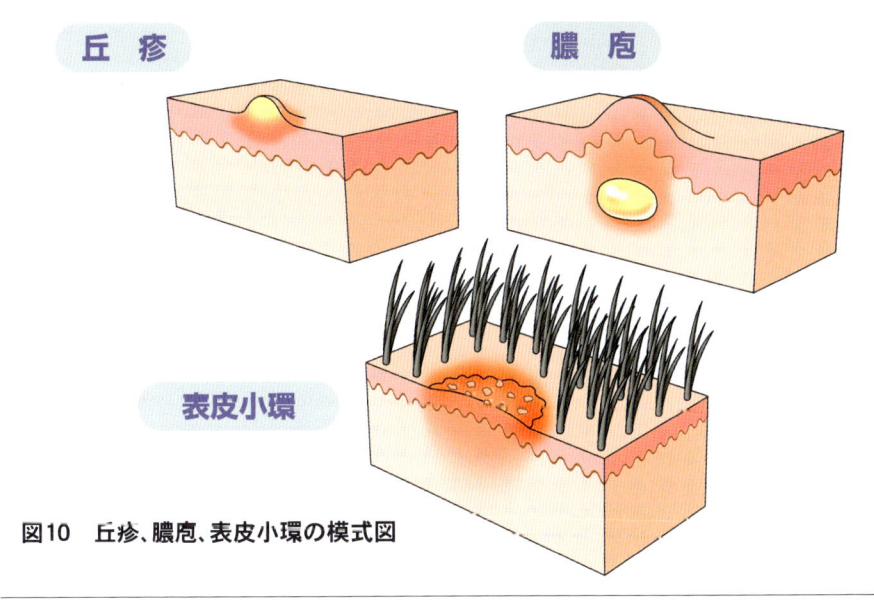

図8　膿皮症の犬の皮膚

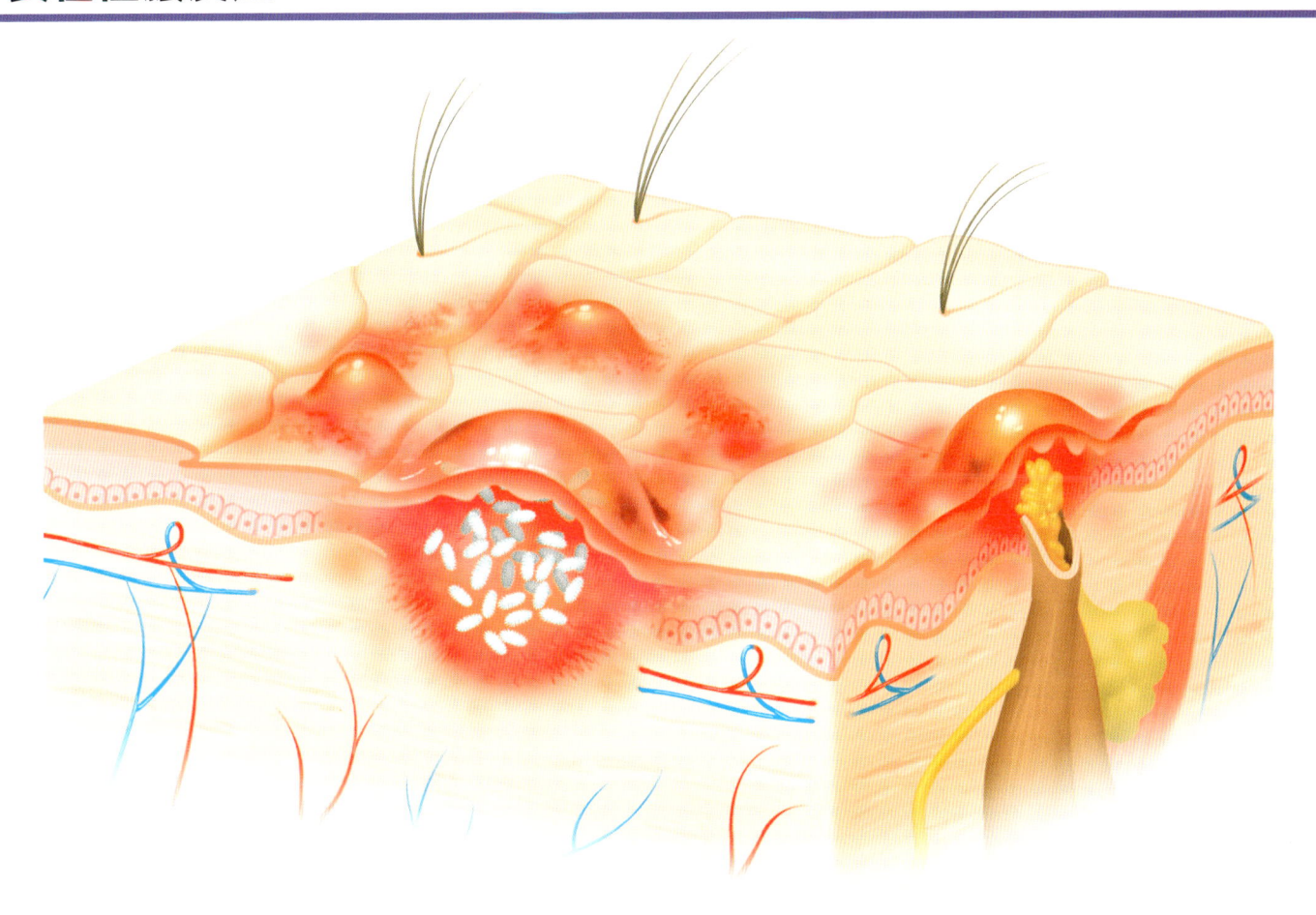

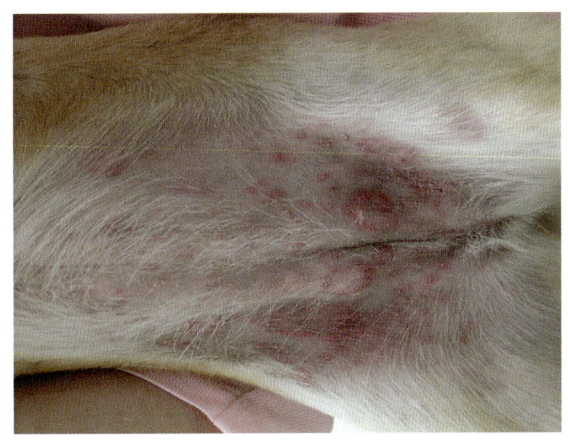

図9　膿皮症の犬

図10　丘疹、膿疱、表皮小環の模式図

表在性膿皮症（ひょうざいせいのうひしょう）

　表在性膿皮症は、主に毛穴（毛包）を中心に皮膚の中で細菌が増殖し、炎症を起こす皮膚病である。原因となる細菌は本来病原性の強いものではなく、皮膚のバリア機能が健康であれば、これらの細菌が問題を起こすことは少ない。しかし、アトピー性皮膚炎などで皮膚のバリア機能が弱っていると、この病気が起こりやすくなる。そのため治療も重要だが、再発を防ぐには根本にある他の原因を管理する必要がある。

　症状は、初期には毛穴と一致した赤い小さな皮膚の隆起（丘疹）や黄色い膿が入った小さな隆起（膿疱）が見られる（図10）。広がると円形に脱毛し周囲が赤くなる症状（表皮小環）が見られる（図10）。痒がることが多い。

　治療は、最低3週間は抗菌剤（抗生物質）を投与する。症状が改善したからといって、短期間で止めてしまうと、再発や薬剤耐性菌を生む原因となる。そのため抗菌剤の投与に当たっては、量、回数や期間など獣医師の指示を厳守すること。薬と同時に、抗菌性のシャンプーを用いることも効果的である。

Ⅳ ヒゼンダニ症/毛包虫症/ノミ/マダニ

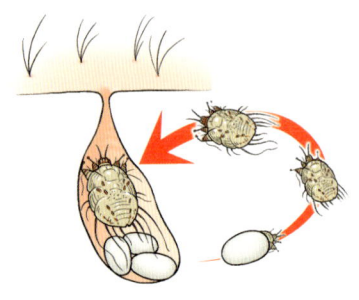

図11
ヒゼンダニは、皮膚に穴を掘り、そのトンネルに産卵。トンネルで幼虫、若虫は発育する。

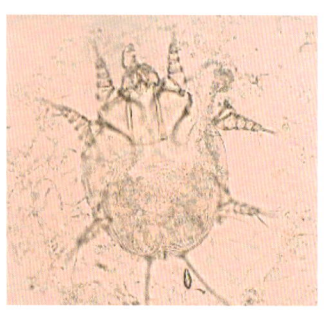

ヒゼンダニ

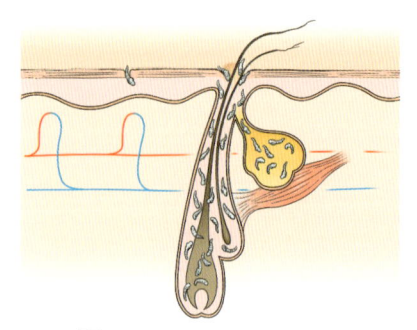

図13
毛包虫の成虫は毛包や脂腺で過ごす。

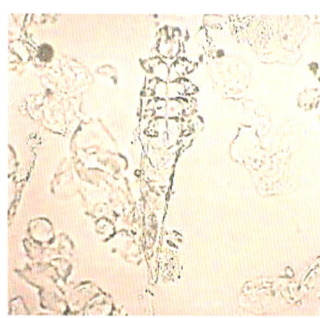

図14　毛包虫

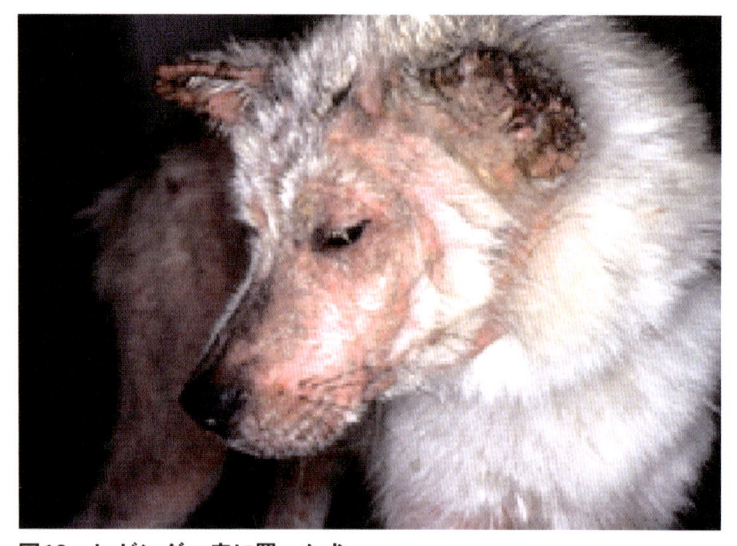

図12　ヒゼンダニ症に罹った犬

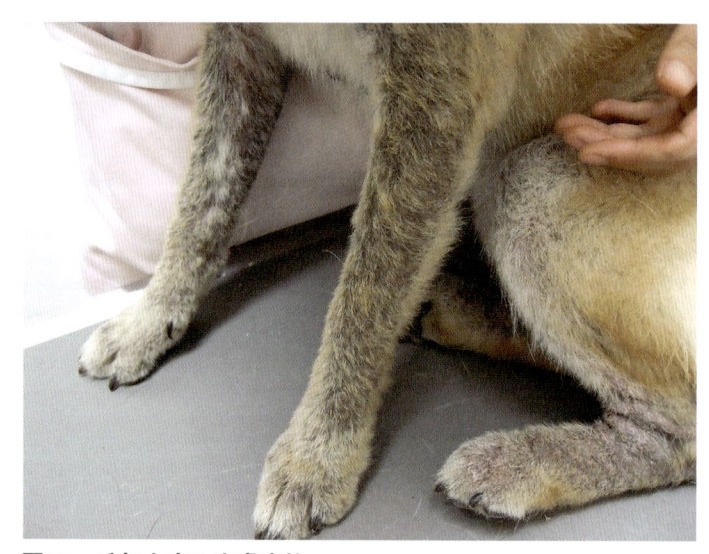

図15　毛包虫症の皮膚症状。

ヒゼンダニ症（ひぜんだにしょう）

　ヒゼンダニ症は、イヌセンコウヒゼンダニ（犬疥癬）による皮膚病である。体長約0.3mm程度の寄生虫で、肉眼で確認するのは困難である。犬同士の接触により感染するが、落下したダニによる感染もあると考えられている。

　寄生された犬は、とても強い痒みを伴う。症状が他の皮膚病と似ている場合があること、皮膚検査による検出率が低いことなどから、診断が難しい場合があり、特にアトピー性皮膚炎との鑑別で問題となる。

　ヒゼンダニは、寄生する対象動物により種類が異なる。ヒトの高齢者施設などで時に問題となる疥癬はヒトヒゼンダニ、猫に感染するのはネコセンコウヒゼンダニである。それぞれのヒゼンダニは動物種に対する好み（宿主特異性）が強いので、他の動物種で増殖することはない。イヌセンコウヒゼンダニの場合、犬とよく接する飼い主の腕や大腿などに一過性の皮膚炎を起こすことがあるが、人体で増殖することはないので、犬を治療することが重要である。

　治療は、経口薬、注射薬、外用薬などの駆虫薬を使用する。駆虫薬は虫卵には効果がなく、これらが孵化した後まで治療を継続しなければならないので、治療期間は約4週間程度かかることが多い。

毛包虫症（もうほうちゅうしょう）

　ニキビダニと呼ばれる寄生虫による皮膚疾患である。体長約0.3mm程度の寄生虫で、肉眼で確認するのは困難である。感染は生後間もなく、母犬から子犬から感染するといわれ、成長後の犬同士で感染することはない。寄生虫ではあるが、健康な犬にも寄生しており、本来病気を起こさずに共生している。免疫力の低下など、何らかの原因により共生関係が崩れると、ニキビダニが異常に増殖し皮膚症状を起こす。ニキビダニそのものは痒みを起こさないが、細菌感染などを起こすと、痒みが生じる。症状は脱毛、発赤、皮膚の腫れなどがみられる。

　治療は、駆虫薬の投与であるが、完治までは長期間必要とし、3ヵ月以上かかることも多いため、根気よく治療を受ける必要がある。また、高齢での発症や、再発を繰り返す場合は、原因となる他の病気を管理する必要がある。

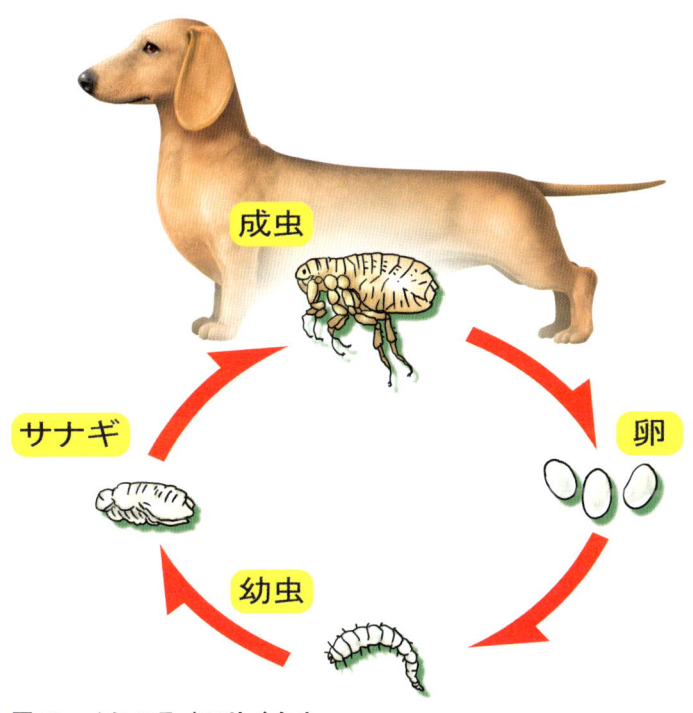

図16　ノミのライフサイクル
卵、幼虫、サナギは、環境下で生育する。

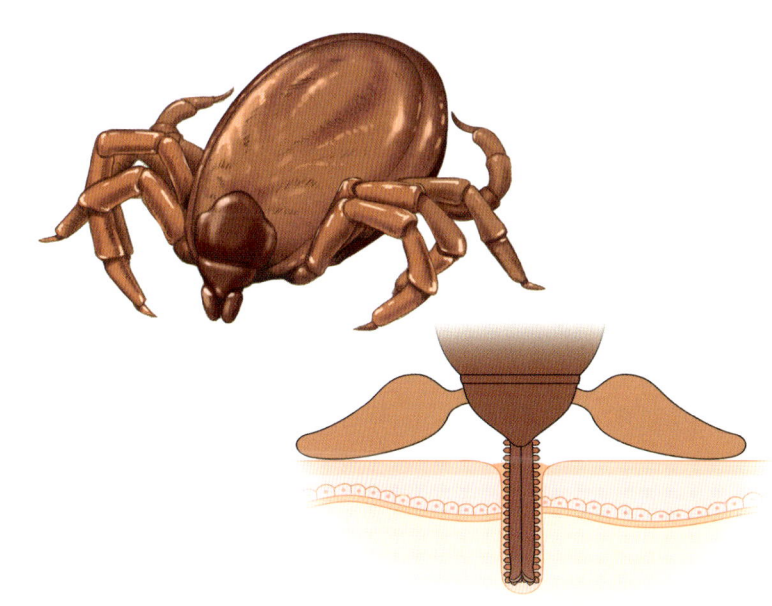

図19　マダニの吸血方法

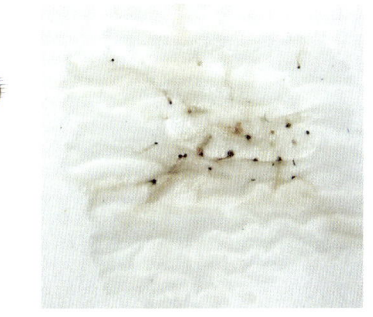

図17　ノミの成虫　　図18　ノミの糞

図20　マダニ

ノミ（のみ）

　現在、日本で犬に寄生するノミは、ほとんどがネコノミである。吸血されることにより痒みを生じる。本来暖かい時期に増加する傾向があるが、近年は室内犬が増加し、冬場でも暖房等によりノミにとって快適な環境が保たれるため、一年を通して注意が必要である。犬がノミに対してアレルギーを示す体質の場合、少数寄生でも強い皮膚炎を示す。ノミアレルギーでは、腰から尾にかけて皮膚症状が起こることが多い。

　また瓜実条虫という消化管寄生虫は、ノミを介して感染するので、瓜実条虫の寄生が見つかった場合は、ノミ駆除も同時に行わなくてはならない。

　ノミの虫体が見つからなくても、黒いフケ状のノミの糞があれば、寄生の証拠である。黒いフケをティッシュにのせて水を垂らしてしばらくおいて、赤くにじんできたらノミの糞である。

　治療はノミの駆除で、現在はスポットオン製剤という首の後ろにつけるタイプが主流である。1～2ヵ月効果が持続する薬の場合、予防としても使用できる。

マダニ（まだに）

　日本に生息するマダニは何種類かあり、地域より異なる。本州ではフタトゲチマダニ、ヤマトマダニ、シュルツェマダニが多く、沖縄ではクリイロコイタマダニがみられる。マダニは大きく、肉眼でも確認できる。吸血すると体の大きさ1cm以上になることもある。草むらなどに犬が入り込んだ際に、犬の体温や振動、呼吸などを感知し、犬の体に付着し吸血する。犬の眼の周りや耳・首・脇などに寄生することが多い。

　犬の体表で増殖するのではなく、草むらなどの環境中に戻り産卵・孵化する。孵化した幼ダニは犬に付着し吸血が完了すると一旦体から離れ、再び植物などの環境中で脱皮し、次の段階に成長するとまた犬に付着するということを繰り返す。

　マダニに吸血されても痒みを示すことはまれだが、様々な疾患を媒介するので、駆除や予防をすべきである。貧血を起こすバベシア症、発熱などを示すライム病などはマダニによる媒介で感染する。また、マダニは人間からも吸血し、同じように病気を媒介するので注意が必要である。

　治療や予防は、ノミ駆除薬と同じタイプの薬が主流である。

Ⅴ その他の重要な皮膚の病気

皮膚糸状菌症(ひふしじょうきんしょう)

皮膚の角質を特に好む真菌(カビの仲間)による皮膚炎である。円形に脱毛し赤くなる症状が典型的であるが、範囲が広がると他の皮膚炎と肉眼的に区別するのが難しくなることがある。ヒトでは水虫に代表される「白癬」もこの菌の仲間であるが、犬に多くみられる種類と全く同じものではない。内用薬、外用薬、シャンプーにより治療をする。

マラセチア皮膚炎(まらせちあひふえん)

酵母菌の一種である、マラセチアが過剰に増殖することによる皮膚炎である。皮膚が赤くなり痒みがある。慢性化すると、皮膚の厚みが増すこともある。皮膚だけでなく、耳で増殖して外耳道炎を悪化させることもある。治療は、内用薬や外用薬、シャンプーなどを用いる。アトピー性皮膚炎や脂漏性皮膚炎により、二次的に起こることが多く、予防には原因となるこれらの病気を管理する必要がある。

外耳道炎(がいじどうえん)

耳を痒がる、頭をよく振るといった症状は外耳道炎の疑いがある。耳垢が多く見られる場合もある。アトピー性皮膚炎や食事アレルギーの犬では、よくみられる症状である。内服薬や外用薬を使用するが、耳垢が多く存在する場合は、洗浄し除去する。家庭で綿棒を用いて手入れをするのは、炎症で弱った耳の皮膚を傷つける、耳垢をより奥に押し込んでしまうなどの恐れがあることから、あまり推奨されない。慢性化すると手術が必要となることもある。

脂漏性皮膚炎(しろうせいひふえん)

体表の脂(皮脂)が過剰となる皮膚病である。脂が多く、体臭が強くなるタイプと、フケがとても多くなるタイプがある。内服薬やシャンプーなどで管理するが、完治するのは難しい。また二次的にマラセチア皮膚炎を起こすことがある。

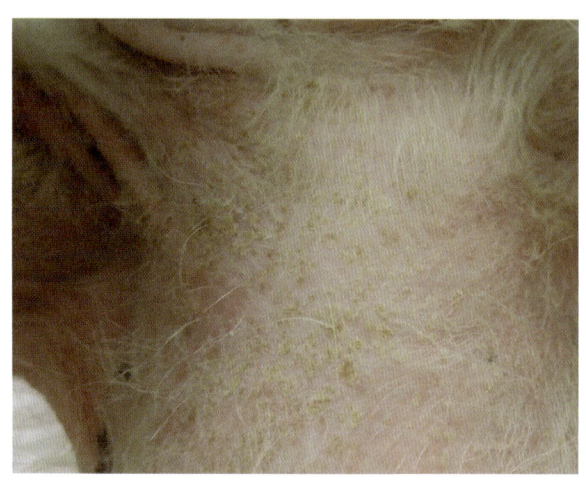

図21　脂漏性皮膚炎の症状

免疫介在性皮膚疾患(めんえきかいざいせいひふしっかん)

本来、外部の有害なものから体を守る働きをする「免疫」が、自分の体の一部に対して反応してしまう病気を「免疫介在性疾患」という。犬の皮膚病では、天疱瘡、結節性皮下脂肪織炎、円板状エリテマトーデス、多形紅斑などが多い。これらの病気を診断するには、皮膚の一部を切除し顕微鏡で観察する「皮膚組織学的検査」が必要である。治療は、薬により免疫を抑える「免疫抑制療法」が用いられるが、治療期間の長期化や、治療による副作用など、管理が大変な病気である。そのため、皮膚組織学的検査により確定診断をした上で、治療の計画を練るべきである。

内分泌疾患(ないぶんぴつしっかん)

ホルモンの影響により起こる皮膚疾患である。脱毛はよくみられるが、表在性膿皮症などの併発症がない限り、痒みを伴うことは少ない。ただ、多くの場合皮膚だけではなく、他の臓器も影響を受けるので注意が必要である。犬でよくみられる病気は、副腎皮質機能亢進症、甲状腺機能低下症などがある。(詳しくは『内分泌系』の章を参照)

犬種による皮膚疾患(けんしゅによるひふしっかん)

犬種により、特有もしくは発生率の高い皮膚病がある。
- **秋田犬**の「脂腺炎」:全身の皮膚にかさぶたができる。
- **ポメラニアン**などでみられる「アロペシアX」:頭と足以外の全身の毛が薄くなる。
- **ミニチュア・ダックスフント**などでみられる「パターン脱毛症」:耳やお尻の周りの毛が薄くなる。
- **シェトランド・シープドッグ**や**コリー**の「家族性皮膚筋炎」:若い犬でみられる顔の皮膚炎
- **ジャーマン・シェパード・ドッグ**の「深在性膿皮症」:治りにくい重度の潰瘍やかさぶたなどがみられる
- **ミニチュア・シュナウツァー**の「面皰症候群」:背中を中心とした、小さくブツブツした皮膚炎、などがある。

ワクチンによる副反応

　混合ワクチンなどを接種した後すぐに起こる異常である。皮膚にみられる症状は、顔の腫れ、体中の蕁麻疹などである。特に顔の腫れは、日本ではミニチュア・ダックスフントに多く発生する。より重度の症状が出ると命にかかわることもあるため、ワクチン接種後は有害反応を起きにくくするため安静にして、皮膚症状も含めて体の状態をよく観察し、何か異常があればすぐ獣医師に相談する。

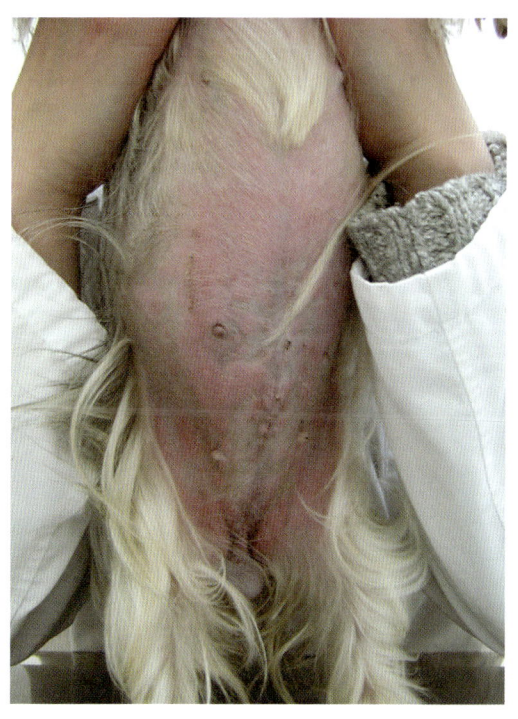

図22　ワクチンによる副反応が出た皮膚の症状。

ハエウジ症（はえうじしょう）

　高齢犬を屋外で飼育していると、褥瘡（床ずれ）や外傷があったり、腫瘍の表面が壊れて治らないときなどに、大量のハエウジが皮膚に付着する場合がある。犬の周囲にハエが異常に多い場合は、皮膚をくまなくチェックした方が良い。首輪の下、お尻の周り、横になったままの場合の下側の皮膚などに発生しやすい。

熱傷（やけど）

　ストーブや熱湯などによる熱傷のほか、ホットカーペットや電気あんか、ドライヤーの熱などによる「低温やけど」にも注意が必要である。

毛刈り後脱毛症（けかりごだつもうしょう）

　トリミングや手術などで毛を刈った後、なかなか生えてこないことがある。犬はヒトと違い、毛の成長する時期と、休止する時期がある（プードルは例外）。何らかの原因で休止期が持続した場合にこの状態となる。ただしほとんどの場合6～12ヵ月すれば元に戻る。

腫瘍性疾患（しゅようせいしっかん）

　皮膚の腫瘍は、隆起を生じる典型的な「できもの」のタイプや、一見他の皮膚炎と間違うようなものとがある。特に表皮向性リンパ腫や炎症性乳癌などは、悪性度が高く治療効果もあまり望めない（予後が悪い）腫瘍性疾患であるが、初期は赤みや痒みなど、一般的な皮膚炎と区別がつかないことが多い。病気の判定は、皮膚を一部切除し顕微鏡で細胞や構造を観察する皮膚組織学的検査を行う必要がある。腫瘍の種類により、手術による治療、抗癌剤、放射線療法などの治療法を検討していく。

参考文献

Scott,D.W., Miller,W.H., Griffin,C.E.(2001) : Canine Atopic Disease. In: Small Animal Dermatology, 6th ed, W.B.Saunders.
Thelma I.,G., Peter,J.I., Emily,J.W., Verena,K.A.(2005) : Skin Diseases of the Dog and Cat: Clinical and Histopathologic Diagnosis, 2nd ed, Blackwell Publishing Ltd.
岩崎利郎 監訳(2001) : カラーハンドブック　犬と猫の皮膚病 : インターズー

Chapter 1-12

脱臼した膝蓋骨

正常な位置

動けないことで身体機能が低下する
Life is Movement, Movement is Life

　動物は文字通り「動くもの」であるから、動くことにより全身の内部恒常性を維持している。そして、正常に「動く」ためには神経系の指令を受けて筋骨格系が正常に機能する必要がある。
　しかしながら、動物は身体機能を使わないと、いわゆる「廃用症候群」により、様々な部位（心肺、代謝、泌尿器、消化器等）での機能低下が生じる。すなわち、運動機能障害では、まず筋肉が委縮して筋力低下を来し、耐久力が低下する。また、周囲の関節は拘縮し、骨密度（骨の強度）が低下する。さらに犬の場合には「動けないこと」が重度の精神的ストレスになる。
　廃用症候群によって様々な臓器に機能低下が起こってしまうと、それを回復させるには廃用期間の何倍もの期間が必要となるため、早期診断と早期治療が必要である。

図1　膝蓋骨脱臼

筋骨格系の病気

　「すべての犬はスポーツ選手」である。人のスポーツ選手はいったん試合になると痛みを忘れて全力で動く。犬も同様で、いったん興奮のスイッチが入ると怪我を忘れて飛んだり跳ねたりする。その後、興奮のスイッチがOFFになった後に強く跛行することが非常に多く見受けられる。
　犬が痛みで悲鳴をあげるのは、かなり重症になってからである。多くの場合は、飼い主が注意して愛犬を観察しないと見過ごしかねない動作によって耐えている。このようなことのないように、飼い主は愛犬の骨や関節の疾患を充分に把握しておくことが非常に重要である。したがって、明らかに跛行（足を引きずること）がある場合や、歩き方に異常がある場合、動作がいつもと違う場合には早急に対処する必要がある。
　本項目では、犬の運動器の疾患のうち代表的な疾患を記載した。

I 膝蓋骨脱臼

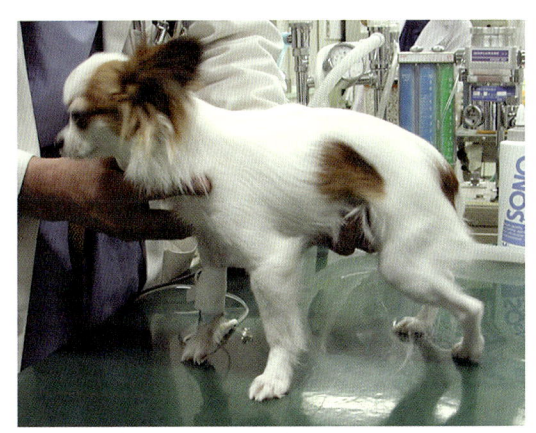

図2　左後肢の膝蓋骨内方脱臼のチワワ。

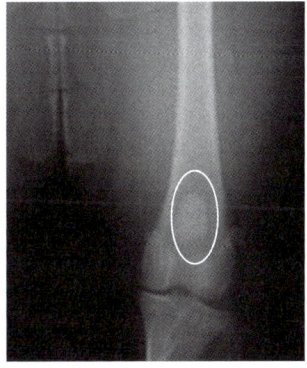

図3　正常な位置にある膝蓋骨のレントゲン写真。大腿骨の中心に膝蓋骨がある。

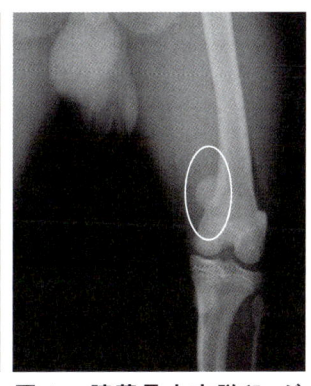

図4　膝蓋骨内方脱臼、グレード3のレントゲン写真。膝蓋骨脱臼では多くの場合、両側に発症する。

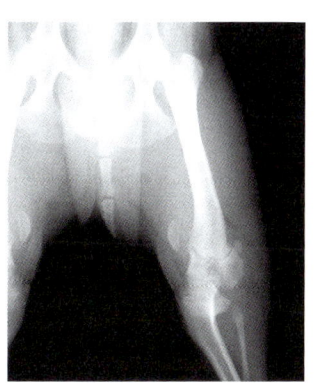

図5　膝蓋骨内方脱臼、グレード4のレントゲン写真。常に脱臼している状態。

表1. 膝蓋骨脱臼(PL)の好発犬種

アメリカの発症記録では、秋田犬、アメリカン・コッカー・スパニエル、オーストラリアン・テリア、バセット・ハウンド、ビション・フリッセ、ボストン・テリア、ブルドッグ、ケアーン・テリア、キャバリア・キング・チャールズ・スパニエル、チワワ、シャーペイ、チャウ・チャウ、フラットコーテッド・リトリーバー、グレート・ピレニーズ、狆、ケースホンド、ラサ・アプソ、マルチーズ、ミニチュア・ピンシャー、ミニチュア・プードル、パピヨン、ペキニーズ、ポメラニアン、パグ、シー・ズー、オーストラリアン・シルキー・テリア、スタンダード・プードル、トイ・プードル、ウェスト・ハイランド・ホワイト・テリア、ワイアヘアード・フォックス・テリア、ヨークシャー・テリア、トーイ・フォックス・テリア（FCI非公認犬種）など。
日本ではチワワ、トーイ・プードル、ポメラニアン、ヨークシャー・テリア、パピヨン、キャバリア・キング・チャールズ・スパニエルなどで発症が多い。
参考文献：LaFond, E., Breur, G.J. and Austin, C.C. Breed susceptibility for developmental orthopedic diseases in dogs. J. Am. Anim. Hosp. Assoc. 38: 467-477. 2002.

膝蓋骨脱臼（しつがいこつだっきゅう）

膝蓋骨脱臼とは、後肢の膝関節にある膝蓋骨（膝のお皿）が、お皿の入っている溝（滑車溝）の内側や外側に変位する疾患。原因としては先天性あるいは遺伝性と、事故などによる後天性の脱臼に分けられる。先天性の場合の発症時期は、早ければ生後1～2カ月から発症する場合もある。膝蓋骨脱臼は両足が罹患していることも多い。一般的には、小型犬は膝蓋骨内方脱臼が非常に多く、中・大型犬は外方脱臼が多いが、最近ではさまざまな犬種で発症している（表1参照）。

●**症状**：重症度はグレード1～4に分類され、グレード1では飼い主でも異変に気づかないことが多いが、グレード2では、「走っていて急に後肢を挙上する。突然、後肢を後ろに伸ばす。立たせた時、後肢の足先が内側や外側に向く。飼い主が小型犬を抱きかかえた時に後ろ足がコキンと鳴る感覚がある」などの症状が発現する場合が多い。グレード3以上では、特徴的な跛行となることが多く、ジャンプや階段の昇りができなくなる場合がある。

●**診断**：診断では、獣医師の触診が最も重要である。触診で異常のある場合には、レントゲン検査やCT検査などを行い、骨変形と変性関節疾患の程度を診断する。膝蓋骨脱臼には臨床症状を伴わない軽度不安定性のものから、整復不可能な完全脱臼（重度の跛行を示すもの）まであり、重症度は以下のグレード1から4に分類される。

グレード1◆獣医師が触診で膝蓋骨が脱臼することで診断される。脱臼しても自然と正常の位置に戻る、痛みはほとんどない。また、骨の変形などはほとんどない。

グレード2◆日常の生活でときどき自発的な脱臼を起こす。また、軽度の骨の変形が見られることもある。痛みはあまり伴わないが、日常生活の中で時折スキップ様の跛行をする。このまま状態を放置していると、膝蓋骨や滑車溝の表面の軟骨が削れたり、あるいは靭帯が伸びたりしてグレード3に進行することがある。

グレード3◆常に脱臼している状態。指で押せば整復できるが、またすぐに脱臼を起こす。跛行や機能障害を示すことが多い。正常な位置に膝蓋骨がないため、不自然なところに浅い滑車溝が触知される。この状態は両側性が多い。

グレード4◆常に脱臼している状態。指で押しても正常な位置に戻すことができない。常に膝を曲げたような歩様になり、患肢にほとんど負重しなくなり患肢の筋肉量も極端に減る。骨の変形もさらに重度となる。この段階ならば生涯の早い時期に外科的処置を施さなければ、骨と靭帯の重度の変形が表れ、手術をしても完全な機能回復が不可能となる。膝を折り曲げたような（しゃがんだような）異常な歩様となる。

●**治療**：治療は犬種、年齢、脱臼グレード、活動性、飼育目的などにより非常に様々である。一般的に小型犬の成犬では、軽度の脱臼で疼痛や機能障害や関節炎がなければ、手術ではなく内科治療で経過観察をする場合が多い。年齢が1歳未満の場合は軽度脱臼であっても、犬のサイズを問わず基本的には手術が推奨される。

大型犬で月齢が非常に若い場合は、骨が急速に成長するため、早期に手術が必要となる。また、トーイ・プードルなどの先天性膝蓋骨脱臼では、生後1カ月くらいで重度跛行となるため、生後2か月までに手術が必要となる場合もある。骨の成長が止まるまで放置してしまうと、重度脱臼に進行し手術を行っても機能回復できなくなる場合があるため、グレード2から3以上の場合は、できるだけ早い段階で手術が必要となる。

手術法は、浅い滑車溝を深くする方法、膝蓋靭帯の付着する部位の骨を移動する方法など様々な方法を組み合わせて行う。適切な時期に適切な手術を行うことが最も重要であり、犬種やグレードによっては膝蓋骨脱臼の手術難易度が高く、手術後の合併症として再脱臼が多いため、経験豊かな獣医師が手術する必要がある。家庭では、肥満しないように配慮し、床がフローリングのような滑りやすい場合には、絨毯を敷く必要がある。また過度のボール投げ運動や急転回させるような運動は避けるように心がける。

II 前十字靭帯断裂

図6　前十字靭帯断裂

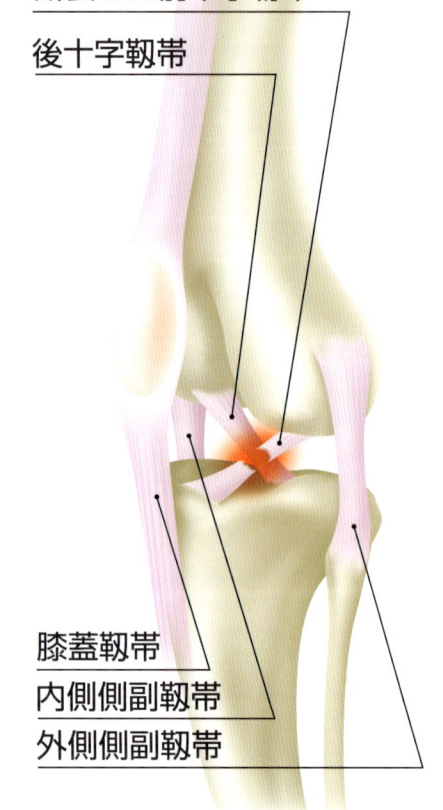

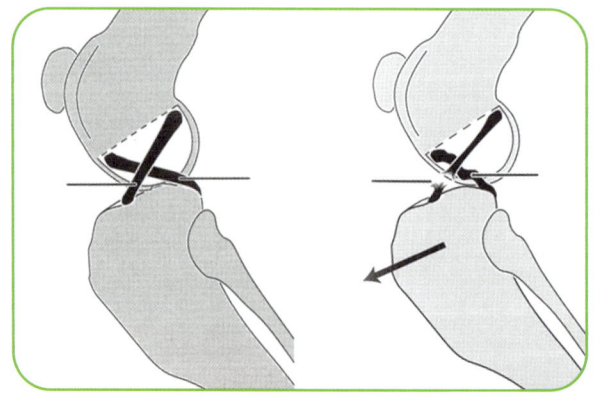

- 断裂した前十字靭帯
- 後十字靭帯
- 膝蓋靭帯
- 内側側副靭帯
- 外側側副靭帯

図7　前十字靭帯断裂の断裂の経過

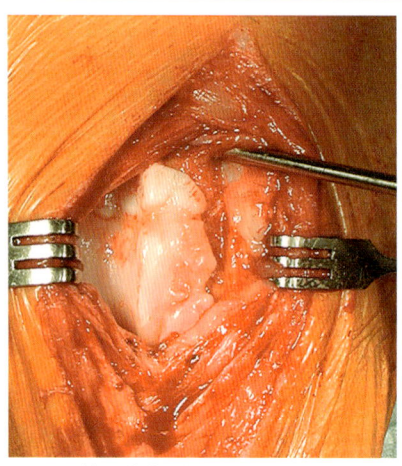

図8　前十字靭帯断裂によって、膝関節は二次的に関節炎が進行する。

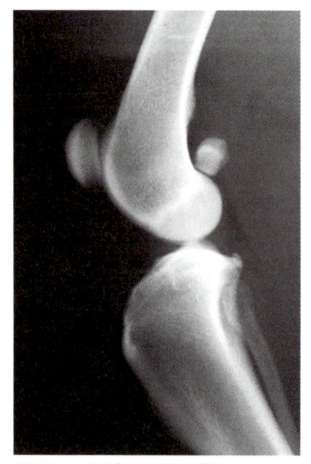

図9　正常な膝関節（レントゲン写真）

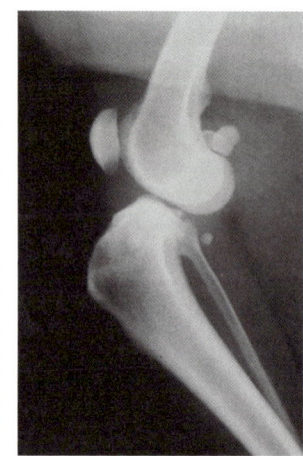

図10　前十字靭帯断裂を起こした膝関節（レントゲン写真）

前十字靭帯断裂（ぜんじゅうじじんたいだんれつ）

●**原因**：小型種より大型種で発症が多く、特にラブラドール・R、シベリアン・ハスキー、バーニーズ・M・D、小型種ではヨークシャー・テリア、柴犬などの肥満犬で発生する危険性が高い。大型犬は、4歳以下で断裂を起こしたり、慢性の膝関節関節炎が通常5～7歳で認められることが多いが、体重が15kg以下の小～中型犬では7歳以降に靭帯が断裂する傾向にある。雄よりも雌での断裂がより高く発生する。前十字靭帯の断裂の発生率は、不妊手術を行っている雌は去勢していない雄の2倍も発症しやすい。また、右と左の膝関節の両側で断裂する頻度は31％前後である。

　加齢に伴う靭帯変性や脛骨近位の骨形態異常、肥満による過負荷、免疫介在性疾患などが原因で起こる。最近では前十字靭帯の部分断裂が膝関節跛行の犬の25～31％と高率で認められる。

●**臨床症状と診断**：臨床症状は、断裂状態（部分断裂か完全断裂）、断裂の経過（急性か慢性）、半月損傷の合併の有無、変形性関節症（関節炎）の程度などにより様々である。急性の前十字靭帯断裂の犬は、重度の跛行で患肢に負重せずに挙上する。損傷後2～4週間すると跛行は徐々に和らぎ、犬は軽度～中程度の跛行となる。大腿部の筋萎縮は劇的には起こらないが、時間とともに大腿部が細くなる。部分断裂の場合は繰り返す跛行の原因となり、徐々に跛行状態が悪化し、膝関節の過伸展ストレスで痛みが認められる。慢性の前十字靭帯断裂を伴う犬は、膝関節の内側が肥厚している。また、前十字靭帯断裂によって、膝関節は二次的に関節炎が進行するため、正常な座る姿勢ができなくなり、横座りや患肢を投げ出して座るようになる。

　診断は、獣医師の触診により、前方引き出し検査あるいは脛骨圧迫検査によって、脛骨が大腿骨に比較し前方に変位する所見が認められることで確定するが、整形外科専門の獣医師でないと困難な場合もある。また、レントゲン検査、CT検査や関節鏡検査も関節炎や併発症などの重要な診断材料となる。

●**治療**：治療法の決定は、動物の年齢、身体の大きさ、体重、使用目的（たとえば、活動的な狩猟犬に対し不活発な家庭犬）、整形外科的併発症あるいは全身状態などにより治療法を選択する。

　小型犬では、外科的処置をせずに保存（すなわち非外科的）療法で改善する場合があるが、改善の少ない場合には手術を行う。保存療法は基本的に短い綱で歩行させるように活動を制限し、体重を減少させ、鎮痛剤を用いる。半月板損傷、膝蓋骨内方脱臼を併発している場合には手術が必要となることが多い。

　中型犬や大型犬の前十字靭帯断裂では、一般的に外科手術が必要となるが、過度に肥満している場合には、減量後に手術する必要がある。手術は主に、(1)**外側腓腹筋頭種子骨-脛骨結節縫合手術**、(2)**腓骨頭転移手術**、(3)**脛骨プラトー水平化骨切り手術**の3つの方法が一般的である。

　手術後は充分なリハビリテーションを行うことで、患肢機能がさらに改善する。特に可動域訓練と水泳によるリハビリテーションは有効である。経験豊富な手術術者での手術成績は非常によい。

●**予防と対策**：肥満しないように注意し、フローリングなどの滑る床の場合には滑らない床材に変更する。特に片側の前十字靭帯断裂を起こした犬は1年半以内に20～40％で反対側の靭帯断裂が起こる可能性があるため、注意が必要である。

Ⅲ 骨折

図11 骨折とは骨が折れたり亀裂が入ることだが、実は骨だけの問題ではなく、骨折周囲の皮膚、神経、血管、筋肉、臓器などの損傷を伴っていることが多い。

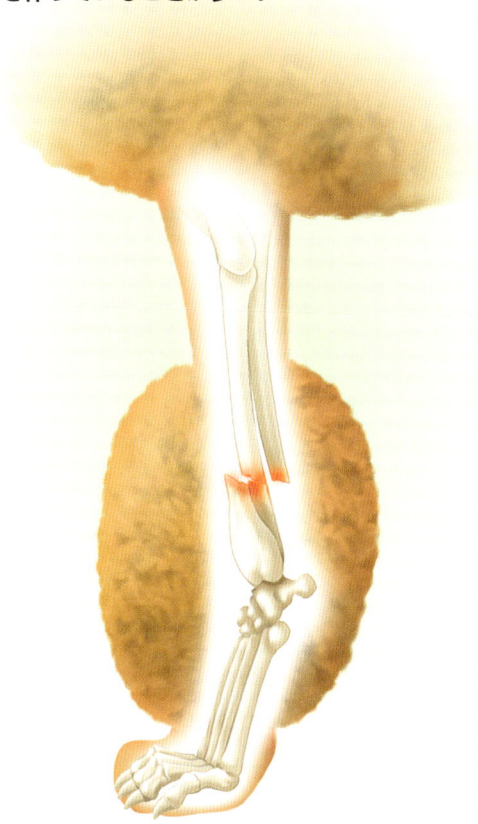

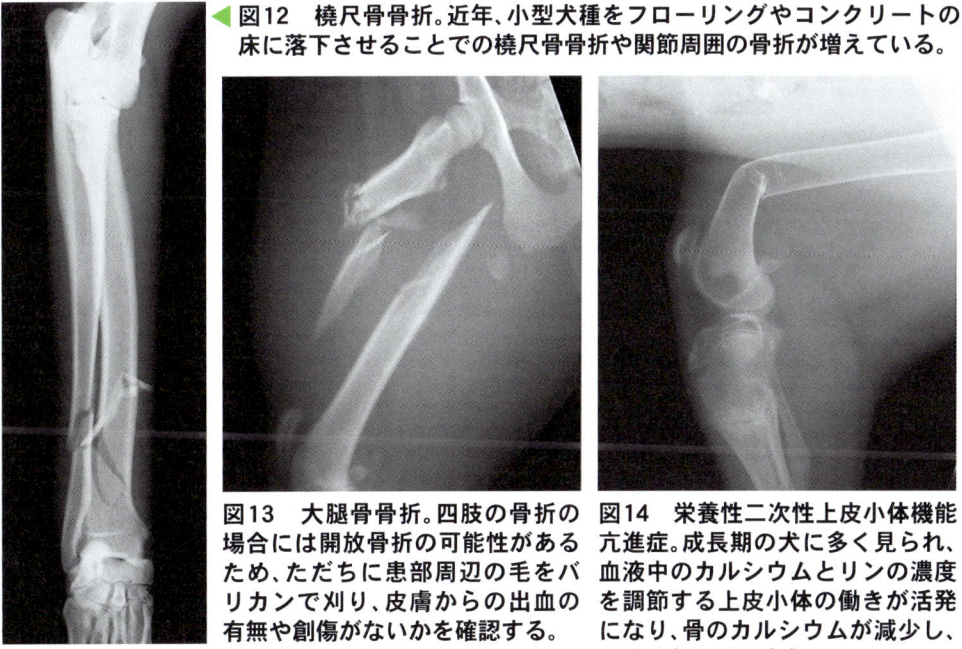

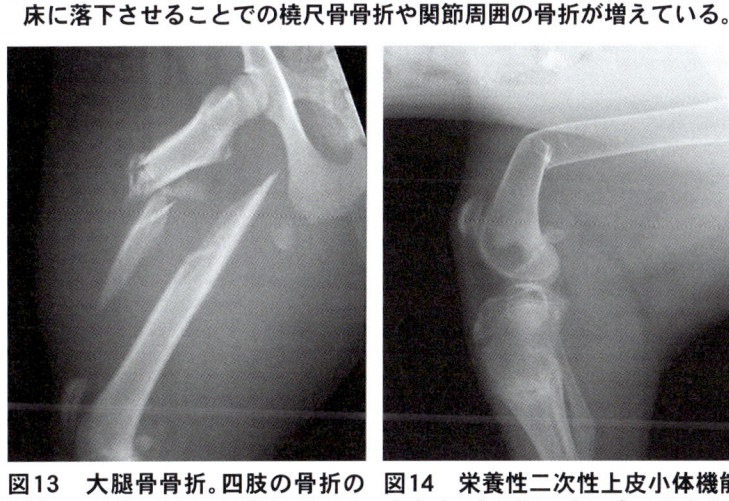

図12 橈尺骨骨折。近年、小型犬種をフローリングやコンクリートの床に落下させることでの橈尺骨骨折や関節周囲の骨折が増えている。

図13 大腿骨骨折。四肢の骨折の場合には開放骨折の可能性があるため、ただちに患部周辺の毛をバリカンで刈り、皮膚からの出血の有無や創傷がないかを確認する。

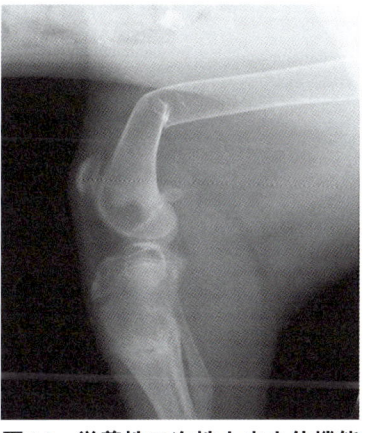

図14 栄養性二次性上皮小体機能亢進症。成長期の犬に多く見られ、血液中のカルシウムとリンの濃度を調節する上皮小体の働きが活発になり、骨のカルシウムが減少し、もろくなってしまう。

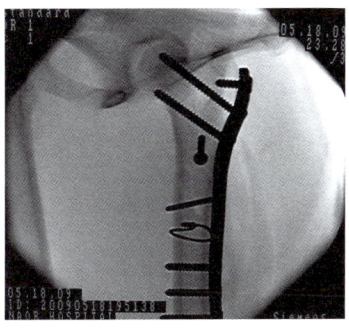

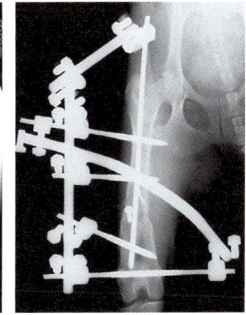

図15、16 骨折の治療法
犬の骨折の治療法には、ギプスなどの外固定のほか、ピン、プレートやスクリューによる固定(図15【左】)、創外固定(図16【右】)などがある。

骨折（こっせつ）

●**原因**：主に外傷による骨折と病的骨折に分類される。外傷による骨折は、交通事故や高所からの転落などによる強い外力で骨折を起こす場合と、落下や転倒などの比較的小さな外力が原因の場合がある。病的骨折とは、腫瘍や骨粗鬆などの基礎疾患のために骨自体の強度が低下した部位に骨折を起こした場合を指す。

また骨折は、開放骨折（骨折部位が皮膚を突き破って外に露出した骨折）と非開放骨折に分類される。さらに成長期の犬の場合には成長板骨折という成長板（骨の端の方の骨が成長する部位）が骨折する場合があり、成長に従い骨が変形する場合もある。近年ではチワワやトイ・プードルやポメラニアンなどの小型犬を抱いていて、フローリングやコンクリートの床に落下することが原因で、橈尺骨骨折や関節周囲の骨折をする場合が非常に多い。

●**症状**：骨折が起こった場合には「痛み」や「跛行」を示し、患部の圧痛や腫れが認められる。多くの場合、非常に強い痛みを伴うことが多い。また、交通事故などの強い外力で骨折が起こっている場合には、肺、肝臓や膀胱などの臓器も同時に損傷している可能性があり、骨盤や脊椎や頭蓋骨などの骨折の場合には麻痺や意識消失などの神経症状を伴うこともある。

●**診断**：骨折は非常に強い痛みを伴っていることが多く、犬も動転しているために飼い主が咬まれる可能性があり、充分に注意する必要がある。骨折を起こした動物は骨折の原因にもよるが、生命にかかわるショック症状や出血を起こしていることがあるため、救急治療を必要とする場合がある。その後、全身状態が安定してから骨折の治療を開始する。四肢の骨折の場合には開放骨折の可能性があるため、ただちに患部周辺の毛をバリカンで刈り、皮膚からの出血の有無や創傷がないかを確認する。開放性骨折であれば早急に抗生物質の投与や処置を行う必要がある。

診断は触診とともにレントゲン検査を行う。また、同時に他の部位の損傷がないかを充分に確認する。骨盤骨折や関節周囲の骨折の場合など、レントゲン検査だけでは診断が不正確な骨折の場合には、ＣＴ検査やＭＲＩ検査を行う。

●**治療**：骨折の治療方針は犬の年齢、体重、骨折部位、骨折の程度、周囲の靭帯や腱、筋肉、神経の損傷の有無や程度により決定する。治療法には、ギプスなどの外固定、ピン、ワイヤー、プレート、スクリュー、創外固定法などの固定法がある。骨折治療後は安静が必要であるが、犬の場合には完全な安静は困難であり、一般的にはギプス固定のみでは合併症が起こることが多いため、手術が必要になることが多い。開放骨折の疑いがある場合には、毛をバリカンで刈って皮膚に穴が開いていないか判断する。開放骨折の場合には、ただちに抗生物質の投与とともに、傷口を洗浄・消毒する。重症の開放骨折では皮膚、筋肉、腱、靭帯、骨、血管の損傷を伴うことが多いため、治療が困難で治癒に時間がかかる。手術後には適切な運動制限と同時に、周囲関節の可動域訓練や筋力強化運動などのリハビリテーションが必要となる。

●**経過**：適切な手術を行った場合には、2〜3カ月以内で骨癒合する。合併症には感染、癒合不全（骨が癒合しない）、変形癒合（曲がって癒合）、周囲の関節の動きが悪くなる、などの骨折病などがある。それらの合併症は小型犬の橈尺骨骨折や成長板骨折で多いため、経験豊富な専門の獣医師の手術が望まれる。

Ⅳ 股関節形成不全症

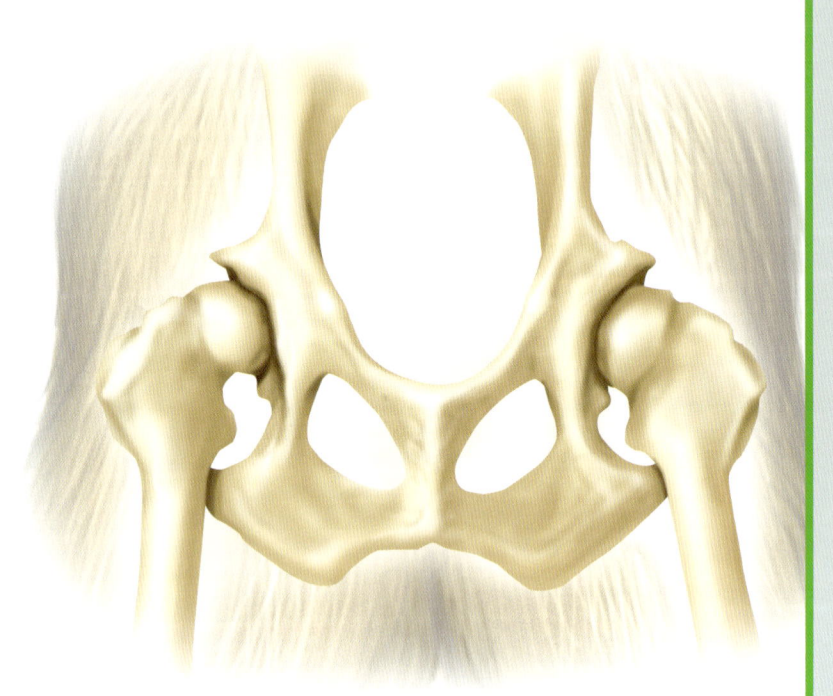

図17 股関節形成不全症
寛骨臼と呼ばれる骨盤のカップが浅く、大腿骨の骨頭がしっかり収まらない。

股関節の緩みの進行 ▶

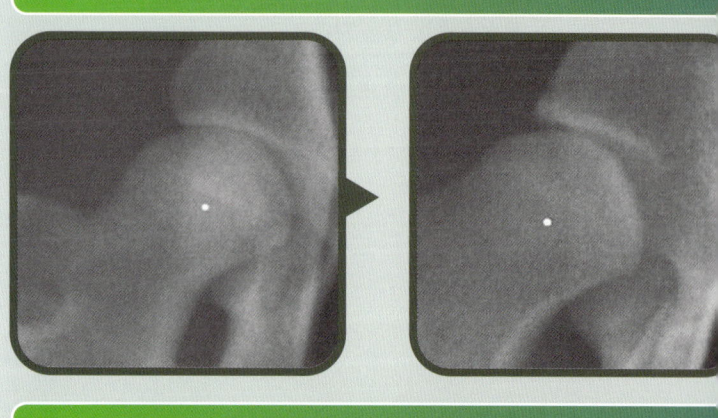

関節炎の進行 ▶

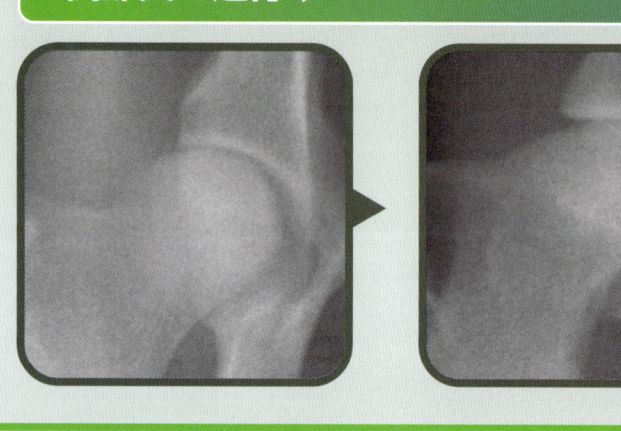

図18 股関節形成不全症の病態は、はじめに「股関節の異常な緩み」がこり、その結果として「股関節炎」が発すると考えられている。したがってCHDの診断は、「股関節の緩みの程度」(図の上段)と「関節炎の程度」(図

股関節形成不全症（こかんせつけいせいふぜんしょう）

英語でCanine Hip Dysplasia、通称CHD、またはHD。股関節は、ボール状の大腿骨の骨頭が、寛骨臼と呼ばれる骨盤のカップの中に収まっている状態が普通。しかしHDの犬は股関節の「緩み」が強いために、カップ状の寛骨臼が浅くなり、ボール状の骨頭がしっかり収まらなくなり、不安定な状態となる。そのため、寛骨臼と大腿骨頭はゴツゴツと擦れ、関節軟骨や靭帯に損傷が起こる。この結果、亜脱臼や変形性関節疾患（関節炎）が起こる。

●**原因**：発症の要因の約70％が遺伝的要因、30％が環境的要因と考えられている。大型犬や超大型犬、特にラブラドール・R、ゴールデン・R、バーニーズ・M・D、シェパード犬、セント・バーナード、ボーダー・コリーなどで発症が多い。環境的要因は「肥満」や「運動過負荷（滑りやすい床や激しい運動など）」だと言われている。また、肘関節異形成症などの疾患は股関節形成不全と併発して起こる場合もある。股関節形成不全罹患犬の93％が両側の股関節に異常がある。

●**症状**：症状の表れ方には年齢により3つのタイプがある。1番目は、生後4カ月から1年未満の成長期に痛みを感じるタイプ。この場合、子犬のころから、歩いたり、立ったり、走ったりが困難になるような痛みを感じている。2番目は、1歳以上で、数カ月から数年にわたって症状がないタイプ。このケースでは、特に身体的な症状、行動も見受けられないが、環境的な要因によって関節の状態が変化し、関節炎が徐々に進行していく。3番目は、4歳以上で強い関節炎による痛みを伴う犬。後肢の筋肉が萎縮し、歩いていてもすぐに座り、歩行が困難。股関節の可動範囲も極端に狭い。

関節炎が軽度から中程度ならば、2番目のタイプ、すなわち症状があまり出ない場合が多い。しかし、症状は徐々に出てくるので、飼い主としては、それを見逃さないように観察することが大切。注意すべき症状としては、不自由な足取りで歩いたり、散歩の途中で座り込んだり、階段の上りを嫌がったりなどの行動となる。また、左右の太ももの太さが違う、腰が平たくなっていないかなど、身体的な変化も観察。犬は言葉で「痛い」と訴えることはできないので、行動や体に表れるサインを見逃さないようにしたい。

●股関節形成不全症の症状
◆走り出す時に、左右の後ろ足が同時に出て、ウサギ跳びのようになる。
◆歩く時に、腰をフラフラと左右に大きく振る。後ろ脚は歩幅が狭く、また、強く踏み込んでいない。これはモンロー・ウォークと呼ばれる歩き方。
◆歩く時に、前脚の歩幅より後ろ脚の歩幅のほうが狭く、頭をしっかりと上げず、頭を下向き加減にして、背中を丸めている。
◆歩行時に腰の上に手を当てるとコツコツと感じる。これは脱臼した股関節が寛骨臼内に整復されたときに発する感覚・音である。
◆後ろから見ると、腰の部分が平たく、お尻に向かって幅広になっている（ボクシー・ヒップ）。
◆散歩の途中で座り込む。
◆ボールやディスクで遊ぶ時に、ジャンプをするのを嫌がる。階段の上りを嫌う。車に飛び乗らない。
◆伏せたり、寝ている状態から立ち上がる時のスピードが遅く、立つ時に、何となくぎこちない。
●**診断**：股関節形成不全を持つ愛犬の飼い主の50％しか股関節

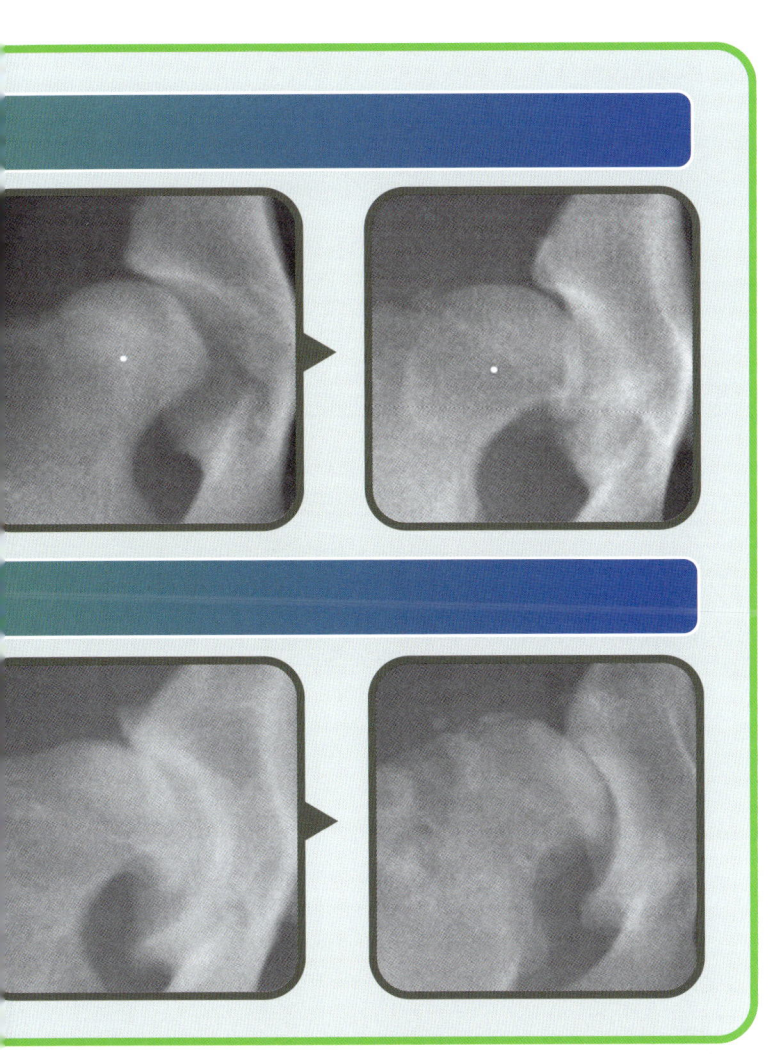

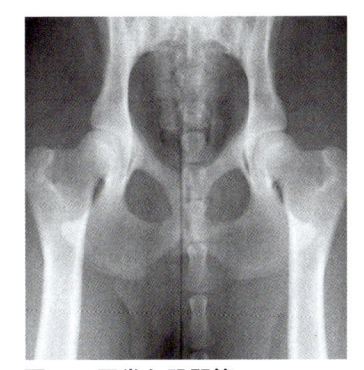

図19　正常な股関節 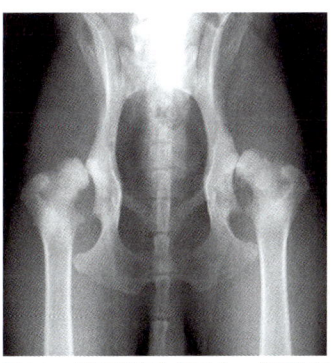　　図20　股関節形成不全―亜脱臼

●**治療**：股関節形成不全症の治療の目的は、主に疼痛を緩和し、関節炎の進行を抑えることであり、生涯にわたり疾患とうまくつき合っていくことになる。保存的治療と外科手術があり、犬種、体重、年齢、期待する機能回復の程度、関節の緩みの程度、関節炎の程度、他の関節の状況などに応じて治療を選択する。股関節形成不全症の治療法は近年になり非常に進歩した。保存的治療で80％以上の犬がほぼ普通の生活を送ることができる。保存的治療がうまくいかない場合でも、最終的に外科治療を行うことで90％以上の犬が充分に満足な生活が可能となる。

保存的治療

体重管理、運動療法、薬物投与が主体である。体重管理は最も重要であり、関節に対する負荷を軽減することで、疼痛の緩和と関節炎の進行を遅くすることができる。

運動療法の基本は、痛みの出ない程度に筋肉量を保持することにある。水泳によるリハビリテーションは最も有効な運動療法であり、関節の機能回復や後肢の筋肉量を増加させるのに非常に有効である。薬物療法は、主に疼痛がある場合に非ステロイド系消炎鎮痛剤や軟骨保護剤を用いる。

外科治療

手術が必要なのは、重度の痛みがある場合や重度の関節炎が予測される場合だが、このケースは全体の約10％程度ほどしかない。

骨盤三点骨切り術（TPO）

大腿骨頭と寛骨臼の適合性を再建する方法であり、手術適応は10カ月齢以前で関節炎のない犬に行う手術方法。

股関節全置換術

重度の関節炎に対して機能回復を図るために人工関節を埋め込む手術。合併症として再脱臼、人工関節の緩み、坐骨神経麻痺、感染などが起こる場合がある。

切除関節形成術

大腿骨頭および大腿骨頸を切除し、股関節を偽関節として安定化させる方法。水泳による手術後の早期積極的リハビリテーションを行うことで大型犬でも術後の機能回復が良好となる。

●**予防と対処法**：犬の股関節形成不全症は遺伝性疾患であるため、明らかに遺伝的素因のある犬は交配させるべきではない。股関節形成不全になると、正常な関節に戻すことはできないが、症状が深刻にならないように、進行を遅らせることは可能である。

股関節の関節炎の進行には、環境要因が大きく影響する。環境要因としては肥満を避け正しい運動プログラムを行うことである。水泳による理学療法は最も効果的な運動が可能である。また、フローリングなどの滑る床での生活は避けるべきである。

専門獣医師のアドバイスのもと、愛犬の股関節の状態、運動量、食事等を考慮し、股関節形成不全に対処すべきである。

段）が主な診断基準となる。そして関節炎が起こっていることが明らかな場合は、CHDであるという確定的な診断となる。ちなみに、図の上・段ともに、右へ進むほどに重度のCHDを示している。

形成不全であることに気付いていない。「症状が出ていないから大丈夫」ではなく、診断はレントゲン検査をする必要がある。

■触診

股関節を伸展位にすると痛がる。股関節の可動域の減少（麻酔下の正常犬では110°、重度のCHDでは正常の1/2以下となる）。専門的には股関節の緩みを調べる検査としてOrtolani TestやBarden Testなどの触診方法がある。

■レントゲン検査

1、股関節標準伸展撮影像（OFA View）

股関節伸展位のポジショニング法を標準像とし、診断基準として関節の緩み（亜脱臼）と関節炎の発現に焦点が置かれた主観的な評価方法で、シェパード犬とラブラドール・RではCHDになる犬は6カ月時に40％がレントゲンで明らかとなり、1歳時に70～80％、2歳時に90％が明らかとなる。しかしながら、2歳時のOFA標準像での偽陰性率は5～8％という報告がある。

2．PennHIP法

ストレス-レントゲン法で股関節の「緩み」を伸延係数（Distraction Index；DI）という数値で表現する方法。生後4カ月齢という早期にCHDの予測を行う方法であるが、PennHIP法は認定獣医師しか検査することができない。

3．Frog-leg View（カエル姿勢像）

…などの様々な撮影方法がある。その他にCT検査や関節鏡検査によりさらに詳細な診断方法がある。

Ⅴ 肘関節異形成症

図22 上腕骨内側顆の離断性骨軟骨炎 OCD
肘突起不癒合 UAP
内側鉤状突起分離 FCP
間接不適合 Joint incongruity INC

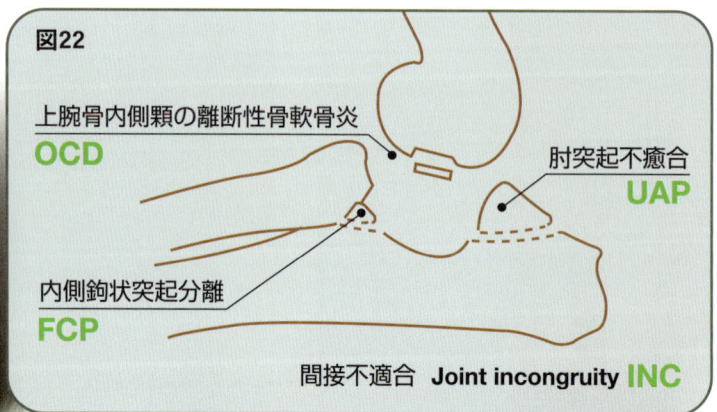

図22 犬の肘関節異形成は、(1)尺骨の内側鉤状突起の分断(FCP)、(2)上腕骨内側顆の離断性骨軟骨炎(OCD)、(3)肘突起不癒合(UAP)、(4)関節面の不一致(EI)の4つの病変が原因の主体と考えられている

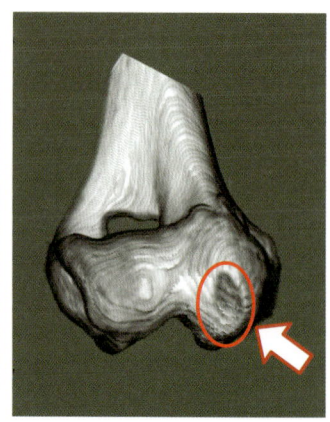

図25 肘関節の離断性骨軟骨炎、○で囲まれた部位の軟骨がはがれて、肘関節に炎症を起こす。

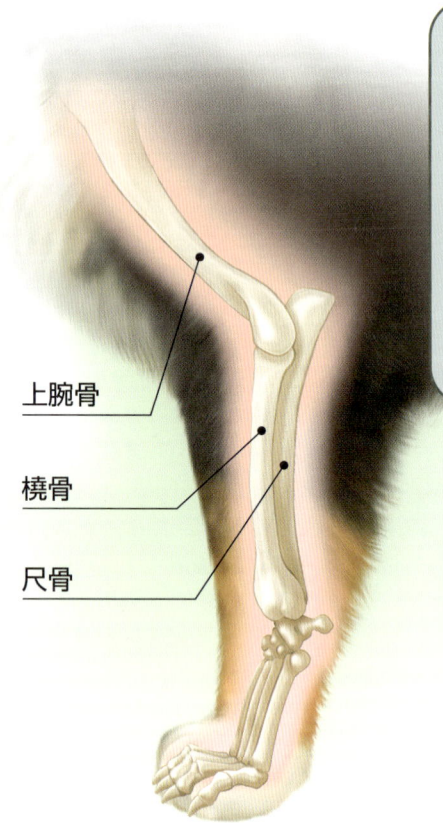

上腕骨
橈骨
尺骨

図21 正常な肘関節

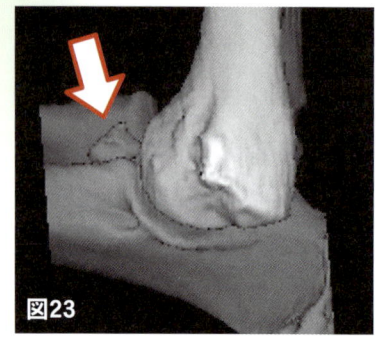

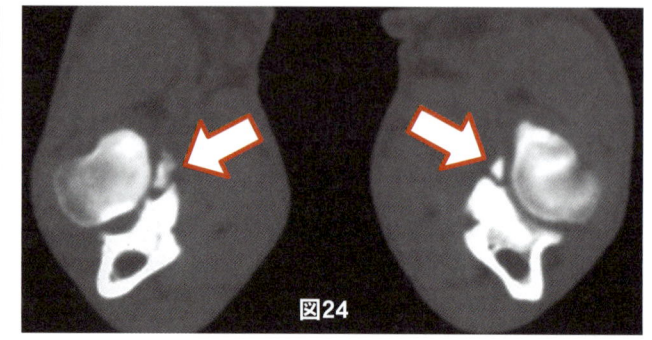

図23、24 肘関節異形成症の3D-CT写真。小さな骨(内側鉤状突起)が分離しているのがわかる(矢印参照)。

肘関節異形成症(ひじかんせついけいせいしょう)

　肘関節異形成症(英語でElbow Dysplasia、通称ED)は大型犬から超大型犬種の、4〜10カ月齢前後の成長期に前肢跛行の原因として比較的多く認められ、多遺伝子性の遺伝性疾患であると考えられている。

　罹患率は診断法や国によって様々であるが、Audell 1995の報告では、ロットワイラー(46%)、バーニーズ・M・D(34%)、セント・バーナード(34%)、シェパード犬(20%)、ゴールデン・R(20%)、ラブラドール・R(15%)と多発し、雄の方が雌よりも罹患しやすい。また、20〜50%の症例では両側性に罹患する。EDは成長とともに肘関節の関節炎が進行し、成犬時には重度の跛行の原因となるため、早期診断と治療が非常に重要である。

●**原因**：以下の4つの病変が原因の主体と考えられている(図22)。(1)尺骨の内側鉤状突起の分断 Fragmented medial coronoid process(FCP)、(2)上腕骨内側顆の離断性骨軟骨炎 Osteochondritis disscecans(OCD)、(3)肘突起不癒合 Ununited anconeal process(UAP)、(4)関節面の不一致 Elbow joint incongruity(EI)。

　このような様々な病変のひとつ以上に罹患している場合を肘関節形成不全症と診断する。これらの病変を持っていると、結果として関節炎が発現・進行し跛行の原因となる。

●**症状**：発症が最も起こりやすいのは4〜10カ月齢である。症状は軽度な前肢跛行から重度跛行まで様々であり、歩行の際に頭部が上下する。初期の症状は子犬時で、軽い跛行の場合や、明白な跛行ではなく前肢の歩様がぎこちなくなるような場合が多い。約半数の症例では患肢の足先が外旋し、やや外転している(図25)。跛行を示す例は氷山の一角であり、症状の出ていない90頭のバーニーズ・マウンテン・ドッグの調査では、そのうち正常犬の割合は49%、軽度の関節炎を有する犬26%、中程度の関節炎16%、重度の関節炎9%という報告がある。50%以上の症例では、右側と左側の両方の肘関節が罹患し、両側性の場合には明白な跛行ではなく前肢の歩様がぎこちなくなることもある。性別による罹患率の明確な違いは明らかではないが、急速に成長する大型犬種の雄犬のほうがEDを引き起こしやすい傾向にある。成長期に軽度跛行の場合には、肘関節形成不全症を見逃してしまうと、成犬になって肘関節の関節炎が重度に進行し、強い症状が発現することがある。

●**診断**：獣医師の触診で肘関節に関節液が溜まっている場合や、肘関節の動く範囲(可動域)が狭い(特に完全に曲がらなくなる)場合がある。また、肘関節を完全に伸ばした時に痛みが出ることが多い。レントゲン検査は必須であるが、肘関節異形成症は遺伝性疾患であるため、そのスクリーニング検査を行なう際には国際的に決まったレントゲン撮影方法(ⅠEWG, International Elbow Working Group)で行うことが推奨されている。レントゲン検査で不充分な場合には、CT検査(図23、24)や関節鏡検査で確定診断する。

　また、肘関節異形成症と股関節形成不全症との遺伝的な関連性はわかっていないが、高確率で併発していることから、肘関節異形成症と診断された場合には、股関節形成不全症も同時に検査するほうが望ましい。

図26 股関節異形成症のバーニーズ・マウンテン・ドッグ。患肢の足先が外旋し、やや外転している

●**治療**：その目的は、主に疼痛を緩和し、関節炎の進行を抑えることであり、生涯にわたり疾患と上手くつき合っていくことになる。保存的治療と外科手術があり、犬種、体重、年齢、関節炎の程度、他の関節の状況などに応じて治療を選択する。1歳齢以下のラブラドール・R、ゴールデン・R、ロットワイラーなどの大型犬の場合で前肢跛行、肘関節の痛み、肘関節に軽度骨関節炎がある場合には、手術を行う場合が多いが、成長に伴い関節炎は進行していくことが多い。

外科療法

重度なDJD（変形性関節症）がなく、痛みのある場合で、関節炎が進行する前（7～8カ月齢未満）に手術を行なった方が経過は良好である。また、最近は関節鏡手術をすることで、治療成績が向上しており、手術後の水泳療法などのリハビリテーションも重要である。しかしながら、1歳6カ月齢以降の関節炎が重度の症例では手術不可能な場合もある。成犬の肘関節異形成症では、肘関節の関節炎により小さい骨の塊（「関節ネズミ」と呼ばれている）が関節に挟まり、突然の強い跛行となる場合がある。その場合には関節鏡手術を行う場合がある。

保存療法（手術しない場合）

重度な骨関節症のある18カ月齢以上の犬、痛みのない場合で、主に体重制限や運動制限を行ったり、鎮痛消炎剤を用いたりする。また、水泳療法等の理学療法で良好に維持できる場合が多い。

●**予防と対処法**：遺伝性疾患であるため、明らかに遺伝的素因のある犬は交配させるべきではない。肘関節異形成症になると、正常な関節に戻すことはできないが、症状が深刻にならないように、進行を遅らせることは可能である。

肘関節の関節炎の進行には、環境要因が大きく影響する。環境要因としくては肥満を避け、正しい運動プログラムを行うことである。水泳による理学療法は最も効果的な運動が可能である。また、フローリングなどの滑る床での生活は避けるべきである。

専門獣医師のアドバイスのもと、愛犬の肘関節の状態、運動量、食事等を考慮し、肘関節異形成症に対処すべきである。

VI その他の筋骨格系の病気

レッグ・ペルテス病（Legg-Calve-Perthes病）

成長期の小型犬の後肢跛行の原因のひとつで、発症頻度は比較的高い。ヒトで似た疾患があるためにこの疾患の発見者の名前が疾患名になっている。罹患した犬は股関節の関節痛が強く、股関節の伸展（後肢を後ろに伸ばす）と強い痛みがある。したがって、この病気は早期に診断し、重度の場合には手術を行う必要がある。また、手術後の水泳による早期のリハビリテーションを行うことで確実に治すことが可能となる。

骨肉腫（こつにくしゅ）

犬の骨格系の腫瘍には骨肉腫、線維肉腫、軟骨肉腫、血管肉腫、多小葉性骨軟骨肉腫、骨腫、骨軟骨腫、内軟骨腫、軟骨腫、骨化性線維腫、骨巨細胞腫、リンパ腫、多発性骨髄腫などがあるが、骨肉腫Osteosarcoma（OS）は骨の悪性腫瘍の85％以上を占める。骨肉腫の犬の29％が体重40kg以上、90％以上が体重20kg以上と大型犬に発症が多い。しかしかしながら、体重15kg以下の骨肉腫は5％で、それらの59％が脊椎などの体軸骨格が原発と報告されている。

犬の骨肉腫は肺に転移しやすく、発症から1年以内に死亡する可能性が高い。犬の関節の腫瘍は滑膜肉腫が代表的である。

関節リウマチ（かんせつりうまち）

関節の免疫介在性関節疾患であり、複数の関節の非感染性炎症を起こし関節液が貯留する疾患のこと。糜爛タイプと非糜爛タイプに分類され、糜爛タイプは関節軟骨の破壊が起こり、非糜爛タイプは全身性紅斑性狼瘡（SLE）という免疫疾患に合併して起こる。日本ではミニチュア・ダックスフントでの発症が最も多く認められる。これは、特発性糜爛性多発性関節炎（IEP）ともいわれ、ヒトの関節リウマチに類似している。本疾患は早期診断と早期治療が必須である。

汎骨炎（はんこつえん）

長骨の骨幹（尺骨近位、上腕骨遠位、橈骨中央、大腿骨近位～中央、脛骨近位が多い）の骨髄に強い炎症を起こす疾患。原因は不明。大型犬、特にシェパード犬が最も侵されやすい。グレート・デン、ドーベルマン、ゴールデン・R、ラブラドール・R、バセットハウンドで好発する。若齢（6～18カ月）で発症する。

突然、外傷と関連しない跛行が始まり、重度の跛行が2～3週間から数カ月続くことがあり、ひとつの肢から他の肢へ数週ごとに移動する場合がある。侵された骨を触診すると圧痛がある。痛みのある患肢は全てレントゲン撮影を行ない診断する。治療は食事管理（高カロリー食から低カロリー食に変更）、運動制限、非ステロイド系消炎鎮痛剤を投与する。診断から遅くとも12～18カ月後に治癒し、後遺症は残らない。

Chapter 1-13-1

図1　犬の脳

脳梁／脳下垂体／視床下部／視床／中脳／小脳／橋／延髄／間脳

犬の脳と役割

大脳：記憶、感情、思考、随意運動、など
小脳：運動の調節、平衡感覚の中枢、など
間脳（視床、視床下部）：体温や体液などの調節、嗅覚以外の感覚神経の中継点、など
中脳：姿勢保持、目の動きや瞳孔の調節、など
延髄：呼吸、心臓の動きの調節、だ液分泌や飲み込み、咳などの反射、など
橋：延髄とともに呼吸、循環などの反射、左右の小脳の連絡通路、など

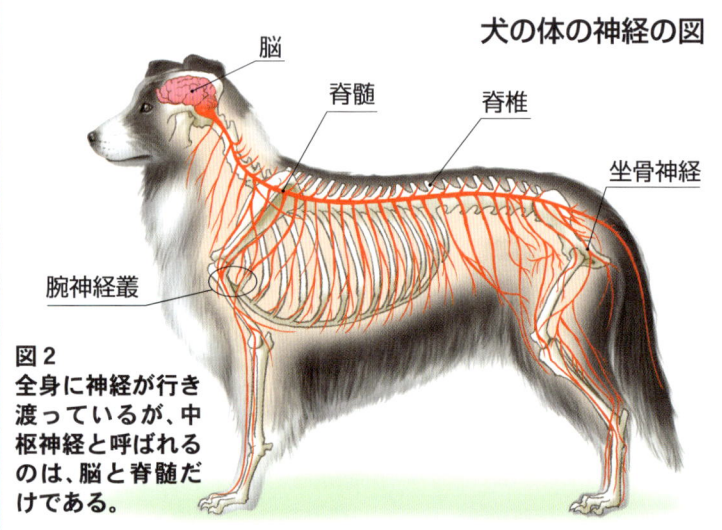

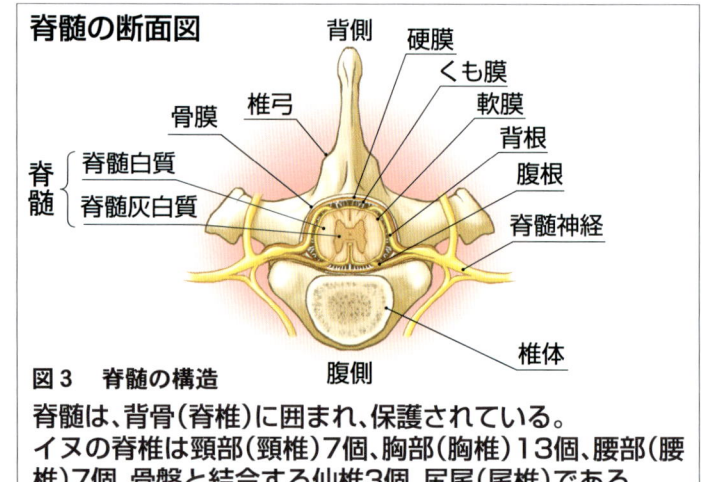

犬の体の神経の図　　脊髄の断面図

脳／脊髄／脊椎／坐骨神経／腕神経叢
背側／硬膜／くも膜／骨膜／椎弓／軟膜／背根／脊髄白質／腹根／脊髄灰白質／脊髄神経／椎体／腹側

図2　全身に神経が行き渡っているが、中枢神経と呼ばれるのは、脳と脊髄だけである。

図3　脊髄の構造
脊髄は、背骨（脊椎）に囲まれ、保護されている。イヌの脊椎は頸部（頸椎）7個、胸部（胸椎）13個、腰部（腰椎）7個、骨盤と結合する仙椎3個、尻尾（尾椎）である。

脳と脊髄の病気

脳と脊髄は中枢神経系と呼ばれ、それぞれ頭の骨（頭蓋骨）と背骨（脊椎）で囲まれている。脳や脊髄は部位によって機能が特殊化されており、病気によって障害される部位や範囲によって症状が大きく異なる。また、脳や脊髄は再生が困難な器官のひとつであるため、病気の早期診断、早期治療を要する。

I てんかん

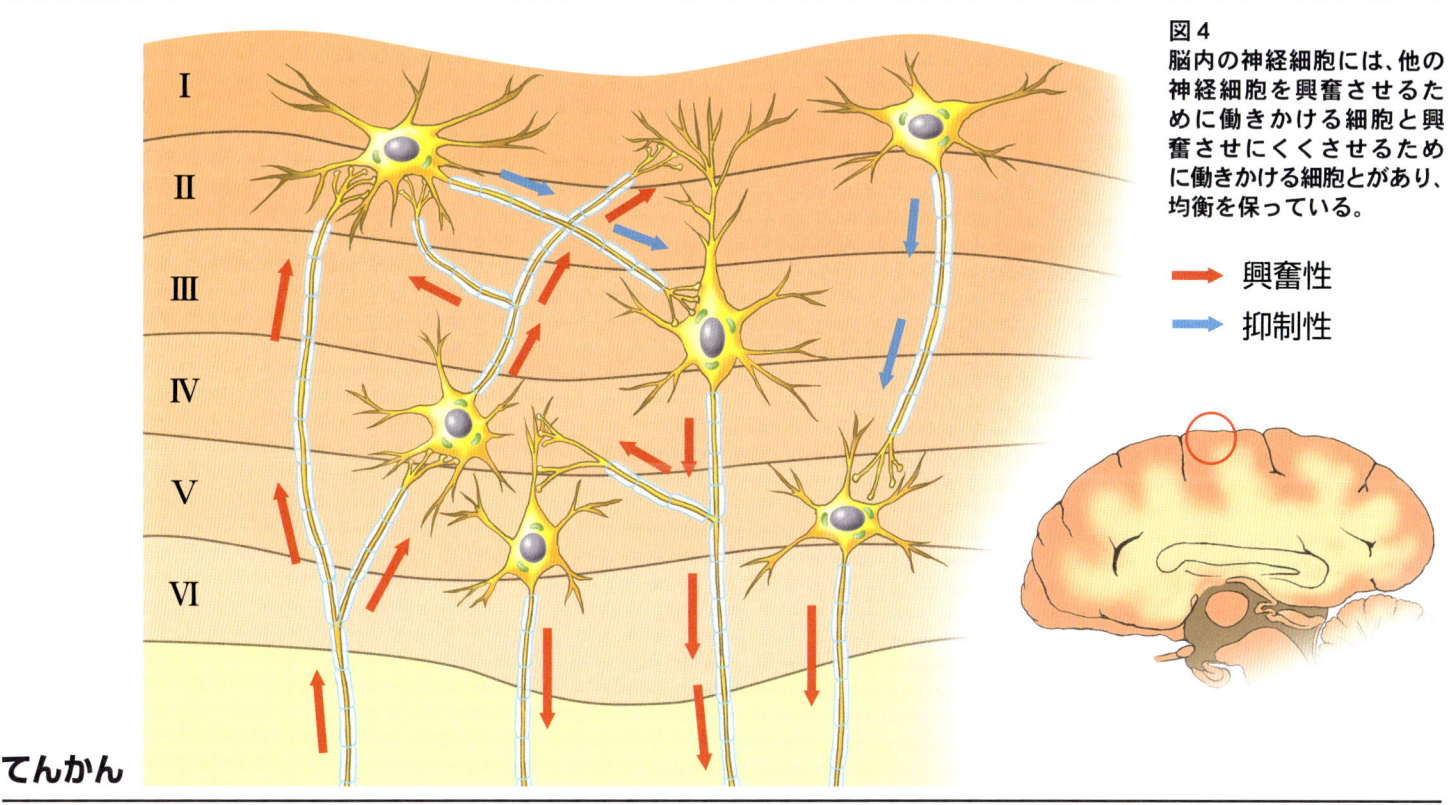

図4
脳内の神経細胞には、他の神経細胞を興奮させるために働きかける細胞と興奮させにくくさせるために働きかける細胞とがあり、均衡を保っている。

→ 興奮性
→ 抑制性

てんかん

てんかんは、大脳の神経細胞の異常興奮により引き起こされる症状が、繰り返し認められる疾患である。脳内に、腫瘍や炎症や奇形など、明らかな形の変化を認めるてんかんを「症候性てんかん」といい、そのような病変が無いものを「特発性てんかん」という。症状は様々であり、意識を失い全身の痙攣を起こすもの、痙攣と脱力を繰り返すもの、四肢をバタバタさせるものといった全身に現れるタイプや、顔面の筋肉や、一肢だけの筋肉が動いてしまう、といった身体の一部に限局して現れるものや、飛んでいるハエを捕らえようとするかのように空中を噛むような異常な行動が見られることがある。

てんかん、およびその症状である発作の発生は、神経細胞の興奮性と抑制性の不均衡によるものと考えられている。脳内の神経細胞には、他の神経細胞を興奮させるために働きかける細胞と、興奮させにくくさせるために働きかける細胞とがあり、均衡を保っている。この均衡を崩すような神経同士のネットワークが構築された際に、発作が生じやすくなると考えられている。

犬の特発性てんかんには、遺伝的要素が大きく関わっていると考えられているものがあり、その代表的な犬種は、ビーグル、シベリアン・ハスキー、シェットランド・シープドッグ、ラブラドール・R、ゴールデン・R、ジャーマン・シェパード・ドッグなどである。

診断は、問診、一般神経学的検査によりてんかんを疑い、心電図検査や血液検査などにより、脳以外の発作を引き起こす可能性のある病態を除外することによって行われるのが一般的であるが、特殊な検査として脳波検査やMRIなどを用いて、特発性てんかんを確定したり、症候性てんかんの原因を探ることもある。

治療は、抗てんかん薬を内服することにより行うが、抗てんかん薬は、神経細胞の興奮を抑えたり、抑制を強くしたりするためのものである。そのため内服を休止すると発作が起こる可能性があるので、非常に長期間、場合によっては生涯続ける必要がある。抗てんかん薬も他の多くの薬と同様に、副作用がある。てんかんの治療を始める際には、副作用のリスクがあっても抗てんかん薬を飲むことが望ましいとされる、以下のような発作の状況がある。

1. 3カ月に2回以上の発作が認められる。
2. 1年に2回以上、群発発作（1日のうちに複数回発作がある）が認められる。
3. 発作重積（発作が止まらない）となる。
4. 発作後期の症状が重度である。
5. 症候性てんかんであることが明らかである。

現在、獣医領域で一般的に用いられる抗てんかん薬には、フェノバルビタール、臭化カリウム、ゾニサミド、ジアゼパム、ガバペンチンなどがある。

てんかんは、神経細胞の過剰な興奮によって引き起こされる脳の病気であるため、発作が頻発する場合には、神経細胞死が起こり脳損傷を生じることもある。一方、特発性てんかんでは発作重積を起こさず、抗てんかん薬によって良好に発作をコントロールできる場合には、てんかんを持たない犬とほぼ同じ寿命を全うできるという研究がある。てんかんの治療は、適切な診断に基づく、最適な治療を選択できる施設で行われることが重要である。

てんかんの診断で行われる問診

てんかんの多くは、診察時にその発作症状を確認できることが少ない。そのため、診断には飼い主からの情報が重要になる。問診は、発作の始まりから終わりまでの症状とおおよその時間、今回の発作が初めてか、複数回起こしているとしたら同じ症状か、初めての発作の年齢、発作の間隔、発作前と後の様子について行われる。

Ⅱ 水頭症/脳炎/脊髄炎/椎間板ヘルニア

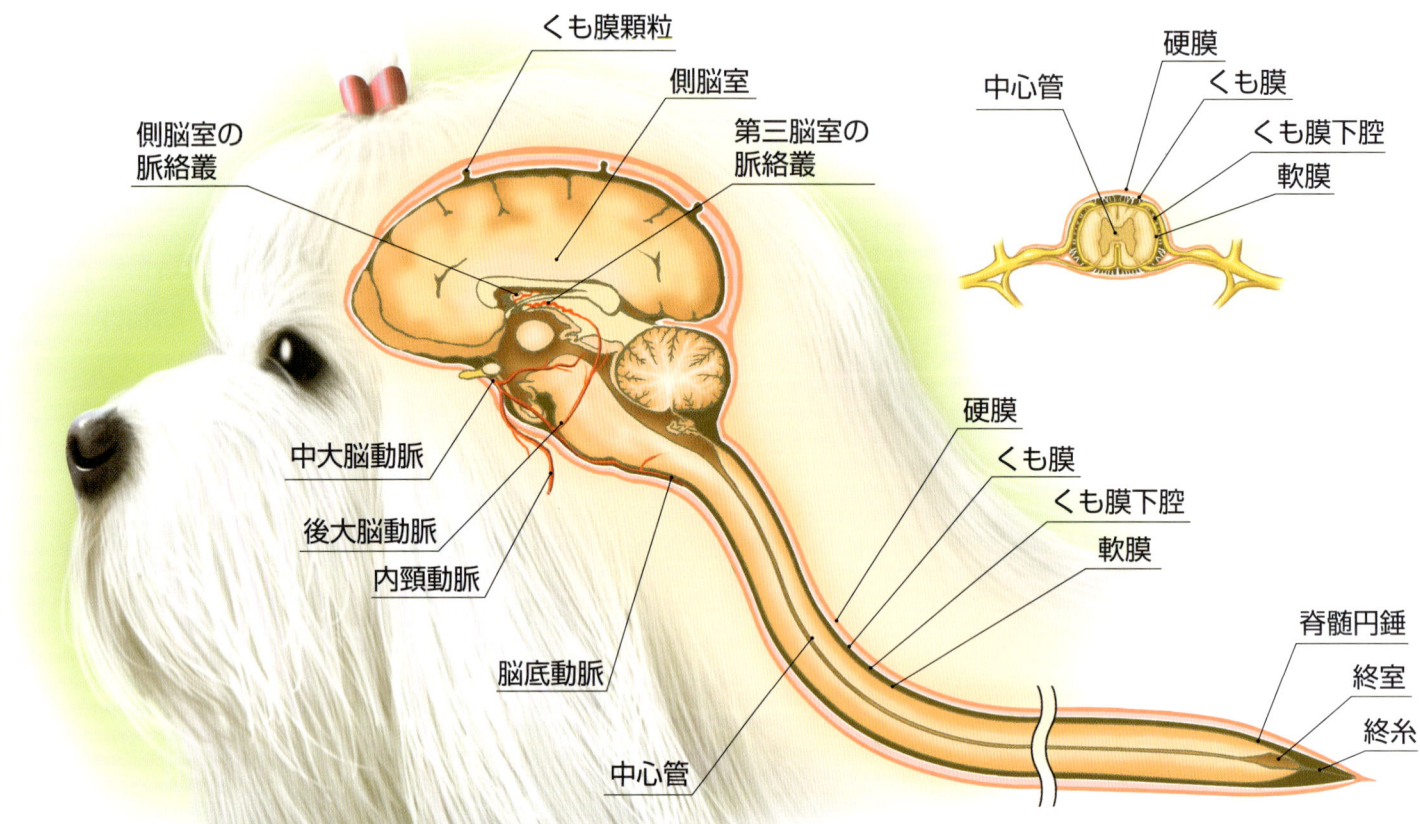

図5　脳室系と髄膜(硬膜、くも膜、軟膜)の関係を示す。

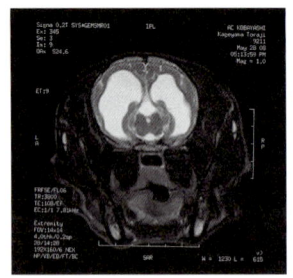

図6　水頭症のイヌの脳の断面

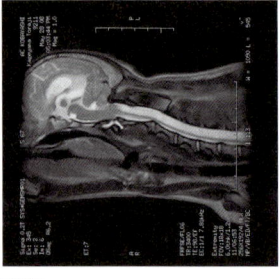

図7　水頭症に併発した脊髄空洞症のイヌの脊髄の縦断面(矢状断)

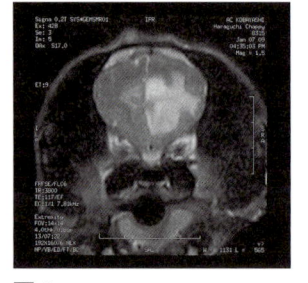

図8　脳炎のイヌの脳の断面

水頭症(すいとうしょう)

　脳と脊髄は、硬膜、くも膜、軟膜という3層の髄膜と呼ばれる膜で覆われている。脳の中には脳室という空間があり、脊髄の中心にある管(脊髄中心管)へと連絡している。この髄膜の間と、脳室、および脊髄中心管の中は、脳脊髄液という液体で満たされている。この脳脊髄液によって、脳と脊髄は保護されている。脳脊髄液は脳室内や脊髄のくも膜下で産生されて、髄膜と接する静脈から血管中へと流れていく。

　この脳脊髄液が、必要以上に増加したり、流れの途中で堰とめられて脳室や髄膜の隙間が拡張することにより脳を圧迫する病気が水頭症である。脳が圧迫されることにより、脳の構造や機能に障害がでて、様々な症状を現す。

　犬では先天的な水頭症が多く認められ、チワワ、マルチーズ、ポメラニアンなどのトーイ犬種、パグやペキニーズなどの短頭種などにおいて発生率が高い。近年の人気犬種であるミニチュア・ダックスフントでは、水頭症だけではなく、脊髄中心管も拡張する脊髄空洞症を併発することがある。後天的な水頭症は腫瘍や炎症などにより、脳脊髄液の流出路が狭められることによって発生することが多い。

　水頭症の症状は、脳障害の症状であり、落ち着きがない、しつけが困難、不活発などといった知能や行動の異常、旋回運動や歩様の異常、てんかん発作、視覚障害などがよく認められる。先天的な例では、外貌にも特徴が現れ、丸いドーム型の頭、両眼の腹外方斜視が認められる。診断は、典型的な症状から推測されることが多いが、CTやMRIといった頭蓋内の構造を断層で観察できる画像診断機器によって行われる。

　治療としては、脳脊髄液の産生を抑え、脳内の圧力を低下させる薬剤を用いる内科的治療と、脳室内に貯留した脳脊髄液を腹腔へ流すためのチューブを設置する外科的治療とがある。内科的治療による効果が不充分な場合であっても、外科的治療が適応となる場合には、手術により劇的に症状が改善することがある。

　脳脊髄液は産生され続けるため、水頭症の診断ならびに治療を早期に施すことが、脳のダメージを最小限で抑えるために必要である。

図9　正常な椎間板　／　髄核・繊維輪

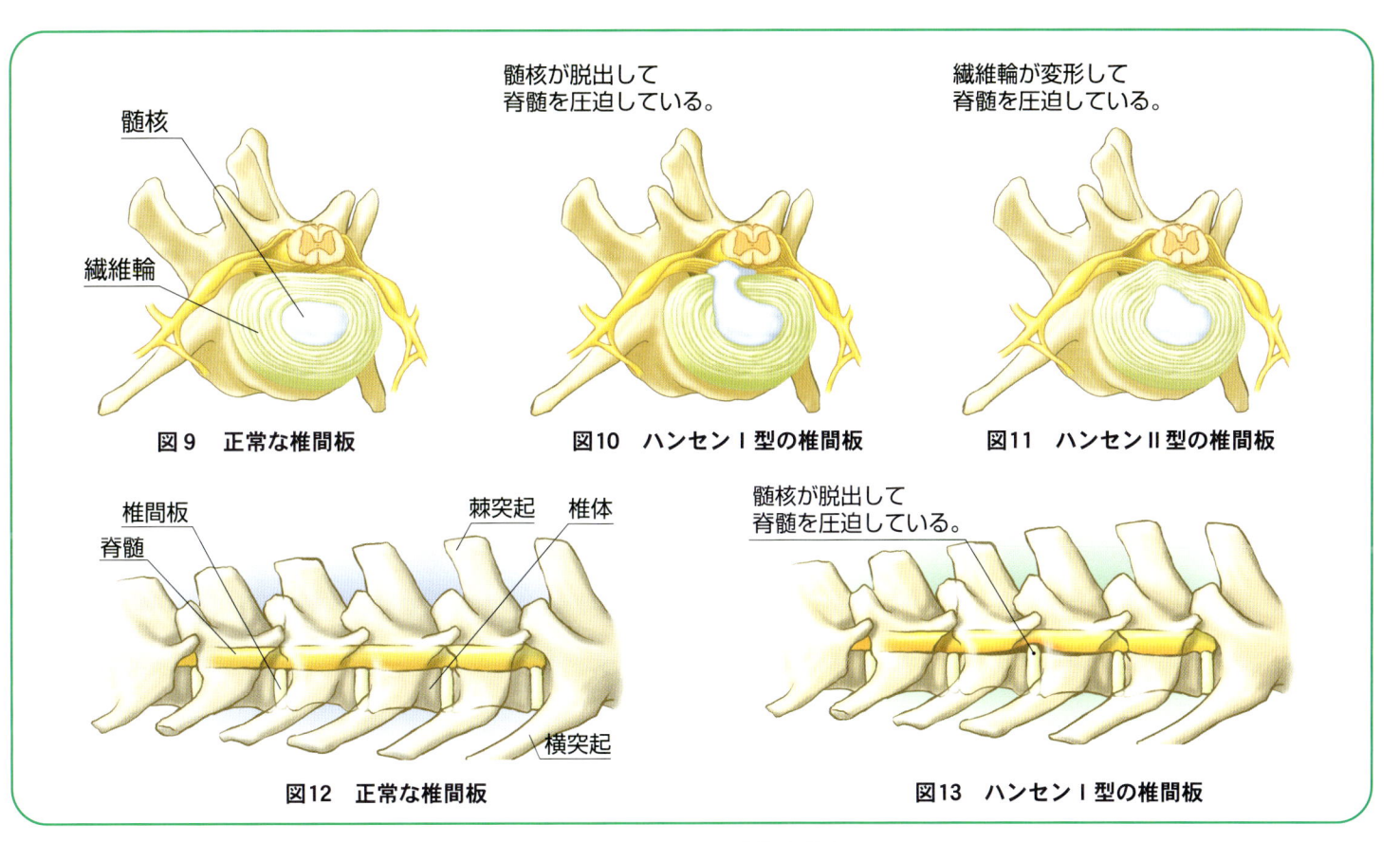

図10　ハンセンⅠ型の椎間板　／　髄核が脱出して脊髄を圧迫している。

図11　ハンセンⅡ型の椎間板　／　繊維輪が変形して脊髄を圧迫している。

図12　正常な椎間板　／　脊髄・椎間板・棘突起・椎体・横突起

図13　ハンセンⅠ型の椎間板　／　髄核が脱出して脊髄を圧迫している。

脳炎(のうえん)、脊髄炎(せきずいえん)

　脳や脊髄においても、他の臓器と同様病原体によって炎症が起こる。脳、脊髄における代表的な原因は、ジステンパーウイルス、トキソプラズマ(原虫)、クリプトコッカス(真菌)、各種細菌である。脳、脊髄では、明らかな感染症が無いにも関わらず炎症が起こる場合がある。この場合には、身体に備わっている免疫の異常によって脳や脊髄、あるいはそれらを取り囲む髄膜に炎症が起こると考えられている。代表的な病気として、壊死性髄膜脳炎、肉芽腫性髄膜脳炎などがあげられる。

　壊死性髄膜脳炎は、パグで発見されたためパグ脳炎と呼ばれていたが、近年ヨークシャー・テリア、マルチーズ、ペキニーズ、シー・ズー、パピヨン、ポメラニアン、チワワ、ゴールデン・リトリーバーでもみつかっている。

　脳炎、脊髄炎は原因によって障害されやすい部位があり、その病変部位に特徴的な症状が認められることもあるが、多くの場合、意識レベルの異常、てんかん発作、行動異常、歩様および姿勢の異常などが認められる。

　脳炎、脊髄炎の診断にはMRI検査が適している。MRIにより、脳や脊髄の形態や炎症が起こっている部位を確認できる。炎症の原因を探るためには、髄膜の間にある脳脊髄液を採取して調べることが必要である。炎症を起こしている細胞、病原体そのもの、病原体を認識した抗体などを調べる。どちらの検査も原則的に全身麻酔を必要とする。

　脳炎、脊髄炎の治療は、感染原因が特定できた場合には、それらに対する薬物を用いることが必要である。免疫の関与が考えられる場合には、免疫を抑制する治療を行う。いずれの場合も、症状として発作が認められたときには、抗てんかん薬の併用が必要となる。

　脳炎、脊髄炎は、近年獣医療にMRIが導入されたことにより、発見数が飛躍的に増えている病気だと考えられる。この病気においても、早期診断、早期治療が、治療後の生活の質を向上させる。

椎間板ヘルニア(ついかんばんへるにあ)

　背骨(脊椎)は、脊髄を取り囲みこれを保護するはたらきを持つ。犬の脊椎は頸部(頸椎)7個、胸部(胸椎)13個、腰部(腰椎)7個、骨盤と結合する仙椎3個、尻尾(尾椎)からなり、そのほとんどの脊椎骨の間に椎間板を有している。

　椎間板は、弾力のある線維が同心円を描き、その中心部に髄核と呼ばれる物質を備える。脊椎骨の動きにより、椎間板に力が加わり、椎間板の線維が変形したり、髄核が飛び出すことにより、脊椎内にある脊髄を障害する病気が椎間板ヘルニアである。髄核が周りの線維から飛び出したものをハンセンⅠ型といい、線維が変形し膨らんだものをハンセンⅡ型という。ダックスフントやペキニーズなどのように肢が短い軟骨異栄養性犬種では、若齢期より椎間板が軟骨様になり、水分を失い弾力性に乏しくなり、外力に対して脆くなるため、ハンセンⅠ型が若い年齢から発症する。

　椎間板ヘルニアの症状は、発症部位と障害程度により、疼痛だけの症状から、歩様に異常が認められたり、障害を受けた脊髄よりも尾側の感覚や運動機能の消失、排尿機能の喪失まで様々である。

　椎間板ヘルニアの診断は、身体を動かした場合の姿勢の反応をみたり、肢の反射を調べたりする神経学的検査によって脊髄の病変を推定し、脊髄の髄膜間に造影剤を注入して、脊髄の形の変化を捉える脊髄造影レントゲン検査や、CT、MRIといった断層撮影検査などにより行う。

　椎間板ヘルニアの治療としては、症状が軽度な場合には内科的治療と安静が選択されることもあるが、症状が消失しない、あるいは悪化傾向がみられる、さらに感覚や運動機能の消失が認められる場合には、外科的治療が必要となる。外科的治療を行う場合、症状の重篤度と、発症からの経過時間により改善率が異なるといわれているため、的確な診断が可能で、さまざまな治療法が選択できる専門的な知識を持つ施設での治療が望ましい。

Ⅲ 環椎-軸椎不安定症、馬尾症候群

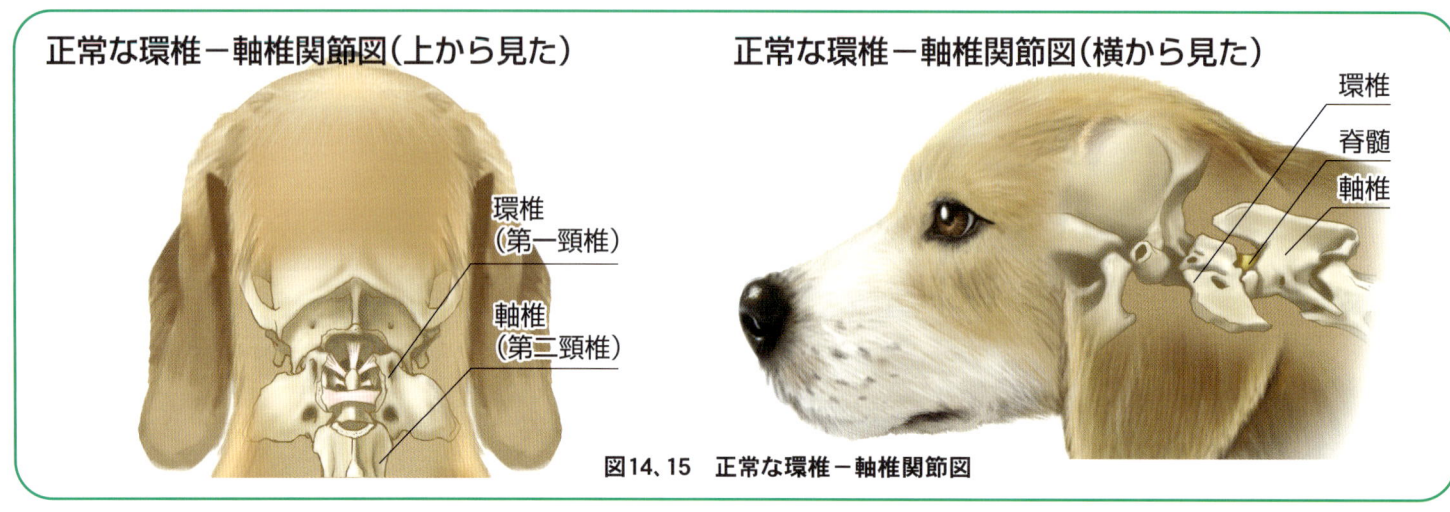

正常な環椎-軸椎関節図（上から見た）　環椎（第一頸椎）／軸椎（第二頸椎）

正常な環椎-軸椎関節図（横から見た）　環椎／脊髄／軸椎

図14、15　正常な環椎-軸椎関節図

図16　環椎-軸椎不安定症

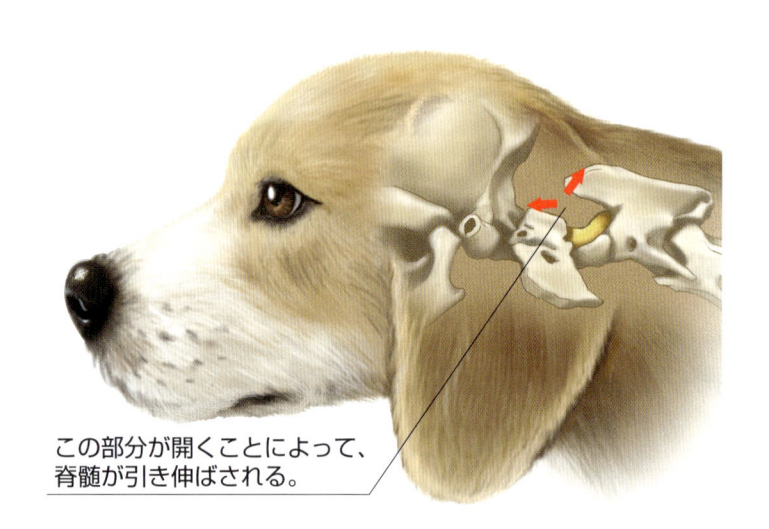

この部分が開くことによって、脊髄が引き伸ばされる。

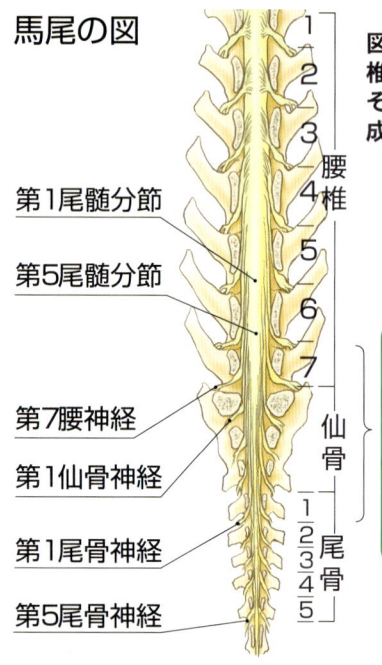

馬尾の図

第1尾髄分節／第5尾髄分節／第7腰神経／第1仙骨神経／第1尾骨神経／第5尾骨神経

腰椎1〜7／仙骨／尾骨1〜5

図17　犬の脊髄は、第六腰椎あたりで終わっている。それ以降は、脊髄神経で構成される。

この部分の脊髄神経が脊柱管（脊椎内にある連続した空間）の内で並んでいる様子が馬の尾に例えられて馬尾と言われている。

環椎-軸椎不安定症（かんつい・じくついふあんていしょう）

　頸部の1番目の脊椎を環椎、2番目の脊椎を軸椎という。この環椎と軸椎の不安定性、亜脱臼、脱臼などにより、その部位の脊髄に障害を引き起こす疾患が、環椎-軸椎不安定症である。先天的なものは、環椎と軸椎との関節構成成分の形態異常によるものであり、チワワ、ポメラニアン、ヨークシャー・テリア、マルチーズなどのトーイ犬種や小型犬種に多く認められる。

　環椎-軸椎間の関節は他の椎体間の関節と異なり、椎間板が存在しない。環椎-軸椎間の安定性は、軸椎の先端にある突起（歯突起）と環椎とを連結する複数の靭帯と、関節を包む構造（関節包）により保たれている。この歯突起や靭帯の形成が不充分なことにより、先天的な環椎-軸椎不安定症が発生する。

　症状は、頸部の痛みと脊髄障害による歩様の異常や、起立困難である。単純レントゲン検査により診断が可能な場合もあるが、確実な診断のためには、脊髄造影レントゲン検査や、ＣＴ、ＭＲⅠなどの画像検査が必要となる。

　治療としては、環椎と軸椎との外科的固定が必要となることが多い。不安定性が進行することにより、より重篤な脊髄障害を引き起こす可能性を考慮すると、確実な早期診断と早期治療が望ましい病気である。

馬尾症候群（ばびしょうこうぐん）

　最も後方（尾側）にある腰椎や仙椎の部分においては、脊髄からつながる末梢神経は、脊椎の中（脊柱管）を並んで走行する。この外観が馬の尾のようにみえるところから、この部分を馬尾という。この馬尾領域の神経が障害される病態を馬尾症候群といい、その原因としては椎間板ヘルニアや、脊椎をつなぐ靭帯の肥厚、脊椎の炎症や変形、腫瘍などがある。

　主な症状としては、その部位の痛み、後肢の歩様や尾の動かし方の異常、排尿排便困難などが認められる。後肢の震えや、後肢の爪の削れなどが認められることもある。

　診断としては、一般的な神経学的検査によって馬尾領域の神経機能の障害程度を調べ、造影レントゲン検査、ＣＴあるいはＭＲⅠなどの画像診断によって馬尾領域の形態を観察し判断する。特殊検査として神経の機能を客観的に判断できる電気生理学的検査を用いることもある。

　治療は軽症の場合は、鎮痛剤などによる内科的治療を行うが、内科的治療に反応しなかった場合や、重症時には外科的治療が選択される。腰椎と仙椎との間の不安定性がある場合には、体重管理も重要な治療法のひとつである。

犬の体の神経の図

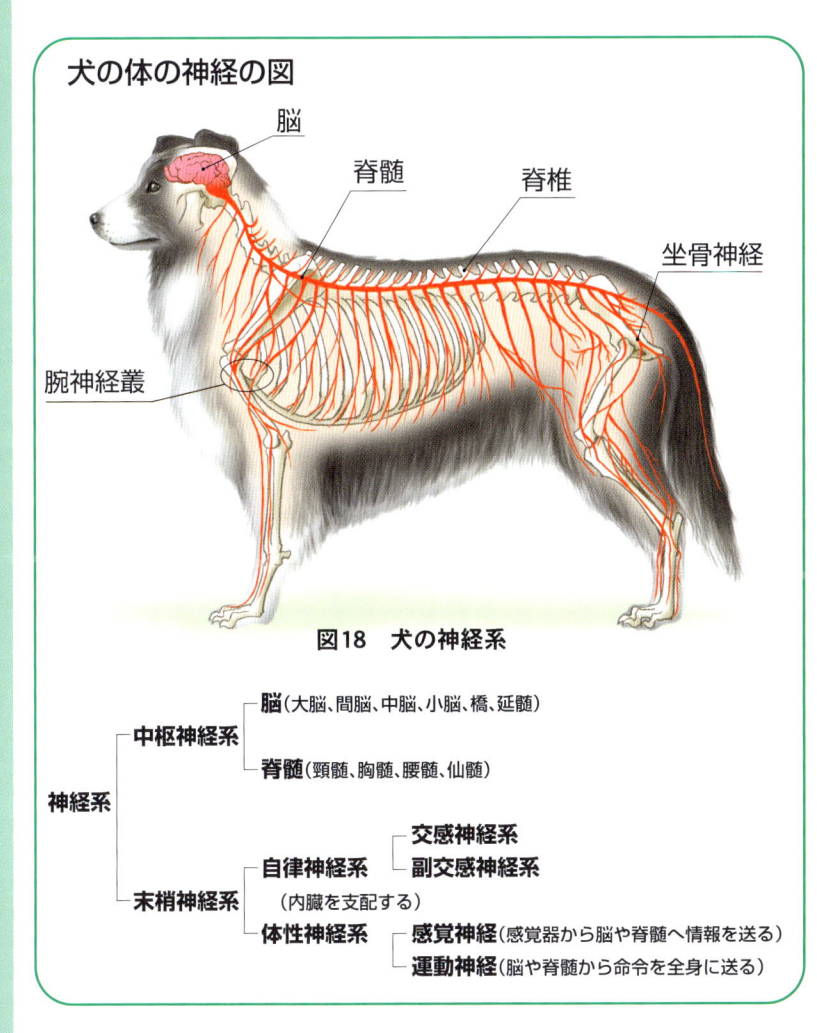

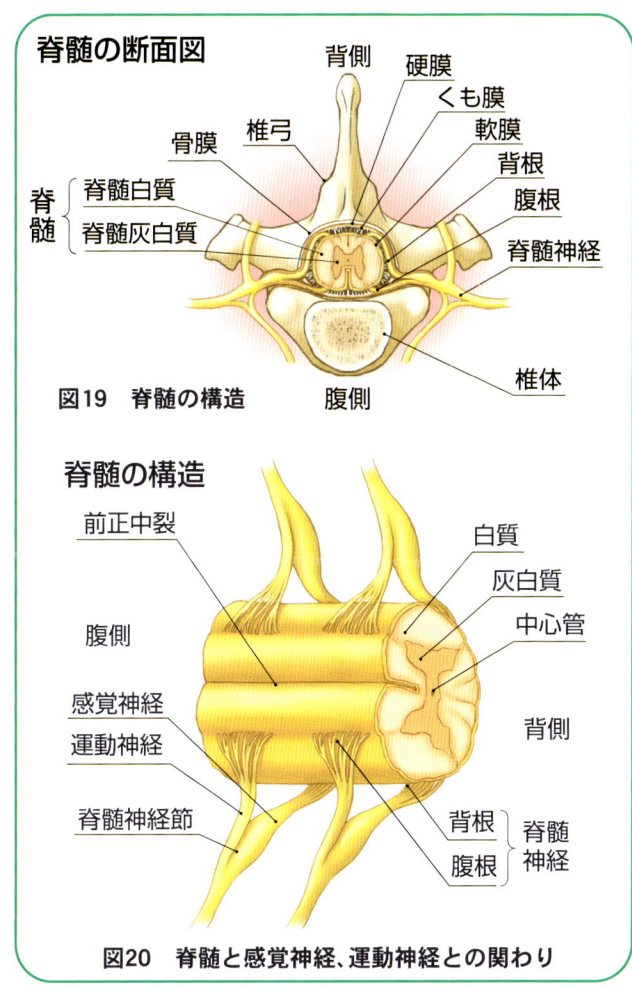

- 脳
- 脊髄
- 脊椎
- 坐骨神経
- 腕神経叢

図18 犬の神経系

```
神経系 ─┬─ 中枢神経系 ─┬─ 脳（大脳、間脳、中脳、小脳、橋、延髄）
        │              └─ 脊髄（頸髄、胸髄、腰髄、仙髄）
        └─ 末梢神経系 ─┬─ 自律神経系 ─┬─ 交感神経系
                       │              └─ 副交感神経系
                       │              （内臓を支配する）
                       └─ 体性神経系 ─┬─ 感覚神経（感覚器から脳や脊髄へ情報を送る）
                                      └─ 運動神経（脳や脊髄から命令を全身に送る）
```

脊髄の断面図

- 背側
- 硬膜
- くも膜
- 軟膜
- 骨膜
- 椎弓
- 背根
- 腹根
- 脊髄神経
- 脊髄｛脊髄白質／脊髄灰白質｝
- 椎体
- 腹側

図19 脊髄の構造

脊髄の構造

- 前正中裂
- 白質
- 灰白質
- 中心管
- 腹側
- 背側
- 感覚神経
- 運動神経
- 脊髄神経節
- 背根・腹根（脊髄神経）

図20 脊髄と感覚神経、運動神経との関わり

神経系の伝達経路の模式図

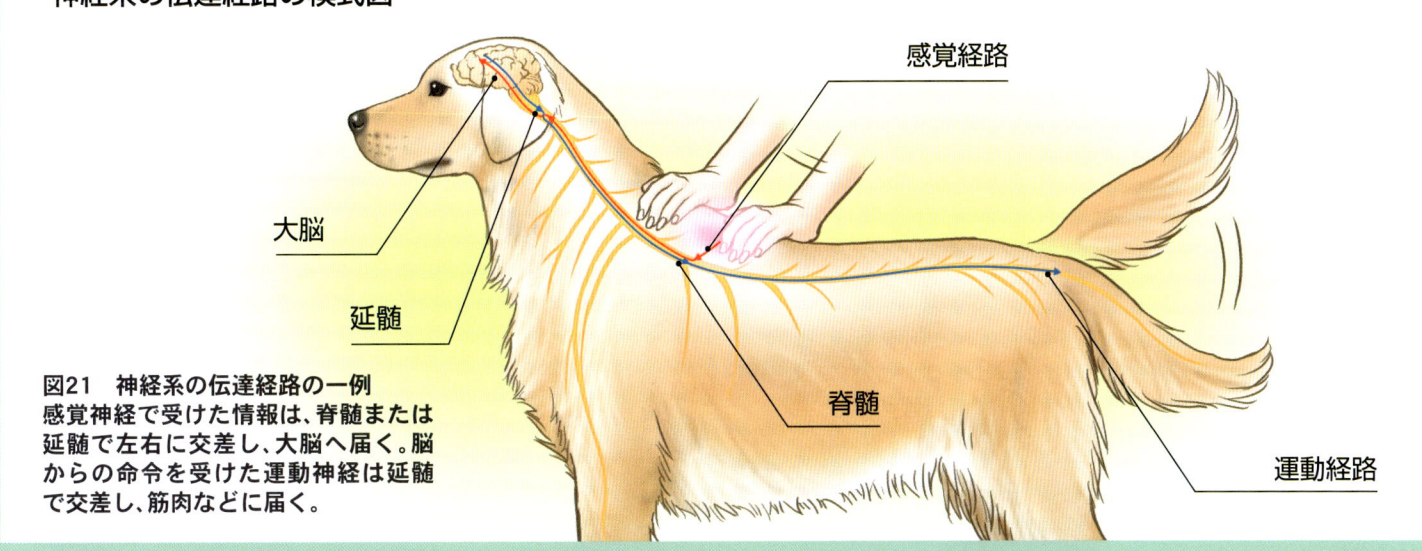

- 感覚経路
- 大脳
- 延髄
- 脊髄
- 運動経路

図21 神経系の伝達経路の一例
感覚神経で受けた情報は、脊髄または延髄で左右に交差し、大脳へ届く。脳からの命令を受けた運動神経は延髄で交差し、筋肉などに届く。

末梢神経の病気

脳と脊髄以外の神経を末梢神経といい、身体の各部位の感覚を脊髄、脳へ伝える感覚神経、脳、脊髄からの命令を筋に伝え筋を動かす運動神経、内臓を支配する自律神経に分けることができる。イヌは感覚の異常や違和感等を表現することができないため、感覚神経の障害は診断しにくい。運動神経障害の場合、重篤であればその神経が支配している筋の萎縮が認められるため、推測することが可能である。いずれの神経障害も、一般的な検査においては診断がつきにくく、電気生理学的検査という特殊な検査を必要とすることが多い。

I ニューロパチー/重症筋無力症

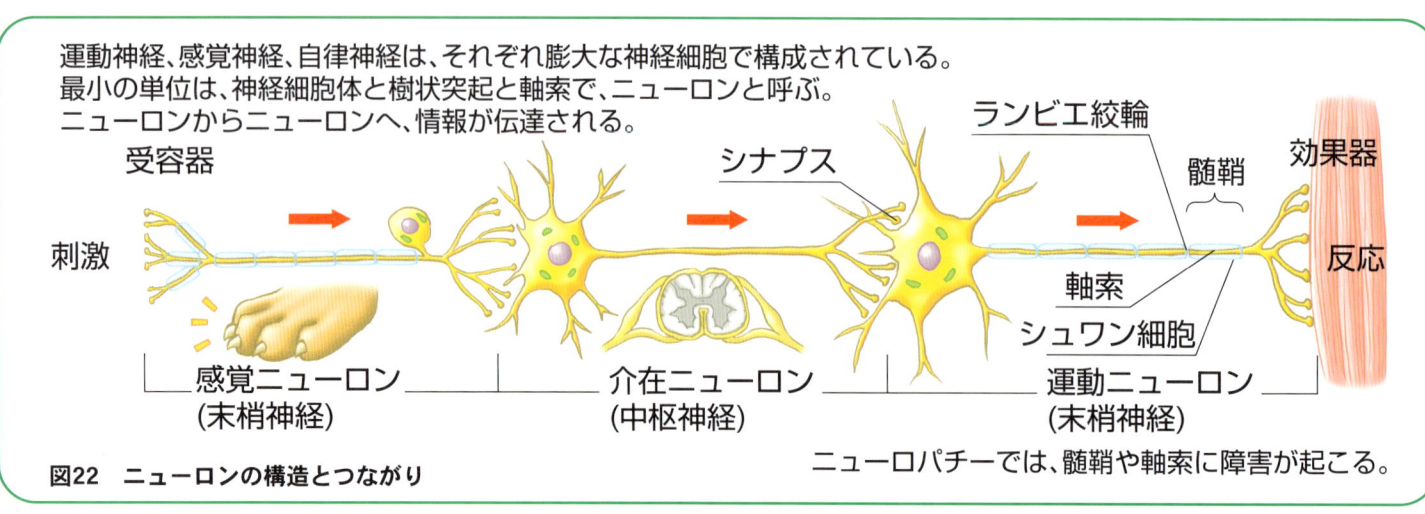

運動神経、感覚神経、自律神経は、それぞれ膨大な神経細胞で構成されている。最小の単位は、神経細胞体と樹状突起と軸索で、ニューロンと呼ぶ。ニューロンからニューロンへ、情報が伝達される。

図22　ニューロンの構造とつながり

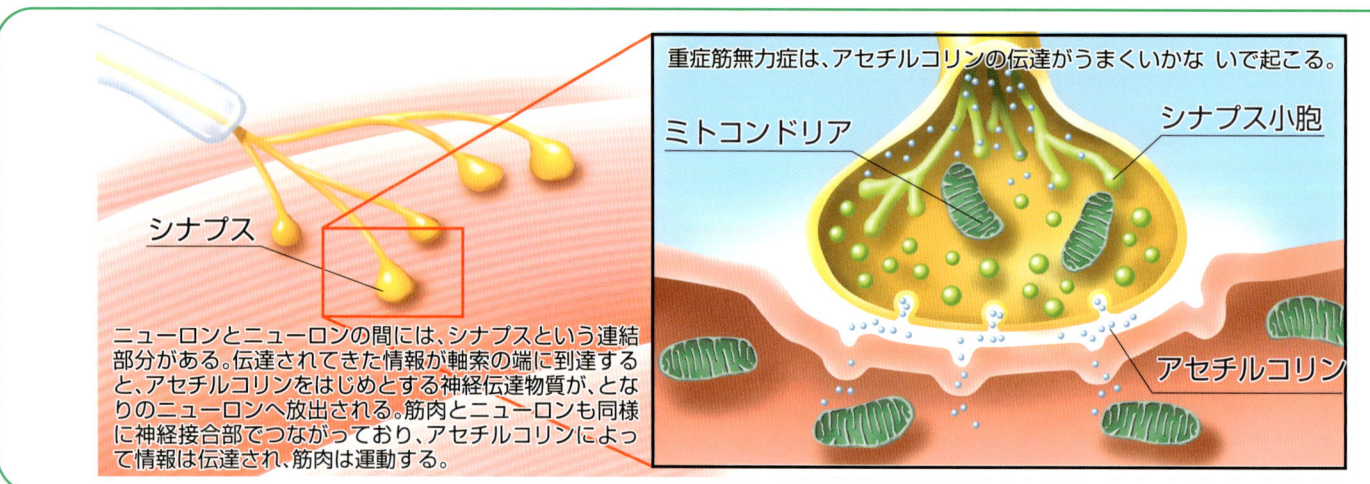

ニューロパチーでは、髄鞘や軸索に障害が起こる。

重症筋無力症は、アセチルコリンの伝達がうまくいかないで起こる。

ニューロンとニューロンの間には、シナプスという連結部分がある。伝達されてきた情報が軸索の端に到達すると、アセチルコリンをはじめとする神経伝達物質が、となりのニューロンへ放出される。筋肉とニューロンも同様に神経接合部でつながっており、アセチルコリンによって情報は伝達され、筋肉は運動する。

図23　運動神経待末端と筋の間での情報伝達のしくみ

ニューロパチー（にゅーろぱちー）

　末梢神経が障害される病態をニューロパチーという。末梢神経は神経の細胞体とそこから長く伸びる軸索という突起からなる。感覚や運動に関連する末梢神経は、軸索の周りをシュワン細胞が取り囲み、髄鞘と呼ばれる構造を形成している。この髄鞘が絶縁体の役目を果たすため、神経の軸索を電気が早い速度で伝わることになる。ニューロパチーでは、この髄鞘や軸索の障害により、電気の流れが悪くなり症状が認められるようになる。

　ニューロパチーの症状は、感覚や運動の機能が損なわれるため、反射が消失して肢が動かなくなり、その神経が支配している筋の萎縮が認められる。

　ニューロパチーの原因としては、外傷性、糖等の利用異常による代謝性、甲状腺ホルモンなどの異常による内分泌性、腫瘍性、免疫の異常が疑われている炎症性、遺伝性などがある。

　診断は、一般的な神経学的検査によってニューロパチーを疑い、末梢神経に電気刺激を与えて、その反応を記録する電気生理学的検査によって行われる。犬は感覚の異常や違和感を伝えることができないために、客観的機能評価が可能となる電気生理学的検査が必要となる。

　治療は原因となる病気に対しての治療と、末梢神経の髄鞘の再生を促すような薬物の投与、ならびに機能回復を目指したリハビリテーションとなる。正確な診断に基づいた治療を行うことが重要である。

重症筋無力症（じゅうしょうきんむりょくしょう）

　運動神経の軸索（ニューロパチー参照）は筋と接続している。この部分を神経筋接合部といい、神経の軸索端からアセチルコリンという伝達物資が放出され、筋がこれを受け取ることによって収縮し、筋の運動が起こる。重症筋無力症は、この神経筋接合部でのアセチルコリン伝達が正常に行われないことによって、筋の脱力を主徴とする病気である。

　犬の重症筋無力症の原因は、自己免疫の異常による後天的なものが多いとされている。

　症状は、筋の脱力であり、運動中に徐々に歩き方がぎこちなくなり、体重が支えられなくなり、虚脱が認められる。身体を動かす筋だけではなく、食道の筋に発症することもある。

　診断は症状から推測されることが多いが、血液検査によって抗アセチルコリン受容体抗体を調べることや、コリンエステラーゼ阻害剤を注射して症状の改善をみる薬物負荷試験、電気生理学的検査などによって確定される。

　治療は、コリンエステラーゼ阻害薬、ならびに免疫抑制を目的とした薬物の投与を行う。

Ⅱ その他の重要な脳、脊髄、末梢神経の病気

ウォブラー症候群(うぉぶらーしょうこうぐん)

ウォブラー症候群は、後方(尾側)の頸椎領域に発生する。この病気は、骨格形成期における頸椎の形成異常や関節異常、あるいは不安定化が病態の本質であると考えられている。頸椎の変形、椎体間あるいは脊髄と接する靭帯の肥厚、椎間板ヘルニアなどにより、脊髄が圧迫される。ドーベルマン、グレート・デン、バーニーズ・マウンテン・ドッグなどの大型犬種に発症が多い。

症状は、後肢の運動不全や歩様の異常が認められることが多いが、進行すると、前肢にも症状が現れてくることがある。

診断は、脊髄造影レントゲン検査やCT、あるいはMRIによって行われるが、頸部を屈曲させたり伸展させることで診断できることがある。

治療は内科的診断としては筋弛緩剤や安静が必要であるが、椎体の脊髄を含む部分を手術により拡大したり、椎体の安定化も同時に行うことが多い。

脊髄空洞症(せきずいくうどうしょう)

脊髄空洞症は、脊髄内に液体が貯留する空洞を形成することにより、脊髄障害を引き起こす疾患である。脊髄の中心にある管(中心管)に空洞が形成されるものを水脊髄症、脊髄実質内に形成されるものを脊髄空洞症と分類するが、病理学的に分類されるものであり、生前の画像診断では正確な判定は不可能であるため、すべて脊髄空洞症と呼ぶことが多い。未だに発症メカニズムが不明な疾患である。

主な症状は、意識レベルの低下、旋回運動、捻転斜頸、頸部の引っ掻き行動、運動失調などである。診断にはMRI検査の有用性が高い。

治療は、疼痛がひどい場合には、非ステロイド系消炎鎮痛剤を用いる。脳脊髄液の量を減少させるために、炭酸脱水素酵素阻害剤や利尿剤を併用する。原疾患が明らかな場合、その治療を併せて行う。

後頭骨尾側部奇形症候群(こうとうこつびそくぶきけいしょうこうぐん)

後頭骨(頭蓋骨の一部)や環椎(第1頸椎)、軸椎(第2頸椎)の奇形を伴い、小脳尾側部が頭側へ圧迫、延髄頸髄移行部における背側くも膜下腔の狭小化、延髄尾側の屈曲が認められる。これらにより脳脊髄液の循環障害を生じて脊髄空洞症が発症する。

後頭骨尾側部奇形症候群は、チワワ、キャバリア・キング・チャールズ・スパニエル、ヨークシャー・テリア、ポメラニアン、ミニチュア・ダックスフント、マルチーズ、トイ・プードル、パピヨンなどで認められている。

症状は、発作、振戦、頸部の引っ掻き行動、旋回運動、頸部痛、捻転斜頸、運動失調などである。

治療は、疼痛がひどい場合には、非ステロイド系消炎鎮痛剤を用いる。脳脊髄液の量を減少させるために、炭酸脱水素酵素阻害剤や浸透圧利尿剤を併用する。内科治療に反応が認められない場合、小脳の圧迫の解除や脳脊髄液の循環障害の改善を目的とした外科的治療を選択する。

参考文献

Sharp, N.J.H., Wheeler, S.J. (2005) : Small Animal Spinal Disorders Diagnosis and Surgery, Second Edition. Elsevier Mosby.
De Lahunta, A., Glass, F. (2009) : Veterinary Neuroanatomy and Clinical Neurology, 3rd ed. Saunders Elsevier.
Wheeler, S.J. (1995) : Manual of Small Animal Neurology, 2nd ed. BSAVA.
中間實徳　監修(1998) : 小動物の脊椎・椎間板疾患―診断と治療: インターズー

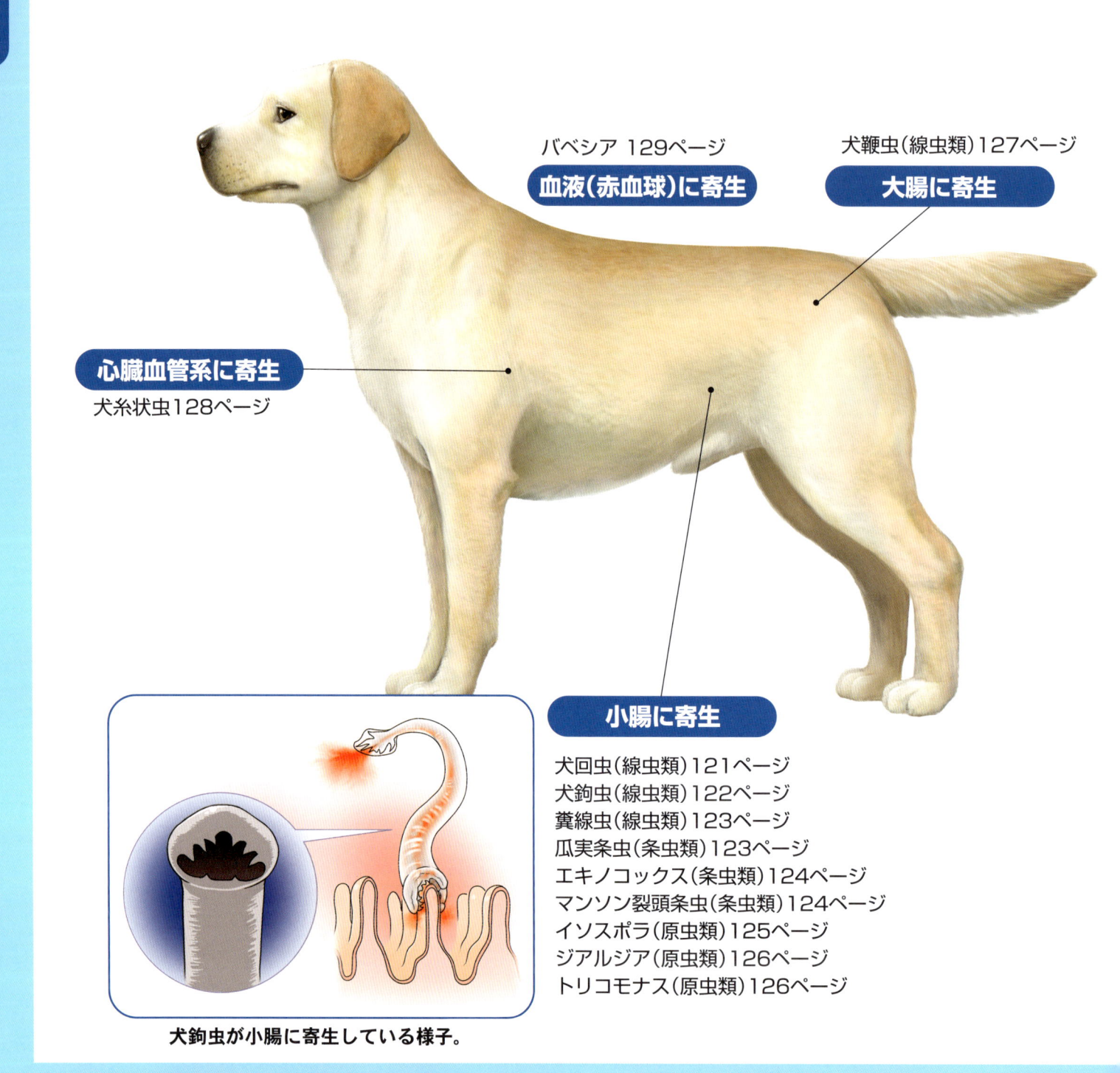

Chapter 1-14

バベシア 129ページ
血液（赤血球）に寄生

犬鞭虫（線虫類）127ページ
大腸に寄生

心臓血管系に寄生
犬糸状虫128ページ

小腸に寄生

犬回虫（線虫類）121ページ
犬鉤虫（線虫類）122ページ
糞線虫（線虫類）123ページ
瓜実条虫（条虫類）123ページ
エキノコックス（条虫類）124ページ
マンソン裂頭条虫（条虫類）124ページ
イソスポラ（原虫類）125ページ
ジアルジア（原虫類）126ページ
トリコモナス（原虫類）126ページ

犬鉤虫が小腸に寄生している様子。

内部寄生虫の病気

内部寄生虫（症）とは

　犬や動物の内臓や筋肉、血液、皮下組織など体内のいろいろな部位に寄生する動物を内部寄生虫という。内部寄生虫には多細胞動物である線虫類、吸虫類、および条虫類と単一の細胞からなる単細胞動物の原虫類が含まれる。

　一般に寄生虫の多くは、自らの病原性を弱めて寄生する相手である動物に強い病害性を与えないよう、共生の方向で適合してきた。したがって、一見健康にみえても、虫体が寄生している間は絶えず栄養分を奪い、また多少なりとも内臓や細胞を破壊しているので、慢性的な障害をおよぼしているものと考えられる。内部寄生虫の感染を決して見逃すことはできない理由である。

I 小腸に寄生する内部寄生虫

宿主の糞便に犬回虫の未成熟卵（単細胞卵）

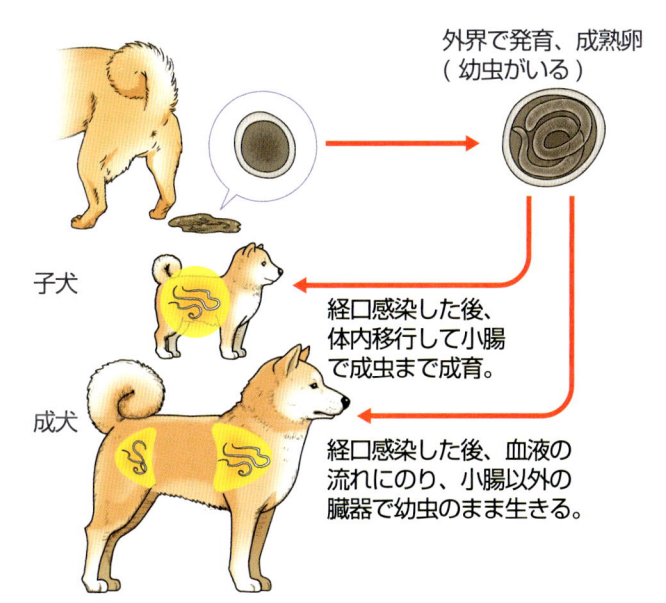

外界で発育、成熟卵（幼虫がいる）

子犬　経口感染した後、体内移行して小腸で成虫まで成育。

成犬　経口感染した後、血液の流れにのり、小腸以外の臓器で幼虫のまま生きる。

図1
3カ月齢未満の子犬の口から犬回虫卵が入ると血流に乗り体内移行後、小腸で成虫にまで育つ。成犬では、小腸以外の臓器で幼虫のまま生きる。雌犬が妊娠した場合、胎盤や乳汁を通じて子犬に感染する。

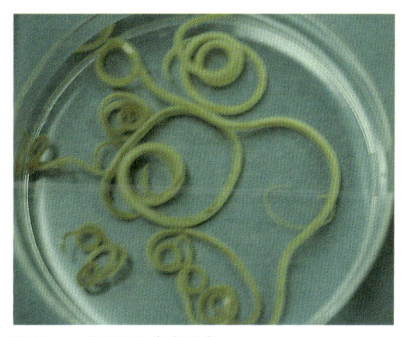

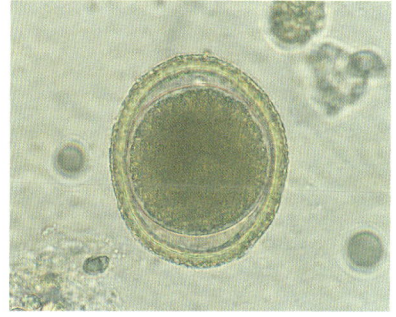

図3　犬回虫（成虫）　　図4　犬回虫卵

犬回虫の感染経路

子宮内で胎盤感染が起こる

補食

虫卵の誤飲あるいはウシやニワトリのレバーの生食

経口感染

乳汁感染

経口感染

ネズミ体内に幼虫生存

成熟卵

幼虫形成期

虫卵

図2
感染犬の糞便中に産み出された未成熟な虫卵は、成熟卵になり、成犬、子犬、ヒト、ネズミなどの口に入り、感染する。

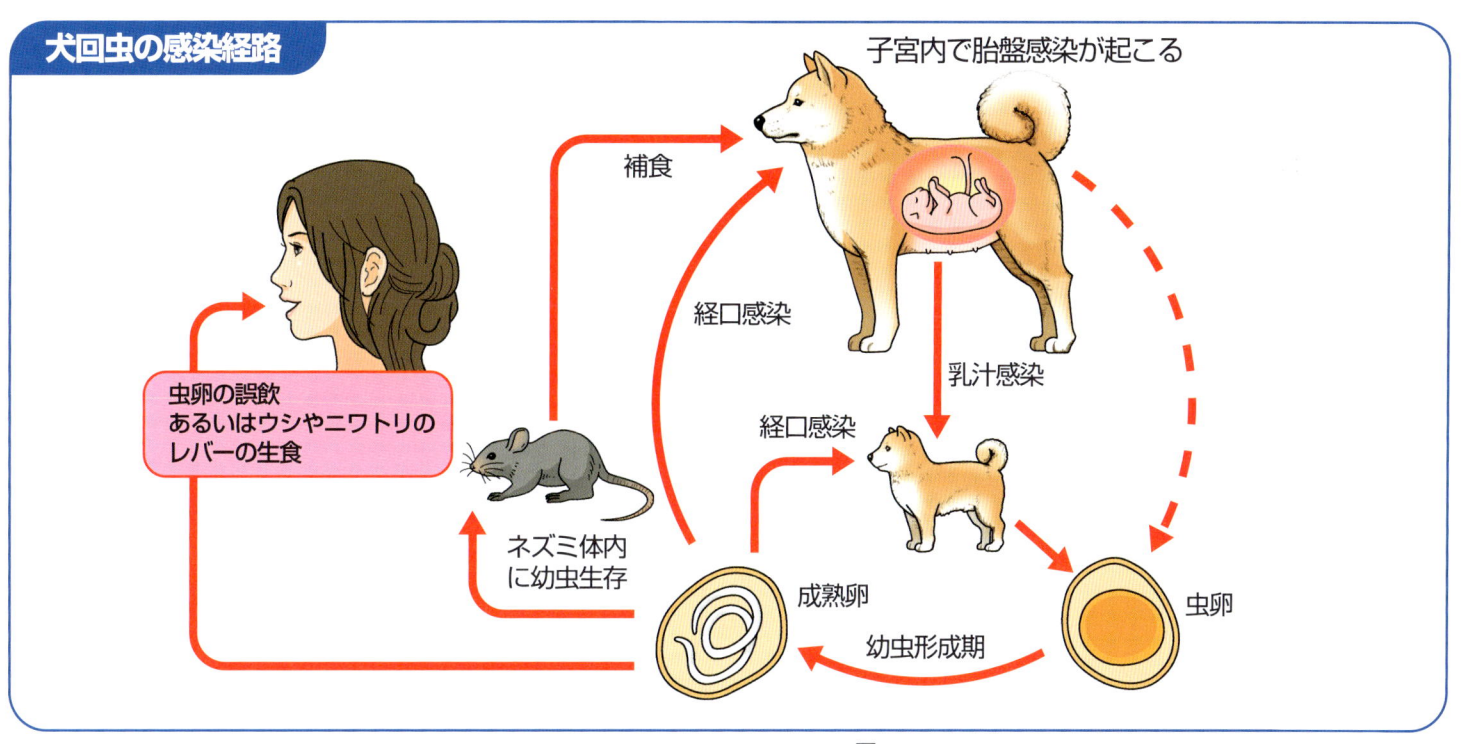

犬回虫（いぬかいちゅう）（線虫類）

- **特徴**：成虫は雄で最大10cm、雌は20cmと大型の寄生虫である。ただし、3カ月齢未満の子犬に感染した場合は小腸で成虫にまで発育するが、成犬では小腸以外の臓器や筋肉に幼虫が侵入し、その部位で幼虫のまま数年間生き続ける。
- **症状**：子犬では腹痛や嘔吐などの消化器症状や発育不良。
- **感染経路**：感染した母犬の臓器、筋肉中の幼虫が胎盤を通じて胎仔に移行する胎盤感染が最も重要である。乳汁を介した感染（乳汁感染）や虫卵を飲み込む経口感染、および犬回虫の幼虫を体内に保有する小動物や昆虫などを犬が捕食して感染することもある。
- **診断**：糞便中に産み出される犬回虫卵を特別な虫卵検査法（直接塗抹法、浮遊法、遠心沈殿法など）で検出し、それを顕微鏡観察する。
- **治療**：マクロライド系の広域駆虫剤や線虫類に有効な駆虫薬を使用する。
- **予防**：胎盤感染を未然に防ぐことは難しいので、出生後なるべく早い時期に駆虫する。定期的に虫卵検査し、必要に応じて駆虫する。
- **ヒトへの感染**：ヒトが誤って犬回虫卵を飲み込んだ場合、幼虫が内臓や眼に侵入してその部位に障害を与える可能性がある。これを幼虫移行症という。代表的なヒトと動物に共通の感染症（ズーノーシス）。ウシやニワトリのレバーの生食による感染もある。

犬鉤虫(いぬこうちゅう)(線虫類)

●**特徴**:成虫は雄で1.0〜1.2cm。雌では1.4〜1.6cmで体前端に大きく開いた口腔がある。口腔には3対6本の鉤状の鋭い牙(きば)を備えており、これで小腸に咬みついて寄生する。傷口から出血した血液を吸引して栄養源とする吸血性の寄生虫である。

●**症状**:下痢や血便などの消化器症状とともに鉄欠乏性の貧血を引き起こす。

●**感染経路**:糞便とともに排泄された虫卵から孵化した幼虫が、環境中で約1週間発育して感染力を持つようになる。この幼虫が犬の口から誤って侵入する。その他、幼虫が犬の皮膚から侵入する経路や母犬からの胎盤感染、乳汁感染といった垂直感染もある。

●**診断**:糞便中の鉤虫卵に最も適した虫卵検査法(浮游法)で診断する。

●**治療**:マクロライド系広域駆虫薬や線虫駆虫薬など有効な薬剤がある。

●**予防**:室外を散歩する犬は、鉤虫の感染源に接触する機会が多いので、定期的な寄生虫検査をする必要がある。寄生が確認されたならばただちに駆虫する。

●**ヒトへの感染**:幼虫がヒトの皮膚から侵入して皮膚炎を生じ、さらに幼虫が移動するため、その部位にミミズ腫れ(皮膚爬行症)を引き起こす。またヒトの小腸に成虫が寄生することもある。

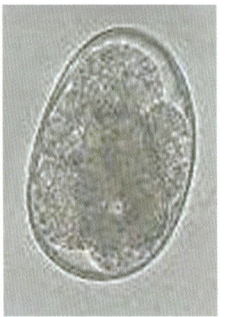

図5 犬鉤虫成虫(左オス、右メス)　図6 犬鉤虫卵

感染力を持った幼虫が、犬の口や皮膚から侵入。ヒトへは、皮膚から幼虫が侵入。

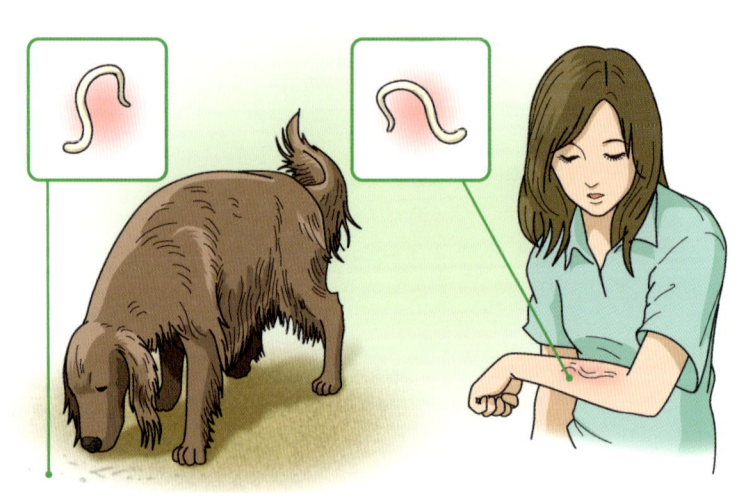

図8 幼虫は、犬の口や皮膚から侵入。ヒトの皮膚にも侵入することがある。

胎盤感染　乳汁感染

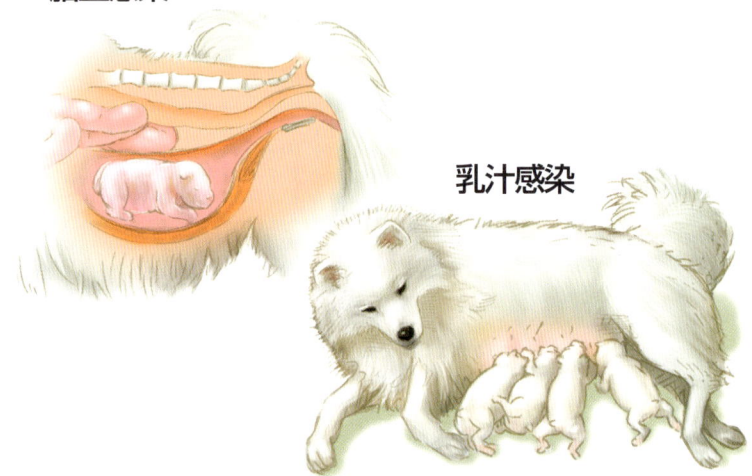

図9 胎盤、乳汁を通じて、子犬に感染。

感染した犬が、下痢便(血便)を排泄。その便中に虫卵。約1週間後、感染性のある幼虫に成長

図7 犬鉤虫の虫卵は感染した犬の下痢便(血便)に排泄される。

糞線虫（ふんせんちゅう）（線虫類）

●**特徴**：非常に特異的な発育サイクルを持つ寄生虫であり、動物の体に寄生しなくとも、環境中でその生活環が完成する。犬の小腸に寄生するのは雌成虫のみで雄は認められない。雌成虫（大きさは2.5mm以下）は、小腸の粘膜深くに寄生し、雌だけにもかかわらず受精卵を産みだすことができる。
●**症状**：頑固な下痢や発育障害がみられる
●**感染経路**：感染した犬の糞便中には未熟な幼虫が排泄され、これが約1週間で発育して感染力を持ち、主に皮膚から侵入する。一方そのまま環境中で発育した虫体は、雄雌の成虫となり虫卵を産むが、これらからふ化した幼虫も次の感染源になる。
●**診断**：糞便中に排泄された幼虫を特殊な検査法（直接塗抹法、ショ糖浮游法、糞便培養法、ホルマリン・エーテル法など）で検出する。
●**治療**：一部のマクロライド系の駆虫薬や広域線虫駆虫薬を投与する。
●**予防**：コンクリート床やすのこ、金属ケージなどは熱湯で消毒後、乾燥させる。幼虫は乾燥に弱いので水分をよく拭き取る。
●**ヒトへの感染**：ヒトの皮膚から幼虫が侵入するので、感染動物を扱う場合や消毒の際、皮膚を露出させないように注意する。ヒト体内においても犬と同じ発育サイクルをとり、頑固な下痢を起こす。免疫不全の患者は、合併症も引き起こすので注意が必要。

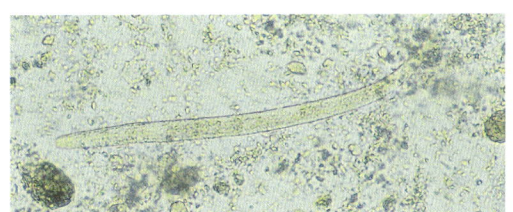

図10 糞線虫の幼虫

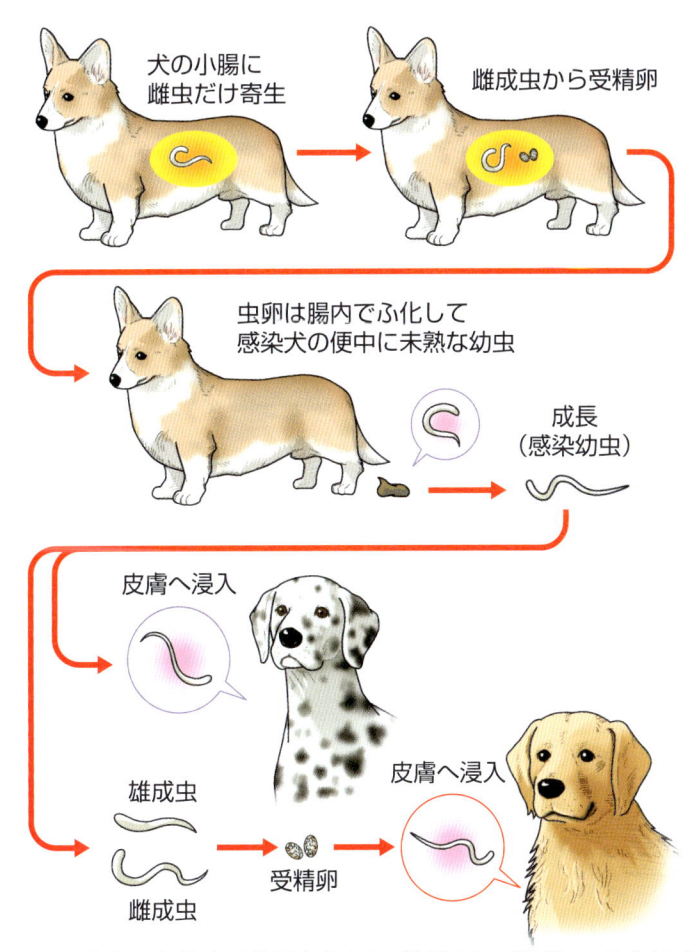

図11 ふ化した幼虫は糞便とともに、排泄されて外界へ。幼虫は成長して犬に皮膚から侵入する。また、外界で成長した雄雌の成虫からも受精卵が産まれ、幼虫に成長して新たな感染源となる。

瓜実条虫（うりざねじょうちゅう）（条虫類）

●**特徴**：条虫類の共通の外観として、多数の節（片節という）が連なって虫体全体を構成している。体長は50～70cm。虫卵を産出しないかわりに数千個の虫卵を含んだ最末端の片節を切り離し、それが糞便とともに排泄される。発育には、犬に感染する以前の幼虫期を過ごす中間宿主が必要で、ノミがその役割を果たしている。
●**症状**：濃厚に感染すると腸炎を起こすが、通常は無症状。切り離された片節が糞便の表面を動き回るので、飼い主は不快に感じる。
●**感染経路**：ノミの幼虫が虫卵を食べると、孵化した瓜実条虫の幼虫もノミの発育に同調して成長し、ノミが成虫になる頃には瓜実条虫も感染幼虫になる。ノミの成虫は犬の体に寄生するが、グルーミングの際に犬が生きたノミを食べる、あるいは死骸を食べて感染する。
●**診断**：糞便の表面を活発に伸縮運動する片節を発見し、感染を知る機会が多い。感染している犬の肛門の周辺に片節が付着している場合もある。顕微鏡検査で糞便中に虫卵などが発見される可能性もある。
●**治療**：確実な駆虫作用を持つ薬剤が動物病院で処方されている。
●**予防**：ノミの感染を防御することが瓜実条虫の感染予防につながる。
●**ヒトへの感染**：動物に寄生しているノミを、ヒトが誤って飲み込むと感染する。ヒトの小腸でも成虫にまで発育する。特に乳幼児に感染例が多い。

図12 瓜実条虫の片節

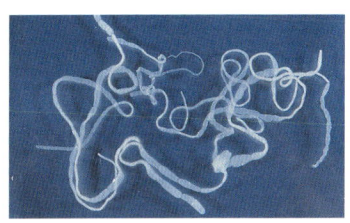

図13 瓜実条虫

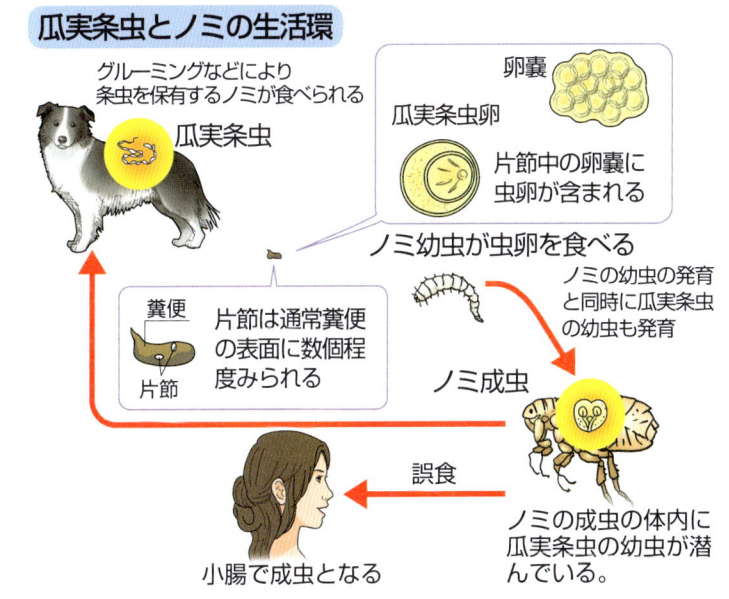

瓜実条虫とノミの生活環

図14 瓜実条虫の虫卵を食べたノミの幼虫が成長し、成虫となったノミを犬が食べることで感染する。誤ってヒトの口にノミが入ると、ヒトも感染する。

エキノコックス（えきのこっくす）（条虫類）

- **特徴**：多包条虫と単包条虫の2種類が犬に感染するが、日本で問題となるのは前者である。多包条虫の成虫は、犬やキツネなどの小腸に寄生するが、成虫は3～4mmで節の数も4ないし5節と条虫類の中では極めて小型である。中間宿主はネズミ類。この寄生虫で問題となるのはむしろヒトでの感染（後述）であり、もっとも重要なズーノーシスのひとつである。
- **症状**：犬での少数感染ではほとんど無症状であり、多数の虫体が感染すると下痢を起こす。
- **感染経路**：犬やキツネが中間宿主であるネズミを捕食すると、主にネズミの肝臓に形成された幼虫の集合体（多包虫という）も同時に食べることになり、その結果、一時に多数の虫体に感染する。糞便中には虫卵が排泄され、環境中に広くばらまかれる。
- **診断**：犬では糞便中に排出された虫卵を特別な検査法（ショ糖浮游法）で検出する。あるいは糞便中の寄生虫由来成分を検出する方法もある。いずれにしても、専門の検査機関でないと確定的な診断はできない。
- **治療**：犬の成虫寄生には、特効的な駆虫薬がある。駆虫の過程で虫卵が環境中に拡散する恐れがあるので、薬剤投与は慎重に行う。
- **予防**：野生動物のキツネについては決定的な予防は難しいが、この寄生虫が分布する地域（北海道）では、犬がネズミを絶対に捕食しないような飼養方法をとる。
- **ヒトへの感染**：ヒトが誤ってキツネや犬の糞便中の虫卵を飲み込むと感染する。わき水や沢の水を飲まないこと、野生の実や草、キノコなどをそのまま食べないこと、および感染犬やキツネの体毛には虫卵が付着している可能性もあるので、むやみに触らないように注意する。ヒトが感染すると肝臓や肺で多包条虫の幼虫が無制限に増殖し、治療が遅れると10数年でそれら臓器の機能を奪い、最終的には死に至る病である。

図16 エキノコックスの成虫が寄生しているキツネの小腸。 　**図17** エキノコックスが寄生しているネズミ（中間宿主）の肝臓。

図15 エキノコックスが分布する地域では、沢の水や野生の実や草などを、そのまま食べないように注意する。犬がネズミを捕食しないように注意する。

マンソン裂頭条虫（まんそんれっとうじょうちゅう）（条虫類）

- **特徴**：犬や猫などの肉食動物を宿主とする大型の寄生虫で、体長は最大で2.5mに達する。水生の中間宿主をふたつ必要とし、まずケンミジンコ（第1中間宿主）の体に侵入して、一定の発育を行ったのち、ケンミジンコごとオタマジャクシに食べられてカエル体内（第2中間宿主）に移り、その筋肉などで感染力を持つ幼虫にまで発育する。
- **症状**：虫体が大型のわりには強い症状は現れないが、下痢や腹痛をみることもある。
- **感染経路**：犬は第2中間宿主のカエルやそのカエルを捕食したヘビ、水鳥などを食べて感染する。10日以上経過すると成虫となり、産卵を開始する。
- **診断**：糞便中に多数の虫卵が産みだされるので、適当な検査法（直接塗抹法や遠心沈殿法）で処理して顕微鏡検査する。
- **治療**：有効な条虫駆虫薬が存在するが、その他の条虫類に比べて駆虫は難しい。確実に駆虫できるまで検査と治療を行う。
- **予防**：第2中間宿主であるカエルやヘビ、水鳥などを自由に捕食できる環境中に犬を放たないようにする。
- **ヒトへの感染**：ヒトがカエルやヘビを生食して感染した例が多数ある。ヒトに感染すると体内のいろいろな場所に幼虫が移動する。特に皮下に侵入するため、その部位が瘤（こぶ）状となり、しかも幼虫の移動につれてそれが動くため、移動性腫瘤と呼ばれる特徴的な症状を引き起こす。

図18 マンソン裂頭条虫成虫 　**図19** マンソン裂頭条虫卵

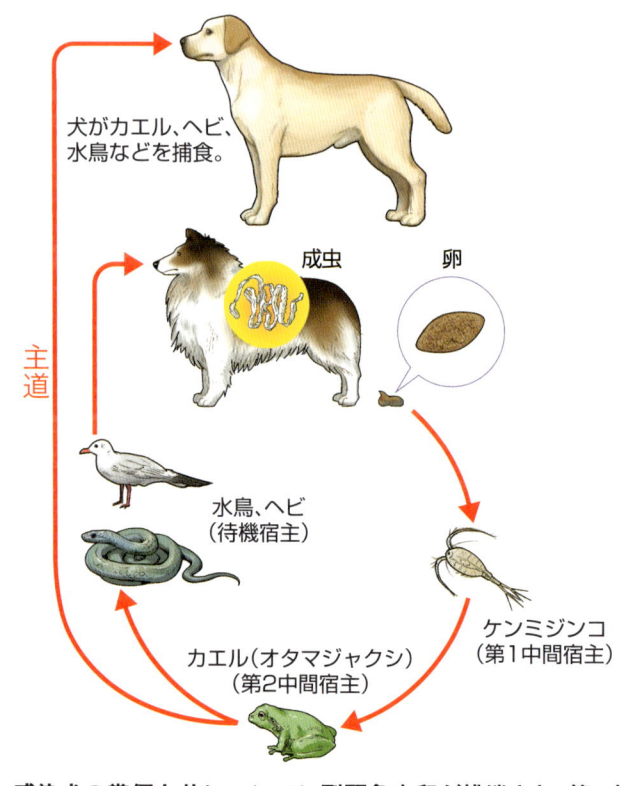

図20 感染犬の糞便と共にマンソン裂頭条虫卵が排泄され、第1中間宿主のケンミジンコの体内で成長、さらに第2中間宿主のオタマジャクシにミジンコごと食べられ、カエルに成長する過程で、感染力を持つ幼虫にまで発育する。

イソスポラ(いそすぽら)(原虫類)

●**特徴**：原虫類は単細胞の動物であるため、成虫や幼虫、卵といった発育ステージはなく、その生活環の中で複雑な方法で増殖して、いろいろな形を呈する。犬には2種類のイソスポラが知られており、虫体は小腸の細胞中でまず無性的に増殖してその数を増やし、その細胞を破壊する。細胞から出た虫体は、新たな細胞中で雄と雌の細胞に分化して有性生殖(受精)する。その結果、糞便中にはオーシストと呼ばれる発育段階の虫体が排出される。

●**症状**：特に幼犬で下痢の原因となり、血便や消化不良、貧血や衰弱、最悪の場合は死亡することもある。

●**感染経路**：糞便中に排出されたオーシストは、数日で感染力を持つようになり、それを犬が取り込み感染する。

●**診断**：糞便中からオーシストを検出(直接塗抹法や浮游法)する。

●**治療**：犬のイソスポラを対象として認可されている薬剤はないが、動物病院ではある種の抗菌剤(サルファ剤)が処方される。

●**予防**：オーシストの抵抗性は非常に強いので、糞便は速やかに処理して犬の周辺に感染源を残さないように注意する。

●**ヒトへの感染**：ヒトには感染しない。

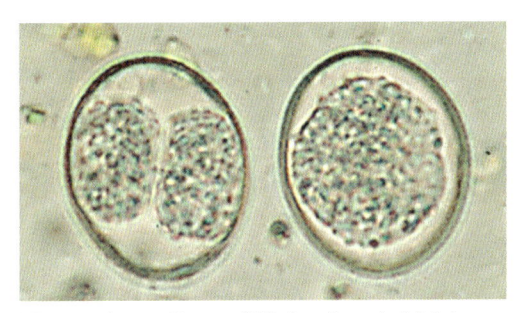

図21　イソスポラの成熟オーシスト(左)と未成熟オーシスト(右)

犬や猫の小腸粘膜上皮細胞に寄生
無性生殖→有性生殖→オーシスト

未成熟オーシスト

排便で外界へ排出、1～2日で成熟
(2個のスポロシスト形成)

成熟オーシスト

オーシストを誤食

(待機宿主)
ネズミ体内で虫体が存在

ネズミを食べても感染する

図22　イソスポラは、感染犬の小腸の中で無性的に増殖して、数を増やした後に有性生殖を行う。その結果、受精した虫体である未成熟オーシストが、外界へ排出される。犬やネズミが成熟オーシストを食べることで感染する。

内部寄生虫の病気

ジアルジア（じあるじあ）（原虫類）

- **特徴**：小腸の内腔を遊泳している栄養型虫体、および消化管を下って糞便とともに排出されるまでの間に、体の周りにうすい殻をかぶった抵抗型（シスト）と呼ばれるふたつの虫体発育ステージがある。栄養型虫体は、正面から見ると涙滴状であり、横から見るとスープのボール状である。8本の鞭状の毛（鞭毛）を持ち、木の葉が舞うような運動をする。シストは楕円形、無色で0.01mm程度と非常に小さい。
- **症状**：無症状の犬も多いが、幼犬などでは脂肪分の多い下痢の排泄や発育への影響が出る。
- **感染経路**：シストを誤って飲み込むことで感染する。
- **診断**：正常な糞便中には主にシストが排出されるので、特殊な検査法（硫酸亜鉛遠心浮游法やホルマリン・エーテル法）で検出する。下痢便中には栄養型虫体が多く現れるので、生理食塩水を用いた直接塗抹法を行う。
- **治療**：犬のジアルジアの治療用に認可された薬剤はないが、動物病院で効果のある駆虫薬を処方している。
- **予防**：感染はシストの経口感染に限られるので、糞便の速やかな処理がまず大切である。シストは熱と乾燥に弱いので、できれば熱湯による消毒と充分な清拭、乾燥が望まれる。
- **ヒトへの感染**：最近の遺伝子研究から、ヒトと犬に共通なジアルジアがかなり高率に存在している可能性が示されている。

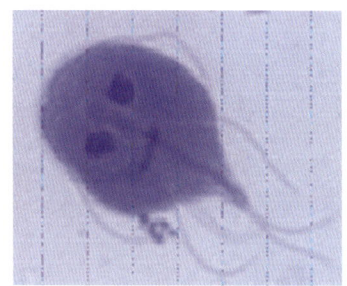

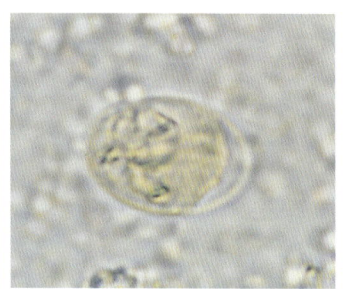

図24　ジアルジアの栄養型虫体　　図25　ジアルジアの抵抗型虫体（シスト）

犬の下痢便には栄養型虫体が多く（環境の変化に弱く短時間で死滅）、正常便中にはシスト（抵抗力が強い）が多く排出される。

栄養型虫体　外界では短時間で死滅

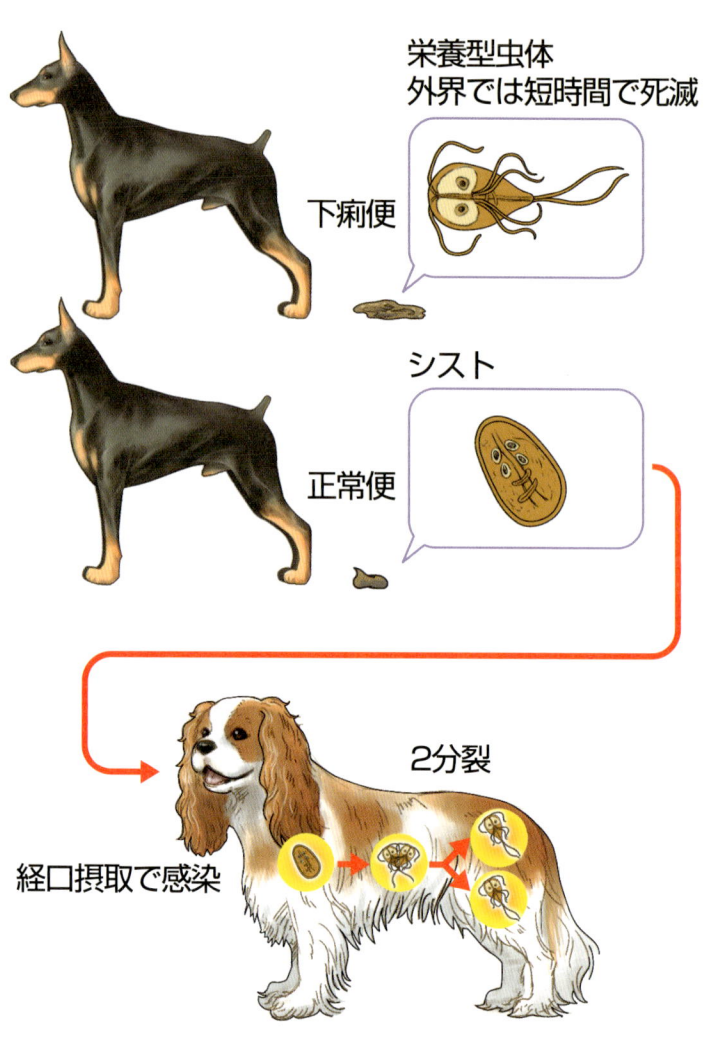

図23　ジアルジアには、2つの虫体発育ステージがある。栄養型虫体と抵抗型（シスト）である。

トリコモナス（とりこもなす）（原虫類）

- **特徴**：小腸の管腔を5本の鞭毛を使ってジグザグ運動する。トリコモナスにはシストのステージはなく、糞便中には栄養型虫体のみが排出される。
- **症状**：無症状の場合が多いが、特に幼犬では下痢をしている個体にしばしばトリコモナスも出現するため、下痢の症状を悪化させる可能性が指摘されている。
- **感染経路**：栄養型虫体が付着した床面や容器などから犬は経口的に感染する。
- **診断**：糞便中の栄養型虫体を生理食塩水による直接塗抹法で検出する。
- **治療**：犬のトリコモナス用に認可された薬剤はないが、動物病院で調合される薬剤が有効である。
- **予防**：糞便中の栄養型虫体が拡散しないように、糞便を速やかに処理する。ジアルジアと異なりシスト型の虫体はないため、水洗でも清浄化は可能である。
- **ヒトへの感染**：犬からの感染機会は多くないものと思われるが、ヒトへの感染性はある。

栄養型虫体が付着した容器などから経口的に感染

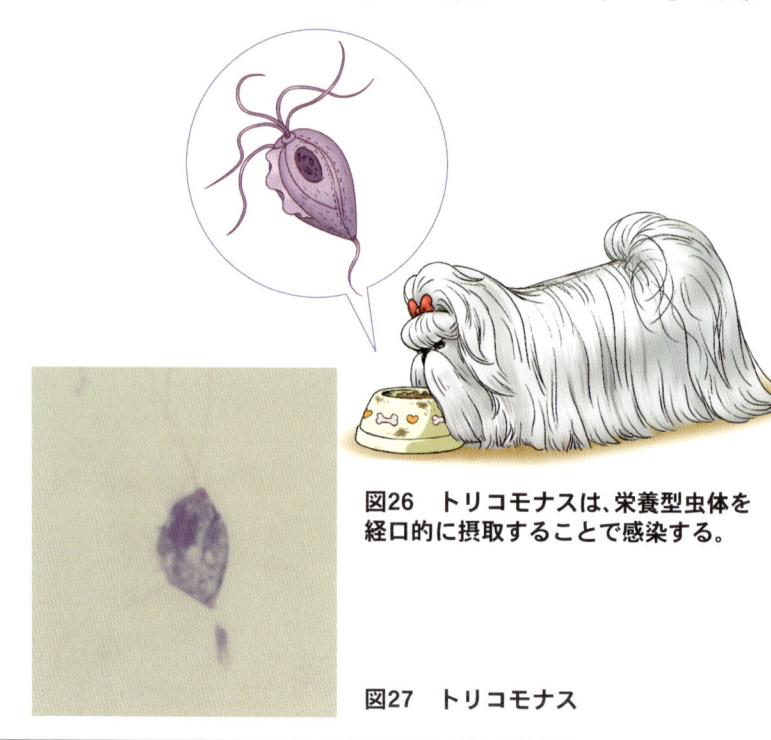

図26　トリコモナスは、栄養型虫体を経口的に摂取することで感染する。

図27　トリコモナス

Ⅱ 大腸に寄生する内部寄生虫

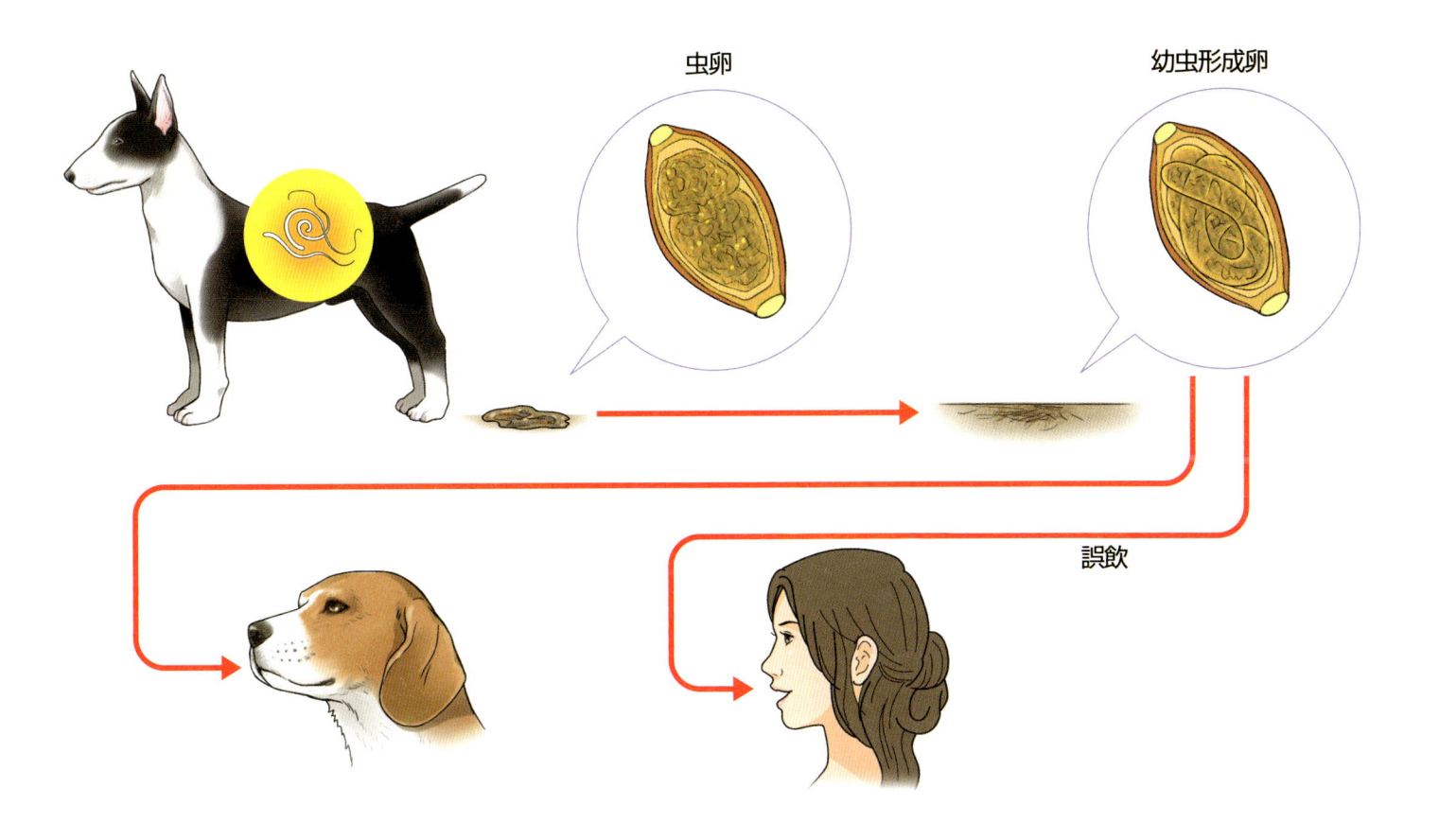

図30 感染犬の糞便中に排泄された犬鞭虫の虫卵は、室外での生存力が強い（土中なら5、6年）。ヒトへも感染する。

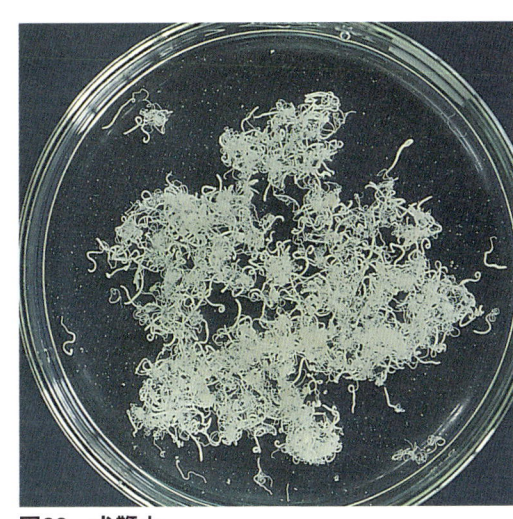

図28 犬鞭虫

図29 犬鞭虫卵

犬鞭虫（いぬべんちゅう）（線虫類）

●**特徴**：成虫は盲腸の周辺に寄生し、雄成虫が4～5cm、雌で5～7cm。体の前端から2/3ないし3/4は細長い糸状で、残りの後端部分が急に太くなり鞭状の形態を示す。大腸の粘膜表面の比較的浅い部分に、糸を縫うような状態で寄生し血液や体液、あるいは腸の細胞などを栄養としている。

●**症状**：腸炎を起こして腹痛（しぶり腹；何度も排便しようとするが用を足せない状態）を起こし、多数の虫体が寄生すると血便や貧血を招く。

●**感染経路**：糞便中に排泄された犬鞭虫卵は、室外で約3週間発育したのち感染力を持つようになり、犬が誤ってその虫卵を飲み込むと感染する。

●**診断**：糞便中の犬鞭虫卵を遠心沈殿法ないしは浮游法で検出する。

●**治療**：鞭虫に有効な駆虫薬あるいは一部のマクロライド系の薬剤を用いる。

●**予防**：犬鞭虫卵は室外での生存力が強い（土中ならば5、6年）ので、感染した犬の周辺環境にある虫卵をできるだけ排除する（土の入れ替え、すのこなどを敷く、可能ならばコンクリート床に犬を移動する、獣医師の指導のもと土を切り返しながら生石灰を散布するなど）。重度の感染犬では定期的な検査と駆虫が有効である。

●**ヒトへの感染**：ヒトが誤って虫卵を飲み込むと大腸に成虫が寄生する可能性がある。

Ⅲ 心臓血管系に寄生する内部寄生虫

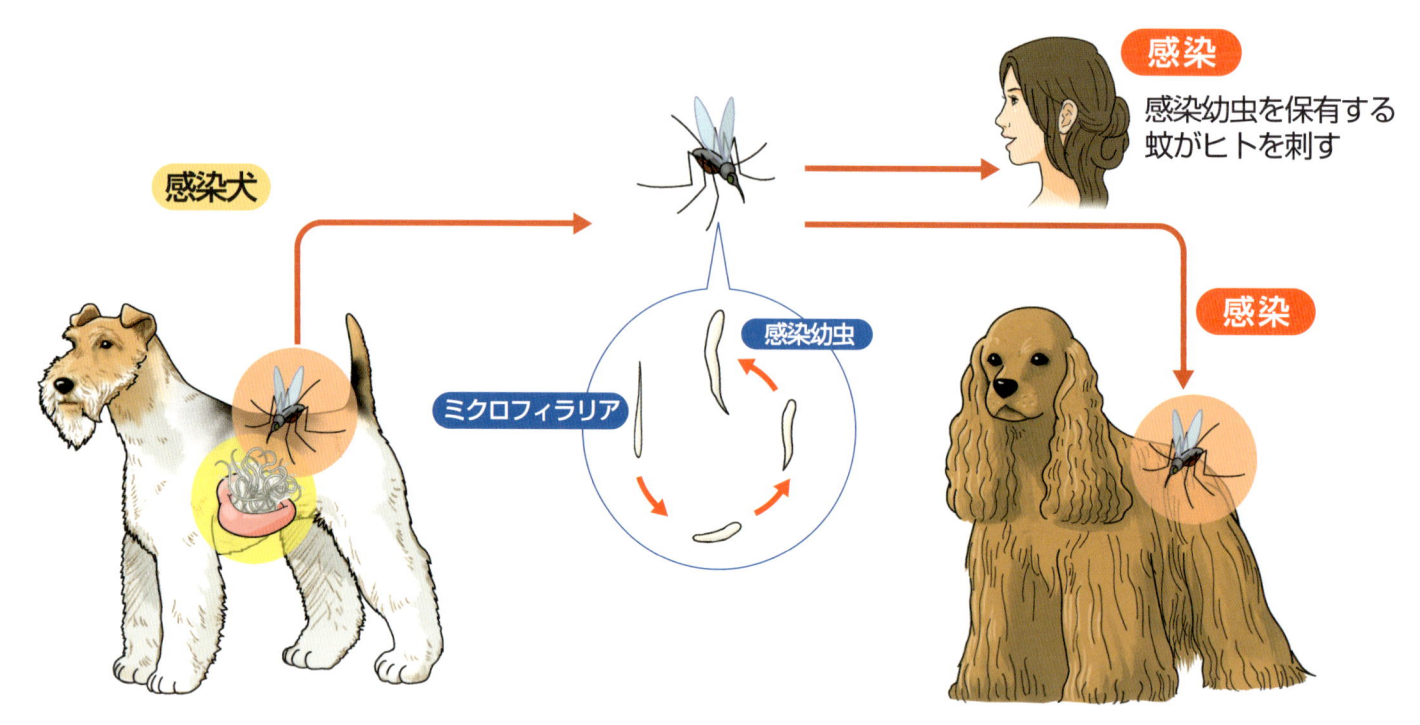

図33 感染犬を吸血した蚊は、ミクロフィラリアも同時に吸引。蚊の体内で感染幼虫に成長。幼虫を持った蚊が別の犬を刺した際、刺し傷から幼虫が侵入。ヒトにも感染の可能性がある。

犬糸状虫（いぬしじょうちゅう）（線虫類）

- **特徴**：成虫は雄で12〜20cm、雌は25〜31cmで細長いソーメン状の虫体が心臓、および心臓と肺をつなぐ血管（肺動脈）に寄生する。心臓・血管系で雌成虫は幼虫を血液中に産み出すが、これをミクロフィラリアという。蚊が中間宿主であり、吸血の際ミクロフィラリアも同時に吸引されて、その体内で約2週間かけ感染力のある幼虫になる。犬に感染してからミクロフィラリアを産むまでに約7カ月を要する。
- **症状**：感染の初期には咳や呼吸が速まるなどの呼吸器症状。病状が慢性的になると毛の状態が粗くなり、散歩などの運動を避ける。末期になると腹水がたまり、放置すれば循環不全で死亡する。多数の虫体が心臓に寄生すると、心臓の弁に虫体が絡まり、さらに血管を塞ぐため突然死する危険性もある（急性犬糸状虫症）。
- **感染経路**：蚊の針（口器）を伝わり、蚊の体外に出た感染幼虫は、犬を吸血した際にできる蚊の刺し口から犬体内に侵入する。
- **診断**：採血を行い、血液中のミクロフィラリアの有無をいろいろな手法で検査する。また、成虫が血液中に排泄した代謝産物を検査する免疫診断キットも開発されている。成虫の寄生を超音波やX線撮影で確認する方法もある。
- **治療**：成虫を駆除する薬剤が認可されているが、動物病院において慎重な検査や体調判断の結果、治療対象か否かの判断がなされる。
- **予防**：中間宿主である蚊が活動を始める1カ月前から活動終了1カ月後まで、毎月1回投与すると体内に侵入した幼虫を100％殺滅する薬剤が動物病院で処方される。投与前の検査で、ミクロフィラリアが血液中に存在しない（成虫が寄生していない）ことを確認してから予防を開始する。
- **ヒトへの感染**：感染幼虫を保有する蚊にヒトが刺されると感染の可能性がある。ヒトでは未熟な虫体が肺の血管や皮下などに寄生するが無症状の場合が多い。

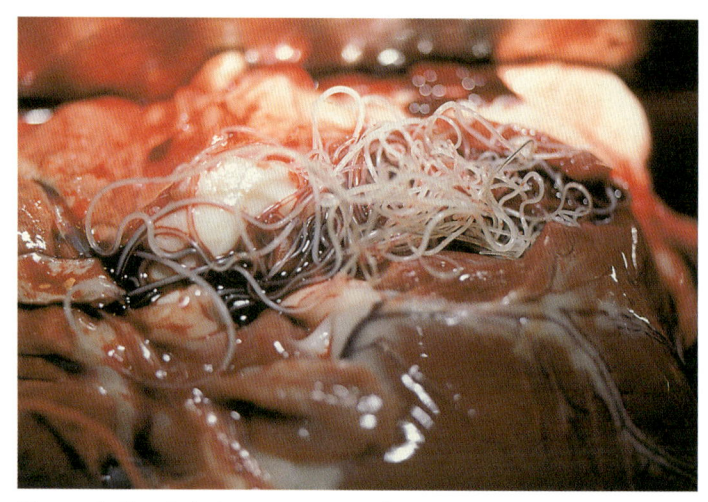

図31 心臓に寄生するフィラリア成虫

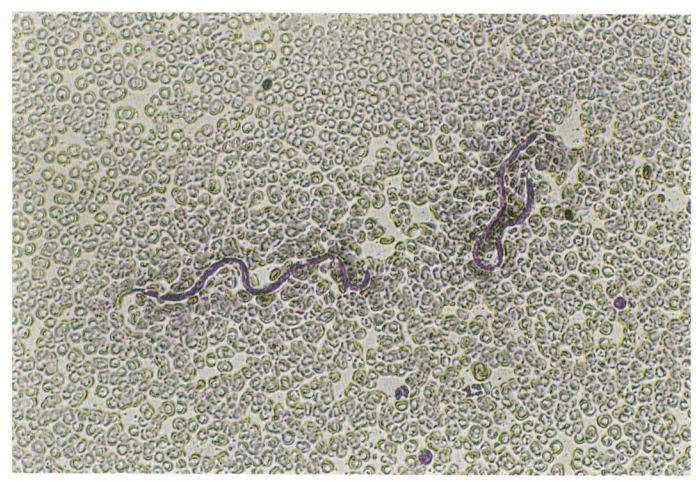

図32 血液中のミクロフィラリア

IV 血液（赤血球）に寄生する内部寄生虫

バベシアとマダニの生活環

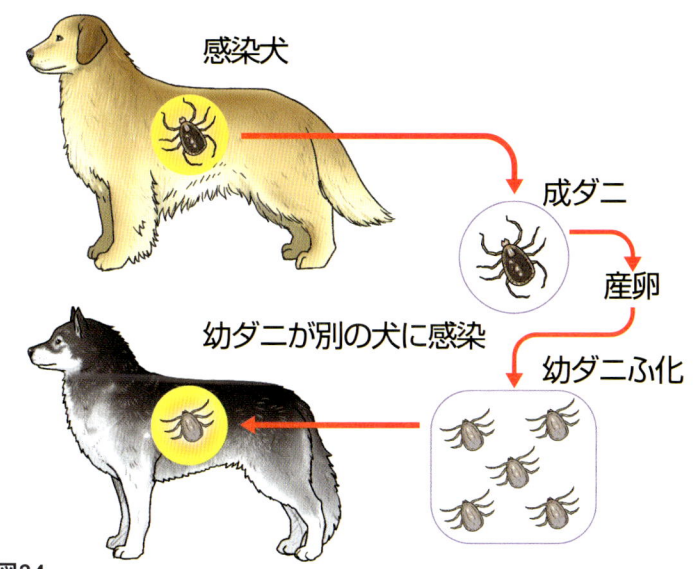

図34
犬の赤血球内で増殖し、その犬の血液をマダニが吸引。同時に吸引された虫体はマダニの体内で有性生殖を行い、新たな感染源となる。

マダニからの感染

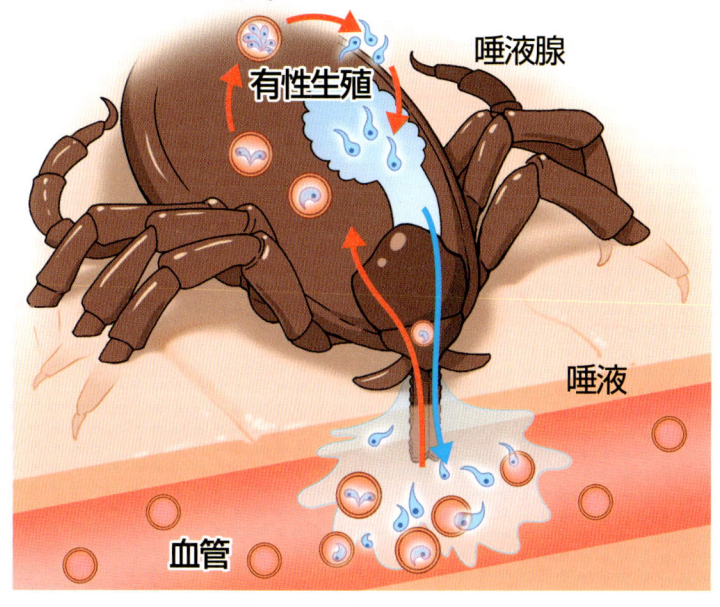

図36　バベシアを保有するマダニが犬を吸血する際に、刺し傷から唾液とともに虫体を注入する。

バベシア（ばべしあ）（原虫類）

- **特徴**：マダニが媒介者となる原虫類で、犬の赤血球内に侵入して分裂増殖する。分裂した虫体はやがて赤血球を破壊して、別の赤血球に寄生する。吸血により赤血球とともにバベシアもマダニ体内に移動し、その腸管で雄雌の細胞に分化して、有性生殖を行い、新たな感染源となる虫体が誕生する。
- **症状**：分裂した虫体により赤血球が破壊されるため貧血が起こる。初めて感染を受けた犬や幼犬では、症状が強く現れ、処置が遅れると死亡する場合もある。
- **感染経路**：バベシアを保有するマダニが犬を吸血する際に、唾液とともに虫体を注入する。
- **診断**：血液を採取してスライド染色標本を作り、顕微鏡で虫体を観察する。
- **治療**：犬のバベシアに特効的な薬剤は認可されてない。動物病院で適当な薬剤と治療法が選択実施される。
- **予防**：マダニが濃厚に生息している場所に出かける前には、ノミ・マダニ駆除剤を滴下する。
- **ヒトへの感染**：犬のバベシアに似た虫体が感染するという報告はあるが、それはすべて脾臓を摘出したヒトに限られる。

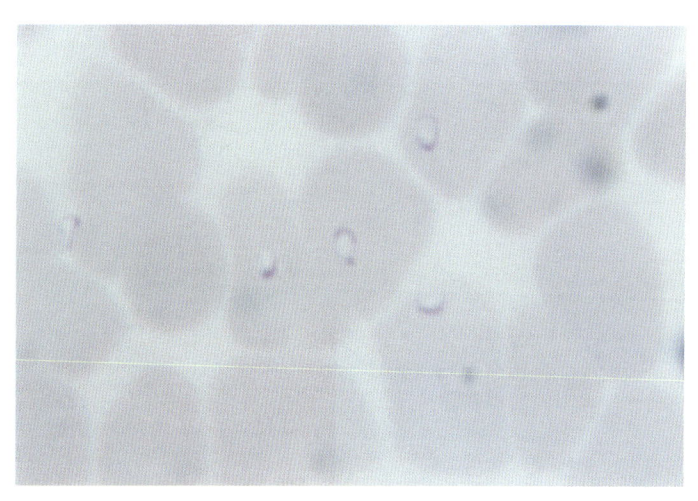

図35　赤血球内に寄生するバベシア

V その他の小腸に寄生する内部寄生虫

その他小腸に寄生する内部寄生虫として、犬小回虫（線虫類）、横川吸虫（吸虫類）、クリプトスポリジウム（原虫類）などが挙げられる。

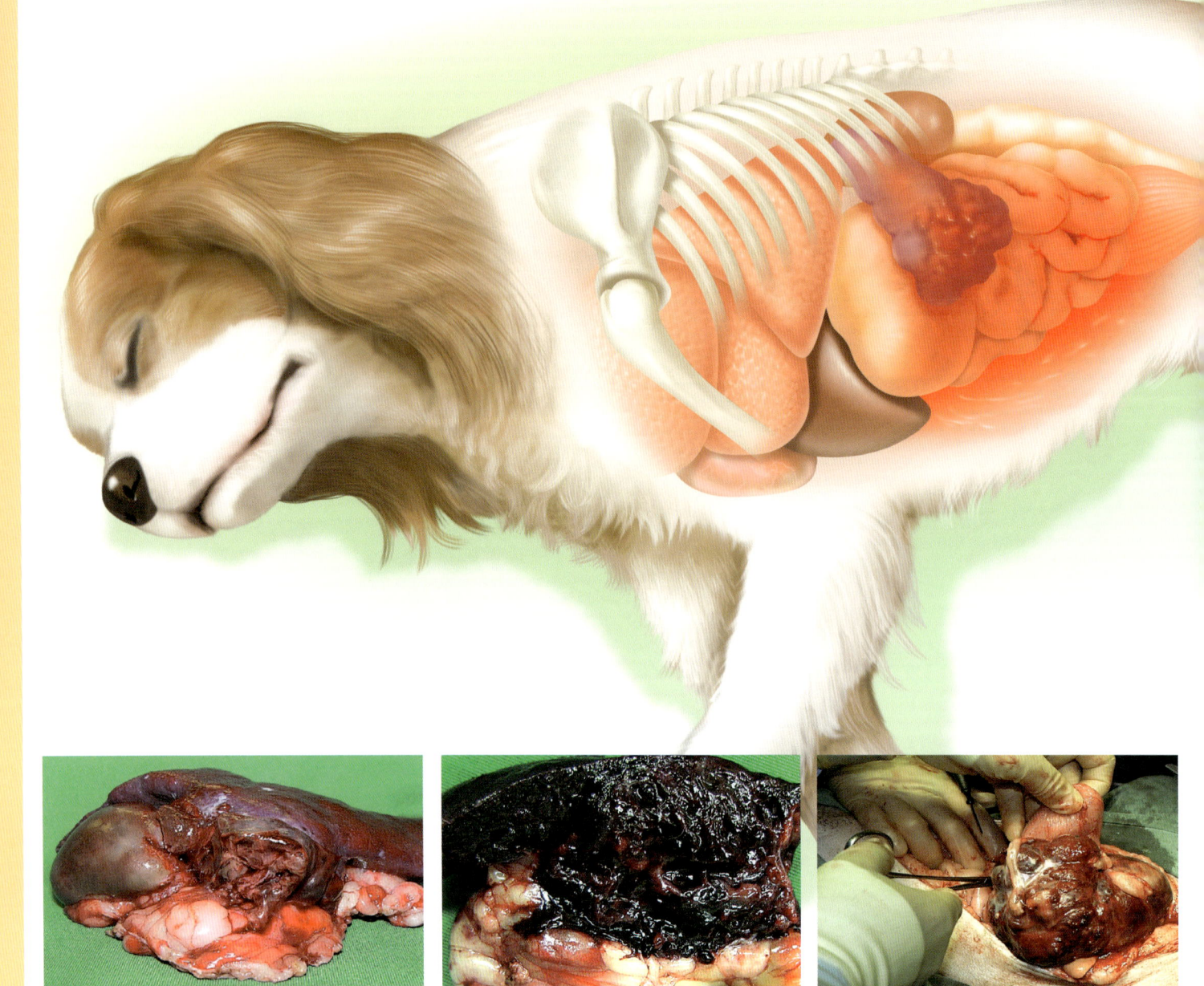

図1 脾臓の血管肉腫
腫瘍の破裂により腹腔内に大量の出血が起こり著しい貧血を呈した。

図2 脾臓の割面（腫瘍部位）

図3 腹腔内に発生した血管肉腫（由来不明）

腫瘍

　伴侶動物も獣医学の進歩にともなって寿命が延び、ヒトと同様に高齢化になり、それに付随して腫瘍や循環器の疾患が増加している。特に犬や猫の腫瘍は8歳から増加し10歳では45％と最も多く、3頭に1頭が癌で死亡しており、死因の第1位を占めている。犬や猫はヒトとのコミュニケーションが難しく、言葉を使って自らの病態を的確に伝えることができないため、癌が増大し症状が発現してから来院することが多い。このことから「癌から動物を守る」ためには、ヒトと同様に癌検診を早急に行わなければならない。動物の進行性の癌はヒトの癌と比較してサイクルが極めて早く、ほとんど数カ月で命が奪われてしまう。そのため、生体がまだ癌に対して防御的な反応をしている早期に癌を発見することが重要であり、癌検診を徹底して行うことが必要である。

　癌は"治ることのない外傷"あるいは"ブレーキの効かない暴走車"ともいわれ、癌細胞の分裂は停止することなく増殖し続ける。悪性の進行性癌に罹患した動物は、現代の医療技術を用いても根治する可能性は低く、不幸な死の転帰を辿らなければならないことは避けられない事実である。しかしながら、治すことのできない「不治の病」と思われている進行性の癌でも早期に癌を発見することができれば、根治することも不可能ではなく、今や癌も「不治の病」ではなくなったのである。

I 間葉系腫瘍（血管肉腫）

間葉系の腫瘍で最も遭遇するのは肉腫である。肉腫は治療に対して極めて反応が鈍く、腫瘍の増殖も早い。外科的に腫瘍を切除しても、脈管内やリンパ管へ浸潤し、肺や内部臓器へ遠隔転移することが多い。

今回は、主に脾臓に原発する血管肉腫と骨に発生する骨肉腫、および血管の周囲細胞から発生する血管周皮腫について述べる。

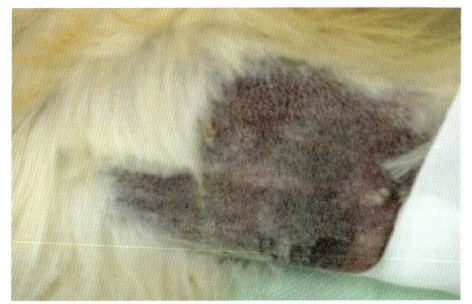

図4
DICが起こり腹部皮下に出血がみられ紫色に変色している。

腫瘍は、上皮細胞より発生する上皮系腫瘍、脂肪細胞や、血管内皮細胞などの間葉細胞より発生する間葉系腫瘍、皮膚などの組織球細胞から発生する組織球の腫瘍、および骨髄内外で産生されるリンパ球などの造血系腫瘍に分類されている。また、腫瘍は皮膚、呼吸器系、胸腔内、消化器系（食道・胃・肝臓・胆道）、内部分泌系の膵臓・副腎・甲状腺、泌尿器系、骨格系、神経系、眼球、乳房、および脾臓など多くの器官の組織から発生する。これらの部位に腫瘍が発生した場合、臨床的な症状はそれぞれ異なり、早期に腫瘍を発見することは極めて難しい。しかしながら、視覚や触診などにより腫瘍の存在を比較的早期に発見できる場合もある。

本項では、早期に癌を発見するためのひとつの手掛かりとなるため、犬に最も発生が認められる主な腫瘍を紹介する。

血管肉腫（けっかんにくしゅ）

血管肉腫は、血管内皮細胞由来の悪性腫瘍である。この腫瘍は、血管が存在するすべての臓器に発生する可能性があるが、特に好発部位としては、脾臓や右心房、あるいは皮下織に多く発生がみられる。血管肉腫による転移は多くの臓器に認められるが、主に肝臓と肺に多く起こりやすい。発生年齢では9歳～10歳の高齢犬によく発生する。

●**症状**：皮下織に発生した場合は、孤立性、あるいは多発性に腫瘤（こぶ状）が肉眼的に確認される。その部位を針でＦＮＡを行い、病理で検索することにより、確定診断が可能である。内臓に発生した血管肉腫は、肺への転移、あるいは腫瘍の破裂による貧血などで見つかることが多い。犬の脾臓や肝臓などの出血により腹囲が大きく膨満することや、貧血により嘔吐や虚脱状態に陥る場合もある。その場合は、歯肉や舌のピンク色が白く薄れ、時には紫色（チアノーゼ）になることもある。

また、心臓に発生した場合は、心膜滲出液の貯留、呼吸困難や不整脈などが起こるなど、腫瘍の発生部位により症状が異なる。また、血管由来の腫瘍であることから播種性血管内凝固（ＤＩＣ）などの血液の凝固不全などが起こり、皮膚に内出血による紫斑（紫色の斑点）が認められることもある。

●**診断**：特徴的な臨床症状と超音波検査が重要な鍵となる。内臓の腫瘍は、超音波検査により脾臓・肝臓および心臓（右心房に好発）に確認される。特に脾臓の腫瘍は、内部に壊死が起こるので高、低エコー領域像により蜂の巣状にみられることが多い。ＦＮＡにより確定診断が可能であるが、脾臓の組織の脆さや腫瘍細胞の広範囲な播種の危険性があるため、充分に注意をして判断する必要がある。

●**治療**：皮膚における孤立性の血管肉腫の第一選択肢は、外科的な摘出である。広範囲に腫瘍を完全に摘出できれば予後は良好である。また、外科的に取りきれない場合は、取り残した腫瘍に放射線を照射することも必要である。

しかしながら、肝臓、脾臓、および心臓に発生した場合は、遠隔転移が起こりやすく予後は極めて悪い。外科的に摘出できる場合は、積極的に行い、化学療法（抗癌剤）による全身治療を併用することが重要である。また、皮膚に発生した外科的に取りきれない場合は、取り残した腫瘍に放射線を照射することも必要である。

II 間葉系腫瘍（骨肉腫、血管周皮腫）

骨肉腫（こつにくしゅ）

骨肉腫は主に骨の腫瘍であるが、犬の原発性の骨腫瘍としては約80％が四肢骨に認められ、なかでも骨幹端に多く発生する。犬では大型犬に多く発生がみられる。年齢的には、8歳以上の老齢犬に認められるが、2歳前後の若齢犬にも認められる。骨肉腫は進行が速くほとんどが肺に転移する。

●**症状**：犬の骨肉腫は、痛みのため足を引きずるなどの跛行を生じ、骨破壊による骨の腫脹や腫瘤が確認される。跛行は徐々に進行し、全く負重することができなくなり、四肢を支えている筋肉が排薄化してくる。また、腫瘍が進行すると肺への転移が起こり、呼吸症状などの全身症状を生じることもある。腫瘍の初期では、跛行が弱く、他の関節疾患や靭帯などの損傷と間違えることが多く、見逃しやすいことがある。

●**診断**：大型犬で疼痛を伴い跛行を呈する症例は、本症例を疑うべきである。病変部位をX線で撮影すると骨の溶解像が得られ、骨髄や皮質骨の破壊、あるいは不整で不規則な骨の新生などが確認される。確定診断は、病変部の針生検による病理学的な所見で行われる。しかし、カルシウム沈着による硬化した骨病変の診断は困難を要する。X線でサンバースト現象やコッドマン三角などの特徴的な所見が得られ、かつ骨髄の破壊が認められている場合の診断価値は極めて高いものがある。

●**治療**：骨肉腫の治療における第一の選択肢は、外科的な断脚である。激しい痛みから解放するためには、骨を含めた広範囲な切除が必須である。痛みは、ストレスとなり生体の免疫力を低下させ、腫瘍の増殖を助長させる。一般的に前肢の場合は肩甲骨を含めて断脚し、後肢では大腿骨頭から外される。

疼痛は病巣部への放射線照射によっても緩和されるが、いずれも治癒を期待するのではなく、あくまでも痛みを緩和することにある。痛みは、鎮痛剤を投与してある程度軽減できるが腫瘍の病巣部の自壊や二次的な感染による悪臭、さらには病的骨折などが起こり、著しくＱＯＬが低下する。患部の肢の温存療法もその部位によっては可能であるが、合併症を伴うことが多いため推奨はできない。全身的な化学療法は、転位や腫瘍の増殖を遅らせるための補助療法として用いられている。

筆者は1例ではあるが、免疫療法と化学療法の併用により他臓器への転移を数年間（観察中）抑制している。

不規則な骨膜反応

骨溶解

コッドマン三角（充実性骨膜反応）

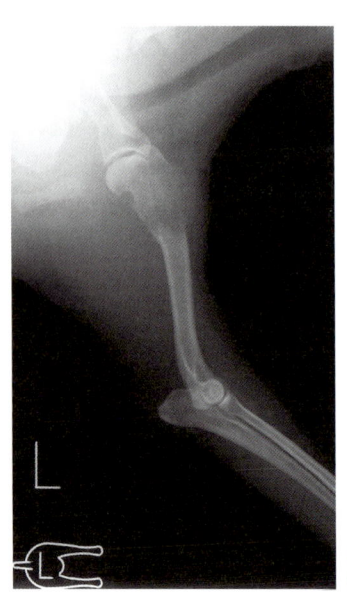

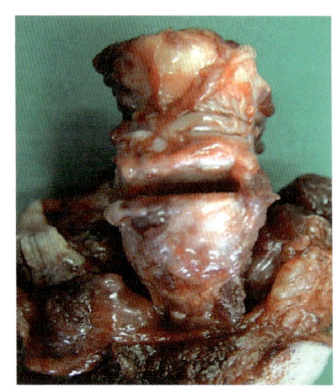

骨皮質の破壊

図6　骨肉腫の骨
骨はメスで切開できるほどに柔らかくなっている。

図5　骨肉腫のレントゲン写真
骨融解象（左前肢の前腕骨）

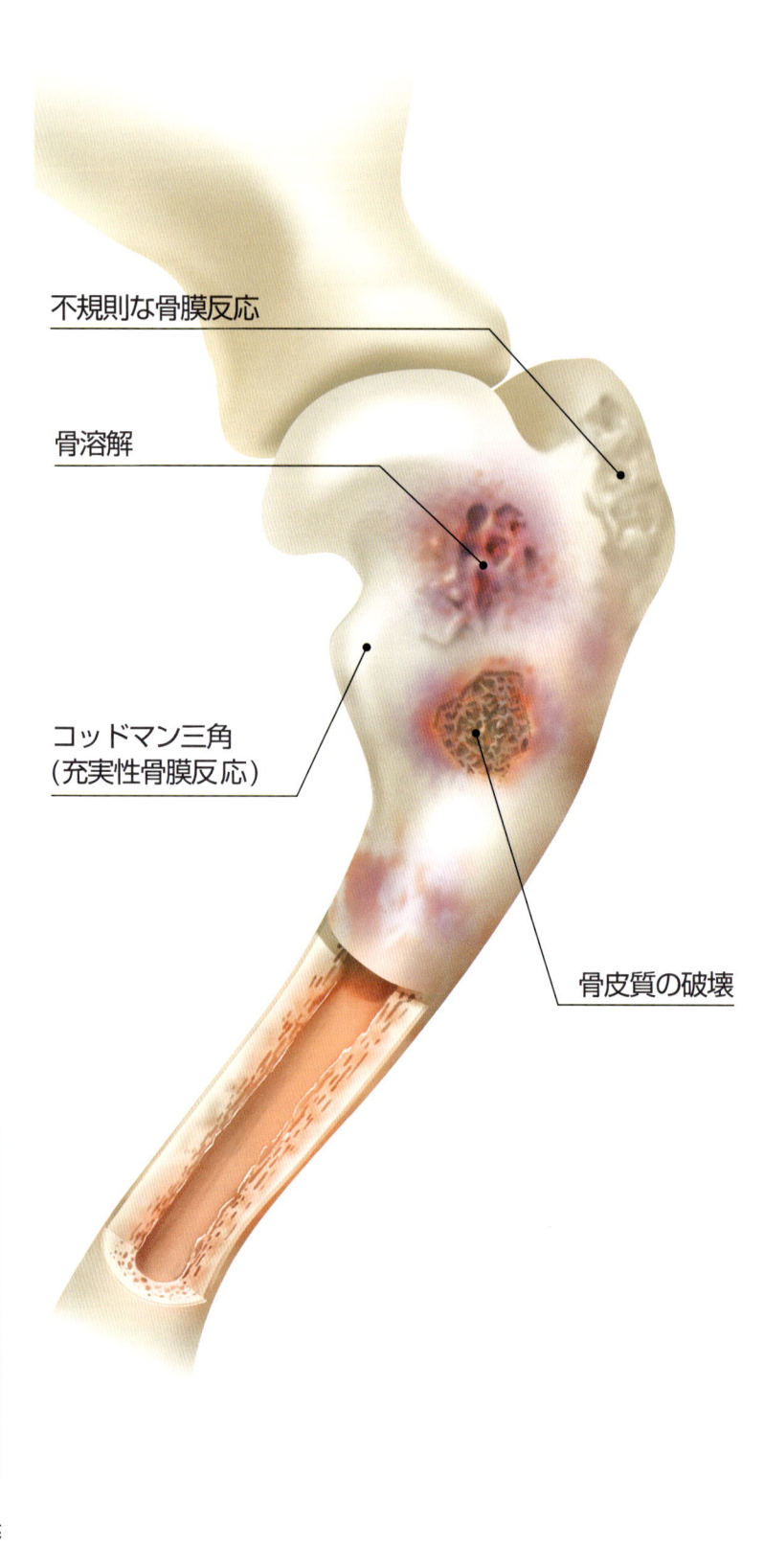

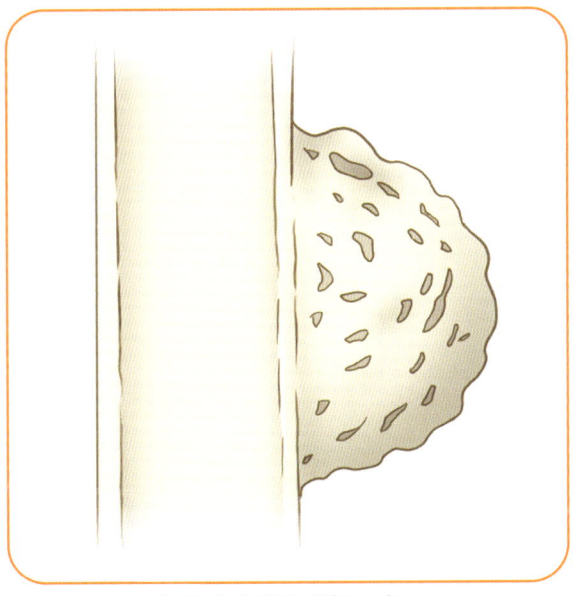

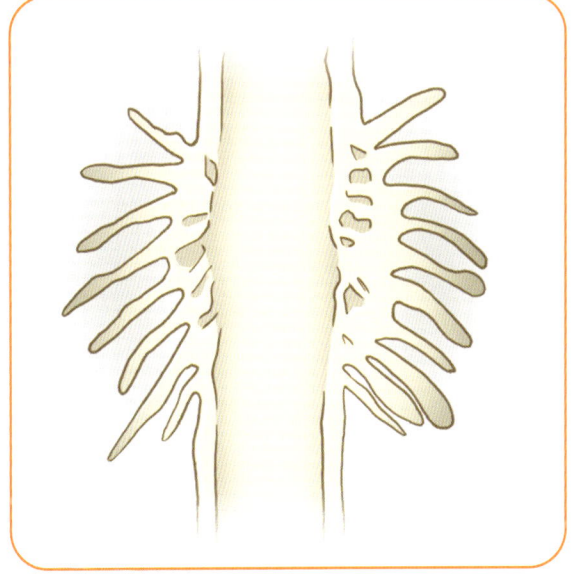

無定形型骨膜反応	サンバースト（針状）型骨膜反応
平滑型骨膜反応	層状型骨膜反応

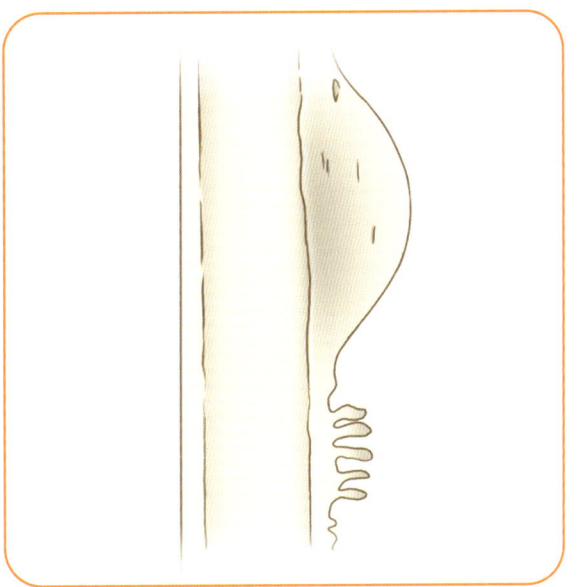

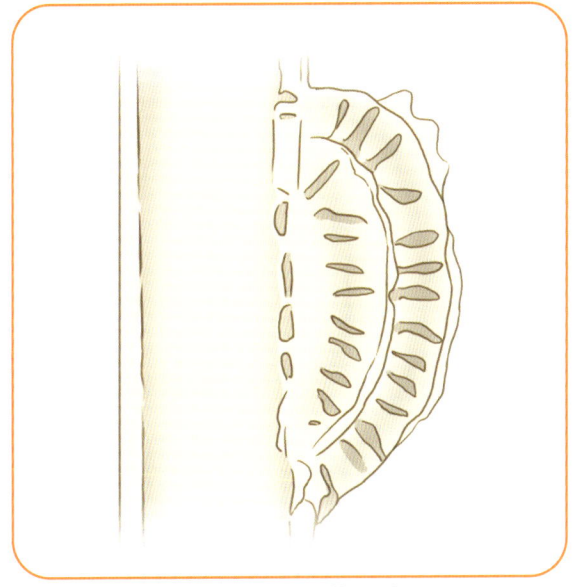

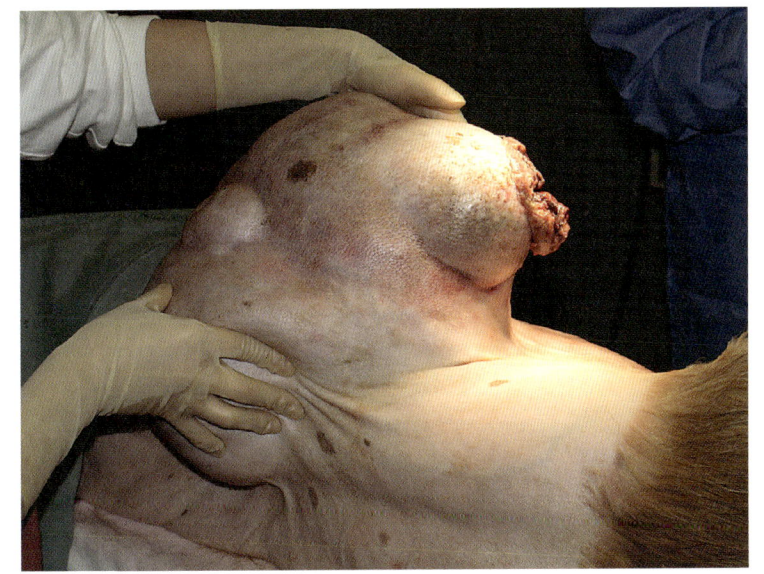

図7　血管周皮腫　胸側部に巨大な腫瘍が確認された。

血管周皮腫（けっかんしゅうひしゅ）

　血管の周囲細胞から発生する血管周皮腫は、皮膚および皮下織に発生する。血管周皮腫は、猫では稀であるが犬では腫瘍全体の約4％を占めている。発生する平均年齢は10歳と高齢である。

●**症状**：血管周皮腫は、孤立性で触診すると堅いものや柔らかいものなど他の腫瘍と区別することはできない。主に四肢に発生することが多いが胸部や腹側皮下にもみられる。血管周皮腫は、徐々に周囲に浸潤していくが、遠隔転移（肺や腹腔臓器）は他の腫瘍と異なり極めて遅い。

●**診断**：血管周皮腫はＦＮＡにより病理学的診断が可能である。

●**治療**：血管周皮腫は、局所浸潤が強いため広範囲な外科的切除が第一の選択肢である。しかし、術後の再発率が高いため腫瘍を局所に残存させることなく摘出しなければならない。仮に腫瘍細胞を取り残してしまい数回の外科的切除を行った場合、外科切除の回数を重ねるごとに腫瘍が浸潤し再発期間も短くなる。血管周皮腫は局所浸潤が強いことから四肢の部位によっては断脚も考慮しなければならないことがある。

Ⅲ 造血系腫瘍（リンパ腫）

造血系腫瘍

　造血系腫瘍とは一般に血液癌とも呼ばれ、リンパ腫、白血病、および多発性骨髄腫などが挙げられる。

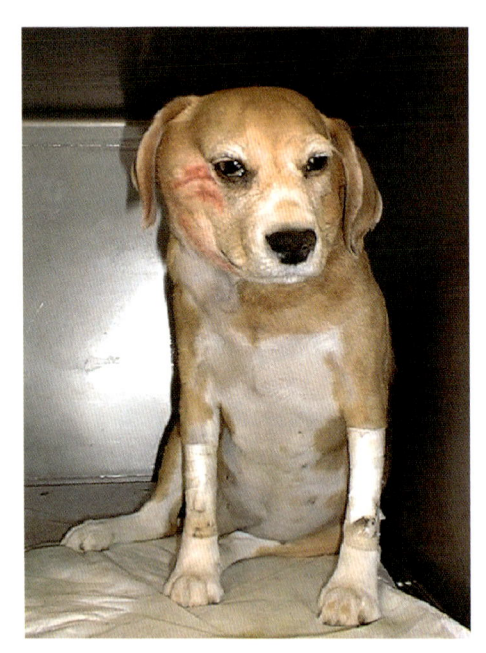

図8　下顎リンパ節の腫瘍

リンパ腫（りんぱしゅ）

　リンパ腫は、造血系腫瘍の中でも80％〜90％を占めている。発生年齢は約7歳前後から認められるが、それ以下の若い年齢層にも発生する。病因は未だ明らかにされていないが、遺伝性の要素も関与していることが報告されている。犬のリンパ腫は、解剖学的な位置や細胞のタイプ、組織学的所見、あるいは免疫表現などによって多中心型、縦隔型、消化器型および皮膚型に区分される。他に腎臓、神経、鼻や咽頭、眼などに発生するもので節外型のタイプもある。今回は、リンパ腫の中で最も多発している多中心型リンパ腫について述べる。

●**症状**：全身のリンパ節が孤立性、あるいは左右対称に腫大する。リンパ節の大きさはまちまちであり、時には鶏卵大にまで腫大していることもある。多くの症例は、ほとんど無症状で経過するため発見が遅れる。しかし、頸部のリンパ節が大きく腫大してくると咽頭部、食道、および気管を圧迫してくるため呼吸器症状を併発したり、極端に食欲が無くなり体重の減少が認められる。

●**診断**：触診を行い、腫大しているリンパ節のＦＮＡにより病理学的に診断が可能である。また、その腫瘍がＴ細胞かＢ細胞由来であるかも免疫学的に判定可能である。一般血液検査では、異常なリンパ球が増殖しているため、その比率や数に異常値を示すことがある。

●**治療**：造血系の腫瘍は、化学療法に反応するため多剤併用（各種の抗癌剤を組み合わせる）療法を選択する。一般的にリンパ腫に用いる化学療法のプロトコールは数種類あるが、そのステージや病態により獣医師が選択する。治療の効果判定は、腫大しているリンパ節が縮小、もしくは消失してくるので飼い主でも評価が可能である。化学療法に腫瘍が反応しリンパ節が消失（寛解期）しても、その延命期間の長短はあるが、ほとんどの症例が再発（再燃）してくる。

リンパ節の位置

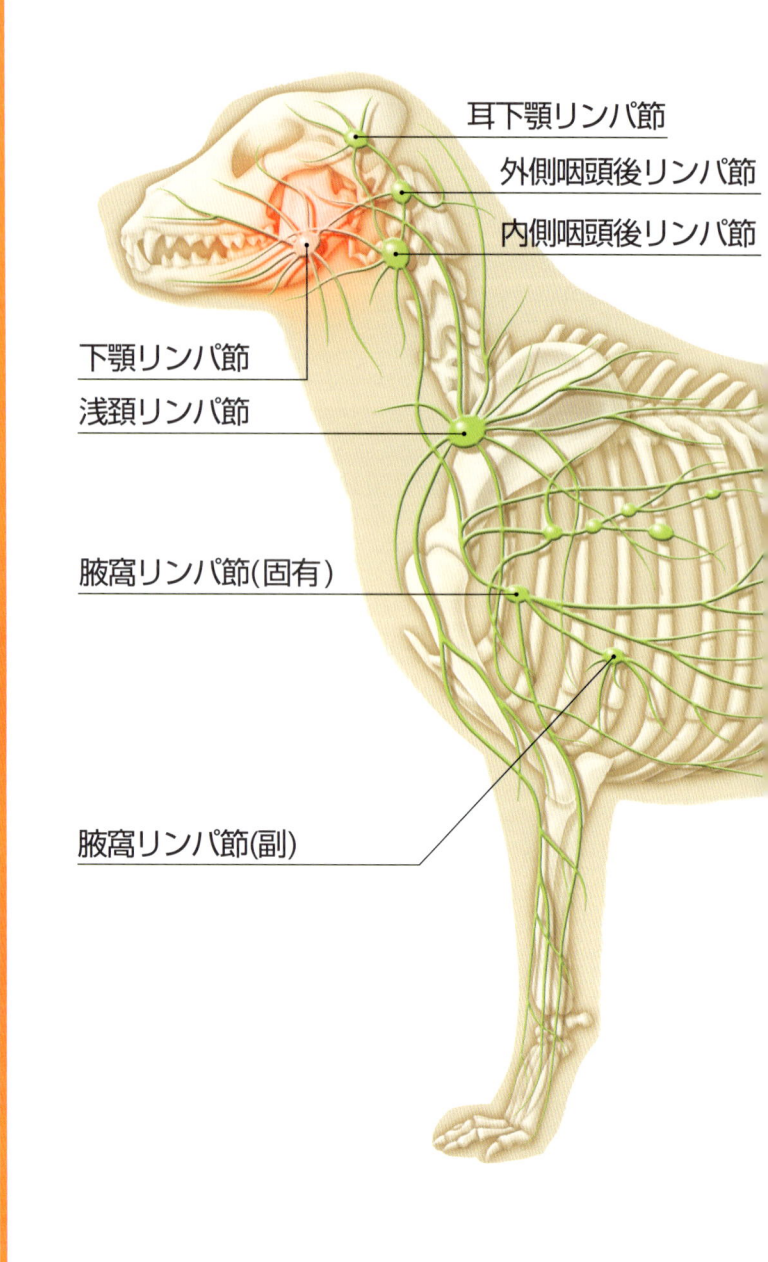

- 耳下顎リンパ節
- 外側咽頭後リンパ節
- 内側咽頭後リンパ節
- 下顎リンパ節
- 浅頸リンパ節
- 腋窩リンパ節（固有）
- 腋窩リンパ節（副）

IV 上皮系腫瘍（肛門周囲の腫瘍）

肛門周囲の腫瘍（こうもんしゅういのしゅよう）

　肛門周囲の腫瘍には、肛門周囲腺腫、肛門嚢アポクリン腺腫瘍、肛門周囲アポクリン腺腫瘍がある。肛門周囲腺腫は老齢の雄犬に多く好発する。

●**症状**：肛門周囲の皮膚に孤立性、あるいは多発性に腫瘤が散在している。腫瘤が増大すると、表面は自壊して皮膚が欠損してくる。本症は良性の腫瘍であることから、深部への浸潤あるいは転移を起こすことはほとんどない。それに比較して肛門周囲腺癌は、悪性で深部への浸潤性が強く、潰瘍化した腫瘤が確認される。また、リンパ管を通して内腸骨リンパ節に転移し、次いで血管を介して隣接臓器の肝臓、腎臓、および肺などに拡大していく。

●**治療**：肛門周囲腺腫はホルモン依存性の良性腫瘍であることから、外科的に腫瘤を摘出して去勢を行うことで再発が抑制される。肛門腺癌は、ホルモンとは関連性がなく外科的療法が第一の選択肢となる。外科的に困難な場合、あるいは腫瘍の取り残しが危惧されたときは、放射線療法が推奨される。全身的な療法としての化学療法の有効評価は、今のところ得られていない。

浅鼠径リンパ節
大腿リンパ節(不定)
膝窩リンパ節

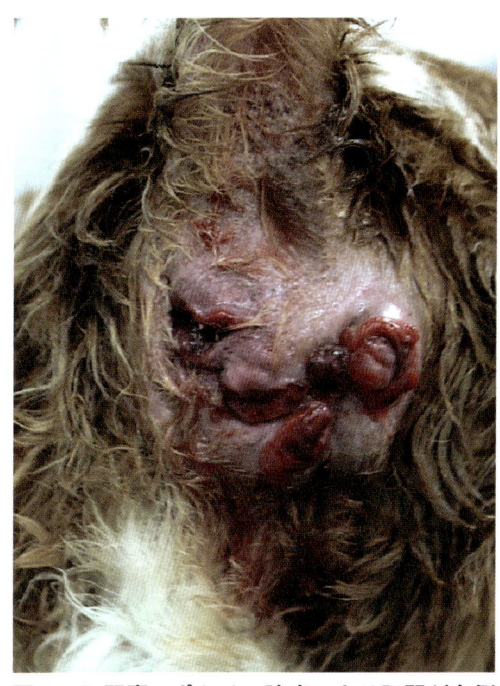

図9　肛門嚢アポクリン腺癌により肛門が左側に変位している。

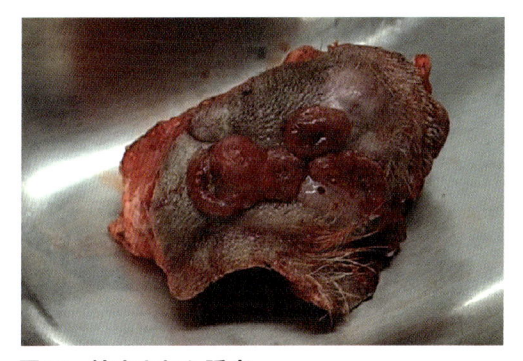

図10　摘出された腫瘤

Ⅴ 上皮系腫瘍（乳腺腫瘍、肥満細胞腫、口腔内腫瘍）

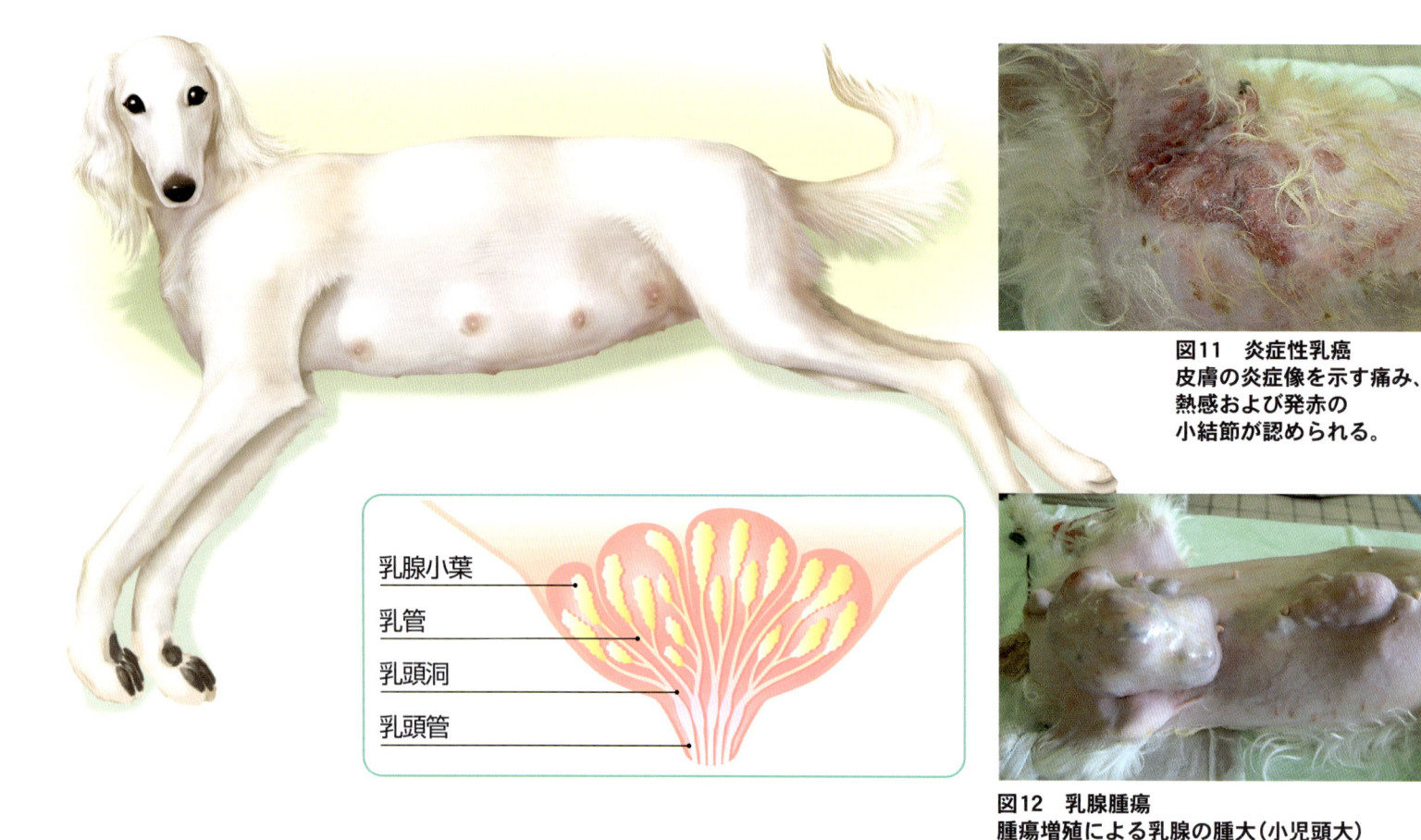

図11 炎症性乳癌
皮膚の炎症像を示す痛み、熱感および発赤の小結節が認められる。

図12 乳腺腫瘍
腫瘍増殖による乳腺の腫大（小児頭大）肥満細胞腫。

犬の乳腺腫瘍（いぬのにゅうせんしゅよう）

犬の乳腺は左右10の乳房を有し、リンパ管と血管が複雑に関与している。頭側の第1、2の乳腺は浅前腹壁動脈から尾側の第3～5の乳房は浅後腹壁動脈から栄養が供給され、それぞれのリンパ管の経路は複雑に連絡されている。犬の乳腺腫瘍は、雄にも発生するがそのほとんどは雌に発生する。乳腺腫瘍の発生年齢は8歳から多く認められ、約50％が良性腫瘍で悪性腫瘍の乳腺癌が42％で他に肉腫や炎症性乳癌が認められる。

●病因：犬の乳腺腫瘍の病因は不明である。腫瘍は、環境の要因による遺伝子の変異や癌抑制遺伝子の関与によるものが大きい。初回発情の前に避妊手術を行った犬の乳腺腫瘍の発生率は、0.5％と極めて低く、2回目以降では26％と高率であることから、ホルモンとの関連性が示唆されている。

●症状・診断：臨床的な特徴としては乳腺に"しこり"が確認されるので、飼い主により比較的早期に発見されることが多い。しかし、早期に"しこり"が発見されても、そのまま放置しておくと腫瘍は徐々に増大して取り返しのつかない事態に陥ることがある。"しこり"は大小様々で、小児頭大まで増大しているものもみられる。

"しこり"を触診しながら、遊離しているのか筋層に固着しているのか、あるいは鼠径リンパ節や腋下リンパ節の腫大なども含めて詳細に調べる必要がある。また、炎症性乳癌では、皮膚が発赤、硬結、および浮腫を呈し疼痛を伴い皮膚炎と誤診することもある。診断は"しこり"の部分を針で吸引（細胞吸引生検）して、その細胞を病理学的に診断する。しかしながら、細胞吸引生検の結果、悪性あるいは良性の腫瘍として診断されても、その結果に基づいて治療方針を立てるべきではない。犬の乳腺腫瘍は主に上皮性腫瘍が多く、悪性腫瘍の腺癌は血管やリンパ管より肺などへ遠隔転移するため、胸部のX線は欠かせない検査のひとつである。

●治療：犬の乳腺腫瘍における第一の選択肢は腫瘍の摘出である。摘出方法は全乳腺切除、片側乳腺切除、部分または単一切除を行うが、このいずれの方法を選択するかは、乳腺腫瘍の発生部位、あるいは良性か悪性かによっても異なる。著者らは、いずれ残された乳腺にまた新たに発生する可能性を考慮すると、飼い主とのインフォームドコンセントにより、なるべく乳腺の全摘出手術を推奨している。術後の融合不全の防止対策や痛みなどへの局所ペインコントロールを実施することにより、術後の合併症による問題が生じたことは少ない。

化学療法の使用は、悪性度が強く血管内あるいはリンパ管に浸潤していることが確認された場合は、ドキソルビシンやカルボプラチンなどが使用される。また、ヒトで使用されているハーセプチンやタモキシフエン（抗エストロジェン）などは、感受性の検索や論文におけるエビデンスが明確でないことや副作用の観点から、まだ一般的に使用されていないのが現状である。この他にQOLを維持するためと再発予防による免疫療法（自己リンパ球活性化療法・樹状細胞によるワクチン療法）や一般的な免疫活性を促すサプリメント（リンパクト：明治製菓）が推奨される。食事療法としては高タンパク/低脂肪食の給餌に心がけ、動物性の脂肪やチーズなどは極力避けるべきである。

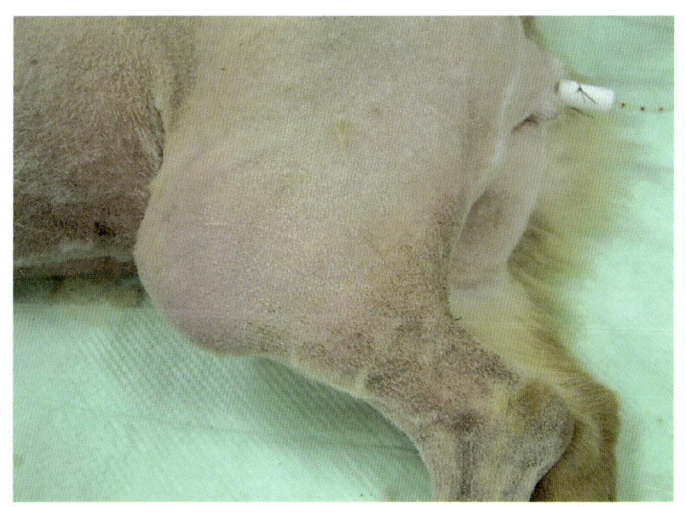

図13　肥満細胞腫
左後肢の膝関節の腫大

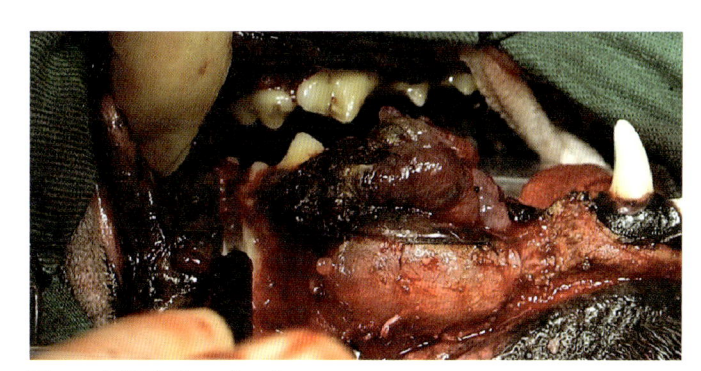

図14　棘細胞性エプーリス
犬歯の歯肉部に腫瘤が形成されている。

肥満細胞腫（ひまんさいぼうしゅ）

　犬の肥満細胞腫は、体の様々な部位に発生するが、主に皮膚や皮下織に病巣を形成する。肥満細胞腫は、皮膚腫瘍全体の7～21％を占めている。発生平均年齢は8歳～多く認められている。
●**症状・診断**：全身の皮膚、あるいは皮下織に発生する肥満細胞腫の外観は、"偽善者"といわれるように様々な形態を呈する。大きさは小さいものから大きいものまであり、孤立性に限局しているものや多発性に広範囲に散在しているものもある。一般的に境界が明瞭で脱毛が見られ、皮膚は発赤し光沢があり、時には潰瘍を伴っている場合もある。このことから、肥満細胞腫は他の皮膚腫瘍と間違えやすいため、細胞吸引生検により診断しなければならない。
　肥満細胞腫はDiff-Quick染色、ライトギムザ染色およびトルイジンブルー染色により、肥満細胞の顆粒を染色することが可能である。肥満細胞の顆粒にはヒスタミンやヘパリンなどが含まれ、これらの生物活性物質は胃潰瘍、胃腸障害、心肺機能の異常および局所出血の遅延などを起こす。
●**治療**：外科的に摘出が可能な部位では、外科的切除が第一選択肢となる。肥満細胞腫は外観的に境界明瞭であるが、浸潤性が強いため外科的切除は広範囲に行わなければならない。
　外科的切除は横方向、および深部もすべて3cmの辺縁を確保しなければ再発する可能性が高くなる。もし、深部に筋層などのバリアーが存在しない場合や、切除が不充分なときは放射線療法が推奨される。また、化学療法は、ビンブラスチン、CCNU（ロムスチン）などが使用され、顆粒の生物活性物質を抑制するには、ステロイド剤および抗ヒスタミン剤が使用されている。

口腔内腫瘍（こうくうないしゅよう）

　口腔内腫瘍は犬の全癌の約6％を占めており、特に老齢犬に発生がみられる。口腔の腫瘍は口唇、歯肉、舌、下顎骨、上顎骨、咽頭および頬膜などの部位に発生がみられる。腫瘍の種類はその部位によっても異なるが、肉腫、上皮性の癌、肥満細胞腫、黒色腫などが認められる。
　口腔内腫瘍は日常観察することが少ないため、腫瘤が増大しなんらかの症状が発現してから発見されることが多い。飼い主は、口腔内の炎症や虫歯を予防するため、ガーゼや歯ブラシによる歯肉のマッサージや歯石の除去に努め、常に口腔内を観察して早期に異常を発見することである。
●**症状**：腫瘍の部位や進行度により症状は異なるが、一般に口腔内に腫瘍の塊を発見することが多く、壊死などが起こっている場合は、独特な口臭があり、過度の流涎、出血、腫れあるいは組織や骨の欠損による変形もみられる。痛みや嚥下困難のため食欲は消失し、それに伴い体重が減少してくる。
●**診断**：腫瘍の診断は、ＦＮＡによりある程度の診断は可能である。しかしながら、腫瘍の壊死や炎症の激しい場合は、穿刺部位を吟味することが重要である。確定診断は多くの場合、バイオプシーによる組織学的検査でしか行うことができないと記載されているが、FNAによって悪性、または良性の判断で外科手術を決断することも必要である。稟告による腫瘍の病態を把握し、かつＸ線検査、あるいはCTスキャンなどから判断することも重要である。外科手術が適用されない場合は、麻酔を施し治療計画を立てる意味でもバイオプシーを行い、確定診断することはいうまでもない。
●**治療**：口腔内腫瘍は、外科的切除が第一選択肢となる。扁平上皮癌や低グレードの線維肉腫などは広範囲に切除することにより良好な結果が得られている。しかし、口腔内腫瘍は、近隣に下顎リンパ節などが存在しているため、リンパ行性に遠隔転移が起こりやすいため、リンパ節浸潤を確認のうえ郭清を行う。
　放射線療法は外科切除前後、あるいは単独で行うことができるが、眼や脳などの照射を避ける必要がある。
　化学療法における有効的な評価は得られていないが、延命や縮小効果の期待できる腫瘍もある。

感染経路

1. 接触感染（パルボの特徴）
   直接触れて感染する場合と、食器や環境を介して間接的に感染する場合がある。

2. ●飛沫感染（ジステンパーの特徴）
   くしゃみなどの"しぶき"を直接吸い込んで感染し、一般的に1.5m以内で起こる。
   ●空気感染
   "しぶき"の水分が蒸発し、感染源が空中に漂い、離れた場所で感染を成立させる。

3. 経口感染
   多くの感染症の感染経路で、口から体内に侵入する。

I 感染症を引き起こす病原体

　自然界では無菌動物は存在せず、多くの微生物と共存している。その共存バランスが壊れると、感染症になる。この微生物は、形態や構造でおおまかにウイルス、細菌、寄生虫に分けることができる。ウイルスは、一般的な顕微鏡で観察することができないほど小さく、自己増殖に生きた細胞を必要とする。また、一般的な治療薬で増殖を抑えることが難しい。細菌は、顕微鏡で観察できる大きさである。栄養条件や環境さえ整えば、自己増殖可能である。抗菌薬など、有効な薬剤も多いが、近年は薬剤耐性菌の存在が問題となってきた。寄生虫は顕微鏡でしか観察できない小さいものから、"お腹の虫"のように大きいものまで様々である。
　以下、主にウイルス、細菌、寄生虫による感染症を中心に病気を解説する。

ウイルスがゴマだとすると、細菌はサッカーボールぐらいの大きさ。

図1　ウイルスと細菌の大きさ比べ

感染症・人獣共通感染症

　ヒト医学では、多くの感染症が克服され、平均寿命が延びた。動物の感染症もワクチンや治療のおかげで以前に比べて、死亡率は減少したが、ヒト医学ほど安心できる状況ではない。感染症は、発生をコントロールできる疾患なので、敵を知ることは重要である。この章では、感染症の特徴から原因、症状、診断、治療、予防の概要を解説する。
　感染症とは、病原微生物が動物体内に侵入・増殖し、症状を現す疾病をいう。一般的な感染症は、「種（しゅ）」の壁を超え難く、犬なら犬の感染症、人なら人の感染症と「種」独自の疾病と理解されている。しかし、近年、問題となっている人獣共通感染症とは、人と脊椎動物の間で自然に伝播する感染症をいう。つまり、犬から人、人から犬の両方向性の感染症である。人獣共通感染症では、犬が加害者（犬）でなく、犬が被害者（犬）の場合もある。

4. 経皮感染（レプトスピラ症の特徴）
   一般的に皮膚はバリヤー機構であるが、このバリヤーを破って侵入する。レプトスピラ症は、感染ネズミなどの尿から健康な犬の皮膚を通して感染する。

5. 感染犬からの咬傷（狂犬病の特徴）
   発症している犬（動物）に咬まれることで、ウイルスを含んだだ液が侵入する。

6. 媒介生物を介した感染
   蚊やネズミなどの他の生物を介した感染で、媒介生物の体内で増殖し伝播することもある。

7. 母子感染
   胎児期に感染するパターンと、出生後、母乳などで感染するパターンがある。

図2　主な感染経路

II 犬の感染症

犬パルボウイルス感染症

- **特徴：** 犬の死亡率の高い感染症のひとつで、症状の進行が早く、急死する。アルコールや逆性石けんなどの一般的な消毒薬は効かず、塩素系消毒薬のみ有効である。汚染された環境や器物から感染が持続する。ワクチンは有効。
- **原因：** 犬パルボウイルス
- **感染経路：** 感染犬の糞便や汚染された環境から口や鼻を介して侵入し、咽喉頭粘膜のリンパ組織で一度増殖し、血流に入りウイルス血症として全身へ運ばれる。全身へ運ばれたウイルスは、細胞分裂が盛んな腸粘膜や骨髄、妊娠中なら胎児の臓器や脳組織で爆発的に増殖する。
- **症状：** 潜伏期は通常、4～7日。感染初期は発熱、食欲不振、元気消失、嘔吐に始まり、トマトジュースのような血便となる。妊娠中に感染すると、流・死産を起こす。2カ月齢未満の子犬の感染では、心筋炎となり急死することもある。2カ月を超えたワクチン未接種の子犬の感染では、治療に遅れると2～3日以内に死亡する。1歳以上になると無症状感染になることもある。
- **診断：** 白血球減少、糞便からのウイルス検出
- **治療：** 嘔吐、下痢、血便が激しいときは点滴、輸血を中心に対症療法を行う。また、二次感染を防ぐ目的で、抗菌薬なども有効である。インターフェロン製剤も実用化されている。
- **予防：** ワクチン接種が有効。感染犬は隔離し、消毒を徹底する。塩素系の消毒薬で環境や器物を消毒する。

犬ジステンパー

- **特徴：** 犬の伝染力の強い感染症のひとつで、死亡率も高い。症状が呼吸器、消化器、神経症状と多様。
- **原因：** 犬ジステンパーウイルス
- **感染経路：** 感染犬との直接接触や、鼻汁や唾液、目やになどの分泌物、糞便や尿などの排泄物との接触、飛沫の吸入により感染する。伝染力は比較的強く、ワクチン未接種の多頭飼育下では急速に感染が成立する。
- **症状：** 潜伏期は、1週間以内から4週間以上と幅がある。また同様に、症状の出現にも幅があり、無症状から死亡まで多様である。多くは、感染後3～7日から一定しない発熱を繰り返し、鼻汁、くしゃみ、結膜炎、食欲不振、白血球減少を呈する。続いて、下痢や血便、肺炎が起こる。一部は痙攣や震えなどの強い神経症状が出現することもあり、神経症状を耐過しても、後遺症が残ることもある。また、鼻や四肢肉球の角質化（ハード　パッド）が見られることもある。ワクチン未接種犬の死亡率は、神経症状が出ると90％と高く、幼齢犬で約50％と報告がある。
- **診断：** ウイルス検出
- **治療：** 効果的な治療法はないので、点滴や輸血などの対症療法行う。二次感染防止に抗菌薬投与も行う。
- **予防：** ワクチン接種が有効。感染犬は隔離し、消毒を徹底する。一般的な消毒剤で死滅する。

ワクチンの重要性

感染症の克服に抗生物質とワクチンの発見は、多大な貢献をもたらした。特にワクチンは、感染を防御したり、症状を緩和したり、生存率や回復率を上昇させた。

ワクチンの種類として、病原微生物をほとんど病原性のない微生物に変化させ、体内に接種し、弱い感染を起こさせる"生ワクチン"と、感染性のない抗原タンパクを体内に接種する"不活化ワクチン"があり、国内で使用されているワクチンの多くは、生後、母親譲りの免疫が少なくなる2カ月前後に初回接種を行う。続いて、1カ月後に追加接種を受けて、抗体の上昇を期待する。状況によっては、さらに1カ月後に3回目の接種を行うこともある。その後は半年から1年の間隔で接種し続ける。

狂犬病は、発症すると治療法がなく、ほとんど死亡するので、ワクチンの重要性はさらに高まる。

図3
母親譲りの免疫は、初乳を飲むことで得られることが多い。

表1. 感染症と特徴

感 染 症 名	病 原 体	主 な 特 徴
犬パルボウイルス感染症	犬パルボウイルス	症状の進行が早く死亡率が高い
犬ジステンパー	犬ジステンパーウイルス	伝染力が強く、死亡率も高い
犬伝染性肝炎	犬アデノウイルス1型	感染初期は犬ジステンパーと鑑別が難しい
犬伝染性喉頭気管炎	犬アデノウイルス2型	ケンネル・コッフの主要病原体の一つ
犬パラインフルエンザウイルス感染症	犬パラインフルエンザウイルス	ケンネル・コッフの主要病原体の一つ
犬コロナウイルス感染症	犬コロナウイルス	パルボウイルス感染症等と併発すると重篤に
レプトスピラ症	レプトスピラ菌	人獣共通感染症
狂犬病	狂犬病ウイルス	発症すると100%死亡する人獣共通感染症

犬伝染性肝炎（いぬでんせんせいかんえん）

- **特徴**：感染初期は犬ジステンパーと鑑別が難しい。
- **原因**：犬アデノウイルス1型
- **感染経路**：感染犬との直接接触や、唾液などの分泌物、糞便や尿などの排泄物との接触により感染する。特に尿には持続的にウイルスを排出し、感染源として重要である。子犬での死亡率は高いが、全体的な死亡率は10～30％である。
- **症状**：潜伏期は通常、2～8日。感染初期は元気消失、水様鼻汁、流涙、発熱が続き、腹部圧痛や肝不全徴候が見られる。回復期の初期に片眼または両眼に白ないし青白色の角膜混濁（ブルーアイ）が見られることもある。
- **診断**：血清抗体、ウイルス検出
- **治療**：症状にあわせて、点滴を中心とした肝保護を行う。二次感染を予防するために抗菌薬を併用する。
- **予防**：ワクチン接種。一般的な消毒剤で死滅する。

犬伝染性喉頭気管炎（いぬでんせんせいこうとうきかんえん）

- **特徴**：集団飼育下で感染しやすく、犬の伝染性気管気管支炎（ケンネル・コッフ）の主要病原体のひとつである。単独感染では死亡率は低い。
- **原因**：犬アデノウイルス2型
- **感染経路**：感染犬との直接接触や飛沫感染で、侵入したウイルスは鼻粘膜、咽頭、気管支で増殖する。
- **症状**：潜伏期は通常、3～6日。感染初期は発熱、食欲不振、短く乾いた咳が特徴的で、興奮や運動などで誘発されることが多い。この咳は数日から数週間続くことがある。
- **診断**：血清抗体、ウイルス検出
- **治療**：エアゾル治療。抗菌薬を中心に二次感染を予防する。
- **予防**：ワクチン接種。空気感染するので、ウイルス感染犬は部屋を分けて隔離する。一般的な消毒剤で死滅する。

図4
母親譲りの免疫が小さくなる頃が、ワクチン初回接種のタイミングである。

表2. ワクチンの組み合わせ（例）

感染症名	単価	3種混合	5種混合
犬パルボウイルス（生）	●	●	● ●
（不活化）	●		
犬ジステンパーウイルス		● ●	● ●
犬アデノウイルス2型（生）		● ●	● ●
犬パラインフルエンザウイルス（生）		● ●	● ●
レプトスピラ細菌（不活化）			●
犬コロナウイルス（不活化）			●
狂犬病ウイルス	●		

表3. 子犬の予防接種プログラム（例）

感染症名	4週	6週	8週	10週	12週	1年
●ワクチンA（単価）：6週齢以上の犬に接種する。						
犬パルボウイルス（生）		●				
●ワクチンB（3種混合）：4週齢以上の犬に15〜21日間で2回接種する。						
犬ジステンパーウイルス（生）／犬アデノウイルス2型（生）／犬パルボウイルス（生）	●	●				
●ワクチンC（5種混合）：4週齢以上の犬に3〜4週間隔で2回接種する。						
犬ジステンパーウイルス（生）／犬アデノウイルス2型（生）／犬パラインフルエンザウイルス（生）／犬パルボウイルス（生）／レプトスピラ（不活化）	●		●			
●狂犬病ワクチン：3カ月齢以上の子犬への接種と毎年1回の追加接種が義務付けられている。						
狂犬病ウイルス				●		

※初年度の接種以降については、「毎年1回の再接種が望ましい」と書かれたものが多い。

犬パラインフルエンザウイルス感染症

- **特徴**：集団飼育下で感染しやすく、犬の伝染性気管気管支炎（ケンネル・コッフ）の主要病原体のひとつである。伝染力は非常に強いが、単独感染では死亡率は低い。
- **原因**：犬パラインフルエンザウイルス
- **感染経路**：感染犬との直接接触や飛沫感染で、侵入したウイルスは鼻粘膜、咽頭、気管支で増殖する。
- **症状**：潜伏期は通常、3〜5日。感染初期は発熱、くしゃみ、咳が主である。二次感染を起こすと肺炎などに進行する。
- **診断**：血清抗体、ウイルス検出
- **治療**：エアゾル治療。抗菌薬を中心に二次感染を予防する。
- **予防**：ワクチン接種。感染犬は空気感染するので、部屋を分けて隔離する。一般的な消毒剤で死滅する。

犬コロナウイルス感染症

- **特徴**：単独感染ではダメージは少ないが、他の消化器系感染症（例えばパルボウイルス感染症）と併発すると重篤化する。
- **原因**：犬コロナウイルス
- **感染経路**：感染犬の糞便や汚染された環境から口や鼻を介して侵入。消化管で増殖。
- **症状**：潜伏期は通常、1〜4日。嘔吐と下痢が主で、幼犬では、二次感染を起こし重篤に変化することがある。
- **診断**：ウイルス検出
- **治療**：嘔吐下痢の対症療法。
- **予防**：ワクチン接種。一般的な消毒剤で死滅する。

歯周病（ししゅうびょう）

- **特徴**：3歳以上の80％は歯周病をもっている。歯周病が原因で心不全、腎不全、肝不全が進行すると報告がある。
- **原因**：歯周病菌
- **感染経路**：感染犬との接触感染、多くは母子感染。
- **症状**：口臭、よだれ、出血が認められることがある。重篤化すると、歯が抜ける。
- **診断**：口腔垢検査
- **治療**：歯石除去および抜歯
- **予防**：歯磨き、歯石予防用の処方食。

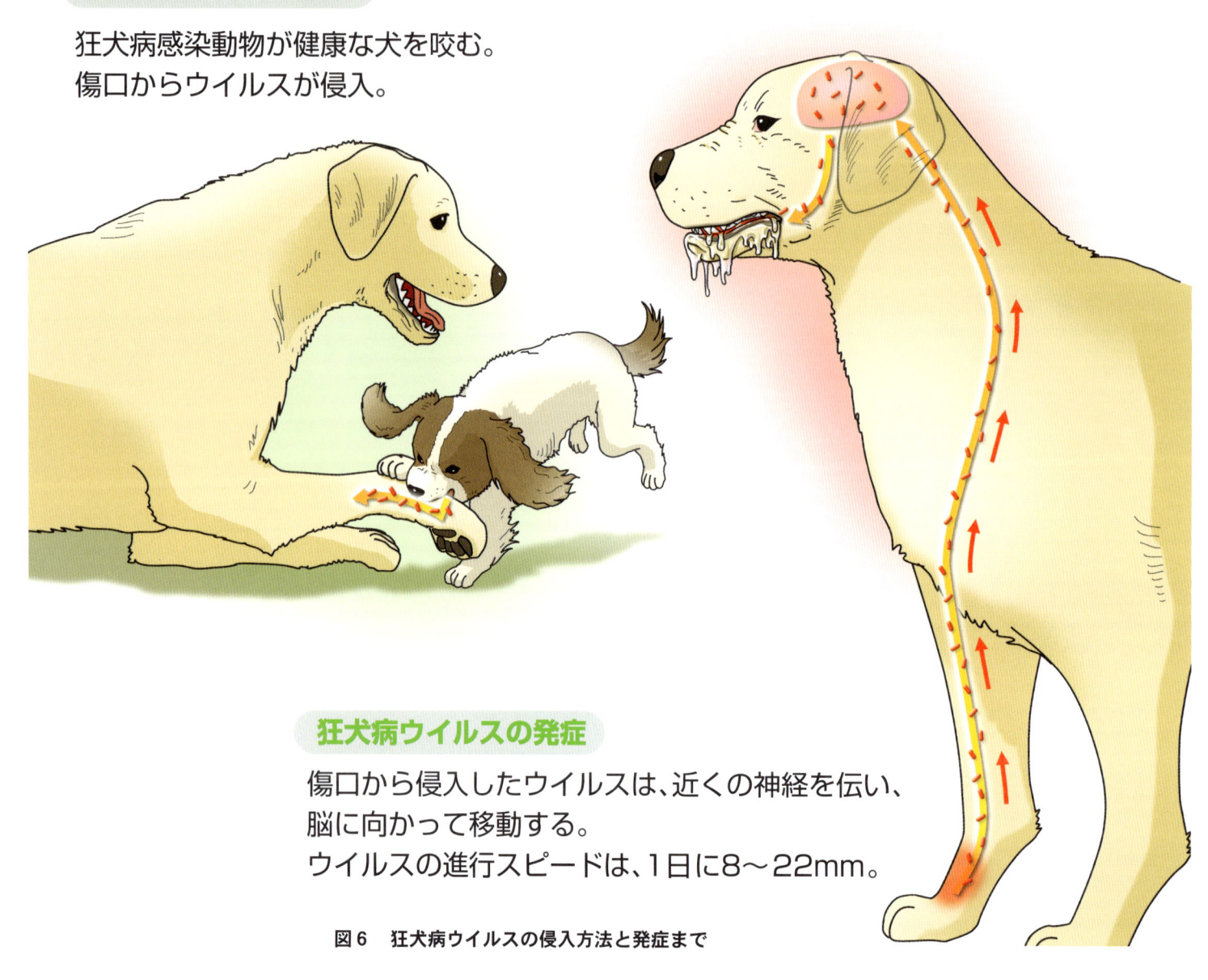

III 人獣共通感染症

狂犬病ウイルスの侵入
狂犬病感染動物が健康な犬を咬む。
傷口からウイルスが侵入。

狂犬病ウイルスの発症
傷口から侵入したウイルスは、近くの神経を伝い、脳に向かって移動する。
ウイルスの進行スピードは、1日に8〜22mm。

図6　狂犬病ウイルスの侵入方法と発症まで

狂犬病（きょうけんびょう）

- **特徴**：最強の共通感染症で、ほとんどの哺乳類へ感染する。生前診断が不可能で発症するとほぼ100％死亡する。一部の地域（日本）を除き、全世界で発生している。発生国へ旅行するときは注意が必要である。日本国内での犬の発生は約50年間無い。
- **原因**：狂犬病ウイルス
- **感染経路**：感染犬からの咬傷。
- **症状**：潜伏期は1週間から数カ月と幅が広い。頭部の近くを咬まれると潜伏期は短くなる。発症すると、多量の唾液を流し、多くは狂騒状態になり、ところかまわず咬みつき、後にまひが起こり発症後10日以内に死亡する。
- **診断**：ウイルス検出
- **治療**：ない
- **予防**：ワクチン接種は有効。
- **ヒトの症状**：潜伏期は1週間から数カ月。発症すると犬とほぼ同じ経過を取り、死亡する。
- **法的処置**：狂犬病予防法（犬）で届出義務、感染症法（ヒト）で届出義務

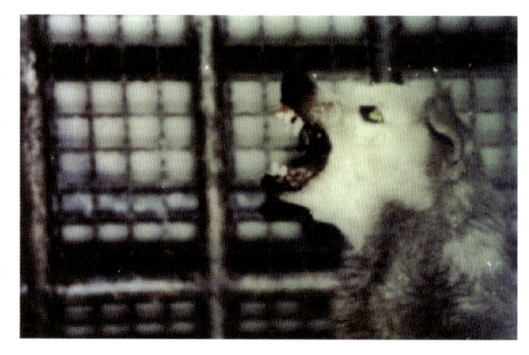

図5　狂犬病に感染した犬
出典：Dr.Channarong Mitmoonpitak
　　　Thai Red Cross Society

狂犬病の発生状況

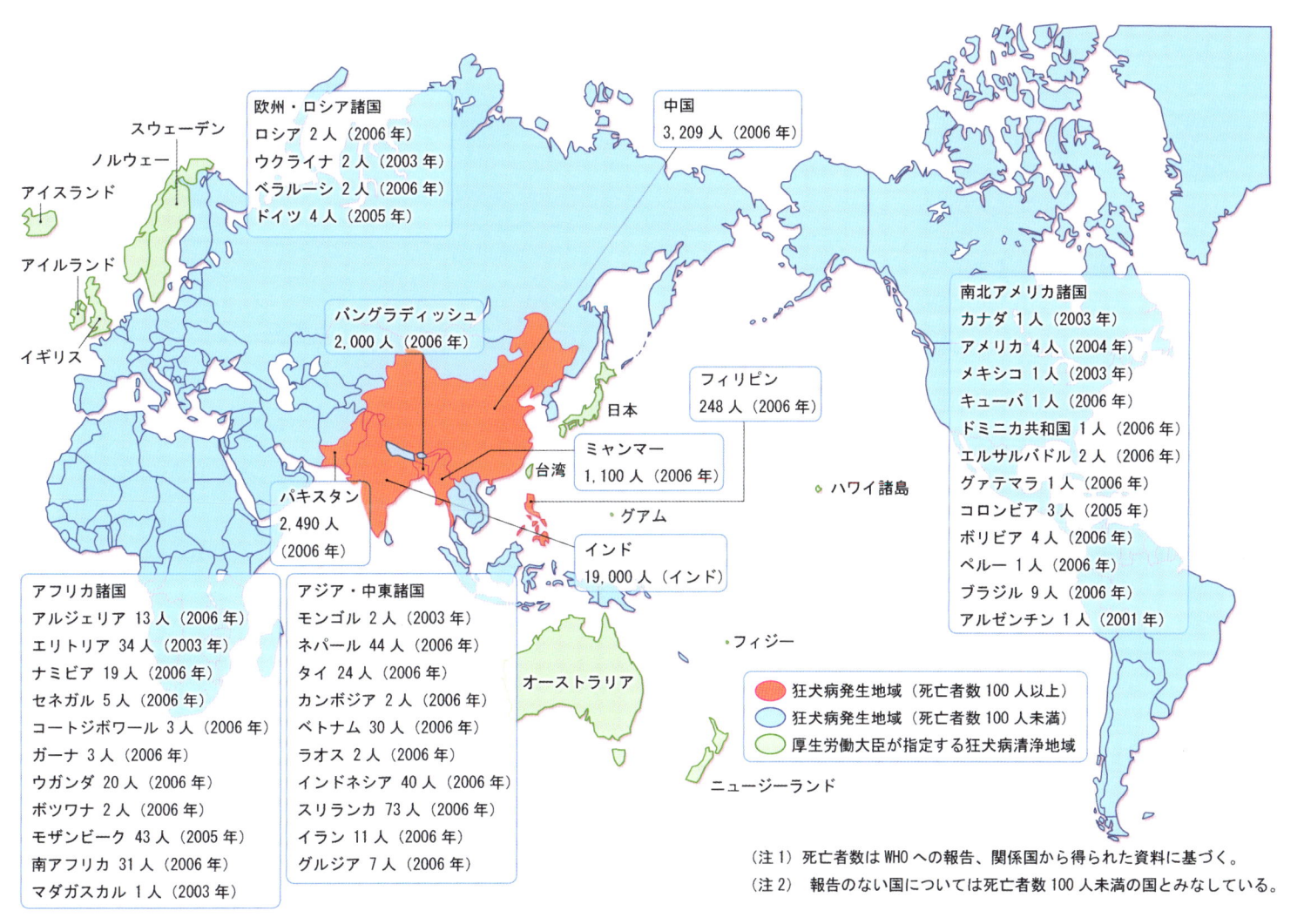

地域	国・死亡者数
欧州・ロシア諸国	ロシア 2人（2006年）／ウクライナ 2人（2003年）／ベラルーシ 2人（2006年）／ドイツ 4人（2005年）
中国	3,209人（2006年）
バングラディッシュ	2,000人（2006年）
パキスタン	2,490人（2006年）
フィリピン	248人（2006年）
ミャンマー	1,100人（2006年）
インド	19,000人（インド）
アフリカ諸国	アルジェリア 13人（2006年）／エリトリア 34人（2003年）／ナミビア 19人（2006年）／セネガル 5人（2006年）／コートジボワール 3人（2006年）／ガーナ 3人（2006年）／ウガンダ 20人（2006年）／ボツワナ 2人（2006年）／モザンビーク 43人（2005年）／南アフリカ 31人（2006年）／マダガスカル 1人（2003年）
アジア・中東諸国	モンゴル 2人（2003年）／ネパール 44人（2006年）／タイ 24人（2006年）／カンボジア 2人（2006年）／ベトナム 30人（2006年）／ラオス 2人（2006年）／インドネシア 40人（2006年）／スリランカ 73人（2006年）／イラン 11人（2006年）／グルジア 7人（2006年）
南北アメリカ諸国	カナダ 1人（2003年）／アメリカ 4人（2004年）／メキシコ 1人（2003年）／キューバ 1人（2006年）／ドミニカ共和国 1人（2006年）／エルサルバドル 2人（2006年）／グァテマラ 1人（2006年）／コロンビア 3人（2005年）／ボリビア 4人（2006年）／ペルー 1人（2006年）／ブラジル 9人（2006年）／アルゼンチン 1人（2001年）

凡例：
- 狂犬病発生地域（死亡者数100人以上）
- 狂犬病発生地域（死亡者数100人未満）
- 厚生労働大臣が指定する狂犬病清浄地域

（注1）死亡者数はWHOへの報告、関係国から得られた資料に基づく。
（注2）報告のない国については死亡者数100人未満の国とみなしている。

図7　狂犬病の発生状況　　厚生労働省健康局結核感染症課（2007年11月更新）

狂犬病予防法

第四条

犬の所有者は、犬を取得した日（生後九十日以内の犬を取得した場合にあつては、生後九十日を経過した日）から三十日以内に、厚生労働省令の定めるところにより、その犬の所在地を管轄する市町村長（特別区にあつては、区長。以下同じ。）に犬の登録を申請しなければならない。ただし、この条の規定により登録を受けた犬については、この限りでない。

2　市町村長は、前項の登録の申請があつたときは、原簿に登録し、その犬の所有者に犬の鑑札を交付しなければならない。

3　犬の所有者は、前項の鑑札をその犬に着けておかなければならない。

4　第一項及び第二項の規定により登録を受けた犬の所有者は、犬が死亡したとき又は犬の所在地その他厚生労働省令で定める事項を変更したときは、三十日以内に、厚生労働省令の定めるところにより、その犬の所在地（犬の所在地を変更したときにあつては、その犬の新所在地）を管轄する市町村長に届け出なければならない。

5　第一項及び第二項の規定により登録を受けた犬について所有者の変更があつたときは、新所有者は、三十日以内に、厚生労働省令の定めるところにより、その犬の所在地を管轄する市町村長に届け出なければならない。

6　前各項に定めるもののほか、犬の登録及び鑑札の交付に関して必要な事項は、政令で定める。

（予防注射）

第五条

犬の所有者（所有者以外の者が管理する場合には、その者。以下同じ。）は、その犬について、厚生労働省令の定めるところにより、狂犬病の予防注射を毎年一回受けさせなければならない。

2　市町村長は、政令の定めるところにより、前項の予防注射を受けた犬の所有者に注射済票を交付しなければならない。

3　犬の所有者は、前項の注射済票をその犬に着けておかなければならない。

エキノコックス症

- **特徴**：北海道の地方病であるが、犬を連れての北海道旅行の増加により、本州以南への感染地域の拡大が心配されている。犬ではほとんど症状を見ないが、人は感染後10年以上で発症する。
- **原因**：多包条虫
- **感染経路**：犬が感染ネズミを食して、犬の腸管内で成長し、数カ月後から寄生虫卵を排泄する。糞便内の寄生虫卵でヒトをはじめとする哺乳類が感染する。多くの場合、感染後半年以内に犬の腸管内の虫体は、排泄される。
- **症状**：ごく一部で下痢を呈する。
- **診断**：虫卵検出、遺伝子検査
- **治療**：駆虫薬
- **予防**：感染地域で定期的に駆虫。ネズミの出そうなところで放し飼いをしない。
- **ヒトの症状**：10年以上経過して慢性肝不全や肝癌に間違われる。
- **法的処置**：感染症法（犬、ヒト）で届出義務

レプトスピラ症

- **特徴**：農村部で流行していた地方病であったが、近年は、アウトレジャー産業地域や都市部で感染が見られるようになった。
- **原因**：レプトスピラ菌
- **感染経路**：感染動物の尿から皮膚を通して感染する（経皮感染）。感染源はネズミが多い。
- **症状**：潜伏期は5〜14日。感染初期は発熱、食欲不振、沈うつとなり、続いて、口腔内や結膜に内出血を示し、黄疸が出現する。粘膜面に潰瘍が見られることもある。腎不全や肝不全が急激に進む急性の場合は、死亡率は高い。
- **診断**：菌分離
- **治療**：ペニシリン系、ストレプトマイシン系の抗菌薬を中心に、点滴や強肝薬を使用する。
- **予防**：ワクチン接種。一般的な消毒剤で死滅する。
- **ヒトの症状**：感染初期は発熱、倦怠感が出現し、悪化すると肝不全や黄疸も出現する。
- **法的処置**：家畜伝染病予防法（犬）、感染症法（ヒト）で届出義務

パスツレラ症

- **特徴**：ヒトでは咬傷後、比較的短時間で患部が疼痛を伴い腫脹する。
- **原因**：パスツレラ属菌
- **感染経路**：犬の正常口腔内細菌として、約75％が保菌している。母犬や同居犬からグルーミングなどを通して感染する。
- **症状**：まれに肺炎を起こすと報告があるが、多くは無症状。
- **診断**：菌分離
- **治療**：抗菌薬を中心に除菌の報告があるが、休薬すると再発する。
- **予防**：ツメを短く切り、しつけをきちんとして咬傷にあわないようにする。
- **ヒトの症状**：咬まれたり、ひっかかれたりした部位が、15分から1時間と比較的短時間に疼痛を伴い腫脹する。顔をなめられて、難治性の副鼻腔炎（蓄膿症）に発展した報告もある。

図8　エキノコックスの感染経路と生活環

エキノコックスの感染経路と生活環

エキノコックスの感染環は特殊で、感染した野ネズミを食べた犬やキツネがエキノコックスに感染し、糞便中に虫卵を排泄する。ヒトや野ネズミは、その虫卵で感染する。感染した犬やキツネから、他の犬やキツネには感染しないし、感染した野ネズミや人から他の野ネズミや人には感染しない。

- 犬の体内で幼虫は成虫になり、卵を産む。卵は糞便と共に排出される。
- ヒトに感染。
- キツネの体内で幼虫が成虫になり、卵を産む。
- エキノコックスの卵は、糞便と共に排出される。
- キツネ（犬）が幼虫の寄生している野ネズミを食べると感染。
- 野ネズミが卵の入った糞便を食べる。
- 野ネズミの体内で卵は幼虫になる。

※犬やキツネは感染した野ネズミを食べて、感染する。
※ヒトは、感染した犬やキツネから排泄される糞便内の虫卵を食して感染する。感染地域の沢の生水や野イチゴなどを食することでも感染する。

図9　小型犬に手を甘咬みされ、腫れてしまったヒト。

ブルセラ症

- ●**特徴**：犬の不妊の原因として、繁殖施設などで問題となる。原因菌が細胞内寄生のために抗菌薬が効きにくく治療が難しい。
- ●**原因**：ブルセラ菌
- ●**感染経路**：感染犬との接触感染、特に交配時に感染する。
- ●**症状**：潜伏期間は5日～60日。雄犬では精巣、精巣上体、前立腺の腫脹～委縮が見られ、不妊の原因となる。雌犬では妊娠後期45～55日頃に流産や死産が見られる。雌雄とも大きな臨床症状が見られないので、流産を繰り返すまで気づかないことが多い。
- ●**診断**：菌分離
- ●**治療**：長期にわたる抗菌薬投与
- ●**予防**：感染犬の隔離
- ●**ヒトの症状**：発熱
- ●**法的処置**：感染症法（ヒト）で届出義務

Q熱

- ●**特徴**：動物は無症状が多く、ヒトに感染すると、典型的な症状のない微熱、倦怠感、無気力感が起こり、怠け者と誤解されやすい。
- ●**原因**：コクシエラ菌
- ●**感染経路**：感染動物との接触感染
- ●**症状**：ほとんどは無症状
- ●**診断**：抗体検査、菌分離
- ●**治療**：テトラサイクリン系の抗生物質により治療する。
- ●**予防**：過剰な接触を避ける。
- ●**ヒトの症状**：微熱が続き、倦怠感、無気力感を覚える。
- ●**法的処置**：感染症法（ヒト）で届出義務

皮膚糸状菌症（ひふしじょうきんしょう）

- ●**特徴**：比較的多い人獣共通感染症で、小動物を抱く機会の多い女性や子供に多い。病変が目立ちやすいので、すぐに診断治療すれば、数週間で治癒できる。
- ●**原因**：皮膚糸状菌
- ●**感染経路**：感染動物との接触感染
- ●**症状**：皮膚の発赤、脱毛
- ●**診断**：真菌分離
- ●**治療**：抗真菌剤
- ●**予防**：感染動物とは過剰な接触を避け、手洗いを行う。
- ●**ヒトの症状**：皮膚が発赤し、円形に広がる。有毛部では脱毛となる。治癒してくると中心から発毛し治ってくる。

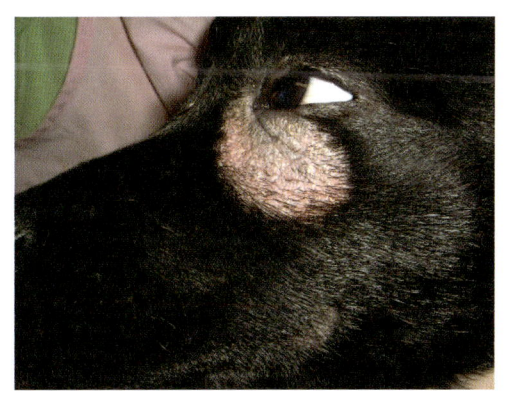

図10　皮膚糸状菌症に罹った犬
出典：杉山和寿先生（杉山獣医科医院）

犬の排泄物の取り扱い方

犬の散歩には、エチケット袋を持参しましょう。

マナー向上が叫ばれている昨今、犬の排泄物の放置が未だに問題となっている。排泄物の放置は、感染源としても問題となる。犬の排泄物の中には、消化管内寄生虫がいて、放置することで感染する力が増す（回虫の成熟卵など）こともあるので、迅速に破棄処理すること。また、尿で感染することもあるので、健康管理には充分注意を払い、排泄物の状態がいつもと違うなら、動物病院へ相談しよう。犬は素足で散歩し、汚れた身体を舐めて毛づくろいをする。気をつけていても、散歩の途中で感染することもあるので、定期的に糞便検査や駆虫を行うことは公衆衛生上、重要である。

図11　犬の排泄物は持ち帰り、迅速に破棄処理すること。

参考文献
1. 神山恒大：動物由来感染症，東京，真興交易(株)医書出版部，2003
2. 木村哲：人獣共通感染症，大阪，医薬ジャーナル社，2004
3. 並河和彦監訳：犬と猫の感染症マニュアル，東京，インターズー，2005
4. 吉川泰弘：共通感染症ハンドブック，東京，日本獣医師会，2004

Chapter 1-17

図1　身体的、精神的、行動学的にも健康な犬

身体的な異常
病気、怪我
↓
精神の変化
ストレス、興奮、抑うつ、不安、恐怖
↓
問題行動
攻撃行動、不安障害、恐怖症

図2　どこか痛いところがあると精神に変化が起こる。

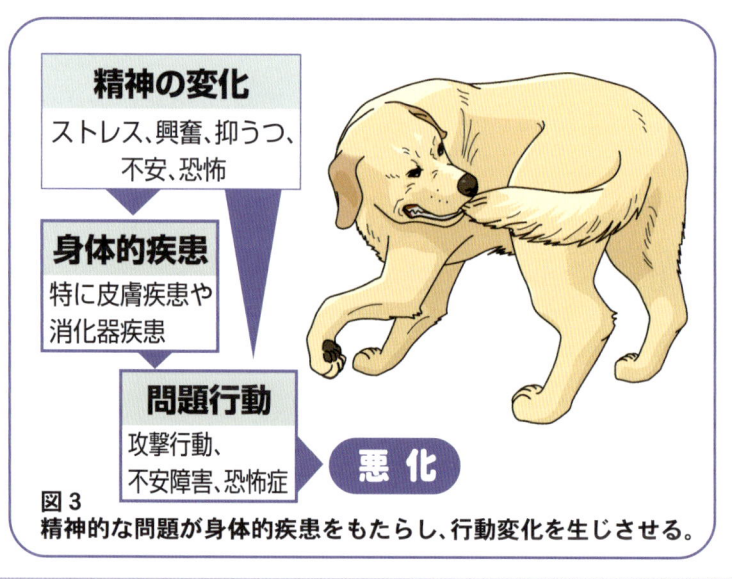

精神の変化
ストレス、興奮、抑うつ、不安、恐怖
↓
身体的疾患
特に皮膚疾患や消化器疾患
↓
問題行動
攻撃行動、不安障害、恐怖症 → 悪化

図3　精神的な問題が身体的疾患をもたらし、行動変化を生じさせる。

問題行動

「健康な犬」とは身体的にも精神的にも行動学的にも健康な犬である。これまで獣医師は身体的な側面のみを注目してきたが、昨今、後者ふたつに対する関心が高まってきている。身体的な異常(病気、怪我)は精神の変化(ストレス、興奮、抑うつ、不安、恐怖)をもたらし、さらには行動変化(攻撃行動、不安障害、恐怖症など)を生じさせる。精神的な問題が身体的疾患(特に皮膚疾患や消化器疾患)や行動変化を生じさせたり悪化させたりすることもある。人間同様にすべての動物は心身の健康バランスが重要なのである。

I 飼い主に対する攻撃行動

飼い主に対する攻撃行動

　行動治療の診療で受診件数が最も多い問題行動である。攻撃が治療によって完全になくなることは保障できない。流血さわぎを起こしている場合は、すぐに動物病院で行動学の専門家を紹介してもらうべきである。
- **特徴**：一部の家族、または家族全員に対する攻撃行動。攻撃が3歳以降に初めて発現している場合は、疾患関連の可能性が大きい。
- **症状**：飼い主に対し唸る、歯を剥く、攻撃的に吠えたてる、から咬み、突進、咬みつく。
- **原因**：所有欲、恐怖、不安、葛藤、テリトリー意識、母性、優位性、痛みを伴う疾患群、内分泌異常、体謝異常、脳腫瘍などの脳疾患。
- **診断**：飼い主からの訴え。身体検査や血液検査、必要に応じてCTやMRIを行い、関連する疾患を鑑別する。
- **治療**：疾患による場合はその治療。関与していないとき、および疾患の治療後は、以下の中から、適切なもの、可能なものを組み合わせて行動修正をはかる。
  - （1）攻撃行動の引き金を特定し避ける。
  - （2）犬と飼い主との関係を変える。
    - ・犬への罰を中止する。
    - ・褒めることを基本とした服従訓練。
    - ・良いものを頻回に与える。
    - ・犬に行動を指示する。
    - ・飼い主の行動を犬が予想できるようにパターン化する。
    - ・気分や状況によって態度を変えない。
  - （3）飼い主の安全を確保するための方法
    - ・バスケット型口輪の装着。
    - ・短いリードの常用。
  - （4）犬のストレスレベルを下げる。
    - ・食事の量、回数、内容の見直し。
    - ・運動の量と質の見直し。
    - ・清潔で安全な休息場所と時間の確保。
    - ・去勢手術、避妊手術。
  - （5）食事の変更、サプリメント（動物病院でのみ購入可能なものを記す）の入手。
    - ・低タンパクフードに変更する。
    - ・L-テアニン（アンキシタン：ビルバック社）
    - ・α-S1トリプシンカゼイン（ジルケーン：シェリング・ブラウアニマルヘルス社）
  - （6）薬物療法：動物病院に相談する。
    - ・選択的セロトニン再取り込み阻止薬
    - ・三環系抗うつ剤
- **予防**：飼い主の生活スタイル、飼育経験に合った犬（犬種や血統）を選択する。攻撃行動のない犬の繁殖を進めているブリーダーから子犬を手に入れる。適切に社会化された犬。犬をおびえさせない。パピークラスの受講。

図4　飼い主に対して、攻撃的な行動をとる犬。

II 他人に対する攻撃行動/恐怖症と不安障害

図5　宅配業者など他人に攻撃的になる犬。

他人に対する攻撃行動

　飼い主に対する攻撃行動に比べ、治療には時間がかかる場合が多い。攻撃対象が多いなら、行動修正をはかるというよりも、環境を変えるなどの手段が望ましいだろう。飼い主への攻撃同様、完全に無くなることは保障できない。流血さわぎを起こしている場合は、すぐに動物病院で行動学の専門家を紹介してもらうべきである。

- **特徴**：宅配業者、新聞配達者、郵便配達者、マスクをした人、帽子をかぶった人、髭のある人、凝視する人、ジョギング中の人、子供、男性、高齢者など、攻撃対象はその犬によってある程度は決まっている場合が多い。攻撃はたいてい早期（6〜12カ月）より発現する。
- **症状**：対象者に対し、唸る、歯を剥く、攻撃的に吠えたてる、から咬み、突進、咬みつく。
- **原因**：テリトリー意識、恐怖、不安、葛藤、母性、所有欲、痛みを伴う疾患群、内分泌異常、体謝異常、脳腫瘍などの脳疾患。
- **診断**：飼い主からの訴え。身体検査や血液検査等を行い、関連する疾患を鑑別する。
- **治療**：疾患による場合はその治療。関与していないとき、および疾患の治療後は、以下の中から、適切なもの、可能なものを組み合わせて行動修正をはかる。

（1）対象者のイメージを変え、良いイメージを持たせる。具体的には対象者が出現するときにだけ、かつ、出現するときには必ず、犬の大好きなもの（特別なおやつ、おもちゃなど）を犬に渡す。
（2）離れた場所から少しずつ対象者に慣らしていく。少しでも犬が恐がることの少ない対象者から順に慣らしていく。
（3）対象者の安全を確保するための方法
　・バスケット型口輪の装着。
　・ヘッドコントロールカラーを使用し、常に犬を制御下に置く。
　・犬を完全に制御できる人間のみがリードを握る。
　・ダブルリード、玄関前に柵を設けるなどして脱走事故を防ぐ。
（4）ストレスレベルを下げるように飼育方法・飼育環境を整える（前述）。
（5）食事の変更、サプリメント、薬物療法　（前述）。

- **予防**：飼い主の生活スタイル、飼育経験に合った犬（犬種や血統）を選択する。攻撃行動のない犬の繁殖を進めているブリーダーから子犬を手に入れる。適切に社会化された犬。犬にトラウマとなるような恐怖体験をさせない（特に社会化期）。パピークラスの受講。

図6
散歩中、傘を持った人に向かって、パニックになって吠える。

図7　雷雨にパニックになった犬。

恐怖症と不安障害

　恐怖とは実在しているものに持つ感情で、不安とは漠然とした焦燥感や緊張状態をいう。どちらも反応が小さければ正常であるが、反応が強く日常生活に支障をきたしたり、犬自身が怪我を負ったりする場合に、問題行動として取り扱われる。

- **特徴**：生物(人間、犬、猫など)、非生物(傘、マンホール、花火、動物病院など)、状況(雷雨、ドライブ、分離、診察など)に対して、下記のような症状をひとつ、または複数を示す。
- **症状**：うずくまる、震えて動けなくなる、パニックを起こす、吠えまくる、走り回る、周囲のものを破壊する、排泄する、逃亡する、流涎、パンティングなど。
- **原因**：恐怖、不安、葛藤、嫌悪経験、痛みを伴う疾患群、内分泌異常、体謝異常、脳腫瘍などの脳疾患。
- **診断**：飼い主からの訴え。身体検査や血液検査等を行い関連する疾患を鑑別する。
- **治療**：疾患による場合はその治療。関与していないとき、および疾患の治療後は、以下の中から、適切なもの、可能なものを組み合わせて行動修正をはかる。
  (1) 犬に不安や恐怖を与える対象や状況をすべて避ける。
  (2) 対象者・物のイメージを変え、良いイメージを持たせる。具体的には対象者・物が出現するときにだけ、かつ、出現するときには必ず、犬の大好きなもの(特別なおやつ、おもちゃなど)を犬に渡す。
  (3) 対象(状況)に少しずつ慣らしていく。
  (4) 褒めることを基本とした服従訓練。
  (5) 犬にリラックスを教える(命令によって、命令によらずして)。
  (6) サプリメント(前述)
  　フェロモン：ドッグアピージングフェロモン
  　　　　　(ＤＡＰ：ビルバック社)
  (7) 薬物療法：動物病院に相談。
  　・選択的セロトニン再取り込み阻止薬
  　・三環系抗うつ剤
  　・ベンゾジアゼピン系薬剤
- **予防**：飼い主の生活スタイル、飼育経験に合った犬(犬種や血統)を選択する。不安傾向のない犬の繁殖を進めているブリーダーから子犬を手に入れる。適切に社会化された犬。パピークラスの受講。犬の恐怖反応を無意識であっても強化しない。刺激馴化を徹底する。

Ⅲ 不適切な吠え

図8　ドアベルの音に異常に吠え立てる犬。

不適切な吠え（過剰発声）

　飼育環境の変化から吠え声に対する訴えは急増している。自宅での吠え問題と散歩中の吠え問題に二分できる。ほとんどの場合、吠えることで興奮しなおさら激しく吠えたてるので、吠え続けさせないことが肝要である。

- **特徴**：人間が選択交配の過程で「吠え」を強化してきた犬種（愛玩小型犬種、猟犬、牧羊犬など）は、特にこの問題を起こしやすい。短頭種では問題となることが少ない。
- **症状**：吠え、鼻鳴らし、遠吠え
- **原因**：テリトリー意識、強い興奮、恐怖、不安、要求、認知障害、多動障害、常同障害、痛みを伴う疾患群、脳腫瘍などの脳疾患。
- **診断**：飼い主からの訴え。身体検査や血液検査等を行い関連する疾患を鑑別する。
- **治療**：疾患による場合はその治療。対処法は原因により異なるので、筆者の診療科での訴えが多いドアベルへの吠えに限定して記す。いずれも以下の中から適切なもの、可能なものを組み合わせて行動修正をはかる。

（1）ドアベルの音色を変える、またはドアベルをノック式に変え、新しい音に対し、犬が行う適切な行動を強化する。
（2）吠え止む方法をみつけ（抱きあげる、おもちゃを投げる、フードをばらまくなど）、ドアベルが鳴ったら、すぐにその方法をとり、吠えないことを強化する。
（3）食事時や遊びの時間に、低い音量のドアベルを流すところから始めて、少しずつ慣らしていく。
（4）ドアベルのイメージを変え、良いイメージを持たせる。ベルが鳴ったときにだけ、かつ、鳴ったときには必ず、犬の大好きなもの（特別なおやつ、おもちゃなど）を犬に渡すことを繰り返す。
（5）ドアベルが鳴ったら決められた位置に移動する、決められたポーズをとるなど、吠える以外の行動をとるように訓練をする。
（6）命令「静かにする」を教え、ドアベルが鳴ったらこれを命令する。
（7）吠えると嫌な匂いが噴き出す首輪（スーパーアボ：STAR FORM）などを装着し、間接罰を用いて吠え止ませ、吠えやんだことや吠えなかったことを強化していく（犬によっては悪化の原因になるので注意）。

- **予防**：飼い主の生活スタイル、飼育経験に合った犬（犬種や血統）を選択する。吠えない形質を重視して繁殖しているブリーダーから子犬を手に入れる。適切に社会化された犬。パピークラスの受講。

権勢症候群、αシンドローム、優位性攻撃行動、支配性攻撃行動とは？

飼い主への攻撃は、犬は群れ社会の中でより高い地位にチャレンジするからだという考え（優位性理論）から、標題のような診断名が犬の多くにつけられて来たし、現在もまだそう主張している人たちがいる。しかし、この診断はほとんどが間違いであったことが世界の獣医行動学者たちの共通認識となっている。

優位性に全く関係のない、吠えすぎる、人に飛びつく、呼んでも来ない、リードを引っ張って歩く、などを優位性行動だと説明するトレーナーや獣医師さえも存在する。この人たちは、犬に服従させなくてはいけないという思い込みから、これらの行動に対して叱る、体罰を与えるなどをして行動矯正をはかる。罰の使用は、動物の恐怖や不安を高めるので、飼い主との関係や問題行動自体を悪化させる原因となるにもかかわらずである。

さて、優位性とは食物、好ましい休息所、交配相手のような価値があるものに対する優先権をめぐる二者の関係性をいう。つまり、一方が入手し（優位）、他方が譲る（劣位）関係である。これが、食べ物やおもちゃなど価値あるものを守って、飼い主を攻撃する犬の多くが優位性攻撃行動とされてきた所以である。しかし、この攻撃も多くの場合、恐怖や不安、または葛藤がその根底にあることが行動学的に示されてきた。攻撃後、素直になる、隠れるなどはこの攻撃が優位性から来ていないことを示している。

図9　犬同士の間には、価値のあるものを（優先権）をめぐる二者の関係性が見られることもある。

正しいリーダーシップとは？

犬に対する正しいリーダーシップとは、強制や抑圧力を用いて得るものではなく、一貫した明白なルールを作り、痛みや恐怖を与えることなく、わかりやすく効果的にこのルールを犬に伝える教育（訓練）によって確立される。科学的な学習理論に基づいた訓練が必要な理由がここにある。つまり犬が正しい行動をとるように導き、正しい行動を直ちに褒め、不適切な行動を予防し、望ましくない行動は強化されないように配慮することがリーダーシップを得る条件であり、犬からの信頼を得る術なのだ。適切な行動だけを良い習慣になるまで一貫して褒め続ければ、犬は望む行動をとるようになる。

訓練と称して、無理やりひっくり返してお腹を見せることを強要することや、力が抜けるまでマズルを握り続けるのは、リーダーシップ確立とはなんら関わりのないことである。逆に恐怖からの攻撃を誘発したり、無抵抗な覇気のない犬を作ったりする原因にさえなりうる。

飼い主の正しいリーダーシップが確立すれば、叱ろうが叱るまいが、犬は喜んで従ってくれるものである。

動物福祉を考えた訓練を指導してくれるトレーナーを探すのも飼い主のリーダーシップがなせる技である！

適切な社会化とは？

現代の犬における「適切な社会化」とは「人間社会に上手に溶け込んで生きていく能力を養うこと」と表現できる。人間・犬・猫などの生物に対する社会化と、自転車・自動車・傘・チャイム音などの非生物、ドライブ・留守番・診療やグルーミングなどの状況を含めた種々の刺激に対する馴化を行い、適応できる能力を養うことである。

犬の社会化や馴化が最も容易に行われるのは3週齢から14週齢くらいまでで、この期間を「社会化期」と呼んでいる。多くの子犬はこの時期をブリーダーの家、ペットショップ、新しい飼い主の家で過ごしているはずだ（犬によっては流通過程が長くなる場合もある）。この時期の経験が将来の犬の行動に大きな影響を与えることを認識すれば、ブリーダーやペットショップをしっかり選ぶことが重要なのが理解できよう。この時期の子犬に携わる人は誰でも、犬の一生を考えた時に出会う可能性がある刺激を、「適切なコントロール下」で与える機会を持つことに熱心でなければいけない。

もちろん、この社会化期の重要性を知らないなどということがあってはいけない。この時期の社会化や馴化が不充分だった犬は将来いろいろな刺激に対して、不適切な反応や過度の反応を表す可能性が高くなるので充分な注意が必要だ。

ところで、刺激は「適切なコントロール下」で与えることが重要なポイントだ。犬にやみくもに刺激を与えればかえって大変なことになる。強すぎる刺激は生涯を通じて残るトラウマになりかねないのだ。犬に教えるべきことは「ほらね、これは気にしなくても大丈夫だよ。君にとっては危険なものではないよ」ということである。

また、この社会化期は臨界期ではなく、その後も緩やかな社会化や馴化が行われるので、14週齢を過ぎた子犬たちに対しても継続してこれらの意識を持ち続けることが大切である。

パピークラスとは、どのようなことを行うのでしょうか？　そこで得られるよい面とは？

パピークラスは社会化期の子犬たちとその飼い主のためのクラスで、正しい社会化や馴化の促進を一番の目標にしている。パピークラスは子犬たちと飼い主との「正しい絆」を結ぶお手伝いの場で、とにかく楽しいクラスである。

具体的には、
(1) 犬同士で遊び合う時間を通して他の犬に対する社会化をはかり、咬む力の抑制を覚えること、
(2) 他の飼い主との触れ合いの中から他人への社会化をはかること、
(3) 飼い主に対して歯磨き、爪切り、耳処置、肛門嚢処置などを指導するとともに、
子犬に対して全体を触られることに対する馴化をはかること、
(4) いろいろな刺激（雷の音、電話の音、パイロン、傘、ブルーシート…）に対する馴化をはかること、
(5) 将来必要になるだろう「おいで」「待て」「お座り」「伏せ」などの簡単なコマンドを教えること、
(6) 飼い主への子犬を育てる上で必要な「排泄のしつけ」「クレート・トレーニング」「甘咬みの直し方」などを指導することが目的となっている。

犬の飼育を考えると、特に始まりが肝心なのはいうまでもない。限られた社会化期に専門の知識を持った人の指導を、子犬たちと飼い主の両者が受けることのメリットははかりしれない。

パピークラスは1週間に1回、5〜8回のクラス設定をしているところが多いようだ。年齢制限が設けられているのが特徴で、クラスに入るのは14週齢以下、すなわち社会化期の子犬たちだけとしているはずである。感染症の予防、つまり身体の健康のためにワクチンを打つのと同様に、健全な行動をとる犬に育てるためのワクチンがパピークラスといえるかもしれない。

参考文献

p151「権勢症候群、αシンドローム、優位性攻撃行動、支配性製攻撃行動とは？」の参考
American veterinary Society of animal behavior: Dominance position statement
http://www.avsabonline.org/avsabonline/index.php?option=com_content&task=view&id=80&Itemid=366

第2章

栄養/中毒/薬
犬に関する基礎知識

Chapter 2-1

犬の栄養の基礎知識

犬と猫は共に食肉目(ネコ目)に属するが、猫は肉食性、犬は雑食性である。食肉目は水棲動物のアシカやアザラシを含め、食虫性(または腐肉食性)の小動物から進化した。したがって、猫が遠い祖先の食性と代謝を今なお維持しているのに対し、犬は雑食化とともに代謝を多様化させた。代謝を多様化させることで雑食化に成功したとも言え、それが犬の栄養(食物摂取)の特徴である。雑食化した犬の栄養は、肉食動物である猫よりは、むしろ同じ雑食動物のヒトに近い。

I 犬の栄養の特徴

猫は、植物成分の多くを利用できない。繊維質を利用しづらいのは犬も同じであるが、膵液中のデンプン分解酵素活性は犬の5%程度、小腸粘膜の二糖類分解酵素活性も著しく低い。また、単糖類を解糖系に持ち込む酵素のいくつかも活性がゼロに近く、フルクトース（果糖）などは代謝されず直ちに尿中に排泄されてしまう。

一方、犬は雑食化の結果としてデンプンや糖をヒトと同程度に利用できる。植物性色素であるカロテン（カロチン）も、猫はビタミンAに転換できないが、犬やヒトは転換できる。一方、犬やヒトはアミノ酸のトリプトファンからビタミンB群の一種であるナイアシンを合成できるが、ナイアシンは肉に豊富に含まれるため、肉食動物であり続けた猫はその合成能力を発達させなかった。

また、猫は胆汁酸を肉に豊富なタウリンと結合（抱合）させ、不活性化して貯蔵するが、犬やヒトでは胆汁酸の多くがグリシンと抱合している。その上、猫ではタウリン合成能が充分発達しなかったため、植物性原料が多くタウリン無添加のフードを猫に与えると、タウリン欠乏が生じる。

猫は、エネルギー源としてタンパク質を常時利用する関係で、タンパク質分解酵素活性が常に高い。一方、エネルギー源が多様な雑食動物や草食動物は、タンパク質を無駄に分解しないように分解活性を制御できる。その結果、犬は猫よりタンパク質要求量が少ない。

権威ある米国NRC飼養標準は、維持期のタンパク質要求量を1970年代には猫；28%DM（乾物※1）、犬；22%DMとしていたが、80年代には猫；24%DM、犬に至っては6%DMと著しく低い値に改めた。これではあまりに低すぎるというので、米国ペットフード協会の意向を受けたAAFCO（米国飼料検査官協会）が90年代初頭に「養分基準」を作成した。それによって維持期のキャットフードには26%DM、ドッグフードには18%DMのタンパク質が必要とされる一方、ペットフードの品質保証にNRC飼養標準を用いることは禁止されてしまった。今日では、日本を含めて多くの国がAAFCO養分基準を用いているものの、最新の2006年版NRCでも維持期の犬のタンパク質要求量は8%DM、ゆとり幅（安全率）を見込んでも10%DMという低さである。

> **注1　乾物（DM）とは**
> フードの現物（as-fed；AF）が水分を含むのに対し、水分を除く部分を乾物（dry matter；DM）という。水分含量は他の成分含量にも影響をおよぼすため、フード間で成分含量を比較する場合などは、水分を含む現物中の割合（%AF）よりも乾物中の割合（%DM）で表す方がよい。

> **注2　代謝エネルギー（ME）とは**
> フードの総エネルギーから、糞と尿へ排泄されるエネルギーを差し引いた残りを代謝エネルギー（metabolizable energy；ME）という。つまり、MEとは消化・吸収・代謝が可能なエネルギーで、その量の単位として日本や米国では主に熱量単位（カロリー）が用いられている。

II ライフステージ別の健康と栄養

(1) 妊娠期

一般に、哺乳類の母親は妊娠中に胎子・胎盤・乳腺の発達以上に体重を増加させる。これを妊娠同化作用といい、体脂肪の蓄積によるものである。この体脂肪は泌乳のために必要で、妊娠同化作用が強い猫は一般に乳量が多い。

母犬ではこの作用が弱く、妊娠期における体重増加の大部分は胎子と胎盤の発達による。したがって、妊娠期における母親の過大な体重増加は難産の原因ともなる。しかし、通常は胎子が大きくなるにつれて摂食量が減少するため、分娩前2〜3週間は高栄養フードを1日数回に分けて与える必要がある。分娩直前の母犬の体重は妊娠前の115〜125%が理想的である。

(2) 泌乳期

産子数が多い母犬は、分娩後も泌乳のために体重減少が続くが、泌乳期を通しての体重減少は10%を超えないことが望ましい。泌乳期の母犬にとって何より重要なのはエネルギーの供給である。エネルギーが不足すると体脂肪が動員されるため、体重が減少する。

泌乳期におけるフードの給与量は、一応の目安として分娩後1週目は分娩前の1〜1.5倍、2週目は2倍、3〜4週目は2〜1.5倍とする。また、フードのエネルギー含量も重要で、泌乳期のフードの代謝エネルギー（ME※2）含量がDM100g当たり420kcal以上なら体重の減少はほとんど生じないが、310kcalなら産子数3頭以上の母犬には不足する。多くの市販ドッグフードのME含量は350kcal/100gDM前後である。したがって、泌乳前期は特に高エネルギーのプレミアムフードを給与するか、乳糖が少なくタンパク質と脂肪が多いチーズを適量補給するのもよい。

一方、妊娠期から泌乳期にかけてのカルシウム（Ca）剤の補給には注意する必要がある。市販フード一般に通じることであるが、Ca源である炭酸Caは非常に安価なため、多めに添加されることはあっても不足することはまずありえない。したがって、市販ドッグフードにさらにCa剤を添加するとCa過剰に陥る危険性が高い。妊娠中のCa過剰摂取は甲状腺上皮小体ホルモン（PTH）の分泌を休止させるため、分娩後の旺盛な泌乳で、血中Ca濃度が低下しても正常水準に回復しなくなり、産褥子癇（さんじょくしかん）と呼ばれる痙攣症状を起こすことがある。これは小型種の母犬に多い。

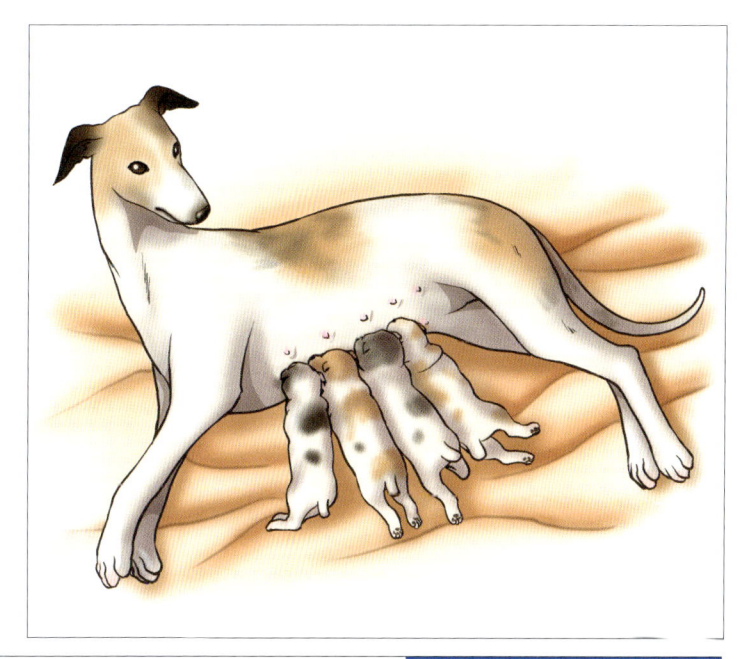

(3) 成長期

4〜5週齢を過ぎると母乳だけでは養分が不足するので、離乳食を与える。母乳を通して母親の食べているフードの風味を覚えるため、離乳食としては母親の食べているフードが最適であるが、ドライフードの場合は水を加えて固練り状にする。離乳適期は7〜9週齢である。

最大成長期は6カ月齢前後で、大型犬種は10〜16カ月齢、小・中型犬種は8〜12カ月齢で成熟する。

最大成長期の養分要求量は母犬の泌乳最盛期に次いで多い。しかし、特に大型犬種は股関節形成異常（股関節異形成症）や骨軟骨症（骨端症）を生じやすい。前者は、遺伝的素因によって生後の早い時期から股関節に緩みを生じ、最大成長期に過大な体重が骨格にかかるため、二次性変形性関節症を招く。後者は、主としてCa過剰により骨の長軸方向の発育不全（肢軸異常）が生じる。そのため、タンパク質、エネルギー、Caの全てを制限給与し、あえて最大成長させないほうがよい。

(4) 維持期

成長のピークを過ぎると養分要求量が減少する結果、維持期における栄養上最大の問題は肥満である。一般に適正体重を15〜20％上回ると肥満とされ、循環器系疾患、呼吸器系疾患、糖尿病、運動機能低下など種々の疾病の原因となる。

犬・猫の肥満度の判定には簡便なボディコンディションスコア（BCS）がある。体の側方および上方からの観察に加え、あばらと腹底部を手で震わせた場合の感触や震え具合から肥満の程度を判定する方法で、理想的状態をBCSの3とし、非常に痩せている状態を1、重度の肥満を5とする5段階で評価する。

肥満には原発性の単純肥満と二次性肥満とがある。二次性肥満はある種の遺伝的疾患に伴って生じる肥満で、栄養には直接関係がない。一方、単純肥満はエネルギーの過剰が原因としか言いようのない肥満である。成長期に生じ、脂肪細胞のサイズと数が増加する細胞増殖性肥満と、成熟後に生じ、細胞数は増加しない細胞肥大性肥満とがある。いったん増えた細胞数を減らすことはできないため、成長期の肥満はたちが悪い。その意味でも成長期の過剰栄養は禁物である。

単純肥満が軽度の場合、フードの給与量を減らすだけでも体重を減らすことができる。従来からドライフードだけを与えていた場合は、摂取量を量って給与量を60〜70％に減らす。食卓の残り物も与えていた場合はドライフードだけにし、給与量を70〜80％に制限する。空腹感を抑えるため、1日量を3〜4回に分けて与える。フードの給与量を60％以下にしてはいけない。減量分40％の内訳は20％が過食分の是正、20％が真の減量分である。

重度の肥満では、市販の減量食を用いる。これは低脂肪・低嗜好性のため、必ずしも給与量を制限する必要はない。減量食には脂肪の代わりに繊維を増やしたタイプと、デンプンを増やしたタイプがある。前者の方がエネルギー制限の程度が大きく、繊維には空腹感を抑える効果もある。しかし高繊維タイプは糞量とガス、および糞中への粗タンパク質排泄を増加させる。したがって、高繊維かつ低タンパク質タイプのフードはタンパク質不足を招くおそれがあり、避けた方がよい。

減量には運動が欠かせない。食事制限に加えて運動量を増加させると、筋肉量は減らずに脂肪量が減少する。しかし肥満犬に突然過激な運動を課すのは危険である。1日に20分程度を1週間に2〜3日から始めて、次第に毎日へと増やし、さらに1日の運動時間を長くするという順序で運動量を増加させるのがよい。

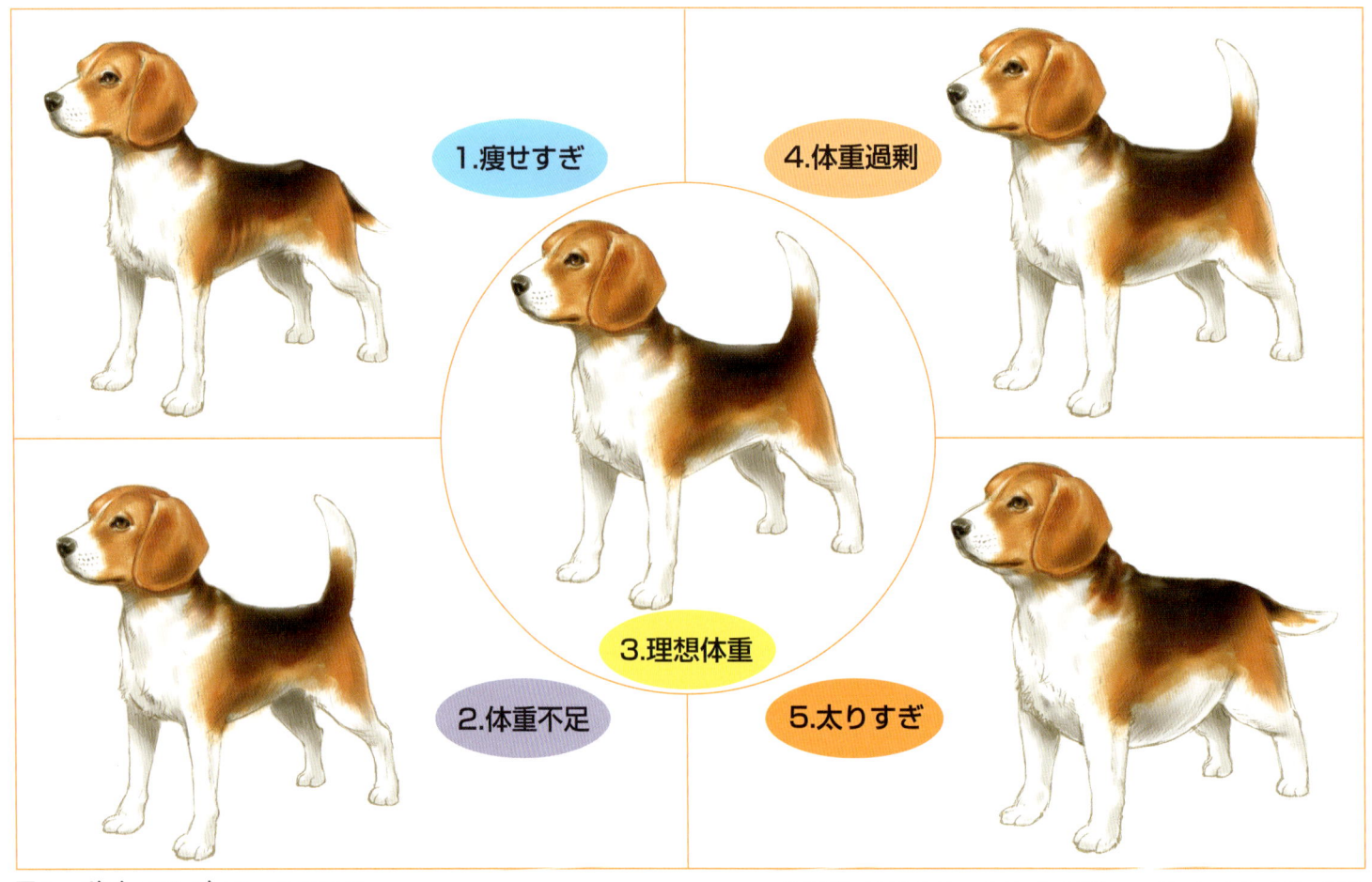

図1　ボディコンディションスコア

参考資料：日本ヒルズ・コルゲート「ボディコンディションスコア」の基準

(5)老齢期

　老齢期は、運動量が減少する一方で基礎代謝も低下する。加えて脂肪の代謝機能も低下するため、エネルギー要求量は若齢維持期よりも20〜30%少ない。しかしタンパク質要求量は減らないため、フードのタンパク質含量は、成長期ほどではないが維持期よりは高い必要がある。ただし、腎不全が発症した場合はタンパク質制限が常識であるが、維持期の犬のタンパク質要求量については前述のような問題があるため、有効なタンパク質制限の程度が不明確である。

　老齢期にはビタミン要求量が全般的に増加するが、ミネラルについてはリンとナトリウムの過剰に注意する。フードの種類や量、給与時刻などの全てにおいて急激な変化を避け、毎日の歯磨きも欠かせない。

老齢期の犬に多くなる病気

　わが国におけるある調査では、老齢(10歳以上)犬は僧帽弁閉鎖不全、犬糸状虫症、鬱血性心不全、乳腺腫瘍、子宮蓄膿症、および痴呆が増加する。僧帽弁閉鎖不全、犬糸状虫症、心不全は高老齢期(13-18歳)でピークとなり、その後は減少する。乳腺腫瘍と子宮蓄膿症は18歳以上でピークを迎え、20歳では痴呆が第1位に躍り出る。もっとも、腫瘍と癌を合わせると全期を通して断然たる第1位を占めた。

　犬糸状虫症は予防率の向上、子宮蓄膿症は不妊手術の普及などにより、近年顕著に減少している。逆に増加しているのが痴呆である。一方、猫は犬に比べて癌や腫瘍、痴呆の発生率が低い。老齢期の猫に多いのはウィルス感染症や猫エイズ、および腎不全で、加齢による免疫力の低下や腎萎縮が真の原因といえる。なお、米国における調査(1998)では、イヌの死亡原因は1.癌〈47%〉、2.心疾患〈12%〉、3.腎臓病〈7%〉、4.てんかん(4%)の順、ネコでは1.癌(35%)、2.腎臓病(25%)、3.心疾患〈11%〉、4.糖尿病〈8%〉の順であった(いずれも交通事故死を除く)。

【参考文献】内野富弥,高齢化と疾病とフード。ペットフードの開発と市場(本好茂一監修)162-176. シーエムシー,東京。2001.

表1-1 安静時エネルギー要求量(RER)に基づく犬の1日エネルギー要求量(DER)の推定

成長期のDER 要求量(kcal/日):
- 離乳〜4ヵ月齢　RER × 4
- 4カ月齢〜成犬　RER × 2

維持期のDER 要求量(kcal/日):
- 不妊・去勢手術前　RER×1.8
- 不妊・去勢手術後　RER×1.6
- 減量中　RER×1
- 重篤・安静時　RER×1
- 回復期　RER 1.2〜1.4

妊娠期のDER 要求量(kcal/日):
- 前半42日間　RER×1.8
- 後半21日間　RER×3

泌乳期のDER 要求量(kcal/日):
- RER×4〜8　(または自由摂取)

　表1-1は犬の安静時エネルギー要求量(RER)に基づく1日エネルギー要求量(DER)の推定法を示し、表1-2は体重(kg)別のRER早見表である。

　フードの代謝エネルギー(ME)含量をAkcal/100gとすると、1日のフード量(g)はDER×100÷Aとして求められる。市販フードは、通常ラベルにME含量が示されているが、その表示は義務ではない。もし不明の場合、表示義務のある保証成分値から推定する。最も簡単な方法として、粗脂肪または酸エーテル抽出物(AEE)の保証含量が3%の場合のME含量を330kcal/100gとし、保証含量が1%増すごとに10 kcal/100gずつ加算する。

表1-2 体重別RER 早見表

$RER = 70 \times W^{3/4}$

体重(W; kg)	RER (kcal/日)	体重(W; kg)	RER (kcal/日)	体重(W; kg)	RER (kcal/日)
1	70	22	711	62	1,547
2	118	24	759	64	1,582
3	160	26	818	66	1,621
4	198	28	852	68	1,658
5	234	30	901	70	1,694
6	268	32	942	72	1,730
7	301	34	986	74	1,766
8	333	36	1,029	76	1,802
9	364	38	1,071	78	1,838
10	392	40	1,114	80	1,873
11	423	42	1,155	82	1,908
12	452	44	1,196	84	1,943
13	479	46	1,234	86	1,977
14	506	48	1,276	88	2,011
15	533	50	1,316	90	2,045
16	560	52	1,355	92	2,079
17	586	54	1,394	94	2,113
18	612	56	1,433	96	2,147
19	637	58	1,471	98	2,180
20	662	60	1,509	100	2,213

犬に危険な中毒物質の基礎知識

　どんな物質でも摂取量が多ければすべてが有害になりえるが、一般的には比較的少量の物質（毒物）で病的状態を起こすことを中毒という。毒物を1回摂取することにより、比較的短時間で症状が起こる場合を急性中毒と呼ぶが、実際には中毒のほとんどが経口摂取による急性中毒のことを指す。

　飼育されている頭数がむしろ猫よりも少ないにもかかわらず、動物病院に中毒事故で持ち込まれる動物の大半は犬である。犬は、嗜好性が特に強いわけではなく、時には食物でなくても食べてしまうので、危険な物質を周りに置かないようにする、など飼い主の自覚が何より大切である。特に殺鼠剤、ゴキブリ用殺虫剤などは対象動物を誘うために美味しい味や香りが付けてあるので、使用するときは特に注意しなければならない。ネズミやゴキブリをとるために飼い主が仕掛けた薬のために愛犬が犠牲になることもよくある。

　地域によってもまた季節によっても異なるが、犬の中毒の原因物質として最も代表的なのは殺虫剤といってよい。

　この他、ヒト用の医薬品もかなり多く、その中でも風邪や炎症に対する薬が頻発している。身近にある家庭用品として乾燥剤、保存剤、化粧品や植物、場合によっては飼い主用の食品にも注意しなければならない。

　中毒が疑われる場合は、すぐに動物病院に連絡すべきである。中毒に対する最も一般的な処置は吐かせること（催吐）である。摂取後1時間以内、場合によっては3時間以内であれば有効であるが、腐食性や刺激性がある物質の場合は避けなければならない。

　この他、活性炭などによる吸収抑制や輸液を行う。診断や治療の大きな助けになるので、中毒前後の様子を確認しておくとともに、原因と疑われる物質や吐物があれば持参するとよい。残念ながら、犬の中毒事故では原因物質がわからない例がほとんどである。

I 主な中毒物質とその症状

殺虫剤（有機リン、カーバメート）

　有機リンやカーバメートは、殺虫剤の主要な成分であり、最も頻発する代表的中毒原因のひとつである。経皮、吸入を含むすべての経路からよく吸収される。摂取後、通常15分から1時間で発症し、すぐに重篤な症状へ移行する。最も特徴的なのはピンポイントアイとも呼ばれる強度の縮瞳であり、このほか震えなどからも原因を特定しやすい。

　有機リン剤は、イヌのノミとり首輪などにも含まれている。有機リン中毒の解毒薬としてプラリドキシム（PAM）がよく知られているが、カーバメートには効かない。

　対症療法として、有機リン、カーバメートともアトロピンが有効である。

ゴキブリ駆除剤（ホウ酸ダンゴ）

　ゴキブリやアリの駆除剤としてホウ酸ダンゴがよく用いられる。ホウ酸は、消化管からよく吸収されるが、中毒症状が深刻であることは少なく、嘔吐、下痢やよだれより重篤な症状を起こすことはほとんどない。

　この他、刺激性があるため、口腔や消化管の痛みや、皮膚に接触した場合は紅斑症を認める。活性炭にはほとんど吸着しないため無効である。

殺鼠剤

　殺鼠剤には、家庭用と農薬用があり、非常に毒性の高いものも含めて多くの種類がある。しかし危険性が比較的低いことからクマリン類似物質が一般的である。クマリン類は、凝血に必要なビタミンK類似物質で、出血を起こしてネズミに死をもたらす。以前からのワルファリンよりも、長時間作用するヒドロキシクマリン系剤などが使用されている。

　犬が大量摂取した場合、2～5日で震えや運動失調を生じ、死に至ることがある。亜急性の経過をとった場合、眼の出血、皮下血腫、貧血、肺水腫による呼吸困難を認める。ビタミンK剤の投与を行う。

タマネギ中毒

　タマネギ、長ネギ、およびニンニクなどの植物は、溶血作用を持つ有機チオ硫酸化合物を含んでおり、血尿を伴う貧血を起こす。これらの化合物は耐熱性があるので、調理して野菜の形状がなくなっても中毒を起こした例がある。盗み食いの例も多いが、飼い主がよく注意すべきである。

ナメクジ駆除剤（メタアルデヒド）

ナメクジやカタツムリの駆除剤は、有効成分としてメタアルデヒドを含む。メタアルデヒドは、キャンプなどで使う固形燃料にも含まれている。メタアルデヒドは、胃腸からの吸収率が高く、皮膚からも吸収される。吸収後、胃内でアルデヒドや酸へ変化する。摂取1〜3時間以内に、よだれなどの軽い場合から、血圧下降、頻脈、呼吸抑制、高熱に加えて、痙れんなどの重篤な症状まで示す。特別な解毒薬は知られていない。

チョコレート

チョコレートは、テオブロミン（カフェインの類似物質）を含むため、大量に食べた場合、嘔吐のあと、興奮、心悸亢進、呼吸速迫、さらには痙れんなどの発作症状を起こす。チョコレートの種類（ダークチョコレートなど）によっては、板チョコレート1枚でも小型犬ならば致死量に達する場合もある。

医薬品（非ステロイド性抗炎症薬）

非ステロイド性抗炎症薬（NSAID）は、風邪薬などにもよく含まれる。犬が、ビンの蓋を開けて大量に摂取する場合がある。摂取後2時間ほどで持続的な嘔吐、下痢などの症状を示し、さらに数時間後から胃腸管の刺激症状や腎機能の低下、あるいは不全を起こす。消化管潰瘍を起こしていないか注意する必要もある。

動物病院へ行けない場合

中毒物質を飲み込んでしまった場合は、すぐに動物病院に連絡するべきである。しかし、休日や夜間であった場合などでも、飼い主の適切な処置が犬の命を守るものである。摂取後、2時間、場合によっては3時間までは吐かせる価値がある。

家庭で入手できるものとしては、オキシドール（薄い過酸化水素水）が代表的といえる。ただし、大量の泡が出るために誤嚥性肺炎を起こす危険性がある。この他、重曹（重炭酸ナトリウム）は、水に溶けるとアルカリ性となって胃を刺激するので吐かせることができる。

強酸、強アルカリ、灯油などの有機溶剤、漂白剤などを飲んだ場合は、食道にダメージを与えるので吐かせてはいけない物質である。有機溶剤では使用できないが、牛乳を飲ませると胃壁を守るとともに、吸収を遅らせる効果がある。また、体毛についた場合は、蛇口からのぬるま湯や水で流してやると症状を軽減できる。

II 犬に有毒な植物、物質

図1 トマト　図2 ヨウシュヤマゴボウ　図3 スイセン　図4 ジンチョウゲ　図5 ヒガンバナ　図6 キョウチクトウ

身近な食品中の植物性自然毒

名称（有毒部分）	備考・中毒症状
トマト（芽、緑色の実、葉）	ソラニンを含み、重篤な胃腸管のむかつき、下痢の消化器症状から、錯乱、瞳孔散大などの神経症状も起こす。ジャガイモの発芽部分や緑色の表皮部分もソラニンを含むので危険。ナスの芽、緑色の実、葉にもソラニンは含まれる。

その他の身近な生物

名　称	備考・中毒症状
ヒキガエル	ヒキガエルは皮膚や耳下にある毒腺から毒液を分泌する。主にジギタリスとよく似た症状を起こす心臓毒と幻覚を誘う神経毒が含まれる。よだれ、吐き気の軽症から痙れん、呼吸困難も。

その他

名　称	備考・中毒症状
タバコ	中枢神経興奮作用を持つニコチンを含むため、非常に危険。多くの場合は強い刺激作用のために嘔吐。重篤な場合は震え、痙れん、呼吸速拍、頻脈、致死にも至る。
ナフタリン	多くの防虫剤に含まれる。刺激作用による嘔吐などの消化管症状と、重篤な貧血とメトヘモグロビン血症。
キシリトール（ガム、あめ）	糖尿病様発作を生じるため非常に危険。中型犬でキシリトールガム1、2個でも中毒を示した例も。
ブドウ（レーズン）	ブドウやレーズンで急性腎不全が問題になっている。体重1kg当たり10〜20gでも危険である。

有毒な植物

植物名（有毒部分）	備考・中毒症状
チョウセンアサガオ類（全草）	医薬品であるスコポラミンなど、神経の働きを阻害する非常に強力な数種のベラドンナアルカロイド（トロパンアルカロイド）を含む。口渇、散瞳、視力低下などを起こす。
ヨウシュヤマゴボウ（全草、特に根や実）	日本全土に野生化。サポニンを含み、一過性の下痢や嘔吐を起こす。
トリカブト類（全草、特に根）	神経毒として有名なアコニチンを含む。心機能にも影響し、少量でも不整脈や心停止を起こしうる。口内の炎症、よだれ、嘔吐も通常みられる。
ジギタリス（キツネノテブクロ：全草）	本州から九州の山麓に自生。ジギタリス草の仲間は強心作用をもつ医薬品の主成分（ジゴキシンなど）を含む。中毒作用も強烈で、期外収縮や心房や心室細動などの重篤な毒性を起こす。この他、摂取直後に、腹部のむかつき、痛みなどの消化管症状が生じる。めまいや震えが起き、死に至ることもある。
スイセン（全草、特に球根）	関東以南の海岸近くに自生。リコリンなどのアルカロイドを含む。重篤な胃腸炎、下痢や嘔吐。
ソテツ（種子）	九州南部沖縄に自生。数種類の毒性物質が知られているが、特に種子は大量のサイカシン含み、嘔吐、下痢を起こす。肝臓の一部が壊死する。
ドクゼリ（全草、特に根）	北海道から九州までの山野に自生。主として神経毒であるシクトキシンを含み、意識障害や痙れん、呼吸困難を起こし、場合によっては死に至る。刺激性があるため口内の灼熱感、嘔吐や下痢、強度の腹痛などの消化器症状にも注意が必要。
ジンチョウゲ（全草）	皮膚に触れると局所の水泡の他、全身症状も起こす。胃腸炎からショックや昏睡、時には死に至る。
キョウチクトウ（樹皮、根、枝、葉）	ジギタリスに類似した強力な配糖体を含むため、不整脈や心不全を起こし、致死の危険もある。イヌでは刺激作用による嘔吐や下痢などが比較的強い。
スズラン（全草）	北海道の他、本州などの高地に自生。ジギタリスに類似した配糖体（コンバラリン）を含み、徐脈、不整脈、心不全を起こす。心毒性の前に嘔吐や下痢などの消化器症状が先んじる。
ヒガンバナ（マンジュシャゲ：全草）	本州から九州に自生。リコリンなどを含み、嘔吐、腹痛、下痢や、震えなど中枢神経症状を起こす。
アサガオ（種子）	インドールアルカロイドを含み、消化不良の他、興奮、震えなどの神経症状を起こす。
アセビ（葉、花蜜）	本州から九州の低山に自生。神経、心臓、骨格筋に作用するグライアノトキシンを含む。有効成分は異なるが、ジギタリスとよく似た心臓毒性を生じる。この他、悪心、胃腸炎やこん睡も起こし、致死の可能性も高い。
ツツジ（葉、花）、レンゲツツジ（葉、花、根）	配糖体であるグライアノトキシンを含み、少量でも心不全を起こし致死的である。この他、嘔吐、下痢、元気消失なども生じる。
クワズイモ（茎、根茎）	唇や口内の灼熱感や浮腫、これらに伴う嚥下困難。腫瘤が気道を圧迫しない限りは命に別条なし。
イヌサフラン（球根）	主に細胞分裂阻害作用を持つコルヒチンを含み、多くの臓器に障害を起こす。初期症状として下痢や嘔吐などを生じ、その後、不整脈、末梢性、中枢性の神経麻痺や呼吸困難を起こす。口や胃内に灼熱感を生じる。
ドクニンジン（全草）	ピペリジンなど多くのアルカロイドを含み、興奮、震え、よだれ、排尿、腹痛などを生じる。筋麻痺が起きて、呼吸困難のため死亡することもある。乾燥させると毒性はなくなる。まずいらしく、めったに中毒は起きない。
チューリップ（球根）	ツリパリンを含み、嘔吐、下痢を起こす。
トチノキ（種子、樹皮、葉）	北海道から九州の山地に自生。サポニン類を含み、重篤な胃腸炎や下痢のため、血液の電解質異常を生じる。重症だと瞳孔散大、痙れんの後の麻痺、こん睡、致死を生じることもある。
キツネノボタン（全草、根）	日本全土に自生。粘膜刺激性が強く、犬が飲み込むことはまれ。口腔内の水疱形成。飲み込んだ場合は嘔吐や下痢。
フジ（全草、種子）	本州から九州の山野に自生。レクチンを含み、嘔吐、下痢などの消化器症状を起こす。

参考文献

1. ASPCA http://www.aspca.org/pet-care/poison-control/plants/Toxic and Non-Toxic Plants
2. Ramesh Chandra Gupta Veterinary toxicology: basic and clinical principles, Academic Press, New York, 2007.
3. Konnie Plumlee Clinical Veterinary Toxicology, Mosby, St. Louis, 2003.
4. 山根 義久（監修）伴侶動物が出合う中毒―毒のサイエンスと救急医療の実際. チクサン出版社, 2008.
5. 内野富弥（監訳）犬と猫の中毒ハンドブック/学窓社（原著）Hoger W. Gfeller DVM Shawn P. MessonnierHandbook of Small Animal Toxicology and Poisonings, Mosby-Year Book; illustrated edition版, St. Louis, 1997.

Chapter 2-3

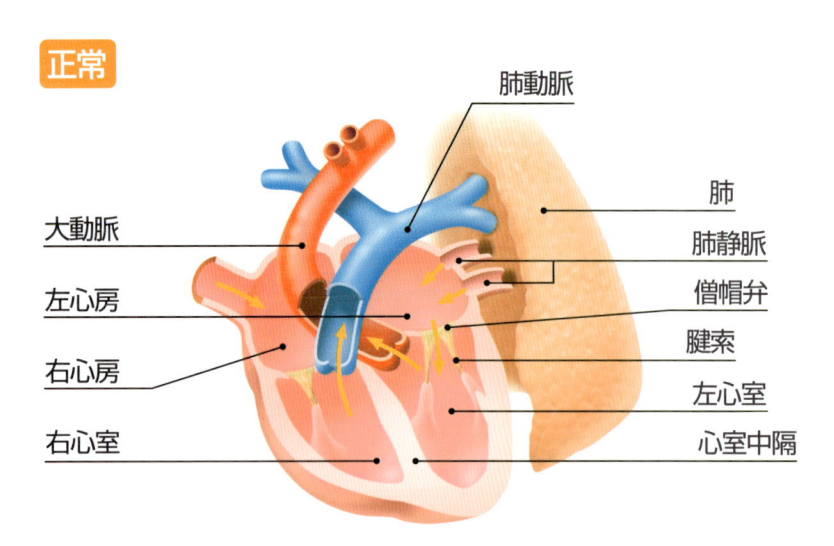

正常

大動脈
左心房
右心房
右心室
肺動脈
肺
肺静脈
僧帽弁
腱索
左心室
心室中隔

僧帽弁逆流症

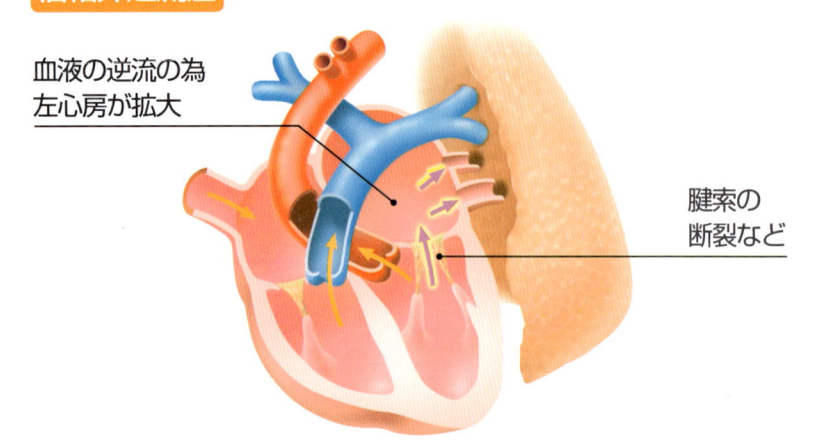

血液の逆流の為
左心房が拡大

腱索の
断裂など

循環器薬

　心臓は全身から還流してきた血液を右心室から肺に送り、肺から戻って来た血液を左心室から全身に送り出す。犬では、心臓にある4つの弁のうち僧帽弁が異常をきたし、左心室から左心房に血液が逆流してしまう疾病(僧帽弁逆流症)になりやすい(図1)。この疾病では、心臓から全身に血液を充分に駆出できないだけでなく、血液うっ滞による肺水腫や心肥大が引き起こされてしまう。肺水腫は呼吸困難に、心肥大は進行すると心不全になるため、心臓の負担を軽減させ、効率よく血液を送り出せるようにするための薬物療法が必要となる。

　アンジオテンシンIIは、アンジオテンシンIから変換されることで生成される。このアンジオテンシンIIは、血管収縮や心肥大を引き起こす(図2)。アンジオテンシンIからIIへの変換酵素を阻害する薬物(ACE阻害薬:エナカルド®(エナラプリル)やフォルテコール®(ベナゼプリル)など)はこの僧帽弁逆流症に対し、全身循環改善効果や延命効果があることが報告されている(図2)。しかし、これらの薬物は、血管拡張作用を有するため、過量投与になると低血圧による元気消失や貧血などを引き起こす。

図1.
心臓が収縮すると大動脈から全身に、肺動脈から肺に血液を送り出す(黄色の矢印)。しかし僧帽弁が異常をきたすと肺静脈の方に血液が逆流してしまう(ピンクの矢印)。この病態を僧帽弁逆流といい、呼吸困難や心肥大を引き起こす。

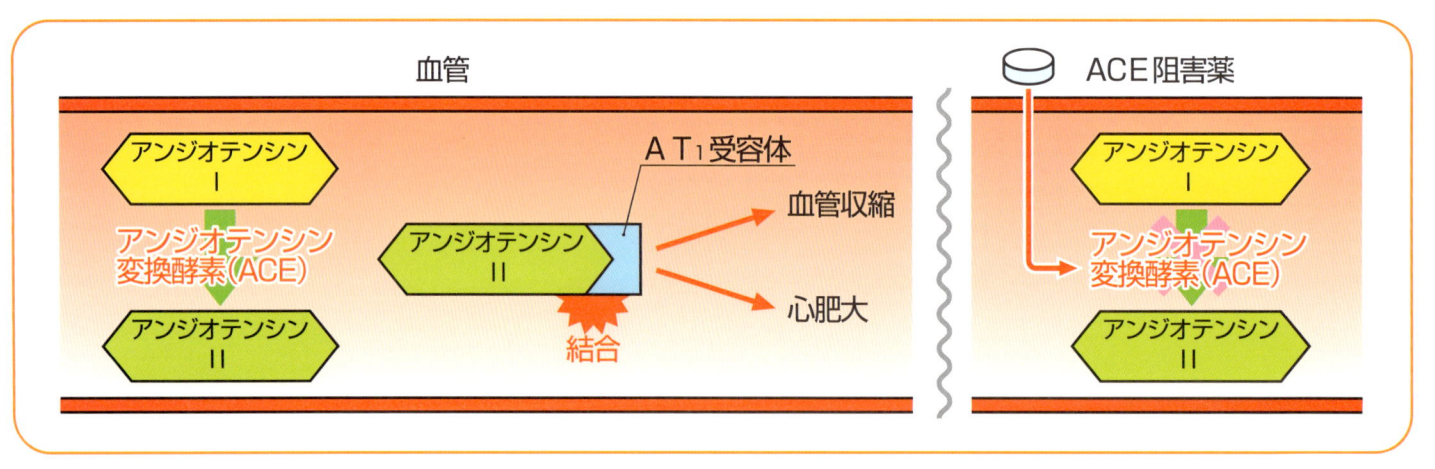

血管　　　　　　　　　　　　　　　ACE阻害薬

アンジオテンシンI
↓アンジオテンシン変換酵素(ACE)
アンジオテンシンII

アンジオテンシンII → AT₁受容体 → 血管収縮／心肥大
　　　　　　　　　　結合

アンジオテンシンI
↓アンジオテンシン変換酵素(ACE)
アンジオテンシンII

図2.
アンジオテンシンIは、アンジオテンシン変換酵素(ACE)によりアンジオテンシンIIに変換される。アンジオテンシンIIは、AT₁受容体に結合して血管収縮や心肥大を引き起こす。そのため、ACEを阻害する薬物(ACE阻害薬:エナカルド®(エナラプリル)やフォルテコール®(ベナゼプリル)など)は、僧帽弁逆流に対し有効な薬物である。

犬用治療薬の基礎知識

　薬は、感染症に罹ったときに細菌やウイルスなどの原因を取り除き、また痛みや咳などを鎮めることにより、身体的負担を軽減させるために用いる。ペニシリンが開発され、多くの感染症から患者が救われてきたが、最近でも新しい抗生物質や抗癌剤などが開発されており、従来の薬物療法では無効であった病気に対しても治療効果が期待できるようになっている。本章では、犬に使用する薬物について目的と作用メカニズム、副作用について紹介する。

犬用の治療薬

　動物病院でもらう薬物の多くはヒト用の薬物である。薬物を開発する際には、犬を含む多くの動物種において安全性と有効性を確認している。言い換えれば、ヒト用の薬物を開発するときに、すでに動物での効果を確認していることになる。また、体や病気の仕組みは、人と犬では共通点が多い。動物病院において人用薬物を使用することがあるのは、このような理由からである。一方、フィラリアなど主に動物が罹る疾病に関しては、動物専用に開発された薬物が使用されている。

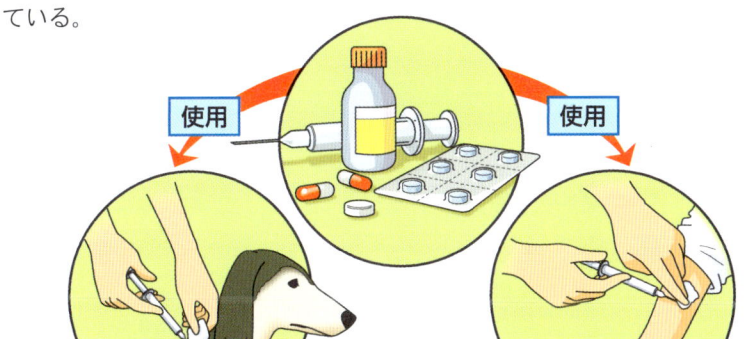

薬の飲ませ方と注意点 ❶

❶ 錠剤の飲ませ方
犬の上顎を上から片手でつかんで顔を少し上にあげる。もうひとつの手で下顎をさげて口を開け、錠剤を喉の奥に置く。口をしっかりと閉じて飲み込ませる。

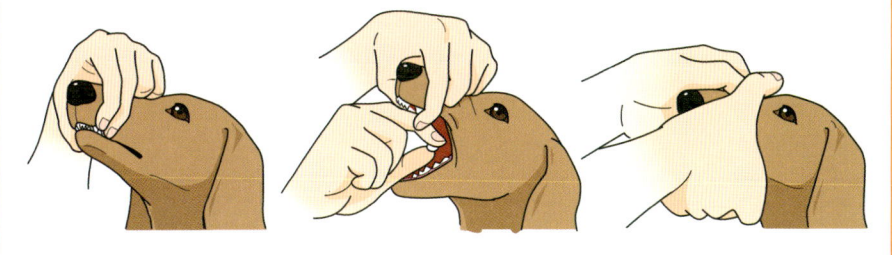

❷ 液剤の飲ませ方
スポイトや針のない注射器に液剤を入れる。頭をやや上向きに保定し、口を閉じたまま犬歯の後方の隙間から薬物をゆっくりと流し込む。

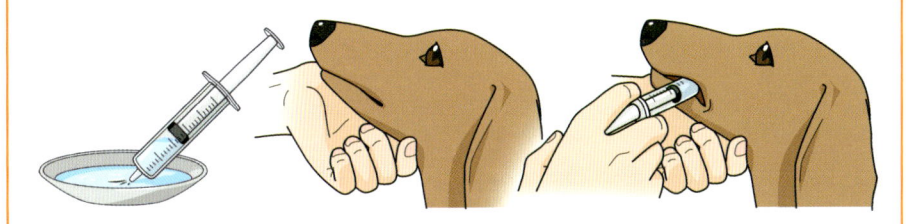

❸ 粉剤の飲ませ方
水などに粉剤を溶かし、スポイトや針のない注射器に入れる。投与方法は液剤と同様である（上図参照）。また別の方法として、ペースト状のフードに混ぜてそのまま食べさせたり、口の中（上顎）に塗りつけてなめさせたりする。

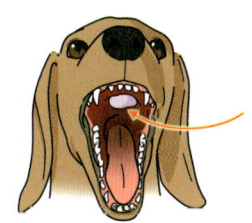

抗菌薬

　細菌を殺したり増殖を抑制したりすることで感染症から動物を救う薬物である。塗布（皮膚科）用クリームや点眼剤、内服用錠剤・散剤など目的に合わせて様々な形態のものがある。抗菌薬は、特定の菌に対してのみ効果を発揮する場合が多いため、疾病の種類により異なる抗菌薬が使用される。ペニシリンは、グラム陽性球菌やグラム陽性/陰性嫌気性菌に対し殺菌的に作用する。ペニシリンの仲間であり獣医領域でよく使用されるアモキシシリンは、吸収が良く、ペニシリンに比べ多くの種類の細菌に対して殺菌効果を有する。ゲンタマイシンは、コストが低く、多くのグラム陰性桿菌感染症に対し有効な薬物である。しかし、腎毒性や聴覚毒性を惹起する可能性があるため、血中濃度の過度の上昇に注意し、長期間の反復投与は避けるべきである。

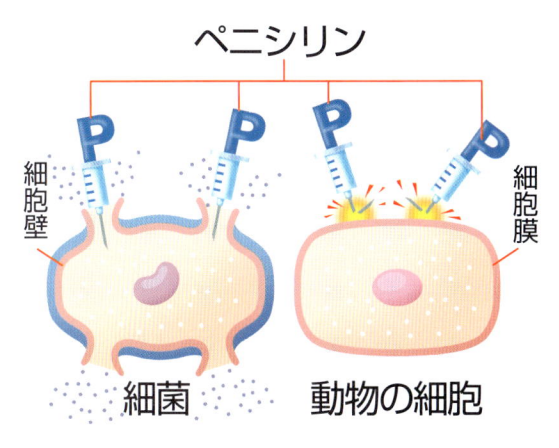

図3.
ペニシリンは、細菌細胞の細胞壁を壊す。その結果、細菌細胞には水が入り込み、膨張して破裂する。ヒトや犬の細胞には細胞壁が無いので、壊されることはない。

抗炎症薬

炎症は、異物などにより有害な刺激を受けたときに出現する。炎症を調整することは、治癒を早めることにもつながる。一方、炎症は生体防御として必要な反応であるため、過度に抑制すると細菌増殖など病状を悪化させることになる。抗炎症薬として代表的なものには、副腎皮質ホルモン(グルココルチコイド)作用により薬効を示す合成ステロイドや非ステロイド性抗炎症薬(NSAIDs)がある。

(1)合成ステロイド

合成ステロイドは、細胞膜のリン脂質からのアラキドン酸生成を抑制し、シクロオキシゲナーゼを抑制することでプロスタグランジン類合成を抑制する(図4)。これらの作用により炎症・疼痛を緩和する。軟膏や注射剤など多様な剤形があり、アトピー性皮膚炎やぜんそく、非感染性の眼の炎症に用いられる。また、抗癌作用を増強させるために、抗癌剤と併用することもある。プレドニゾロンやデキサメタゾンをはじめ、多くの薬物が獣医療で使用されている。これらの薬物は、作用時間やミネラルコルチコイド作用(ナトリウム貯留作用)に対する選択性が異なる。表1にこれらの薬物の特徴を示す。

過量投与により腹部膨満、嗜眠、運動不耐性などの徴候を示すことがある(これを医原性クッシングという)。また、ステロイドの投与を中止した際、投薬開始時の状態より悪化してしまう、いわゆるリバウンドを生じることもあるため、注意が必要である。

(2)非ステロイド性抗炎症薬

NSAIDsと略される。ステロイドとは異なり、シクロオキシゲナーゼ(COX)を抑制することで効力を発揮する(図4)。NSAIDsには抗炎症作用の他、解熱作用、鎮痛作用を有する。またCOXは、腎臓の機能維持や消化管粘膜保護に関与しているCOX-1と、炎症や疼痛に関与しているCOX-2に分類される(COX-2は、病気の腎臓の機能維持に関与しているという報告もある)。従って、腎や消化管に対する副作用を低減するためにCOX-2を選択的に抑制する薬物が開発されてきている。初めて合成されたNSAIDのアスピリンは、COX-1を強く抑制するが、ピロキシカムやメロキシカムはCOX-2の方を比較的抑制する。また、フィロコキシブやデラコキシブは、COX-2を高い選択性をもって抑制する薬物である。これらの薬物は消化管とくに胃のびらんや潰瘍を引き起こすことがある。また腎障害もひとつの大きな副作用である。

図4.
炎症における合成ステロイドと非ステロイド性抗炎症薬(NSAIDs)の作用メカニズム

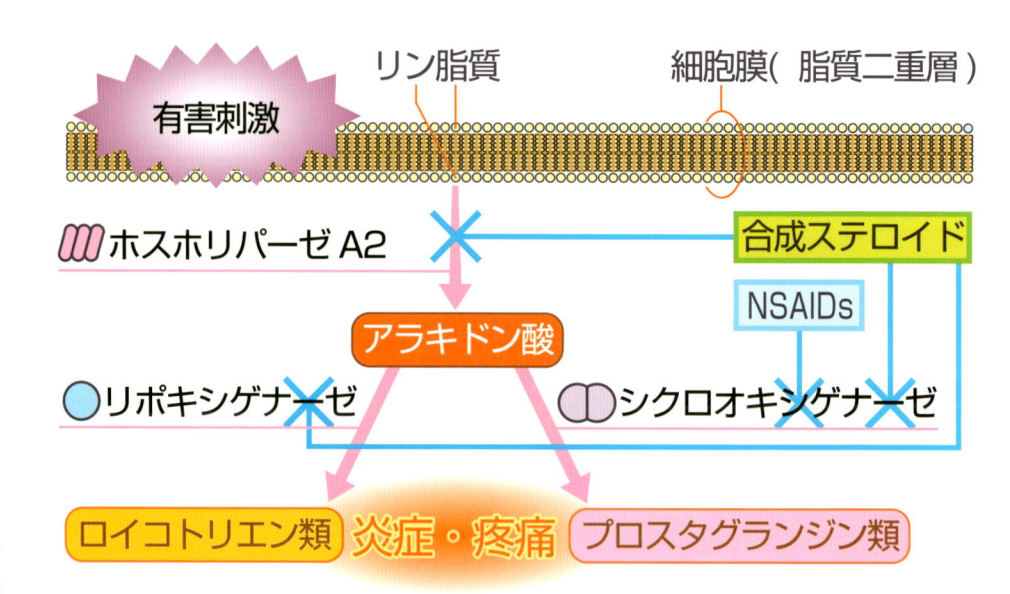

❶細胞膜に有害刺激が加わると、ホスホリパーゼA2により、細胞膜のリン脂質からアラキドン酸が遊離される。アラキドン酸は、シクロオキシゲナーゼおよびリポキシゲナーゼにより、ロイコトリエン類やプロスタグランジン類を合成する。このロイコトリエン類やプロスタグランジン類が炎症・疼痛を引き起こす。
❷合成ステロイドは、細胞膜のリン脂質からアラキドン酸生成を抑制し、シクロオキシゲナーゼおよびリポキシゲナーゼを抑制することで、炎症・疼痛を抑える効力を発揮する。
❸NSAIDs は、シクロオキシゲナーゼを抑制することで効力を発揮する。

表1. 合成ステロイドのプロファイル

薬品名(商品名)	抗炎症作用	副作用(Na貯留作用)	持続時間
ヒドロコルチゾン(コートン®)	1	1	<12
プレドニゾロン(プレドニン®)	3~4	0.75	12~36
メチルプレドニゾロン(メドロール®)	5~6	0.5	12~36
トリアムシノロン(レダコート®)	5	0	12~36
デキサメタゾン(デカドロン®)	30~200	0	>48
ベタメタゾン(リンデロン®)	25~70	0	>48
パラメタゾン(パラメゾン®)	10	0	>48

※ステロイドは抗炎症作用の他に、腎臓に作用することで体内へのナトリウム(Na)貯留作用を引き起こす。しかし合成ステロイドは、このNa貯留作用が低いかあるいは無い。そのため抗炎症作用のみを有する。作用時間は合成ステロイドにより異なる。したがって合成ステロイドにより投与間隔も異なる。

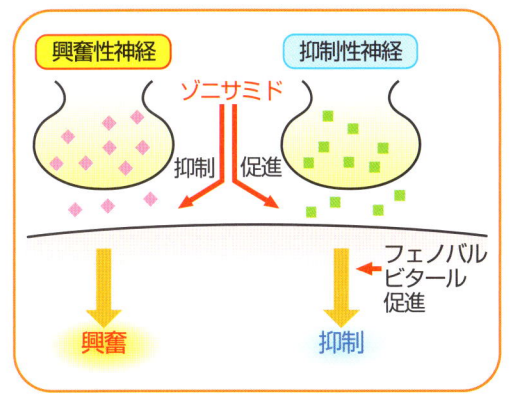

抗てんかん薬

てんかんは、脳における異常な神経発火が原因で発作を起こす疾患である。脳神経は、興奮性神経と抑制性神経があるため、抗てんかん薬は、興奮性を抑制するものと、抑制性作用を増強するもの、あるいはこれら両方を有するものがある。

フェノバルビタールは、古くから使用されている薬物で、抑制性神経作用を増強することで、多くのてんかん症例に対し有効性を示す。しかし、肝臓に対する悪影響(肝酵素の上昇)や多飲多尿、鎮静などの副作用があるため、投薬中止を余儀なくされる場合がある。また薬物を代謝する酵素の活性を上昇させる作用があるため、併用薬物の作用を減弱させてしまうことがある(ただし薬物の種類による)。

ゾニサミドは、日本で開発された抗てんかん薬である。有効性が高く副作用が少ないため、犬のてんかん治療に多く使われるようになってきた。フェノバルビタールを投与している犬は、薬物代謝活性が亢進しているため、併用するとゾニサミドの作用が減弱する可能性がある。そのため、ゾニサミドの用量を増やすなどの調整が必要な場合がある。

図5
抗てんかん薬は、神経の興奮を抑制するものと。抑制性作用を増強するもの、または両方に作用するものがある。

薬の飲ませ方と注意点 ❷

❶ 投与量を守る。
投与量は体重あたり、あるいは体表面積あたりの用量でしっかりと計算してある。薬物は少なすぎると効力を発揮せず、多すぎると副作用の危険性がある。そのため決められた用量を守る必要がある。

❷ 時間(間隔)を守る。
薬物を飲むと主に腸から吸収され、肝臓や心臓を通り全身に分布する。その後肝臓で分解されたり、そのまま尿中に出たりして血中濃度が減少していく。投与間隔は、このような薬物の体での代謝を考慮した上で決められているので、守るべきである。

❸ 与え忘れたら。
与え忘れたからといっても、次回に倍量与えてはいけない。血中濃度が上昇し、副作用が起こる可能性がある。薬物によっては1回忘れてもあまり影響のないものもあるので、獣医師に相談した方が良い。

❹ 副作用について。
薬物は薬効用量でも短期的あるいは長期的に投与することにより副作用が出ることがある。心配な時は獣医師に起こりうる副作用について説明を受けた方が良い。

❺ 残った薬はどうする。
薬物を残しておくと、動物だけでなくヒトの赤ちゃんも誤飲してしまう可能性があるため廃棄した方が良い。廃棄方法が不明な時は獣医師に依頼する。

❻ 妊娠の可能性があったら。
一般に薬物の妊娠に対する安全性は確立されていないため、妊娠しているか否かは把握しておく必要がある。どうしても薬を与えなければならない場合以外は妊娠動物への投与は避けた方が良い。

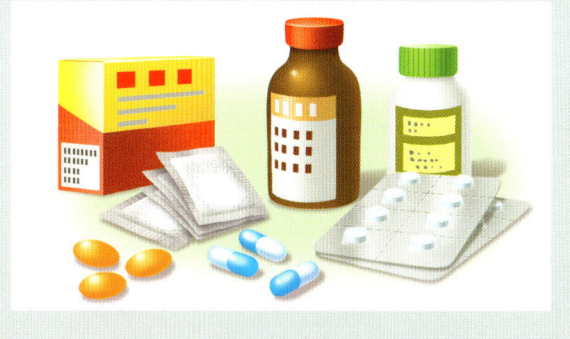

❼ 錠剤やカプセルを砕いて与えてよいか？
飛び散ったり誤って吸引したりすることがあるので、一般家庭では粉砕しない方が良い。粉砕の可否は、製薬会社や本(錠剤・カプセル剤粉砕ハンドブック;出版社:じほう)に詳しい情報があるので、獣医師に相談する。

犬とキシリトール

キシリトールは、コンビニなどで簡単に手に入るチューイングガムに含まれており、虫歯になりにくい成分として広く普及している。しかし、キシリトールはイヌが摂取すると低血糖を引き起こしたり、肝炎で死亡したりすることがある。

実際に、一般の飼い犬でキシリトール入りガムを食べて中毒を発症したケースも報告されている。以前は、キシリトールが入ったペットフードやガムや売られていたが、現在は販売されていない。このようにヒトが日常食べているものでも犬には危険なものもあるため、充分に注意する必要がある。

参考文献
1. Ettinger, S. J., Benitz, A. M., Ericsson, G. F., Cifelli, S., Jernigan, A. D., Longhofer, S. L., Trimboli, W., and Hanson, P. D. 1998. Effects of enalapril maleate onsurvival of dogs with naturally acquired heart failure. The Long-Term Investigation of Veterinary Enalapril (LIVE) Study Group. J Am Vet Med Assoc 213:1573-1577.
2. Kvart, C., Haggstrom, J., Pedersen, H. D., Hansson, K., Eriksson, A., Jarvinen, A. K., Tidholm, A., Bsenko, K., Ahlgren, E., Ilves, M., Ablad, B., Falk, T., Bjerkfas, E.,Gundler, S., Lord, P., Wegeland, G., Adolfsson, E., and Corfitzen, J. 2002. Efficacy of enalapril for prevention of congestive heart failure in dogs with myxomatousvalve disease and asymptomatic mitral regurgitation. J Vet Intern Med 16: 80-88.
3. 折戸謙介. 2007. ステロイド剤の作用と副作用. Comanion Amimal Practice 218: 6-14.

Group 1　牧羊犬・牧畜犬【シープドッグ & キャトル・ドッグ（スイス・キャトル・ドッグを除く）】

- ウェルシュ・コーギ・ペンブローク
- ウェルシュ・コーギ・カーディガン
- オーストラリアン・キャトル・ドッグ
- オーストラリアン・ケルピー
- オーストラリアン・シェパード
- オールド・イングリッシュ・シープドッグ
- クーバース
- クロアチアン・シープドッグ
- コモンドール
- シェットランド・シープドッグ
- ジャーマン・シェパード・ドッグ
- スキッパーキ
- スムース・コリー  
- ビアデッド・コリー
- ピレニアン・シープドッグ
- ブビエー・デ・フランダース
- プーミー
- プーリー
- ブリアール
- ベルジアン・シェパード・ドッグ
- ボースロン
- ボーダー・コリー
- ポーリッシュ・ローランド・シープドッグ
- ホワイト・スイス・シェパード・ドッグ
- マレンマ・シープドッグ
- ラフ・コリー

Group 2　使役犬【ピンシャー & シュナウツァー、モロシアン犬種、スイス・マウンテン・ドッグ & スイス・キャトル・ドッグ、関連犬種】

- アッフェンピンシャー
- イタリアン・コルソ・ドッグ
- エストレラ・マウンテン・ドッグ
- グレート・デン
- グレート・ピレニーズ
- コーカシアン・シェパード
- チャイニーズ・シャーペイ
- ジャーマン・ピンシャー
- ジャイアント・シュナウツァー
- スタンダード・シュナウツァー
- スパニッシュ・マスティフ
- セント・バーナード
- セントラル・アジア・シェパード・ドッグ
- ティベタン・マスティフ
- ドーベルマン
- ドゴ・アルヘンティーノ
- 土佐犬
- ナポリタン・マスティフ
- ニューファンドランド
- バーニーズ・マウンテン・ドッグ
- ピレニアン・マスティフ
- ブラジリアン・ガード・ドッグ
- ブルドッグ
- ブルマスティフ
- ボクサー
- ボルドー・マスティフ
- マスティフ
- ミニチュア・シュナウツァー
- ミニチュア・ピンシャー
- レオンベルガー
- ロットワイラー

Group 3　テリア

- アイリッシュ・ソフトコーテッド・ウィートン・テリア
- アイリッシュ・テリア
- アメリカン・スタッフォードシャー・テリア
- ウェスト・ハイランド・ホワイト・テリア
- ウェルシュ・テリア
- エアデール・テリア
- オーストラリアン・シルキー・テリア
- オーストラリアン・テリア
- ケアーン・テリア
- ケリー・ブルー・テリア
- シーリハム・テリア
- ジャーマン・ハンティング・テリア
- ジャック・ラッセル・テリア
- スカイ・テリア
- スコッティッシュ・テリア
- スタッフォードシャー・ブル・テリア
- スムース・フォックス・テリア
- ダンディー・ディンモント・テリア
- トーイ・マンチェスター・テリア
- 日本テリア
- ノーフォーク・テリア
- ノーリッチ・テリア
- パーソン・ラッセル・テリア
- ブル・テリア
- ベドリントン・テリア
- ボーダー・テリア
- マンチェスター・テリア
- ミニチュア・ブル・テリア
- ヨークシャー・テリア
- レイクランド・テリア
- ワイア・フォックス・テリア

犬種のタイプ別グループ分け

世界には、400を超える犬種がいるといわれている。犬種を公認する団体のひとつ、ＦＣＩ（世界畜犬連盟）では、2009年6月現在で339犬種を公認している。日本では、ＦＣＩに加盟しているＪＫＣ（社団法人ジャパンケネルクラブ）を例に取り上げると、189犬種（暫定公認2犬種を含む）が公認されている。それらの犬たちは、さまざまな体形やサイズの違いが見られるが、前述のＦＣＩ（社団法人ジャパンケネルクラブ）では、これらの犬たちを、犬たちの体形や用途（人間との関わり方）などによって、10のグループに分けている。その10グループを参考として掲載しておきたい。

犬種グループは、遺伝学的な細胞レベルでの分類ではないので、異なるグループ分けにする場合も当然あるが、ＦＣＩの分類は認知度も高いので、ひとつの参考になると考えられる。

Group 4　ダックスフント

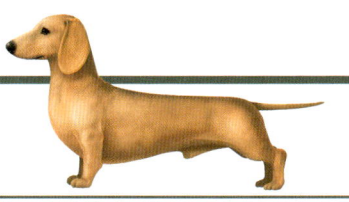

ダックスフント

Group 5　原始的な犬・スピッツ【スピッツ ＆ プリミティブ・タイプ】

- 秋田犬
- アメリカン・アキタ
- アラスカン・マラミュート
- イビザン・ハウンド
- 甲斐犬
- ケースホンド
- 紀州犬
- グリーンランド・ドッグ
- コリア・ジンドー・ドッグ（珍島犬）
- サモエド
- 四国犬
- 柴犬
- シベリアン・ハスキー
- ジャーマン・スピッツ・ミッテル
- タイ・リッジバック・ドッグ
- チャウ・チャウ
- 日本スピッツ
- ノルウェイジアン・エルクハウンド
- ノルウェイジアン・ブーフント
- バセンジ
- ファラオ・ハウンド
- ペルービアン・ヘアレス・ドッグ
- 北海道犬
- ポメラニアン
- メキシカン・ヘアレス・ドッグ
- ラポニアン・ハーダー

Group 6　嗅覚ハウンド【セントハウンド&関連犬種】

- アメリカン・フォックスハウンド
- ダルメシアン
- バセット・ハウンド
- ハーリア
- ビーグル
- プティ・バセット・グリフォン・バンデーン
- ブラック・アンド・タン・クーンハウンド
- ブラッドハウンド
- ポルスレーヌ
- ローデシアン・リッジバック

Group 7　ポインター、セッター【ポインティング・ドッグ】

- アイリッシュ・セッター
- アイリッシュ・レッド・アンド・ホワイト・セッター
- イタリアン・ポインティング・ドッグ
- イングリッシュ・セッター
- イングリッシュ・ポインター
- ゴードン・セッター 
- ジャーマン・ショートヘアード・ポインター
- ジャーマン・ワイアヘアード・ポインター
- ショートヘアード・ハンガリアン・ヴィズラ
- ブリタニー・スパニエル
- ラージ・ミュンスターレンダー
- ワイマラーナー

Group 8　Group 7以外の鳥猟犬【リトリーバー、フラッシング・ドッグ、ウォーター・ドッグ】

- アイリッシュ・ウォーター・スパニエル
- アメリカン・コッカー・スパニエル
- イングリッシュ・コッカー・スパニエル
- イングリッシュ・スプリンガー・スパニエル
- ウェルシュ・スプリンガー・スパニエル
- カーリーコーテッド・リトリーバー
- クランバー・スパニエル
- コーイケルホンド
- ゴールデン・リトリーバー
- サセックス・スパニエル
- スパニッシュ・ウォーター・ドッグ
- チェサピーク・ベイ・リトリーバー
- ノヴァ・スコシア・ダック・トリング・リトリーバー
- フィールド・スパニエル
- フラットコーテッド・リトリーバー
- ポーチュギーズ・ウォーター・ドッグ
- ラブラドール・リトリーバー

Group 9　愛玩犬【コンパニオン・ドッグ&トイ・ドッグ】

- カバリア・キング・チャールズ・スパニエル
- キング・チャールズ・スパニエル
- コトン・ド・テュレアール
- シー・ズー
- ティベタン・スパニエル
- ティベタン・テリア
- チャイニーズ・クレステッド・ドッグ
- チワワ
- 狆
- パグ
- パピヨン
- ビション・フリゼ
- プードル
- プチ・ブラバンソン
- ブリュッセル・グリフォン
- フレンチ・ブルドッグ
- ペキニーズ
- ベルジアン・グリフォン
- ボストン・テリア
- ボロニーズ
- マルチーズ
- ラサ・アプソ
- ローシェン
- ロシアン・トーイ・テリア

Group 10　視覚ハウンド【サイトハウンド】

- アイリッシュ・ウルフハウンド
- アフガン・ハウンド
- イタリアン・グレイハウンド
- ウィペット
- グレイハウンド 
- サルーキ
- スパニッシュ・グレイハウンド
- スルーギ
- スコッティッシュ・ディアハウンド
- ボルゾイ

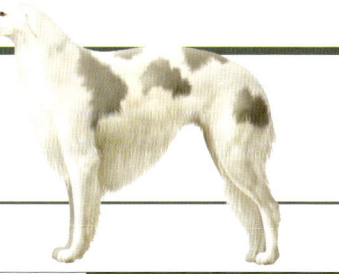

·I·N·D·E·X·

【A～Z】
- ACTH･･････････････････････････76
- Bリンパ球･･････････････････････25
- CAH･････････････････････････････60
- CHD･････････････････････････････108
- DIC･･････････････････････････････131
- Diff-Quick染色･････････････････137
- DM･･･････････････････････････････155
- ED･･･････････････････････････････110
- EI･･･････････････････････････････110
- FCP･･････････････････････････････110
- FNA･･････････････････････131,133,134,137
- Frog-leg View････････････････････109
- HAC･････････････････････････････76
- HD･･･････････････････････････････108
- IBD･････････････････････････････58
- ME･･････････････････････････････155
- OCD･････････････････････････････110
- PDH･････････････････････････････76
- PennHIP法････････････････････109
- PL････････････････････････････････105
- Q熱･････････････････････････････145
- Tリンパ球･････････････････････25
- UAP････････････････････････････110
- αシンドローム･････････････････151
- β細胞腫瘍･････････････････････62

【あ】
- アイリッシュ・セッター････････14
- 秋田犬･･････････････12-図14,14,102
- アサガオ････････････････････････161
- 趾･･････････････････････････････7-図3
- アジソン病････････････････････77
- アセチルコリン･･････････････118-図23
- アセビ･････････････････････････161
- アトピー性皮膚炎･･･････････････97
- アドレナリン･････････････････････73
- アドレナリン作動性交感神経･･･70-図15
- あめ･････････････････････････････160
- アメリカン・コッカー・スパニエル････12-図12,14
- アモキシシリン･･････････････････163
- アルギニン・バソプレッシン････78
- アレルギー性肺炎･･･････････････40
- アンドロゲン････････････････････73
- アンドロゲン療法･･････････････26

【い】
- 胃････8-図4,9-図5,53-図3,56,61-図9,62-図11
- 胃拡-捻転症候群･･････････････57
- 胃癌･････････････････････････57-図6
- 医原性気胸･･･････････････････42
- 異所性尿管･･･････････････････71
- 異所性睫毛････････････････････17-図2
- イソスポラ････････････････････125
- 胃腸の疾患････････････････････63
- 遺伝病･････････････････････････14
- 犬疥癬･･･････････････････････100
- 犬回虫･･･････････････････････121
- 犬鉤虫･･･････････････････････122
- 犬コロナウイルス感染症･････140,141
- イヌサフラン･･････････････････161
- 犬糸条虫･････････････････････128
- 犬糸条虫症･･･････････････････34
- 犬ジステンパー･････････････139,140
- 犬小回虫･････････････････････129
- イヌセンコウヒゼンダニ････････100
- 犬伝染性肝炎･････････････････140
- 犬伝染性喉頭気管炎･･････････140
- 犬パラインフルエンザウイルス感染症･･140,141
- 犬パルボウイルス感染症･････139,140
- 犬鞭虫･････････････････････127
- 犬用治療薬の基礎知識･････････162
- 胃の腫瘍･････････････････････57
- 医薬品･･･････････････････････160
- イングリッシュ・コッカー・スパニエル････14
- イングリッシュ・セッター･･････14
- 陰茎･･････････････････････････8-図4
- 陰茎骨･･･････････････････64-図1,81-図3
- 陰茎持続勃起症･････････････････82
- インスリノーマ･････････････････62,78
- インスリン････････････････････73
- 咽頭蓋･･･････････････････････38
- 咽頭麻痺･････････････････････38
- 陰部神経･････････････････････70-図15

【う】
- ウイルス性肺炎･･･････････････40
- ウエスト・ハイランド・ホワイト・テリア･･12-図13,14
- ウェルシュ・コーギ・ペンブローク･････14
- ウォブラー症候群･･･････････････119
- 右心室････････････････････28-図1
- 右心房････････････････････28-図1
- うずまき管･･････････････････91-図3
- 内側右葉･････････････････････53-図3
- 内側左葉･････････････････････53-図3
- 右肺前葉･････････････････････38
- 瓜実条虫････････････････････123

【え】
- 栄養の基礎知識･･････････････154
- 栄養の特徴･･････････････････155
- 会陰ヘルニア････････････････59
- 腋下リンパ節･････････････････136
- 腋窩リンパ節･････････････････134
- 液剤の飲ませ方･･････････････163
- エキノコックス･･････････････124
- エキノコックス症･････････････144
- 壊死性髄膜脳炎･････････････115
- エストロゲン････････････････73
- エストロジェン中毒･･･････････26
- エナメル質･････････････････45-図4
- エリザベスカラー･･････････････18
- 炎症性腸疾患･･･････････････58,59
- 炎症性乳癌･････････････････136
- 炎症性ポリープ･･･････････････95
- 遠心沈殿法･････････････････121,124
- 延髄･･･････････････････････112-図1

【お】
- 横隔膜･･･････8-図4,9-図5,42-図10
- 横行結腸･････････････････････53-図3
- 黄体形成ホルモン･････････････72-図1
- 横突起･･････････････････････115-図12
- オーシスト･･･････････････････125
- オールド・イングリッシュ・シープドッグ･･13-図18
- オキシトシン････････････････73
- 雄の生殖器･･･････････････････80
- 雄の生殖器の病気････････････81

【か】
- カーバメート･････････････････159
- 外陰部･･････････････････････9-図5
- 介在ニューロン･･････････････118-図22
- 外耳････････････････････････90-図1
- 外耳炎･･････････････････････92
- 外耳道炎････････････････････102
- 外傷性気胸･････････････････42
- 外歯瘻･･････････････････51,51-図36
- 外側咽頭後リンパ節･･････････134
- 外側左葉････････････････････53-図3
- 回腸････････････････････････53-図3
- 外尿道括約筋････････････････70-図15
- 外尿道口･････････64-図1,80-図2,81-図3
- 飼い主に対する攻撃行動･････147
- 灰白質･････････････････････117-図20
- 開放隅角緑内障･･･････････････20-図13
- 開放骨折････････････････････107
- 海綿質骨････････････････････24
- 外矢状稜･････････････････････10-図6
- 下顎･･･････････････････････6-図1
- 下顎リンパ節････････････････134
- 蝸牛･･････････････････90-図1,91-図2
- 角切痕･･････････････････････56-図7
- 拡張型心筋症･･････････････････35
- 角膜･･････16-図1,17-図2,20-図14,21-図16
- 角膜潰瘍････････････････････18
- 角膜実質層･････････････････18-図6
- 角膜上皮細胞層･････････････18-図6
- 角膜上皮糜爛･･････････････････19
- 角膜内皮層････････････････18-図6
- 角膜浮腫････････････････････20
- 下行結腸･････････････････････53-図3
- 下垂体･･････････････････････72-図1,73
- 肩････････････････････････6-図1
- 下腿･････････････････････6-図1,7-図3
- カバリア・キング・チャールズ・スパニエル･･14
- 下腹神経････････････････････70-図15
- ガム･･･････････････････････160
- 硝子体･････18-図6,21-図16,22-図22
- 体の各部の名称････････････････6
- 眼圧････････････････････････20-図14
- 眼窩････････････････････････10-図6
- 感覚ニューロン･････････････118-図22
- 眼球結膜･････････16-図1,17-図5
- 眼瞼････････････････････････17-図5
- 眼瞼結膜･････････16-図1,17-図5
- 眼瞼内反症･････････････････23
- 寛骨････････････････････････10-図6
- 関節炎･･････････････････････108

168

·I·N·D·E·X·

関節リウマチ	111
汗腺	96-図1
感染経路	138
感染症	138,139
感染症を引き起こす病原体	138
肝臓	8-図4,9-図5,53 図3,60-図9,62-図11
乾燥性角結膜炎	18
肝臓の炎症性疾患	60
肝臓の腫瘍	60
肝臓のはたらき	61
肝臓の非炎症性疾患	60
桿体細胞	16-図1,22-図22
環椎	10-図6,116-図16
環椎-軸椎不安定症	116
間脳	112-図1
肝膿瘍	60
乾物	155
眼房	16-図1
眼薬のつけ方	22
間葉系腫瘍	131,132
【き】気管	8-図4,9-図5,38
気管虚脱	38
気管支炎	38
気管支拡張症	43
気管軟骨	39
気管膜腔	42
気胸	42
キ甲	6-図1
キシリトール	160,165
キツネノテブクロ	161
キツネノボタン	161
基底膜	18-図6
亀頭球	64-図1,81-図3
偽妊娠	84
キャンピロバクター	58
丘疹	99-図10
急性胃炎	56
急性糸球体腎炎	65
急性腎盂腎炎	65
急性腎不全	65
急性膵炎	62
急性前立腺炎	68
急性の小腸疾患	58
吸虫類	129
橋	112-図1
吸引性肺炎	40
巨核芽球	25
胸管	42-図10
狂犬病	140,142
狂犬病予防法	143
胸水	42-図11
胸腺	25
キョウチクトウ	160
胸椎	10-図6
恐怖症	148
強膜	16-図1,20-図13
胸腰髄	70-図15
巨核球	25
棘突起	115-図12
去勢	88
去勢手術	88
巨大食道	55
筋骨格系の病気	104
緊張性気胸	42
【く】隅角	20-図13
空気感染	138
空腸	53-図3
薬の飲ませ方	163
クッシング病	76
クモ膜下腔	114-図5
クモ膜顆粒	114-図5
グリコサミノグリカン	69
クリプトスポジウム	129
グルカゴン	73
グルココルチコイド	73,76
クレアチニン比	69
グレイハウンド	12-図17,14
グレート・デン	11-図7
クロストリジウム	58
クワズイモ	161
【け】経口感染	121-図2,139
脛骨	10-図6
頸椎	10-図6

経皮感染	139
毛刈り後脱毛症	103
血液(赤血球)に寄生する内部寄生虫	129
血液検査	26
血液の病気	24
血管周皮腫	132
血管肉腫	131
血管輪奇形	63
血小板	25
結石	66-図9
結膜	17-図5
結膜炎	17
結膜充血	17
牽引性網膜剥離	22-図22
肩甲骨	10-図6
腱索	28-図1
犬歯	44-図1
犬種による体の特徴	11
犬種による皮膚疾患	102
犬種別罹りやすい病気	14
権勢症候群	151
ゲンタマイシン	163
肩端	6-図1
原虫類	125,126,129
ケンネル・コッフ	140
原発性副甲状腺機能亢進症	79
原発性副甲状腺機能低下症	79
【こ】好塩基球	25
抗炎症薬	164
後臼歯	44-図1
抗菌薬	163
口腔内腫瘍	49,136
攻撃行動	147,148
虹彩	16-図1,19-図7,20-図13,20-図14
好酸球	25
甲状腺	72-図1,73
甲状腺機能低下症	75
甲状腺刺激ホルモン	72-図1,73
後小脳動脈	114-図5
合成ステロイド	164
拘束型心筋症	35
後大静脈	28-図1
後大静脈	53-図3
後大脳動脈	114-図5
好中球	25
抗てんかん薬	165
後天性心疾患	32
後頭骨尾側部奇形症候群	119
口鼻瘻管	51,51-図36
口吻	6-図1
硬膜	112-図3,114-図5,117-図20
咬耗	51
肛門	8-図4,9-図5,58
肛門周囲アポクリン腺腫瘍	135
肛門周囲腺腫	135
肛門周囲の腫瘍	59,135
肛門嚢	58-図8
肛門嚢アポクリン腺腫瘍	135
肛門嚢の腫瘍	59
肛門の疾患	59
肛門閉鎖症	59
後葉	39
ゴールデン・リトリーバー	14
股関節形成不全症	108
股関節標準伸展撮影像	109
ゴキブリ駆除剤	159
呼吸器の病気	36
腰	6-図1
鼓室	90-図1
鼓室胞	90-図1,91-図2
コッカ　スパニエル	14
骨格	10
骨格性不正咬合	50
骨髄	24
骨髄系前駆細胞	25
骨折	107
コッドマン三角	132
骨肉腫	111,132
骨盤	10-図6
骨盤神経	70-図15
骨膜	25,112-図3,117-図20
鼓膜	90-図1,91-図2
コリン作動性交感神経	70-図15

·I·N·D·E·X·

コレステリン腫	95
根管	47-図15
根尖	45-図4
根分岐部	45-図4
【さ】細気管支	40-図8
細菌過剰発育	58
細菌性胆管肝炎	60
細菌性肺炎	40
再生不良性貧血	26
サイトカイン療法	26
座骨端	6-図1
左心室	28-図1
左心房	28-図1
殺鼠剤	159
殺虫剤	159
左肺	39
差明	17
サルモネラ	58
三尖弁	28-図1
サンバースト現象	132
【し】ジアルジア	126
シー・ズー	12-図11,14
シェットランド・シープドッグ	13-図21,14,102
シェパード犬	12-図16,14,102
耳介	90-図1
耳介軟骨	91-図5
歯冠	45-図4
耳管	90-図1
色素上皮細胞	22-図22
ジギタリス	161
子宮	9-図5,80
子宮角	80-図2,86
子宮頸	80-図2
子宮頸管	80-図2
子宮頸部	86-図18
子宮体	80-図2
糸球体	65-図2
子宮体部	86-図18
子宮蓄膿症	86
軸索	118-図22
軸椎	116-図16
軸椎	10-図6
歯頸部	45-図4
耳血腫	91
耳垢腺腫瘍	95
歯根	45-図4
歯根膜	45-図3,45-図4
視細胞	16-図1
歯周病	45,141
歯周ポケット	45-図3
視床	112-図1
視床下部	72-図1,73,112-図1
耳小骨	90-図1,91-図2
歯状靭帯	114-図5
視神経	16-図1,20-図14
視神経炎	23
視神経乳頭	16-図1,20-図14
歯髄	45-図4
歯髄腔	47-図15
歯性不正咬合	50
自然気胸	42
歯槽膜	45-図3,45-図4
膝蓋骨	104
膝蓋骨脱臼	104
膝窩リンパ節	135
シナプス	118-図22
シナプス小胞	118-図23
歯肉	45-図3,45-図4
歯肉炎	45-図3
歯肉溝	45-図4
支配性攻撃行動	151
柴犬	14
社会化	152
ジャック・ラッセル・テリア	14
尺骨	10-図6
集合管	65-図2
シュウ酸カルシウム結石	66-図8,67
周産期の病気	87
終糸	114-図5
終室	114-図5
重症筋無力症	118
十二指腸	60-図9,62-図11
十二指腸横行部	53-図3

十二指腸下行部	53-図3
十二指腸上行部	53-図3
終末気管支	40-図8
手根	6-図1
出血性胃腸炎	63
出産	85
腫瘍	130
腫瘍性疾患	103
シュワン細胞	118-図22
循環器の病気	28
循環器薬	162
瞬膜	16-図1,17-図5
瞬膜の疾患	23
漿液性網膜剥離	22-図22
消化器の病気	52
上顎	6-図1
小角状突起	38
症候性てんかん	113
上行結腸	53-図3
錠剤の飲ませ方	163
硝酸亜鉛遠心浮遊法	126
小十二指腸乳頭	56-図6
条虫類	123,124
小腸	8-図4,9-図5,58-図8,58
小腸性下痢の特徴	58
小腸に寄生する内部寄生虫	121
小脳	112-図1
上皮系腫瘍	135,136
漿膜	57-図6
睫毛	17-図3
睫毛異常	17
睫毛重生	17-図2
睫毛乱生	17-図2
小彎	56-図6
上腕	6-図1,7-図2
上腕骨	10-図6
食事アレルギー	98
食道	8-図4,9-図5,38,54
食道炎	55
食道狭窄	63
食道の疾患	63
食道腹部	57-図6
ショ糖浮遊法	123,124
初発白内障	21-図16
尻	6-図1
歯瘻	51
脂漏性皮膚炎	102
腎盂	65-図2,66-図9
心筋症	35
真菌性肺炎	40
神経節細胞	22-図22
人工授精	86
進行性網膜萎縮	22-図21
腎後性急性腎不全	65
心室中隔	28-図1
心室中隔欠損症	31
人獣共通感染症	138,142
真珠腫	95
腎小体	65-図2
腎性急性腎不全	65
新生子の疾患	87
腎前性急性腎不全	65
心臓	8-図4,9-図5
腎臓	8-図4,9-図5,62-図11,64-図1,65-図2
心臓血管系に寄生する内部寄生虫	128
ジンチョウゲ	160
真皮	96-図1
心不全	35
【す】膵右葉	53-図3
膵炎	62
膵外分泌機能不全	62
髄核	115-図12
錐弓	112-図3,117-図20
膵左葉	53-図3
髄質	76-図11
髄鞘	118-図22
水晶体	18-図7,20-図13,20-図14,21-図16
水晶体脱臼	23
スイセン	160
水層	18-図7
膵臓	53-図3,56-図7,60-図9,62-図11
膵臓の腫瘍	62
膵臓ランゲルハンス島	73-図2

170

·I·N·D·E·X·

錐体	112-図3,115-図12,117-図20
膵体	53-図3
錐体細胞	16-図1,22-図21
垂直耳道	90-図1
水頭症	114
水平細胞	16-図1,22-図21
水平耳道	90-図1
頭蓋	6-図1
スコッティッシュ・テリア	14
スズラン	161
スタンダード・プードル	14
ステロイド肝障害	60
ストップ	6-図1
ストラバイト結石	66-図7,67
ストローマ細胞	24

【せ】
背	6-図1
精管	8-図4
精索	81-図3
成熟白内障	21-図16
生殖器の病気	80
生殖腺刺激ホルモン	73
精巣	8-図4,72-図1,81-図3
声帯	38
成長板骨折	107
成長ホルモン	73
赤芽球	25
赤芽球癆	27
脊髄	112-図3,115-図12,117-図20
脊髄炎	115
脊髄円錘錘	114-図5
脊髄空洞症	119
脊髄神経	112-図3,117-図20
脊髄神経節	117-図20
赤血球	25
切歯	44-図1
接触感染	138
セメントエナメル境	45-図4
セメント質	45-図4
繊維輪	115-図12
前臼歯	44-図1
前胸部	7-図2
浅頚リンパ節	134
潜血	69
潜在精巣	82
前十字靭帯断裂	106
仙髄	70-図15
浅鼠径リンパ節	135
前大静脈	28-図1
線虫類	121,122,123,127,128
前庭	90-図1,91-図3
前庭神経	91-図3
先天性心臓病	30
セント・バーナード	14
ぜん動運動	52-図1
前葉後部	39
前葉前部	39
前立腺	8-図4,64-図1,68-図11,81-図3
前立腺癌	68-図12
前立腺疾患	68
前立腺膿瘍	68
前立腺肥大症	81
前腕	6-図1,7-図2

【そ】
双極細胞	16-図1,22-図21
象牙質	45-図4
造血系腫瘍	134
総胆管	53-図3,56-図7,60-図9
僧帽弁	28-図1
僧房弁閉鎖不全症	32
側脳室	114-図5
側脳室の脈絡叢	114-図5
鼠径リンパ節	136
足根	6-図1,7-図2
足根骨	10-図6
ソテツ	161

【た】
第三脳室の脈絡叢	114-図5
第一頚椎	10-図6,116-図16
体高	6-図1
第三眼瞼	23
胎子の成長	84
代謝エネルギー	155
大十二指腸乳頭	56-図7,60-図9
体性神経	70-図15
大腿	6-図1,7-図2
大腿骨	10-図6
大腿リンパ節	135
体長	6-図1
大腸	8-図4,9-図5,58,59-図8
大腸性疾患	59
大腸性下痢の特徴	59
大腸に寄生する内部寄生虫	127
大動脈	28-図1
大動脈狭窄症	32
大動脈血流速度	32
大動脈弁	28-図1
第二頚椎	10-図6,116-図16
胎盤感染	122-図9
第四脳室の脈絡叢	114-図5
大彎	57-図7
多飲多尿	71
多包条虫	124
多中心型リンパ腫	134
ダックスフント	11-図10,14
他人に対する攻撃行動	148
多能性造血幹細胞	25
タバコ	160
タペタム	16-図1,22-図21
タマネギ中毒	159
ダルメシアン	14
胆管閉塞	61,63
胆石	63
胆石症	61
短頭種気道症候群	37
胆嚢	53-図3,60,61-図9
胆嚢炎	61,63
胆嚢からの分泌液	61
胆嚢管	53-図3,61-図9
胆嚢結石	60-図9
胆嚢の疾患	61,63
タンパク喪失性腎症	71
単包条虫	124

【ち】
チェリーアイ	23
膣	9-図5,86-図18
膣過形成	83
膣前庭	80-図2,86-図18
膣脱	83
緻密骨	24
チャウチャウ	14
肘関節異形成症	110
中耳	90-図1
中耳炎	94
中手	6-図1
中心管	114-図5,117-図20
中足	6-図1
中大脳動脈	114-図5
中毒の基礎	158
中毒物質	159
虫卵検査法	122
チューリップ	161
腸骨リンパ節	64-図1
聴神経	91-図3
チョウセンアサガオ類	161
直接クームス検査	25
直接塗抹法	121,123,124,125
直腸	53-図3
チョコレート	160
治療薬	162
チロキシン	73
チワワ	11-図7,14
チン小帯	16-図1

【つ】
椎間板	115-図12
椎間板ヘルニア	114
ツツジ	161

【て】
デスメ膜	18-図6
鉄欠乏性貧血	27
てんかん	113

【と】
頭蓋	6-図1
瞳孔	16
橈骨	10-図6
銅蓄積病	60
糖尿病	73
動脈	53-図3
動脈管開存症	30
ドーベルマン	13-図22,14
ドクゼリ	161
ドクニンジン	161
吐出と嘔吐の違い	54

171

·I·N·D·E·X·

トチノキ·································161
突発性後天性網膜変性症·······················23
特発性てんかん·····························113
トマト··································160
トリカブト類······························161
トリコモナス······························126
トリヨードチロニン··························73
トルイジンブルー染色·······················137

【な】内境界膜·························22-図21
内頸動脈·····························114-図5
内耳································90-図1
内耳炎·································94
内歯瘻································51-図36
内臓··································8
内側咽頭後リンパ節·························134
内尿道括約筋··························70-図15
内部寄生虫の病気··························120
内分泌器官の病気···························72
内分泌疾患·····························102
内分泌性脱毛症····························79
ナフタリン·····························160
ナメクジ駆除剤···························160
難産··································85
軟膜·······························114-図5

【に】ニキビダニ···························100
肉芽腫性髄膜脳炎··························115
乳管·································136
乳歯遺残·······························48
乳汁感染······························121-図2
乳腺腫瘍·······························136
乳腺小葉·······························136
乳頭管·······························136
乳糜液·································42-図11
乳糜胸·································42
ニューロパチー····························118
尿管······8-図4,9-図5,64-図1,65-図2,66-図9,70-図15,81-図3,86-図18
尿ケトン体······························69
尿細管································65-図2
尿タンパク······························69
尿沈渣検査·····························69
尿糖·································69
尿道···········8-図4,9-図5,64-図1,66-図9,68-図11
尿道開口部·····························86-図18
乳頭筋································28-図1
尿道結石······························66-図5,67
乳頭洞································136
尿の色·································69
尿培養検査·····························69
尿pH··································69
尿比重································69
尿ビリルビン····························69
尿崩症·································78
尿路感染症·····························68
尿路結石症·····························66
尿路腫瘍·······························71
尿路損傷·······························71
妊娠·································84
妊娠期の病気····························87

【ね】熱傷·································103
ネフローゼ症候群··························71
ネフロン····························65-図2,67

【の】膿液·································86-図18
脳炎································114-図8,115
脳下垂体·····························112-図1
濃縮胆汁プラグ···························63
脳底動脈·····························114-図5
脳と脊髄の病気···························112
脳と役割······························112
膿疱································99-図10
嚢胞形成·······························68
脳梁································112-図1
ノミ·································100
ノルアドレナリン·························76-図11

【は】肺·································8-図4,9-図5
肺炎·································40
肺胸膜································40-図8
白血病·································27
肺血栓塞栓症····························43
背根·······························112-図3,117-図20
肺挫傷·································43
肺腫瘍·································43
肺膿瘍·································43
肺静脈································28-図1,40-図8
肺水腫·································40

排泄物の取り扱い方·······················145
肺動脈································28-図1,40-図8
肺動脈狭窄症····························31
肺動脈弁······························28-図1
排尿異常·······························70
肺胞管································40-図8
肺胞内漏出液····························41-図9
肺胞嚢································40-図8
肺胞毛細血管····························40-図8
肺毛細血管·····························41-図9
肺葉捻転·······························43
ハインツ小体性貧血·························27
ハエウジ症·····························103
パグ·································12-図15,14
白質································117-図20
白内障·································20
パグ脳炎·······························115
パスツレラ症···························144
バセット・ハウンド·······················13-図23
バソプレッシン···························73
発情周期·······························84
鼻··································6-図1
歯の破折·······························47
歯の病気·······························44
パピークラス····························152
馬尾症候群·····························116
パピヨン·······························14
バベシア·······························129
バベシアカニス···························27
バベシア症·····························27
パラトルモン····························73
半規管·······························90-図1,92-図3
播種性血管内凝固··························131
繁殖障害·······························87
ハンセンⅠ型の椎間板······················115-図10
ハンセンⅡ型の椎間板······················115-図11

【ひ】ビーグル·····························14
鼻炎·································37
非開放骨折·····························107
ヒガンバナ····························160,161
ヒキガエル·····························160
腓骨································10-図6
膝··································6-図1
皮脂細胞·······························96-図1
皮脂腺································96-図1
皮質·································76
尾状葉の乳頭突起··························53-図3
尾状葉の尾状突起··························53-図3
非ステロイド性抗炎症薬····················160,164
ヒゼンダニ····························100
ヒゼンダニ症···························100
脾臓·······8-図4,9-図5,53-図3,57-図6,61-図9,62-図11
肥大型心筋症····························35
左鎖骨下動脈···························28-図1
泌尿器の病気····························64
皮膚糸状菌症··························102,145
皮膚の病気·····························96
飛沫感染·····························138
肥満細胞·······························25
肥満細胞腫····························136
被毛の種類・成長·························13
表在性膿皮症····························99
病的骨折······························107
表皮·································96-図1
表皮小環·······························99-図10
貧血·································24

【ふ】不安障害····························148
プードル······························13-図19
副甲状腺·······························72-図1,73
腹根································112-図3,117-図20
副腎皮質機能亢進症·························76
副腎皮質機能低下症·························76
副腎皮質刺激ホルモン·····················72-図1,73,76
副膵管································56-図7
副鼻腔炎·······························43
フジ·································161
不正咬合·······························50
不整脈源性右室心筋症·······················35
不適切な吠え····························150
ブドウ·······························160
ブドウ膜·······························19
ブドウ膜炎·····························19
不妊手術·······························88

172

·I·N·D·E·X·

不妊手術Q&A	89
ブルセラ症	145
ブルドッグ	11-図8,14
プロゲステロン	73
プロジェステロン	86
粉剤の飲ませ方	163
糞線虫	123
分泌型ムチン	18-図7
分娩	85
糞便培養法	123
噴門	61-図9
噴門括約筋	57-図7
噴門口	57-図7
噴門切痕	57-図7
【へ】平滑筋	70-図15
閉塞隅角緑内障	20-図13
ペキニーズ	14
ペニシリン	163
ヘリコバクター胃炎	63
変形癒合	107
扁平上皮化生	68
【ほ】方形葉	53-図3
膀胱	8-図4,9-図5,64-図1,66-図9,68-図11,80-図2,81-図3,86-図18
膀胱結石	66-図5,67
ホウ酸ダンゴ	159
房水	20
傍前立腺嚢胞	68
包皮	64-図1,81-図3
ボウマン嚢	65-図2
頬	6-図1
ボーダー・コリー	14
ホームデンタルケアの方法	46
ボクサー	14
母子感染	139
ボストン・テリア	14
ボディコンディションスコア	156
ポメラニアン	14,102
ボルゾイ	11-図9
ホルマリン・エーテル法	123,125
【ま】マイボーム腺	16-図1,17-図2
マイボーム腺開口部	16-図1
マイボーム腺梗塞	23
膜型ムチン	18-図7
マズル	6-図1
マダニ	101
末梢神経の病気	117
磨耗	51
マラセチア皮膚炎	102
マルチーズ	13-図20,14
慢性胃炎	56
慢性活動性肝炎	60
慢性ジアルジア症	58
慢性腎不全	66
慢性膵炎	62
慢性前立腺炎	68
慢性の小腸疾患	58
マンソン裂頭条虫	124
【み】ミクロフィラリア	34,128
未熟白内障	21-図16
ミトコンドリア	118-図23
ミニチュア・シュナウツァー	102
ミニチュア・ダックスフント	14,102
ミニチュア・ピンシャー	14
ミニチュア・プードル	14
ミネラルコルチコイド	73,76
耳・頭部の形状	12
耳下顎リンパ節	134
耳の聞こえ方	90
耳の腫瘤性病変	95
耳の洗浄の仕方	93
耳の病気	90
脈絡膜	16-図1,19-図7,22-図21
ミュラー細胞	16-図1,22-図21
【む】胸	6-図1
【め】雌の生殖器	81
雌の生殖器の病気	83
メタアルデヒド	160
眼の構造と役割	16
眼の病気	16
免疫介在性皮膚疾患	102
免疫介在性溶血性貧血	25
免疫抑制療法	26
【も】毛細血管静水圧	41-図9

盲腸	53-図3
毛包	96-図1
毛包虫症	100
網膜	16-図1,19-図7,22-図21
網膜剥離	22
網膜変性症	22
毛様体	16-図1,18-図7,19-図11,20-図13,20-図14
問題行動	146
門脈体循環シャント	60,61-図10
【や】やけど	103
【ゆ】優位性攻撃行動	151
有機リン	159
有毒な植物	160
有毒な物質	160
幽門	60-図9
幽門括約筋	56-図6
幽門管	56-図6
幽門口	56-図6
幽門洞	56-図6
癒合不全	107
油層	18-図6
指	6-図1,7-図2
【よ】ヨウシュヤマゴボウ	160,161
腰椎	10-図6
ヨークシャー・テリア	14
横川吸虫	129
予防接種プログラム	141
【ら】ライトギムザ染色	137
ライフステージ別の健康と栄養	155
ラフ・コリー	14
ラブラドール・リトリーバー	14
卵管	80-図2
卵巣	9-図5,72-図1,80-図2,86-図18
ランビエ絞輪	118-図22
【り】リーダーシップ	151
立毛筋	96-図1
リハビリテーション	109
流涙	17
流涙症	17
良性過形成	68
緑内障	20
輪状靭帯	39
輪状軟骨	90-図1
リンパ管	40-図8,41-図9
リンパ管拡張症	58
リンパ系前駆細胞	25
リンパ腫	58,134
【る】涙膜	18-図6
【れ】レーズン	160
レッグ・ペルテス病	111
裂孔原性網膜剥離	22-図21
裂肉歯	44-図1
レプトスピラ症	140,144
レンゲツツジ	161
【ろ】肋骨	10-図6
ろ胞刺激ホルモン	72-図1
【わ】ワクチンによる副反応	103
ワクチンの重要性	140
腕頭動脈	28-図1

『最新 くわしい犬の病気大図典』執筆者一覧

ページ	章	執筆者	所属
6-14	犬の体の解説・犬種別罹りやすい病気	浅利 昌男	麻布大学獣医学部
16-23	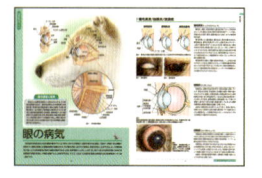 眼の病気	藤井 裕介	工藤動物病院
24-27	血液の病気	下田 哲也	山陽動物医療センター
28-35	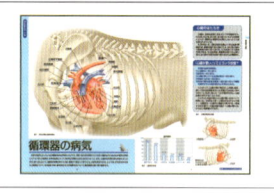 循環器の病気	若尾 義人	麻布大学獣医学部
36-43	呼吸器の病気	岡野 昇三	北里大学獣医学部
44-51	 口腔の病気	藤田 桂一	フジタ動物病院
52-63	消化器の病気	保坂 敏	ほさか動物病院
64-71	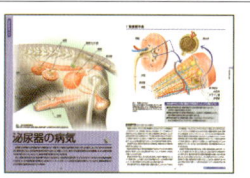 泌尿器の病気	桑原 康人	クワハラ動物病院
72-79	内分泌器の病気	竹内 和義	たけうち動物病院
80-89	生殖器の病気	小嶋 佳彦	小島動物病院アニマルウェルネスセンター
90-95	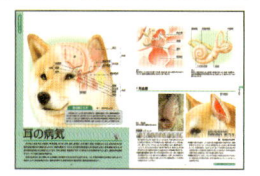 耳の病気	青木 忍	Vet's Office S・AOKI

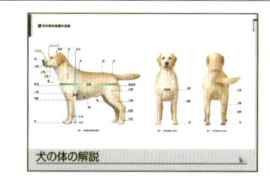

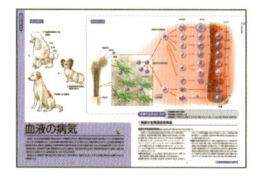

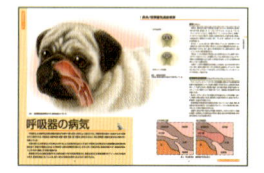

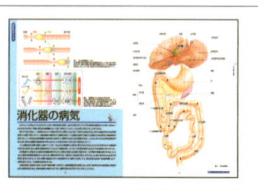

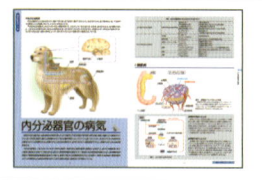

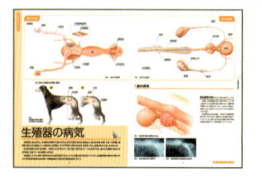

※各所属等は2009年10月現在のものです。

『最新 くわしい犬の病気大図典』執筆者一覧

ページ	項目	執筆者	所属
96-103	皮膚の病気	山岸 建太郎	本郷どうぶつ病院
104-111	筋骨格系の病気	陰山 敏昭	名古屋動物整形外科病院
112-119	脳と神経の病気、末梢神経の病気	奥野 征一	アニマルクリニックこばやし
120-129	内部寄生虫	佐伯 英治	サエキベテリナリィ・サイエンス
130-137	腫瘍	伊藤 博	東京農工大学 動物医療センター 腫瘍科
138-145	感染症・人獣共通感染症	兼島 孝	みずほ台動物病院／琉球動物医療センター
146-152	問題行動	内田 佳子	酪農学園大学獣医学部
154-157	犬の栄養の基礎知識	阿部 又信	ヤマザキ動物看護短期大学
158-161	犬に危険な中毒物質の基礎知識	寺岡 宏樹	酪農学園大学獣医学部
162-165	犬用治療薬の基礎知識	折戸 謙介	麻布大学獣医学部

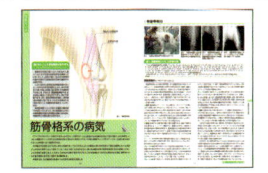

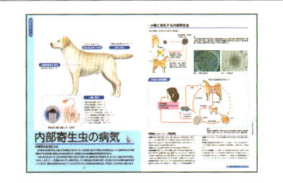

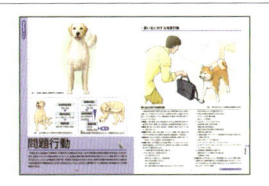

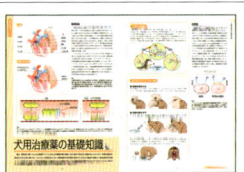

編者

小方 宗次　麻布大学附属動物病院

Staff

装丁・デザイン	株式会社クレア　小堀 眞由美　二神 貴仁
イラスト	株式会社クレア　五十川 栄一　窪村 亜樹　山本 信也　山口 牧
編集	前迫 明子

カラーアトラス

最新　くわしい犬の病気大図典

豊富な写真とイラストでビジュアル化した決定版

	2009年10月27日　発　行
	2022年3月1日　第9刷
編　者	小方　宗次
発行者	小川雄一
発行所	株式会社 誠文堂新光社
	〒113-0033　東京都文京区本郷3-3-11
	電話03-5800-5780
	https://www.seibundo-shinkosha.net/
印刷・製本	図書印刷 株式会社

©2009, Seibundo Shinkosha Publishing Co., Ltd.
ISBN978-4-416-70912-2
NDC645.6

Printed in Japan
検印省略
禁・無断転載

落丁・乱丁本はお取り替えします。

本書のコピー、スキャン、デジタル化等の無断複製は著作権法上での例外を除き禁じられています。
本書を代行業者等の第三者に依頼してスキャンやデジタル化することは、たとえ個人や家庭内での
利用であっても著作権法上認められません。

[JCOPY] <(一社)出版者著作権管理機構　委託出版物>
本書を無断で複製複写(コピー)することは、著作権法上での例外を除き、禁じられて
います。本書をコピーされる場合は、そのつど事前に、(一社)出版者著作権管理機構(電
話 03-5244-5088／FAX 03-5244-5089／e-mail:info@jcopy.or.jp)の許諾を得てください。